职业教育
数字媒体应用人才培养系列教材

边做边学 3ds Max 动画制作案例教程

3ds Max 2019 微课版

马国峰 徐钢涛 / 主编
李乐 郭琼琼 孙英 / 副主编

人民邮电出版社
北京

图书在版编目（CIP）数据

3ds Max动画制作案例教程 : 3ds Max 2019 : 微课版 / 马国峰，徐钢涛主编. -- 北京 : 人民邮电出版社，2023.7
（边做边学）
职业教育数字媒体应用人才培养系列教材
ISBN 978-7-115-20398-4

Ⅰ. ①3… Ⅱ. ①马… ②徐… Ⅲ. ①三维动画软件－职业教育－教材 Ⅳ. ①TP391.414

中国版本图书馆CIP数据核字(2021)第265510号

内容提要

本书全面、系统地介绍 3ds Max 2019 的各项功能和动画制作技巧，包括初识 3ds Max 2019、创建几何体、创建二维图形、创建三维模型、创建复合对象、材质与贴图、灯光与摄影机、基础动画、粒子系统与空间扭曲、MassFX、环境特效动画、设置高级动画等内容。

本书采用案例式编写方式，体现出“边做边学”的教学理念，不仅能让学生在“做”的过程中熟悉掌握软件功能，而且加入案例的设计理念等分析内容，为学生今后走上工作岗位打下基础。本书配套资源中包含书中所有案例的素材及效果文件，便于教师授课和学生练习。

本书可作为中等职业学校计算机平面设计、数字媒体技术应用等专业 3ds Max 课程的教材，也可作为相关人员的参考用书。

◆ 主　　编　马国峰　徐钢涛
副 主 编　李　乐　郭琼琼　孙　英
责任编辑　桑　珊
责任印制　焦志炜
◆ 人民邮电出版社出版发行　　北京市丰台区成寿寺路 11 号
邮编　100164　　电子邮件　315@ptpress.com.cn
网址　https://www.ptpress.com.cn
三河市君旺印务有限公司印刷
◆ 开本：787×1092　1/16
印张：15.75　　2023 年 7 月第 1 版
字数：412 千字　　2023 年 7 月河北第 1 次印刷

定价：59.80 元

读者服务热线：(010)81055256　印装质量热线：(010)81055316
反盗版热线：(010)81055315
广告经营许可证：京东市监广登字 20170147 号

PREFACE 前言

本书全面贯彻党的二十大精神，以社会主义核心价值观为引领，传承中华优秀传统文化，坚定文化自信，使内容更好体现时代性、把握规律性、富于创造性。

3ds Max 是由 Autodesk 公司开发的一款三维设计软件。它功能强大、易学易用，深受国内外建筑工程设计人员和动画制作人员的喜爱，已经成为这些领域最流行的软件之一。本书邀请行业、企业专家和一线课程负责人一起，从人才培养目标、专业方案等方面做好顶层设计，明确专业课程标准，强化专业技能培养，安排教材内容；根据岗位技能要求，引入企业真实案例，提高职业院校专业技能课的教学质量。

根据现代职业院校的教学方向和教学特色，我们对本书的编写体系做了精心设计。除第 1 章外，每章按照“课堂学习目标—案例分析—设计理念—操作步骤—相关工具—实战演练”这一思路进行编排，力求通过案例演练，使学生快速熟悉艺术设计理念和软件功能；通过软件相关功能解析，使学生深入学习软件功能和制作特色；通过实战演练和综合演练，拓展学生的实际应用能力。本书在内容编写方面，力求全面细致、重点突出；在文字叙述方面，注意言简意赅、通俗易懂；在案例选取方面，强调案例的针对性和实用性。本书案例均采用 3ds Max 2019 制作。

本书配套资源云盘中包含书中所有案例的素材及效果文件。另外，为方便教师教学，本书配备了 PPT 课件、教学大纲等丰富的教学资源，任课教师可登录人邮教育社区（www.ryjiaoyu.com）免费下载使用。本书的参考学时为 60 学时，各章的学时分配参见下面的学时分配表。

章	课程内容	学时分配
第 1 章	初识 3ds Max 2019	2
第 2 章	创建几何体	3
第 3 章	创建二维图形	3
第 4 章	创建三维模型	4
第 5 章	创建复合对象	6
第 6 章	材质与贴图	6
第 7 章	灯光与摄影机	6
第 8 章	基础动画	6
第 9 章	粒子系统与空间扭曲	6
第 10 章	MassFX	6
第 11 章	环境特效动画	6
第 12 章	设置高级动画	6
学时总计		60

本书由马国峰、徐钢涛任主编，李乐、郭琼琼、孙英任副主编。由于编者水平有限，书中难免存在不妥之处，敬请广大读者批评指正。

编者

2023 年 4 月

扩展知识扫码阅读

设计基础知识

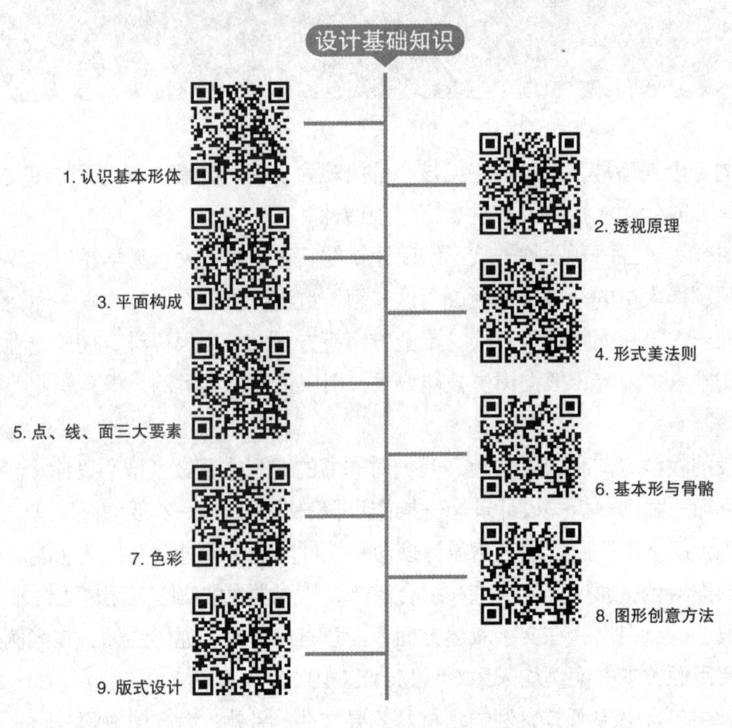

设计应用知识

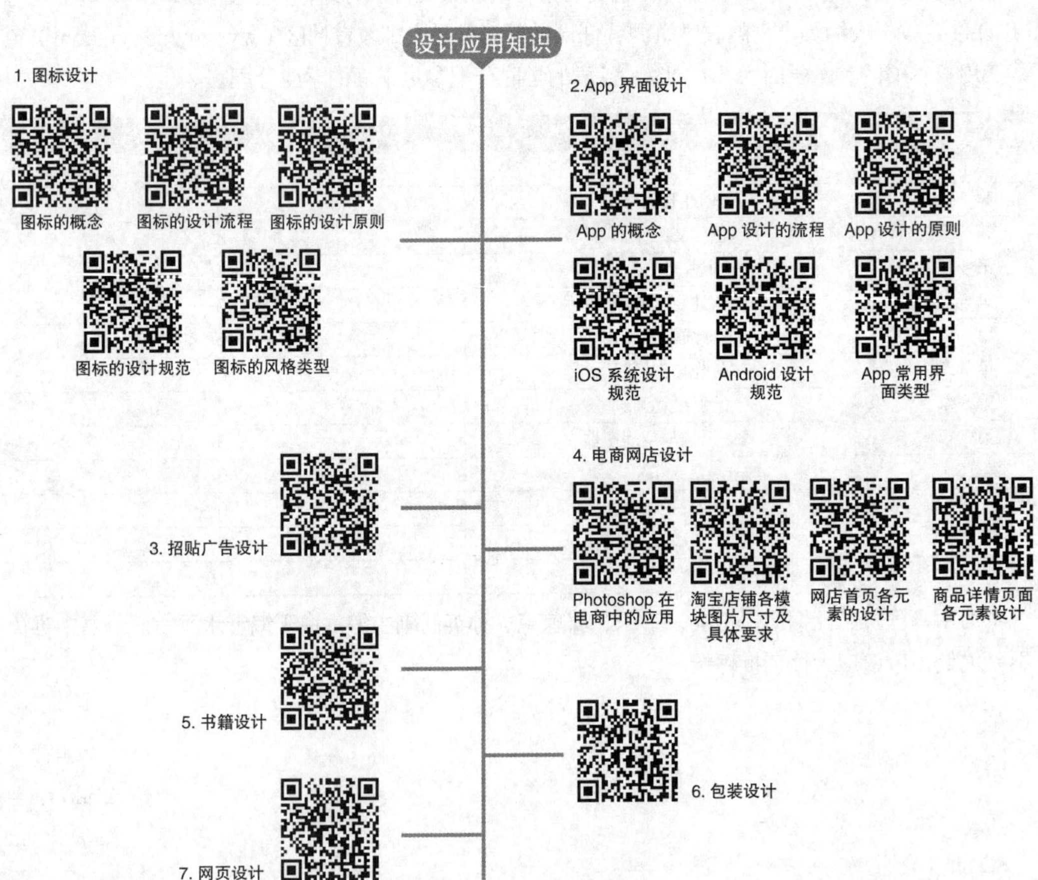

目录 CONTENTS

CONTENTS目录

目录CONTENTS

CONTENTS目录

目录 C O N T E N T S

C O N T E N T S 目录

01 第1章 初识 3ds Max 2019

本章将对动画设计概述和 3ds Max 2019 的操作界面进行简要介绍，还将讲解 3ds Max 2019 的基本操作方法。通过本章的学习，读者能初步认识和了解这款三维设计软件。

课堂学习目标

- 动画设计概述
- 3ds Max 2019 的操作界面
- 3ds Max 2019 的坐标系
- 对象的选择方式
- 对象的变换
- 对象的复制
- 捕捉工具
- 对齐工具
- 撤销和重做
- 对象的轴心控制
- 快捷键的设置

1.1 动画设计概述

在进行动画设计之前，应先对动画有一个基本的了解。注意把握以下几点内容。

（1）了解什么是 CG 行业。

（2）了解影视动画行业的发展前景。

（3）了解影视动画行业的应用。

CG 是 Computer Graphics（计算机图形图像）的缩写。CG 发展到今天已经成为全球性的知识型产业，每年拥有几百亿美元的产值，并且还在保持高速增长。

影视动画行业是 CG 产业中一个重要的组成部分，它凭借自身的技术优势在电影特效、建筑动画、3D 动画等应用领域占据了重要的地位，而它所依赖的核心技术就是计算机数码技术。

现在，几乎在每一部电影中都能看到计算机数码技术的身影，它不仅带来了灵活多变的故事讲述方式，还带来了强烈的视觉体验。通过计算机数码技术制作的画面具有很明显的优势，如一些无法通过拍摄得到的具有特殊视觉效果的画面，在计算机数码技术的帮助下很容易实现。而且，那些震撼人心的在制作上耗时耗力的高难度镜头使用计算机来制作，在降低成本的同时，还能保证演员在拍摄过程中的安全。计算机数码技术还可以在影视拍摄的前期阶段为人们提供更形象的预览，使制作人员对整部电影或电视剧的风格走向及在制作过程中的技术难度有一个总体印象，这个印象可作为制定解决方案的一个有效的依据。

动画的分类没有严格的规定。从制作技术和手段上看，动画可分为以手工绘制为主的传统动画和以计算机为主的计算机动画。从动作的表现形式上看，动画可分为接近自然动作的“完善动画”（动画电视）和采用简化、夸张动作的“局限动画”（幻灯片动画）。从空间的视觉效果上看，动画又可分为平面动画（如《海绵宝宝》，如图 1-1 所示）和三维动画（如《蓝精灵》，如图 1-2 所示）。

业内人士已经开始关注“计算机三维动画”（以下简称“三维”）在影视广告中的广泛应用，仅以中央电视台一套节目为例：在该节目之前的 21 条广告中，有 9 条是采用全三维制作，另有 9 条中超过 50%的画面采用三维制作，仅有 3 条以实拍为主；在该节目之后的 13 条广告中，有 3 条以实拍为主，其余 10 条采用全三维制作。

图 1-1

图1-2

多幅图像按照设定好的顺序不断地播放，因为人眼具有“视觉暂留”的特性，所以这些连续播放的图像就形成了动画。“视觉暂留”是指人的眼睛看到一幅画面后，这幅画面在 1/24 秒内不会消失。利用这一原理，在一幅画面还没有消失前播放下一幅画面，就会造成一种流畅的视觉变化效果。因此，电影采用每秒 24 幅画面的速度拍摄、播放，电视剧采用每秒 25 幅（PAL 制）或 30 幅（NSTC 制）画面的速度拍摄、播放。如果以低于每秒 24 幅画面的速度拍摄、播放，看起来就会出现停顿现象。

微课视频
3ds Max 2019
的操作界面

1.2 3ds Max 2019 的操作界面

1.2.1 【操作目的】

在学习 3ds Max 2019 之前，首先要认识它的操作界面，并熟悉其中各控制区的用途和使用方法。这样才能在动画设计过程中得心应手地使用各种工具和命令，还可以节省大量的工作时间。下面就对 3ds Max 2019 的操作界面进行介绍。

1.2.2 【操作步骤】

双击桌面上的图标，启动 3ds Max 2019，稍等片刻即可打开其操作界面。

1.2.3 【相关工具】

1. 3ds Max 2019 操作界面简介

3ds Max 2019 的操作界面主要包括标题栏、菜单栏、工具栏、功能区、视口和“视口布局”选项卡栏、时间滑块和时间轴、状态栏和提示行等部分，如图 1-3 所示。

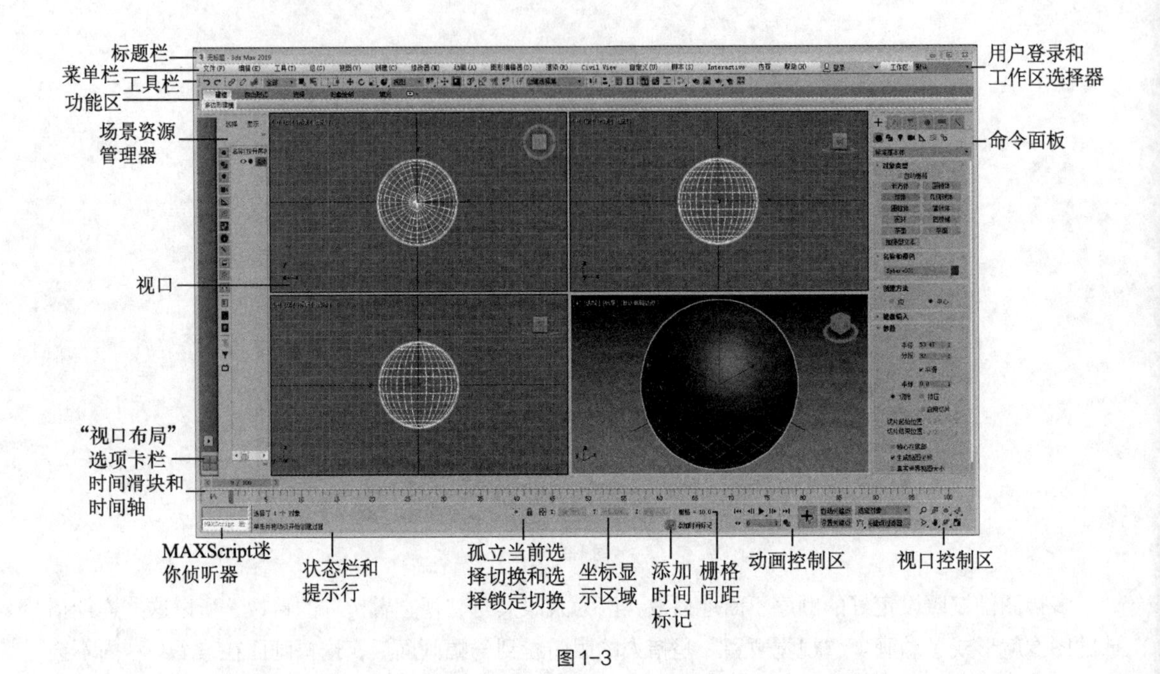

图1-3

（1）标题栏：标题栏位于 3ds Max 2019 操作界面的顶部，用于显示软件版本等信息。

（2）菜单栏：菜单栏位于标题栏下方，每个菜单的名称表示该菜单中各命令的用途。

（3）工具栏：通过工具栏可以快速访问 3ds Max 2019 中很多常见的工具和对话框。

（4）功能区：功能区包含“建模”“自由形式”“选择”“对象绘制”“填充”5 个选项卡，每个选项卡都包含许多工具，多数功能区配置控件可通过右键快捷菜单调用。

（5）视口和“视口布局”选项卡栏：操作界面中共有 4 个视口，在 3ds Max 2019 中，视口占据了大部分的操作界面，是 3ds Max 2019 的主要工作区。“视口布局”选项卡栏用于切换不同的视口布局方式。

（6）时间滑块和时间轴：在制作动画时，可拖曳时间滑块，显示时间轴上的动画效果。

（7）状态栏和提示行：状态栏显示所选对象的数目，提示行显示当前使用工具的提示文字。

（8）孤立当前选择切换和选择锁定切换：按钮用于孤立当前选择切换，按钮用于选择锁定切换。

（9）坐标显示区域：坐标显示区域显示鼠标指针的坐标或变换的状态，用户也可以输入新的变换值，变换（变换工具包括移动工具、旋转工具和缩放工具）对象的一种方法是直接通过键盘在坐标显示区域的数值框中输入坐标。

（10）栅格间距：显示当前使用的栅格间距。

（11）添加时间标记：单击此按钮，可以添加时间标记。

（12）动画控制区：动画控制区包括动画控件按钮。

（13）视口控制区：视口控制区位于操作界面的右下角，包括众多视口调节工具。当选择一个视口调节工具时，该按钮呈黄色，表示对当前活动视口来说该按钮是打开的，在活动视口中单击鼠标右键可关闭该按钮。

（14）命令面板：命令面板是 3ds Max 2019 的核心部分，默认状态下位于整个操作界面的右侧；命令面板由 6 个面板组成，使用这些面板可以访问 3ds Max 2019 的大多数建模功能、一些动画功能、显示选择和其他工具；每次只有一个面板可见，在默认状态下打开的是 + “创建”面板。

（15）MAXScript 迷你侦听器：MAXScript 迷你侦听器分为两个窗格，一个是粉红色窗格，另一个是白色窗格。粉红色的窗格是宏录制器窗格；白色窗格是脚本窗格，可以在这里创建脚本。

（16）用户登录和工作区选择器：用户登录用于登录到 Autodesk Account 来管理许可或订购 Autodesk 产品；工作区选择器用于快速切换不同的界面设置，它可以还原工具栏、菜单、视口布局预设等的自定义排列。

（17）场景资源管理器：场景资源管理器中有各种工具，用于查找及设置显示过滤器。

下面具体介绍其中重要的部分。

2. 标题栏

标题栏 无标题 - 3ds Max 2019 位于 3ds Max 2019 操作界面的顶部，用来显示软件图标、场景文件名称和软件版本，右侧的 3 个按钮，分别可以将操作界面最小化、最大化和关闭。

3. 菜单栏

菜单栏位于标题栏下方，如图 1-4 所示。单击某菜单名称，会展开该菜单下包含的多项命令。下面介绍常用菜单的功能。

文件(F) 编辑(E) 工具(T) 组(G) 视图(V) 创建(C) 修改器(M) 动画(A) 图形编辑器(D) 渲染(R) Civil View 自定义(U) 脚本(S) Interactive 内容 帮助(H)

图 1-4

（1）“文件”菜单：该菜单中包含文件管理命令，包括“新建”“重置”“打开”“存储”“归档”“退出”等命令。

（2）“编辑”菜单：该菜单用于文件的编辑，包括“撤销”“保存场景”“复制”“删除”等命令。

（3）“工具”菜单：该菜单中提供各种常用工具，这些工具在建模时经常用到，因此在工具栏中也设置了相应的快捷按钮。

（4）“组”菜单：该菜单包含一些将多个对象编辑成组或者将组分解成独立对象的命令。编辑组是在场景中组织对象的常用方法。

（5）“视图”菜单：该菜单包含对视口执行的最新命令进行撤销、重做和网格控制等命令，并显示适用于特定命令的一些功能，如视口的配置、单位的设置和设置背景图案等。

（6）“创建”菜单：该菜单中包括创建的所有命令，这些命令能在命令面板中找到。

（7）“修改器”菜单：该菜单包含“创建角色”“销毁角色”“上锁”“解锁”“插入角色”“骨骼工具”“蒙皮”等命令。

（8）“动画”菜单：该菜单包含设置反向运动学求解方案、设置动画约束和动画控制器、为对象的参数之间增加配线参数，以及动画预览等命令。

（9）“图形编辑器”菜单：该菜单提供场景元素间关系的图形化工具，包括曲线编辑器、摄影表编辑器、图解视图、Particle 粒子视图、运动混合器等。

（10）“渲染”菜单：该菜单是 3ds Max 2019 的重要菜单，包括“渲染”“环境设置”“效果设定”等命令；模型建立后，材质、贴图、灯光、摄像这些特殊效果在视口中是看不到的，只有经过渲染后，才能在渲染窗口中观察到。

（11）“Civil View”菜单：Civil View 是一款便捷的可视化工具，它显示当前状态的概述，并可直接访问场景中每个对象或其他元素经常编辑的参数。

（12）“自定义”菜单：该菜单允许用户根据个人习惯创建自己的工具和工具面板、设置快捷键，使操作更个性化。

（13）“脚本”菜单：该菜单包含 3ds Max 2019 支持的被称为“脚本”的程序设计语言；用户可以书写一些由脚本构成的短程序以控制动画的制作；“脚本”菜单中包括“创建”“测试”“运行脚本”等命令，使用该菜单，不仅可以通过编写脚本实现对 3ds Max 2019 的控制，还可以与外部的文本文件或表格文件等链接起来。

（14）“帮助”菜单：该菜单提供对用户的帮助功能，提供脚本参考、用户指南、快捷键、第三方插件和新产品等信息。

4. 工具栏

3ds Max 2019 的工具栏如图 1-5 所示。通过工具栏可以快速访问 3ds Max 2019 中的常用工具。下面介绍其主要功能。

图 1-5

（1）“撤销”按钮/“重做”按钮：单击“撤销”按钮可取消上一次操作，包括选择操作和在选择的对象上执行的操作；单击“重做”按钮可取消上一次撤销操作。

（2）“选择并链接”按钮：可将两个对象链接作为子级和父级，定义它们之间的层级关系；子级对象将继承父级对象的变换（移动、旋转和缩放）操作，但是子级对象的变换对父级对象没有影响。

（3）“取消链接选择”按钮：单击该按钮可解除两个对象之间的层级关系。

（4）“绑定到空间扭曲”按钮：单击该按钮可以把当前选择附加到空间扭曲。

（5）全部 选择过滤器下拉列表：利用该下拉列表（见图 1-6），可以限制选择工具选择对象的类型和组合，例如，选择“C-摄影机”选项，则使用选择工具只能选择摄影机。

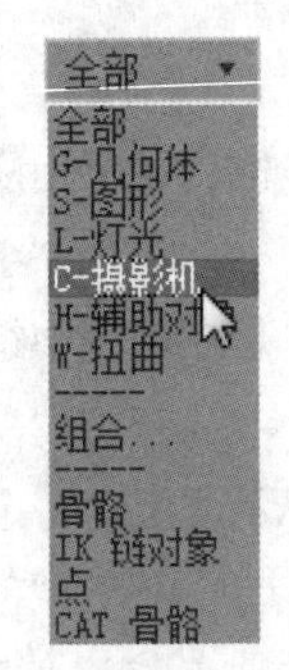

图 1-6

（6）“选择对象”按钮：单击该按钮可选择对象或子对象。

（7）“按名称选择”按钮：单击该按钮，弹出“选择对象”对话框，可在“当前场景中的所有对象”下拉列表中按名称选择对象。

（8）“矩形选择区域”按钮：单击该按钮可在视口中以矩形框选区域。该按钮所在按钮组中还有“圆形选择区域”、“围栏选择区域”、“套索选择区域”和“绘制选择区域”等按钮供用户选择。

（9）“窗口/交叉”按钮：在按区域选择时，单击该按钮可以在窗口模式和交叉模式之间进行切换。在窗口模式中，只能选择所选内容的对象或子对象；在交叉模式中，可以选择区域内的所有对象或子对象，以及与区域边界相交的任何对象或子对象。

（10）“选择并移动”按钮：要移动单个对象，则无须单击该按钮；当该按钮处于打开状态时，可单击多个对象进行选择，拖曳鼠标即可移动选择的对象。

（11）“选择并旋转”按钮：当该按钮处于打开状态时，单击对象进行选择，拖曳鼠标即可旋转该对象。

（12）“选择并均匀缩放”按钮：单击该按钮，可以沿 3 个轴以相同增量缩放对象，同时保持对象的原始比例。在该按钮所在按钮组中单击“选择并非均匀缩放”按钮可以根据活动轴约束以非均匀方式缩放对象，单击“选择并挤压”按钮可以根据活动轴约束来缩放对象。

（13）“选择并放置”按钮：单击该按钮，可将对象准确地定位到另一个对象的曲面上；此功能大致相当于自动栅格功能，但它随时可以使用，而不仅限于创建对象时。

（14）“使用轴点中心”按钮：单击该按钮可以围绕各自的轴点旋转或缩放一个或多个对象。该按钮所在按钮组用于确定缩放和旋转操作几何中心，还包括另外两个按钮。单击“使用选择中心”按钮，可以围绕共同的几何中心旋转或缩放一个或多个对象，如果变换多个对象，系统会计算所有对象的平均几何中心，并将平均几何中心作为变换中心；单击“使用变换坐标中心”按钮，可以围绕当前坐标系的中心旋转或缩放一个或多个对象。

（15）“选择并操纵”按钮：单击该按钮，可以通过在视口中拖曳操纵器编辑某些对象、修改器或控制器的参数。

（16）“键盘快捷键覆盖切换”按钮：单击该按钮，可以在只使用主快捷键和同时使用主快捷键和组（如编辑/可编辑网格、轨迹视口和 NURBS 等）快捷键之间进行切换，用户可以在“自定义用户界面”对话框中自定义键盘快捷键。

（17）“捕捉开关”按钮组：“3D 捕捉”是默认设置，它可以直接捕捉到三维空间中的任何几何体，用于创建和移动所有尺寸的几何体，而不考虑构造平面；“2D 捕捉”仅捕捉到活动构建栅格，包括该栅格平面上的任何几何体，将忽略 z 轴或垂直尺寸；“2.5D 捕捉”仅捕捉活动栅格上对象投影的顶点或边缘。

（18）“角度捕捉切换”按钮：单击此按钮，可以旋转视口中的对象，默认以 5° 为增量进行旋转。

（19）“百分比捕捉切换”按钮：单击此按钮，可通过指定百分比来进行对象的缩放。

（20）“微调器捕捉切换”按钮：单击此按钮，可设置 3ds Max 2019 中所有微调器的单次单击增加值或减少值。

（21）“编辑命名选择集”按钮：单击该按钮，弹出“编辑命名选择”对话框，可用于管理子对象的命名选择集。

（22）“镜像”按钮：单击该按钮，弹出“镜像”对话框，使用该对话框可以在镜像一个或多个对象时移动这些对象；“镜像”对话框还可以用于围绕当前坐标系中心镜像当前选择对象，并同时创建克隆对象。

（23）“对齐”按钮组：该按钮组提供用于对齐对象的 6 种不同按钮。单击“对齐”按钮，然后选择对象，将弹出“对齐”对话框，使用该对话框可将当前选择对象与目标对象对齐，目标对象的名称将显示在“对齐”对话框的标题栏中，执行子对象对齐对象时，“对齐”对话框的标题栏中显示当前选择对齐子对象的名称；单击“快速对齐”按钮可将当前选择对象与目标对象立即对齐；单击“法线对齐”按钮弹出“法线对齐”对话框，基于每个对象或选择的法线方向将两个对象对齐；单击“放置高光”按钮，可将灯光或对象与另一对象对齐，以便精确定位其高光或反射；单击“对齐摄影机”按钮，可以将摄影机与选定面的法线对齐；单击“对齐到视图”按钮，弹出“对齐到视图”对话框，可以将对象或子对象的局部坐标系与当前视口对齐。

（24）“切换场景资源管理器”按钮：场景资源管理器提供了一个无模式对话框，可用于查看、排序、过滤和选择对象，还提供了其他功能，如重命名、删除、隐藏和冻结对象，创建和修改对象层次，以及编辑对象属性。

（25）“切换层资源管理器”按钮：层资源管理器是一种显示层及其关联对象、属性的“场景资源管理器”模式，可以使用它来创建、删除和嵌套层，以及在层之间移动对象，还可以查看和编辑场景中所有层的设置，以及与其相关联的对象。

（26）“显示功能区”按钮：该按钮用于打开或关闭功能区。该功能区在 3ds Max 较早版本中也被称为石墨工具。

（27）“曲线编辑器”按钮：“轨迹视图—曲线编辑器”是一种轨迹视图模式，用于以图表上的功能曲线来表示运动。单击“曲线编辑器”按钮，可以查看运动的插值和软件在关键帧之间创建的对象变换；使用曲线上关键点的切线控制柄，可以轻松查看和控制场景中各个对象的运动和动画效果。

（28）“图解视图”按钮：图解视图是基于节点的场景图。单击“图解视图”按钮可以访问对象属性、材质、控制器、修改器、层次和不可见场景关系，如关联参数和实例。

（29）“材质编辑器”按钮：单击该按钮可以打开“Slate 材质编辑器”窗口，其中提供创建、编辑对象材质及贴图的功能。该按钮所在按钮组中还包含“精简材质编辑器”按钮，可以根据习惯选择这两种材质编辑器。

（30）“渲染设置”按钮：单击该按钮，弹出渲染设置窗口；渲染设置窗口中有多个选项卡，选项卡的数量和名称因活动渲染器而异。

（31）“渲染帧窗口”按钮：单击该按钮可显示渲染输出。

（32）“快速渲染”按钮：单击该按钮可以使用当前品级渲染设置来渲染场景，而无须打开渲染设置窗口。

（33）“云渲染”按钮：单击该按钮可使用 Autodesk Cloud 渲染场景；Autodesk Cloud 使用在线资源渲染，因此可以在进行渲染的同时继续使用该软件。

（34）“打开 360 库”按钮：单击该按钮可打开介绍 A360 云渲染的网页。

5．功能区

功能区采用工具栏形式呈现，它可以沿水平或垂直方向停靠，也可以沿垂直方向浮动。

可以通过工具栏中的“显示功能区”按钮隐藏和显示功能区，默认的功能区是以最小化的形式显示在工具栏的下方。通过单击功能区右上角的按钮，可以选择功能区以“最小化为选项卡”“最小化为面板标题”“最小化为面板按钮”“循环浏览所有项”4 种方式之一来显示。图 1-7 所示为“最小化为面板标题”形式的功能区。

图 1-7

功能区的每个选项卡都包含许多面板，这些面板显示与否通常取决于上下文。例如，“选择”选项卡的内容因活动子对象的层级而改变。可以使用右键快捷菜单确定显示哪些面板；还可以分离面板使它们单独地浮动在界面上；通过拖曳面板的一端可水平调整面板大小，当使面板变小时，面板会自动调整为合适的大小，但要注意，这样做可能使以前直接可用的工具需要通过下拉列表才能找到。

举例来说，功能区中的第 1 个选项卡是“建模”选项卡，该选项卡的第 1 个面板“多边形建模”提供了“修改”面板工具的子集：子对象层级（“顶点”“边”“边界”“多边形”“元素”）、堆栈级别、用于子对象选择的预览选项等。可通过右键快捷菜单显示或隐藏任何可用面板。

6. 视口和“视口布局”选项卡栏

视口是场景的三维空间中的开口，如同用于观看封闭的花园或中庭的窗口。视口不仅是被动观察点，在创建场景时，可以将视口用作动态、灵活的工具来了解和修改对象间的 3D 关系。

有时用户可能希望通过一个完整的大视口来查看场景，那么可以通过“观景窗”来查看创建的场景；通常可使用多个视口进行操作，每个视口设置为不同的方向。

如果希望在世界坐标系的水平方向移动对象，可以在顶视图中进行此操作，这样在移动对象时可直接查看对象的俯视图。同时，还要监视透视视图，以查看正在移动的对象何时移至另一对象背后。同时使用这两个视口，可以获得希望的位置和对齐效果。

在每个视口中还可以使用平移和缩放功能，以及栅格对齐功能。通过一系列单击或按键操作，可以获得进行下一步工作需要的任何级别的详细信息。

在默认情况下，3ds Max 2019 中不存在任何摄影机；新场景中的视口显示自由浮动视图。但是，可以在场景中放置摄影机并设定摄影机视图，以通过其镜头进行查看。然后，当移动摄影机时，摄影机视图会自动跟踪更改。这里还可使用聚光灯进行同样的操作。

除几何体对象外，视口可以显示其他视图，如轨迹视图和图解视图，它们显示场景和动画的结构。还可以将视口扩展以显示其他工具，如 MAXScript 迷你侦听器和资源浏览器。对于交互式渲染，视口中还可以显示“动态着色”窗口。

当前活动视口是带有高亮显示边界的一种视口，它始终处于活动状态。当前活动视口是指命令和操作在其中生效的视口。在同一时间仅有一个视口处于活动状态。如果其他视口可见（非禁用），则这些视口会同时跟踪当前活动视口中进行的操作。

要切换当前活动视口，可单击未处于活动状态的视口（可以使用鼠标左键、中键或右键单击）。

世界坐标系的三色坐标轴显示在每个视口的左下角，其中世界空间 3 个轴的颜色：x 轴为红色，y 轴为绿色，z 轴为蓝色，坐标轴使用同样颜色的标签。三色坐标轴通常用于世界坐标系，而不论当前是什么参考坐标系。

ViewCube 3D 导航控件提供了视口当前方向的视觉反馈，让用户可以调整视口方向，以及在标准视图与等距视图间进行切换。

ViewCube 默认情况下会显示在当前活动视口的右上角；如果它处于非活动状态，则会叠加在场景之上。它不会显示在摄影机视图、灯光视图、图形视图或者其他类型的视图中。当 ViewCube 处于非活动状态时，其主要功能是根据模型的正北方向显示场景方向。

当用户将鼠标指针置于 ViewCube 上方时，它将变成活动状态。单击可以切换到一种可用的预设视图中、旋转当前活动视口或者更换到模型的主栅格视图中；单击鼠标右键可以打开具有其他选项的上下文菜单。

视口布局提供一个特殊的选项卡栏，用于在不同视口布局之间快速切换。例如，缩小四视口布局，以实现一个可同时从不同角度反映场景的总体视口及若干个反映不同场景部分的不同全屏特写视口。这种通过一次单击即可激活其中任一视口的功能可大大加快工作速度。布局与场景一起保存，便于随时返回到自定义视口设置。

首次启动 3ds Max 2019 时，默认打开“视口布局”选项卡栏（在视口左侧沿垂直方向打开）。其底部有一些描述启动布局的图标选项卡。通过从“预设”菜单中选择选项卡，可以添加这些选项卡以访问相应的布局。将相应布局从预设加载到选项卡栏之后，可以通过单击其图标切换到对应的布局，如图 1-8 所示。

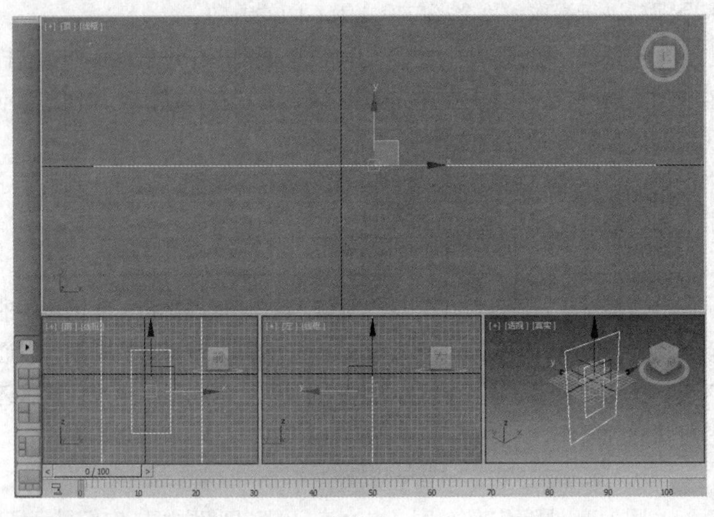

图 1-8

操作界面 4 个视口中的视图类型是可以改变的，激活视口后，按相应的快捷键就可以实现相应视图的切换。各视图快捷键对应的中英文名称如表 1-1 所示。

表 1-1

快捷键	英文名称	中文名称
T	Top	顶视图
B	Bottom	底视图
L	Left	左视图
R	Right	右视图
U	User	用户视图
F	Front	前视图
P	Perspective	透视图
C	Camera	摄影机视图

可以选择默认配置之外的布局。要选择不同的布局，在常规视口标签（[+]）上单击或单击鼠标右键，然后选择“配置视口”命令，如图 1-9 所示。在打开的“视口配置”对话框中选择“布局”选项卡即可选择其他布局，如图 1-10 所示。

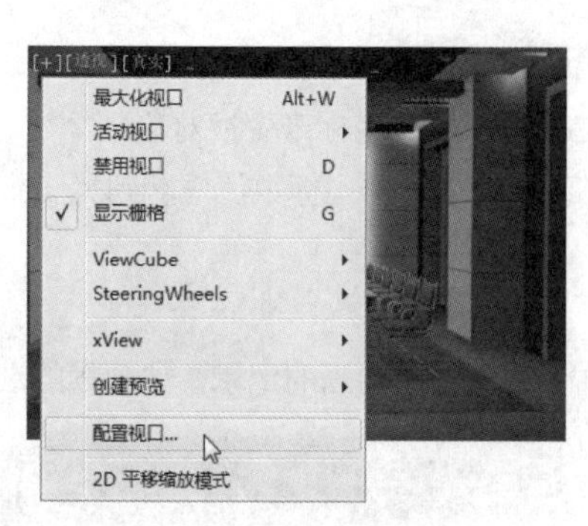

图 1-9

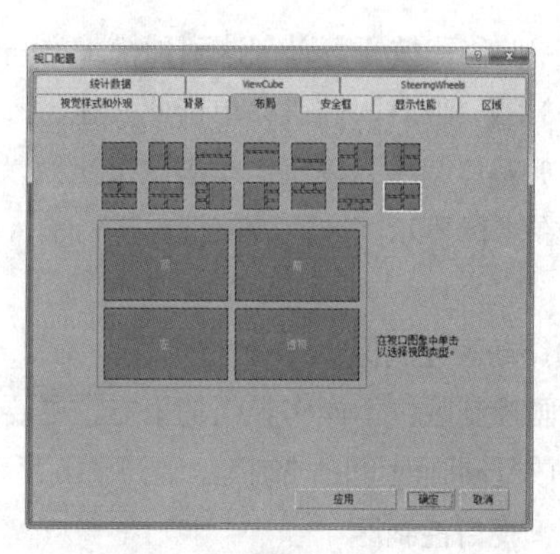

图 1-10

在 3ds Max 2019 中，各视口的大小也不是固定不变的，将鼠标指针移到视口分界处，鼠标指针变为✥形状，按住鼠标左键不放并拖曳，如图 1-11 所示，可以调整各视口的大小，效果如图 1-12 所示。如果想恢复视图均匀分布的状态，可以在视口的分界线处单击鼠标右键，在弹出的快捷菜单中选择“重置布局”命令，复位视口。

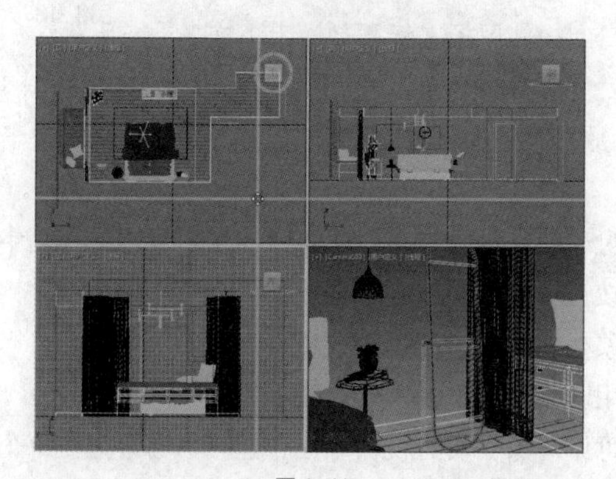

图 1-11

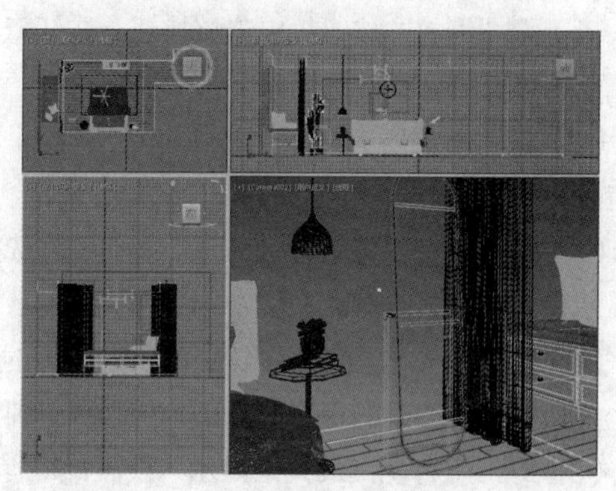

图 1-12

7．状态栏和提示行

状态栏和提示行位于视口的下部偏左的位置，用于显示所选对象的数目和操作信息，如图 1-13 所示。

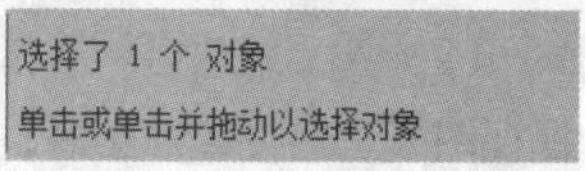

选择了 1 个 对象
单击或单击并拖动以选择对象

图 1-13

8．孤立当前选择切换和选择锁定切换

（1）“孤立当前选择切换”按钮：打开该按钮进入孤立模式，可防止在处理单个对象时误选择其他对象，让用户可以专注于需要看到的对象，无须被周围的环境分散注意力，同时也可以降低由于在视口中显示其他对象而造成的性能开销；如果想要退出孤立模式，将该按钮关闭即可。

（2）“选择锁定切换”按钮：打开该按钮，可防止在复杂场景中意外选择其他内容。

9．坐标显示区域

坐标显示区域如图 1-14 所示。它用来显示鼠标指针当前的位置或对象变换的状态，用户也可以输入新的变换值。变换（包括移动、旋转和缩放）对象的一种方法是直接通过键盘在坐标显示区域的数值框中输入坐标。可以在“绝对”或“偏移”两种模式下进行此操作。单击“绝

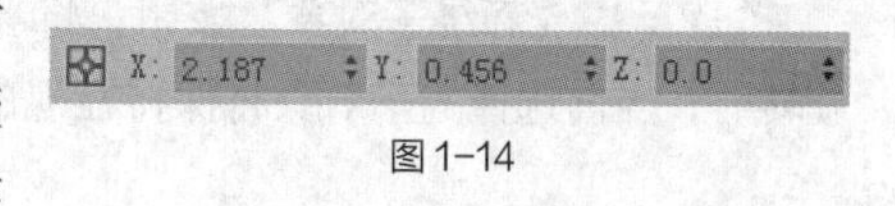

图 1-14

对”或“偏移”按钮可以在这两种模式之间切换。

（1）“绝对”按钮：单击此按钮，以“绝对”模式设置世界坐标系中对象的确切坐标。

（2）“偏移”按钮：单击此按钮，以“偏移”模式相对于现有坐标来变换对象。

当在坐标显示区域的数值框中进行输入时，可以使用 Tab 键从一个坐标数值框转到另一个坐标数值框。

10．动画控制区

动画控制区位于操作界面的下方，主要用于在制作动画时，进行动画的记录、动画帧的选择、动画的播放及动画时间的控制等。图 1-15 所示为动画控制区。

图1-15

11．视口控制区

包含众多视口调节工具的视口控制区位于操作界面的右下角。图 1-16 所示为 3ds Max 2019 视口调节工具，根据当前活动视口的类型，视口调节工具会略有不同。当选择一个视口调节工具时，相应的按钮呈黄色，表示对当前活动视口来说该按钮是打开的，在当前活动视口中单击鼠标右键可关闭该按钮。

图1-16

（1）“缩放”按钮：单击该按钮，在任意视口中按住鼠标左键不放，上下拖曳鼠标，可以拉近或推远场景。

（2）“缩放所有视口”按钮：用法与“缩放”按钮基本相同，只不过该按钮影响的是当前所有可见视口。

（3）“最大化显示选定对象”按钮：将选择的对象或对象集在活动的透视视图或正交视图中居中显示，当要浏览的对象在复杂场景中丢失时，该按钮非常有用。

（4）“最大化显示”按钮：将所有可见的对象在活动的透视视图或正交视图中居中显示，当在单个视口中查看场景的每个对象时，该按钮非常有用。

（5）“所有视口最大化显示”按钮：将所有可见对象在所有视口中居中显示，当希望在每个可见视口的场景中看到各个对象时，该按钮非常有用。

（6）“所有视口最大化显示选定对象”按钮：将选择的对象或对象集在所有视口中居中显示，当要浏览的对象在复杂场景中丢失时，该按钮非常有用。

（7）“缩放区域”按钮：使用该按钮可放大在视口内矩形区域，仅当活动视口是正交视图、透视视图或三向投影视图时，该按钮才可用，该按钮不可用于摄影机视图。

（8）“视野”按钮：使用该按钮可调整视口中可见的场景数量和透视光斑量。

（9）“平移视口”按钮：在任意视口中按住鼠标左键并拖曳，可以移动视口。

（10）“选定的环绕”按钮：将当前选择的中心用作旋转中心，当视口围绕旋转中心旋转时，选择的对象将保持在视口中的同一位置上。

（11）“环绕”按钮：将视口中心用作旋转中心，如果对象靠近视口的边缘，它们可能会旋转出视口范围。

（12）“环绕子对象”按钮：将当前选择的子对象的中心用作旋转中心，当视口围绕旋转中心旋转时，当前选择的子对象将保持在视口中的同一位置上。

（13）“最大化视口切换”按钮：单击该按钮，当前视口将全屏显示，便于对场景进行精细编辑操作；再次单击该按钮，可恢复为原来的状态。其组合键为 Alt+W。

12．命令面板

命令面板是 3ds Max 2019 的核心部分，默认状态下位于操作界面的右侧，由 6 个不同功能的面板组成，从左至右依次为“创建”、“修改”、“层级”、“运动”、“显示”和“实用程序”，如图 1-17 所示。要显示不同面板，只需单击命令面板顶部的选项卡即可切换。使用这些命令面板可以访问 3ds Max 2019 的大多数建模功能、一些动画功能、显示选择和其他工具。

面板上标有“+”或“-”按钮的是卷展栏。卷展栏的标题左侧带有“+”表示卷展栏卷起，有“-”表示卷展栏展开，通过单击“+”或“-”按钮可以展开或卷起卷展栏。

标准基本体

图1-17

（1）“创建”命令面板是 3ds Max 2019 中最常用的面板之一，利用“创建”命令面板可以创建各种模型对象，它也是命令级数最多的面板。3ds Max 2019 中有以下 7 种创建对象可供选择：几何体、图形、灯光、摄影机、辅助对象、空间扭曲、系统，分别介绍如下。

① 几何体：创建标准几何体、扩展几何体、合成造型、粒子系统和动力学物体等。

② 图形：创建二维图形，也可沿某个路径放样生成三维模型。

③ 灯光：创建泛光灯、聚光灯和平行灯等各种灯光，用来模拟现实中各种灯光的效果。

④ 摄影机：创建目标摄影机或自由摄影机。

⑤ 辅助对象：创建起辅助作用的特殊物体。

⑥ 空间扭曲：创建空间扭曲以模拟风、引力等特殊效果。

⑦ 系统：可以将对象、控制器、层次等进行组合，构成组合物体。

单击其中的一个按钮，可以显示相应的面板。在可创建对象按钮的下方是创建模型分类下拉列表标准基本体，单击右侧的下拉按钮，可从弹出的下拉列表中选择要创建的模型类别。

（2）“修改”命令面板用于进行对象的修改。在一个物体创建完成后，如果要对其进行修改，可单击打开“修改”命令面板。在“修改”命令面板中可以修改对象的参数，还可以应用修改器或访问“修改器列表”。通过该面板，用户也可以实现模型的各种变形效果，如拉伸、变曲和扭转等。

（3）通过“层级”命令面板可以访问用来调整对象间层次链接的工具。通过将一个对象与另一个对象相链接，可以创建父子层级。应用到父对象的变换将同时传递给子对象。通过将多个对象同时链接到父对象或子对象，可以创建复杂的层次。

（4）“运动”命令面板提供用于调整选择对象的运动的工具。例如，可以使用“运动”命令面板上的工具调整对象的关键点时间及其缓入和缓出。“运动”命令面板还提供轨迹视图的替代功能，用来指定动画控制器。

（5）“显示”命令面板主要用于设置显示和隐藏、冻结和解冻场景中的对象，还可以改变对象的显示特性、加速视口显示、简化建模步骤。

（6）使用“实用程序”命令面板可以访问各种工具程序。3ds Max 2019 中的工具作为插件提供，一些工具由第三方开发商提供。

1.3 3ds Max 2019 的坐标系

1.3.1 【操作目的】

3ds Max 2019 提供了多种坐标系，如图 1-18 所示。使用参考坐标系下拉列表，可以指定变换（移动、旋转和缩放）的坐标系，该下拉列表中的选项包括“视图”“屏幕”“世界”“父对象”“局部”“万向”“栅格”“工作”“局部对齐”“拾取”。

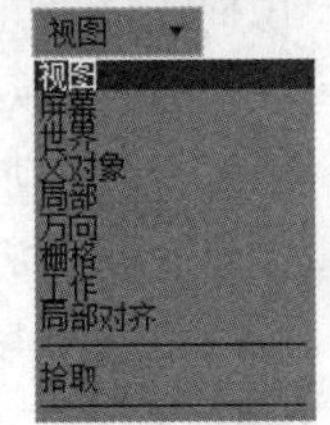

图1-18

1.3.2 【操作步骤】

步骤❶ 在场景中选择需要更改坐标系的模型，如图 1-19 所示。

步骤❷ 在工具栏中的参考坐标系下拉列表中选择需要的坐标系，如图 1-20 所示。

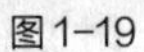
图1-19

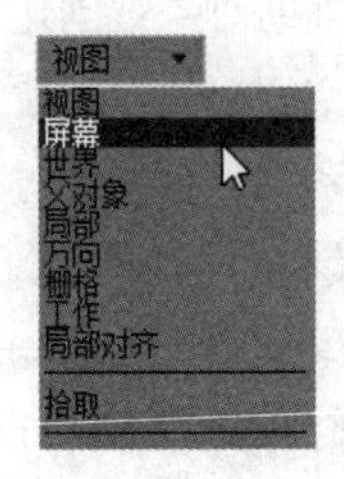

图1-20

1.3.3 【相关工具】

坐标系

（1）“视图”坐标系：在默认的“视图”坐标系中，所有正交视图中的 x 轴、y 轴和 z 轴都相同，使用该坐标系移动对象时，会相对于正交视图空间移动对象。

（2）“屏幕”坐标系：将当前活动视口屏幕用作坐标系。

（3）“世界”坐标系：该坐标系始终固定，坐标轴显示关于该坐标系的视口的当前方向，用户可以在每个视口的左下角找到它。

（4）“父对象”坐标系：使用选择对象的父对象的坐标系，如果对象未链接至特定对象，则其为“世界”坐标系的子对象，其父坐标系与“世界”坐标系相同。

（5）“局部”坐标系：使用选择对象的坐标系，对象的“局部”坐标系由其轴点支撑，使用“层级”面板中的选项，可以相对于对象调整“局部”坐标系的位置和方向。

（6）“万向”坐标系：“万向”坐标系与 Euler XYZ 旋转控制器一同使用，它与“局部”坐标系类似，但其 3 个坐标轴之间不一定相互垂直。

（7）“栅格”坐标系：使用活动栅格的坐标系。

（8）“工作”坐标系：使用工作轴坐标系，用户可以随时使用此坐标系，无论工作轴是否处于活动状态；启用工作轴时，此坐标系即为默认的坐标系。

（9）“局部对齐”坐标系：当在“可编辑网格”或“编辑多边形”中使用子对象时，仅考虑 z 轴，这会导致沿 x 轴和 y 轴的变换不可预测；“局部对齐”坐标系使用选择对象的坐标系来计算 x 轴和 y 轴，以及 z 轴；当同时调整具有不同面的多个子对象时，“局部对齐”坐标系很有用。

（10）“拾取”坐标系：使用场景中另一个对象的坐标系。

微课视频

对象的选择方式

1.4 对象的选择方式

1.4.1 【操作目的】

为了方便用户，3ds Max 2019 提供了多种选择对象的方式。学会并熟练使用各种对象选择方式，将会大大提高制作效率。

1.4.2 【操作步骤】

步骤① 在工具栏中单击“选择对象”按钮。

步骤② 在场景中选择需要编辑的对象，如图 1-21 所示。

图 1-21

1.4.3 【相关工具】

1. 选择对象的基本方法

选择对象的基本方法包括以下两种：单击“选择对象”按钮直接选择对象；单击“按名称选择”按钮，弹出“从场景选择”对话框，通过此对话框选择对象，如图 1-22 所示。

在该对话框中按住 Ctrl 键可选择多个对象，按住 Shift 键可选择连续的多个对象。在对话框中可以设置对象以什么形式进行排序，也可指定显示在对象列表中的对象类型，包括“几何体”“图形”“灯光”“摄影机”“辅助对象”“空间扭曲”“组/集合”“外部参考”“骨骼”按钮，关闭某一按钮，在列表中将隐藏该类型。

2. 区域选择

区域选择指使用工具栏中的选区工具，包括“矩形选择区域”、“圆形选择区域”、“围栏选择区域”、“套索选择区域”和“绘制选择区域”进行选择。

（1）单击“矩形选择区域”按钮，在视口中按住鼠标左键并拖曳，然后释放鼠标。鼠标左键按下的位置是矩形的一个角，释放鼠标的位置是对角线上的角，如图 1-23 所示。

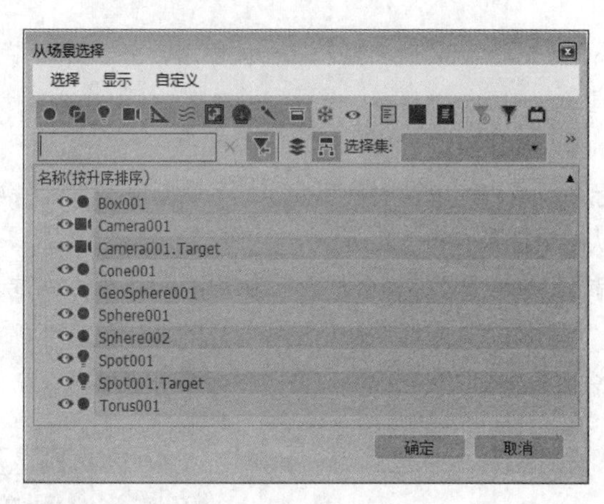

图1-22

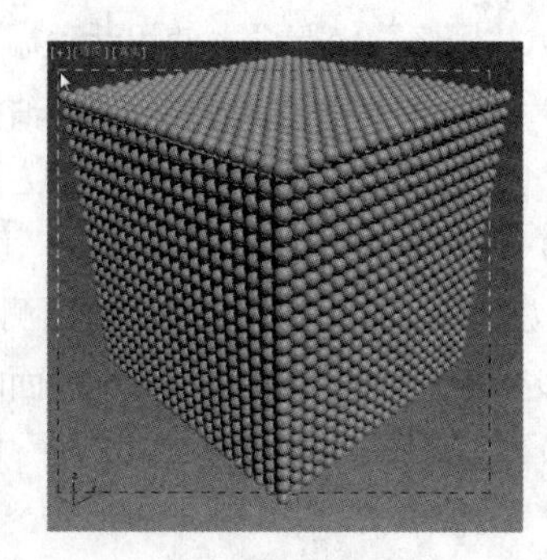

图1-23

（2）单击 “圆形选择区域”按钮，在视口中按住鼠标左键并拖曳，然后释放鼠标。按下鼠标左键的位置是圆形的圆心，释放鼠标的位置定义了圆的半径，如图 1-24 所示。

（3）单击 “围栏选择区域”按钮，拖曳鼠标左键可绘制多边形，创建多边形选区。图 1-25 所示为双击创建的选区。

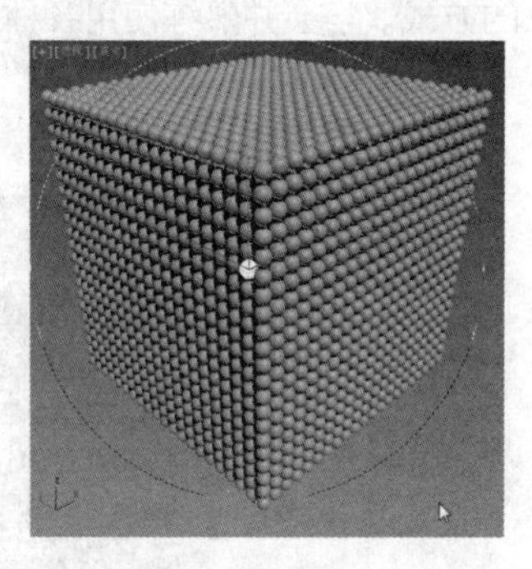

图1-24

图1-25

（4）单击 “套索选择区域”按钮，围绕要选择的对象按住鼠标左键并拖曳绘制图形，然后释放鼠标确定选择区域，如图 1-26 所示。要取消该选择，在释放鼠标前单击鼠标右键。

（5）单击 “绘制选择区域”按钮，按住鼠标左键并拖曳，将鼠标指针拖至对象上，然后释放鼠标。在进行拖曳时，鼠标指针周围会出现一个以画刷大小为半径的圆圈。根据绘制图形创建选区，如图 1-27 所示。

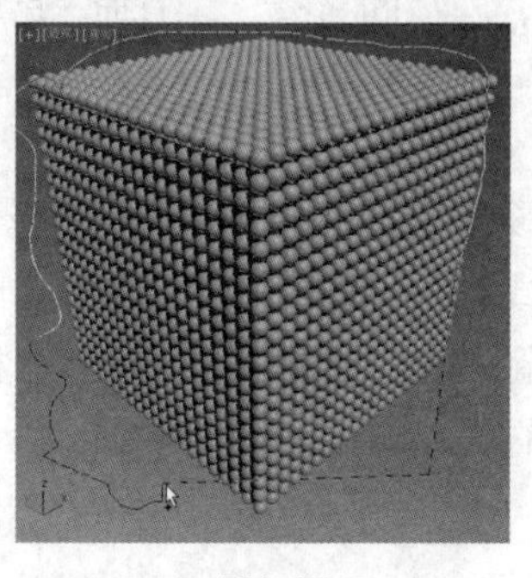

图1-26

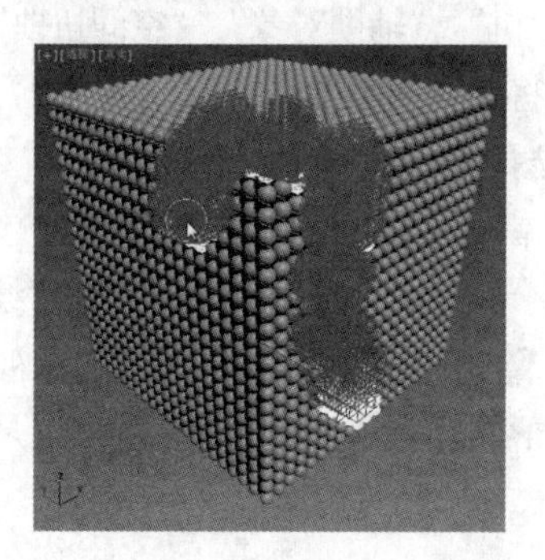

图1-27

3．“编辑”菜单选择

在“编辑”菜单中可以使用不同的选择方式对场景中的模型进行选择，如图 1-28 所示。

4．物体编辑成组

在场景中选择需要成组的对象。在菜单栏中选择“组>成组”命令，弹出“组”对话框，如图 1-29 所示，重新命名组。这样将选择的模型成组之后，可以对成组后的模型进行编辑。

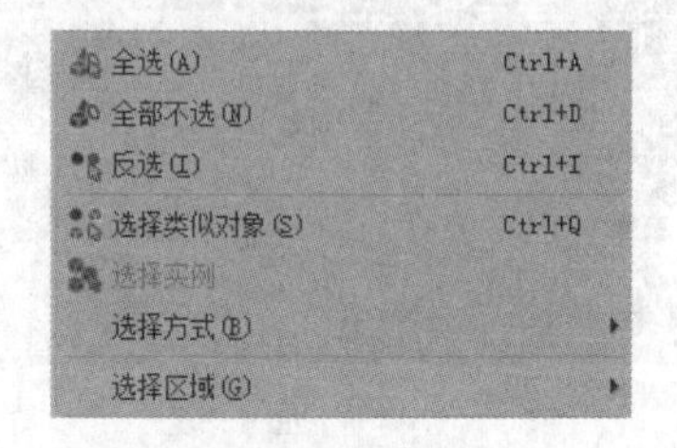

图1-28

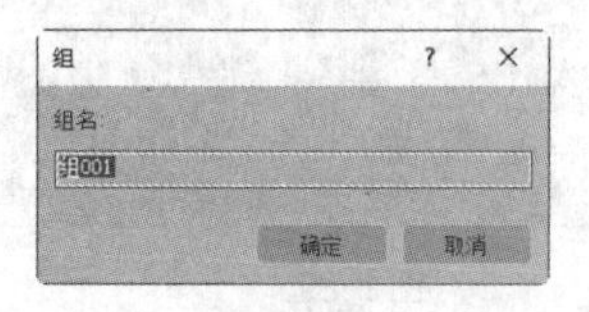

图1-29

1.5 对象的变换

1.5.1 【操作目的】

对象的变换包括对象的移动、旋转和缩放，这 3 种操作几乎在每一次建模中都会用到，也是建模操作的基础，如图 1-30 所示。

1.5.2 【操作步骤】

步骤① 在场景中创建切角长方体、切角圆柱体，以及长方体，并在场景中对模型进行复制，如图 1-31 所示。

图1-30

图1-31

步骤② 在工具栏中单击“选择并移动”按钮，在场景中将图 1-32 所示的切角长方体放到较大的切角长方体下方。

步骤③ 单击“选择并移动”按钮，在场景中将作为腿的切角长方体放到图 1-33 所示的位置。

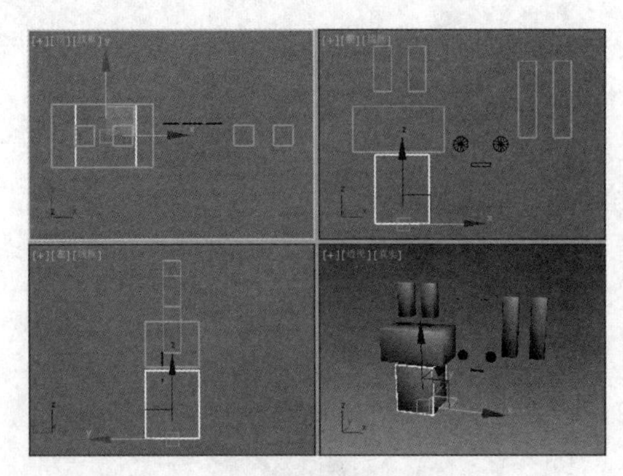

图1-32

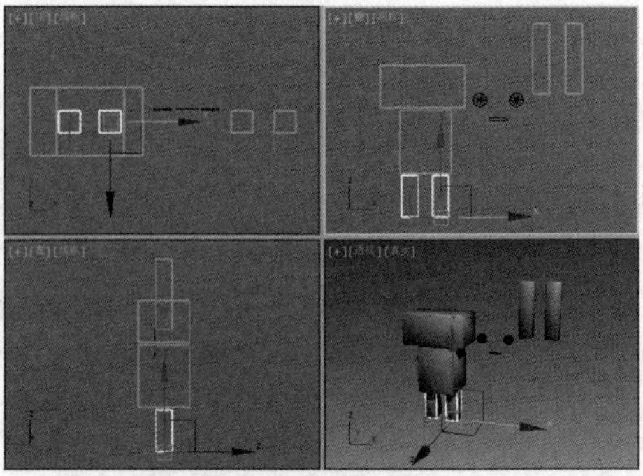

图1-33

步骤④ 在场景中调整切角圆柱体和长方体到图 1-34 所示的位置。

步骤⑤ 在场景中调整切角长方体到图 1-35 所示的位置。

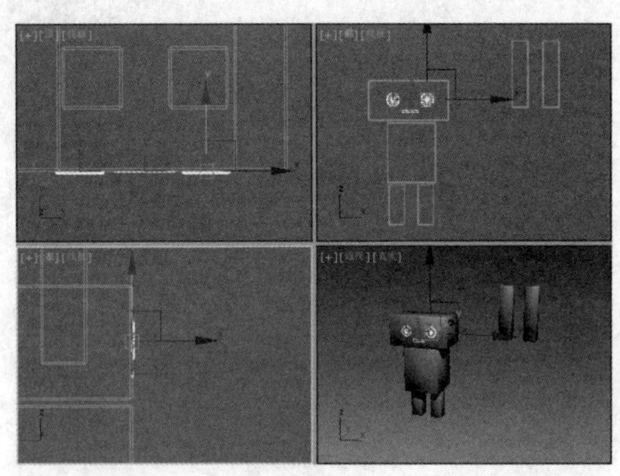

图1-34

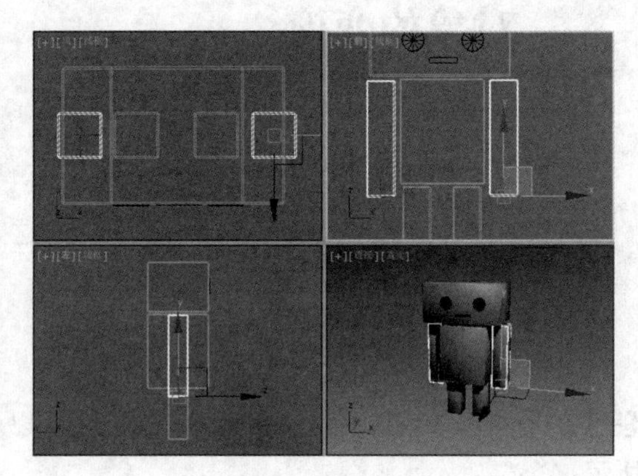

图1-35

步骤⑥ 单击 “选择并旋转”按钮，在场景中旋转右侧的切角长方体，如图 1-36 所示。

步骤⑦ 调整右侧切角长方体的位置，如图 1-37 所示。

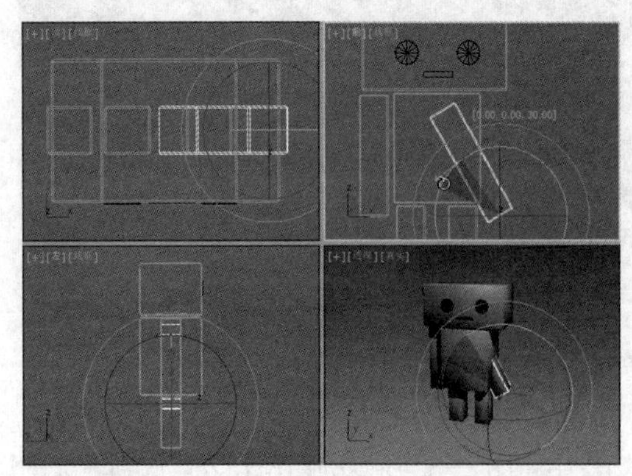

图1-36

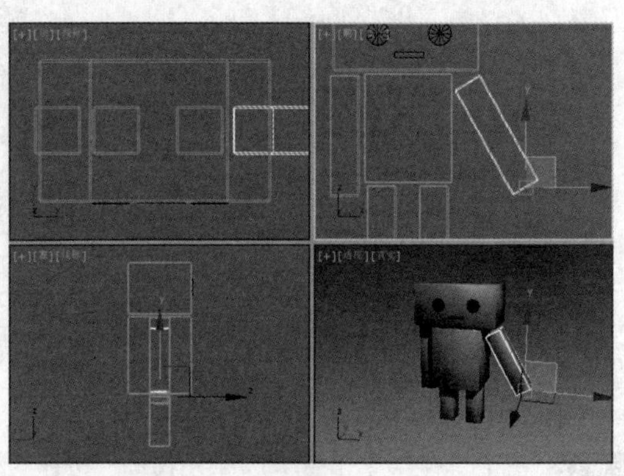

图1-37

1.5.3 【相关工具】

1．移动物体

移动工具是在三维制作过程中使用最频繁的变换工具之一，用于选择并移动物体。单击“选择并移动”按钮，可以将选择的物体移动到任意一个位置，也可以将选择的物体精确定位到一个新的位置。移动工具有自身的模框，选择任意一个坐标轴可以将移动限制在被选择的坐标轴上，被选择的坐标轴显示为黄色；选择任意一个平面，可以将移动限制在该平面上，被选择的平面显示为透明的黄色。

为了提高效果图的制作精度，可以使用键盘输入精确控制移动的距离。在“选择并移动”按钮上单击鼠标右键，打开“移动变换输入”对话框，如图 1-38 所示。在其中可精确控制移动的距离，“偏移世界”选项组中的选项用于设置被选择物体新位置的相对坐标值。使用这种方法移动物体，移动方向仍然要受到坐标轴的限制。

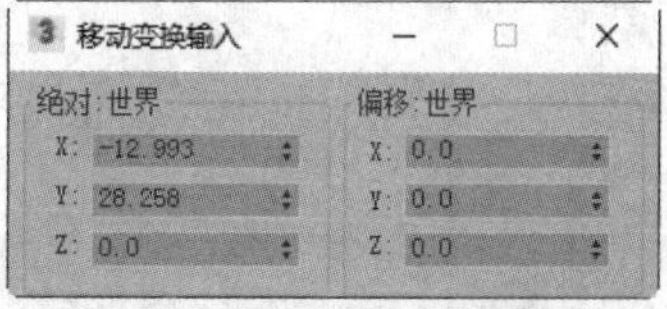

图1-38

2．旋转物体

旋转模框是根据虚拟跟踪球建立的。旋转模框的控制工具是一些圆，在任意一个圆上按住鼠标左键不放，再沿圆形拖曳鼠标指针即可进行旋转。对于大于 360° 的旋转，旋转将超过一圈。当圆形旋转到虚拟跟踪球后面时将不可见，这样旋转模框不会变得杂乱无章，更容易使用。

在旋转模框中，除了 x 轴、y 轴、z 轴方向的旋转外，还可以进行自由旋转和基于视口的旋转：在暗灰色圆形的内部拖曳鼠标可以自由旋转物体，就像旋转一个轨迹球一样（即自由旋转）；在浅灰色的球外框拖曳鼠标，可以在一个与视口视线垂直的平面上旋转物体（即基于视口的旋转）。

使用“选择并旋转”按钮可以进行精确旋转。该按钮的使用方法与移动工具一样，只是对话框有所不同。

3．缩放物体

缩放模框中包括限制平面，以及伸缩模框本身提供的缩放反馈。缩放变换按钮组提供 3 种类型的缩放，即等比例缩放、非等比例缩放和挤压缩放。

对于物体的缩放，3ds Max 2019 提供了 3 种方式，即“选择并均匀缩放”、“选择并非均匀缩放”和“选择并挤压”。在默认设置下，工具栏中显示的是“选择并均匀缩放”按钮，“选择并非均匀缩放”和“选择并挤压”是隐藏按钮。

（1）单击“选择并均匀缩放”按钮，只改变物体的体积，不改变形状，因此坐标轴对它不起作用。

（2）单击“选择并非均匀缩放”按钮，对物体在指定的坐标轴上进行二维缩放（非等比例缩放），物体的体积和形状都发生变化。

（3）单击“选择并挤压”按钮，在指定的坐标轴上使物体发生缩放变形，物体体积保持不变，但形状会发生改变。

1.6 对象的复制

微课视频
对象的复制

1.6.1 【操作目的】

有时在建模中要创建很多形状、性质相同的几何体，如果分别进行创建会浪费很多时间，这时可使用复制工具来完成这个工作。下面介绍镜像复制模型的方法，如图 1-39 所示。

1.6.2 【操作步骤】

步骤① 打开云盘中的“场景>第 1 章>1.6 对象的复制.max”素材文件，如图 1-40 所示。

步骤② 在场景中选择图 1-41 所示的模型。在菜单栏中选择“组>成组”命令，在弹出的对话框中使用默认的名称，如图 1-41 所示。

步骤③ 模型成组后，激活前视图。在工具栏中单击“镜像”按钮，在弹出的对话框中进行设置，如图 1-42 所示。

图 1-39

图 1-40

图 1-41

图 1-42

1.6.3 【相关工具】

1. 复制对象的方式

复制对象有 3 种方式：复制、实例、参考。这 3 种方式主要是根据复制后原对象与复制对象的相互关系来分类的。

（1）复制：复制后原对象与复制对象之间没有任何关系，是完全独立的对象，相互间没有任何影响。

（2）实例：复制后原对象与复制对象相互关联，对其中任何一个对象进行编辑都会影响到复制的其他对象和原对象。

（3）参考：复制后原对象与复制对象有一定的参考关系，对原对象施加修改器时，复制对象会受到同样的影响，但对复制对象施加修改器时不会影响原对象。

2．复制对象的操作

在场景中选择需要复制的模型，按 Ctrl+V 组合键，可以直接复制模型。利用变换工具复制对象是使用得较多的复制方法之一。按住 Shift 键利用“移动”工具、“旋转”工具或“缩放”工具复制对象，释放鼠标，弹出“克隆选项”对话框，如图 1-43 所示，从中选择复制对象的方式。

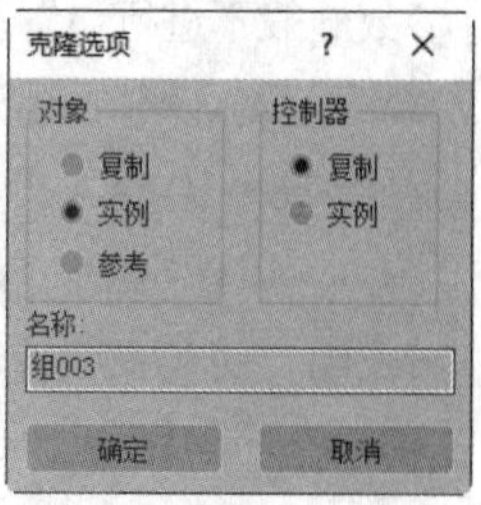

图1-43

3．镜像复制

当建模中需要创建两个对称的对象时，如果直接复制，对象间的距离很难控制，而且要使两个对象对称，直接复制是很难办到的。使用“镜像”按钮就能解决这个问题。

选择对象后，单击“镜像”按钮，弹出“镜像：世界 坐标”对话框，如图 1-44 所示。

（1）“镜像轴”选项组：用于设置镜像轴。

- “X”“Y”“Z”“XY”“YZ”“ZX”单选按钮：用于选择镜像轴。
- “偏移”数值框：用于设置镜像对象和原始对象轴心点之间的距离。

（2）“克隆当前选择”选项组：用于确定镜像对象的复制类型。

- “不克隆”单选按钮：仅把原始对象镜像到新位置而不复制对象。
- “复制”单选按钮：把选择的对象镜像复制到指定位置。
- “实例”单选按钮：把选择的对象关联镜像复制到指定位置。
- “参考”单选按钮：把选择的对象参考镜像复制到指定位置。

使用“镜像”按钮进行镜像复制操作，首先应该熟悉镜像轴的设置。选择对象后单击“镜像”按钮，可以依次选择镜像轴，视口中的复制对象是随“镜像：世界 坐标”对话框中镜像轴的改变实时改变的。选择合适的镜像轴后单击“确定”按钮即可，单击“取消”按钮则取消镜像复制操作。

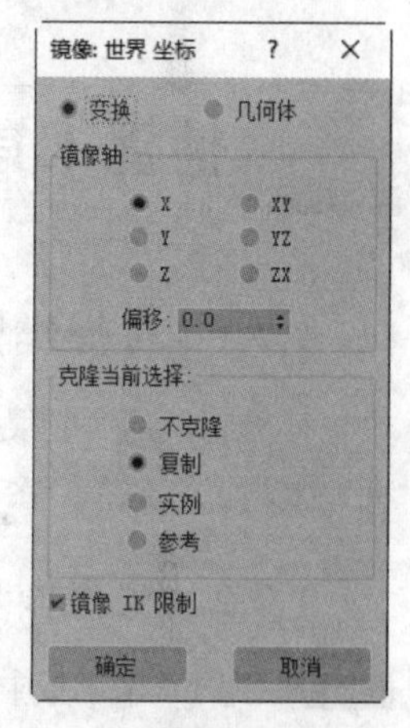

图1-44

4．间隔复制

间隔复制是一种快速而且比较灵活的对象复制方法。使用该方法可以指定一条路径，使复制对象排列在指定的路径上。

5．阵列复制

在菜单栏中选择“工具>阵列”命令，打开“阵列”对话框，如图 1-45 所示。

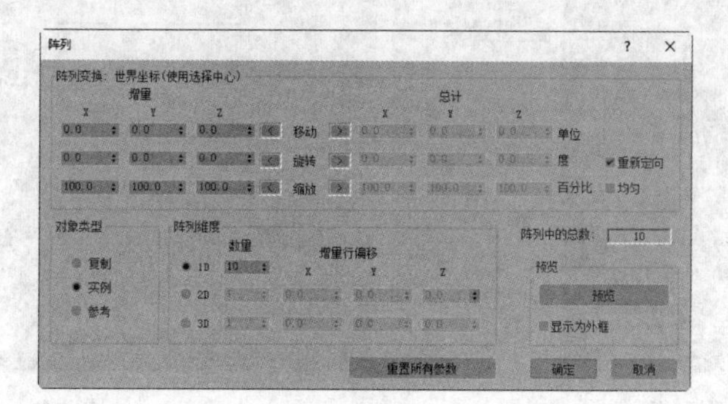

图1-45

（1）“阵列变换：世界 坐标（使用选择中心）”选项组。

- “增量”：用于控制阵列中的单个物体在 x 轴、y 轴、z 轴上的移动、旋转、缩放间距，这些参数一般不进行设置。
- “总计”：用于控制阵列中的物体在 x 轴、y 轴、z 轴上的移动、旋转、缩放总量，这些是常用的参数，改变这些参数后，“增量”中的参数将随之改变。
- 重新定向：勾选此复选框后，旋转复制原始对象时，也对复制物体沿其自身的坐标系进行旋转定向，使其在旋转轨迹上总保持相同的角度。
- 均匀：勾选此复选框后，“缩放”的数值框中将只有一个允许输入，这样可以保证对象只发生体积变化，而不发生变形。

（2）“对象类型”选项组：用于设置对象复制的类型。

（3）“阵列维度”选项组：用于设置 3 个维度的阵列。

（4）“预览”选项组：单击下面的“预览”按钮，可以在视口中预览设置的阵列参数。

微课视频

捕捉工具

1.7 捕捉工具

1.7.1 【操作目的】

捕捉工具是功能很强的建模工具，熟练使用该工具可以极大地提高工作效率。图 1-46 所示为制作的装饰画效果。

图1-46

1.7.2 【操作步骤】

步骤① 用 1.6 节场景中的案例对象进行以下操作。单击“+（创建）>（图形）>扩展样条线>墙矩形”按钮，在前视图中创建墙矩形。在“参数”卷展栏中设置“长度”为 1200、“宽度”为 800、“厚度”为 20，如图 1-47 所示。

步骤② 切换到“修改”命令面板，在“修改器列表”中选择“挤出”修改器，设置“数量”为 50，如图 1-48 所示。

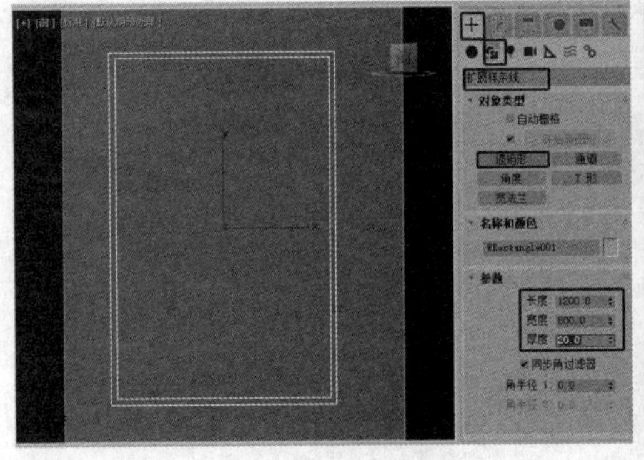

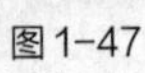

图1-47

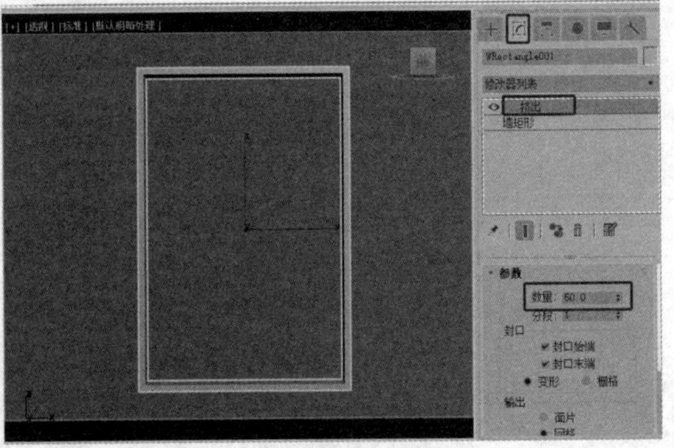

图1-48

步骤❸ 在工具栏中的“捕捉开关”按钮组上单击鼠标右键，在弹出的对话框中勾选“顶点”复选框，如图 1-49 所示。按住“捕捉开关”按钮组，在弹出的下拉列表中单击“2.5 捕捉”按钮，将其打开。

步骤❹ 单击“+（创建）>（几何体）>标准基本体>长方体”按钮，通过捕捉顶点，在前视图中墙矩形的内侧创建长方体，如图 1-50 所示。

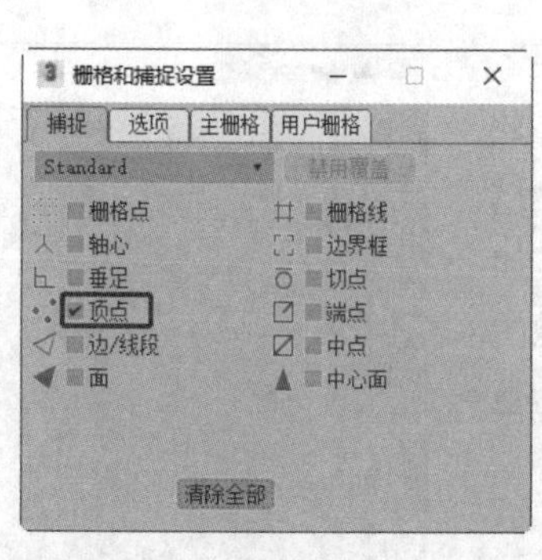

图 1-49

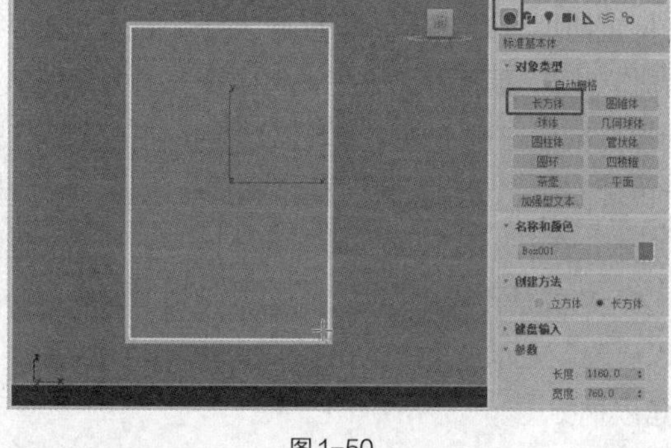

图 1-50

步骤❺ 切换到“修改”命令面板，在“参数”卷展栏中设置合适的参数，如图 1-51 所示。

步骤❻ 将完成的模型放到合适的位置，单击“角度捕捉切换”按钮，在场景中旋转模型，并调整模型在场景中的大小，如图 1-52 所示。

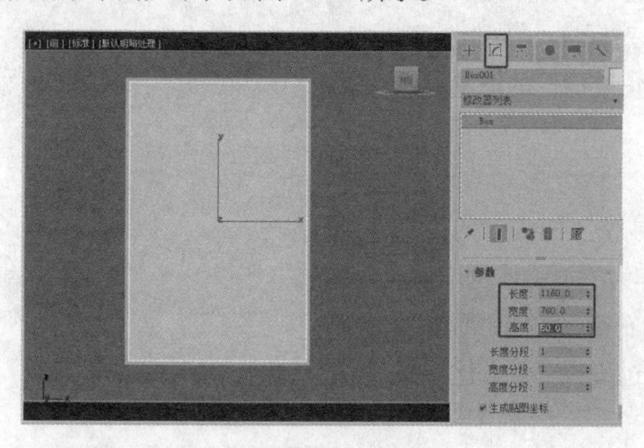

图 1-51

图 1-52

步骤❼ 调整模型至合适的角度并对场景进行渲染。

1.7.3 【相关工具】

本小节对上面案例中出现的工具进行介绍。

1. 三种捕捉工具

捕捉工具分为 3 种，即位置捕捉工具——“捕捉开关”、角度捕捉工具——“角度捕捉切换”和百分比捕捉工具——“百分比捕捉切换”。其中常用的是位置捕捉工具，角度捕捉工具主要用于旋转物体，百分比捕捉工具主要用于缩放物体。

2. 位置捕捉

使用“捕捉开关”能够很好地在三维空间中锁定需要的位置，以便进行旋转、创建、编辑、修改等操作。在创建和变换对象或子对象时，使用此工具可以捕捉几何体的特定部分，还可以捕捉栅格、切线、中点、轴心点、面中心等。

开启捕捉工具（应关闭动画设置）后，旋转和缩放命令执行在捕捉点周围。例如，开启“顶点捕捉”对一个立方体进行旋转操作，在使用变换坐标中心的情况下，可以使用捕捉让立方体围绕自身顶点进行旋转。如果动画设置开启，无论是旋转还是缩放，捕捉工具都无效，对象只能围绕自身轴心进行旋转或缩放。捕捉分为相对捕捉和绝对捕捉。

对于位置捕捉设置，系统提供了 3 个按钮：“2D 捕捉”“2.5D 捕捉”“3D 捕捉”，它们被包含在一个按钮组中，在此按钮组上按住鼠标左键不放，即可以进行按钮的选择。在此按钮上单击鼠标右键，可以打开“栅格和捕捉设置”对话框，如图 1-53 所示。在其中可以选择捕捉的类型，还可以设置捕捉的灵敏度，这一功能是比较重要的。如果捕捉到了对象，会以蓝色（颜色可以更改）显示一个 15 像素的方格和相应的线。

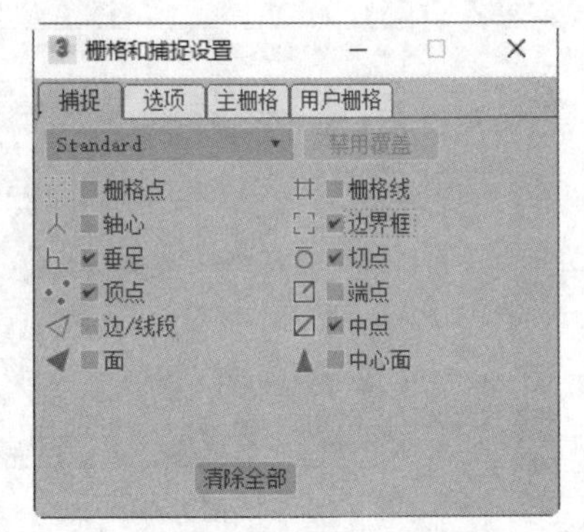

图1-53

3. 角度捕捉

“角度捕捉切换”用于设置进行旋转操作时角度的间隔，不打开此按钮对于细微调节有帮助，但对于调整旋转角度就很不方便。事实上，我们经常要进行如 90°、180° 等整角度的旋转，这时打开此按钮，系统会以 5° 作为增量进行调整。在此按钮上单击鼠标右键可以打开“栅格与捕捉设置”对话框，在“选项”选项卡中，可以通过设置“角度”值来设置角度捕捉的增量，如图 1-54 所示。

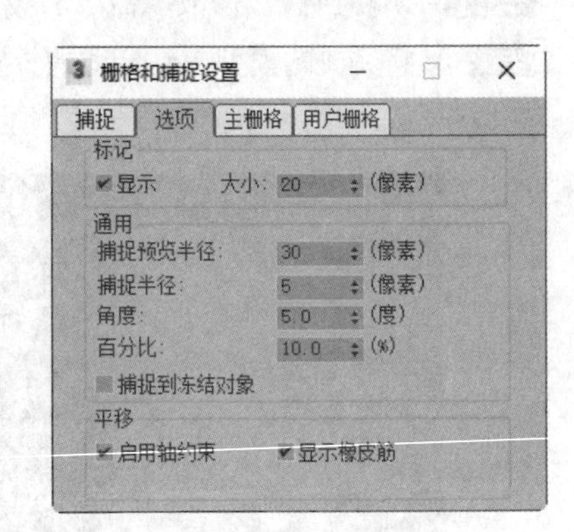

图1-54

4. 百分比捕捉

“百分比捕捉切换”用于设置缩放或挤压操作时的百分比增量。如果不打开此按钮，系统会以 1%作为缩放的比例增量，如果要调整比例增量，在此按钮上单击鼠标右键，弹出“栅格和捕捉设置”对话框，在“选项”选项卡中通过设置“百分比”值来设置捕捉的比例增量，默认值为 10%。

5. 捕捉工具的参数设置

在“捕捉开关”按钮组上单击鼠标右键，打开“栅格和捕捉设置”对话框。下面对各选项卡中的选项进行说明。

（1）“捕捉”选项卡。

“捕捉”选项卡如图 1-55 所示。

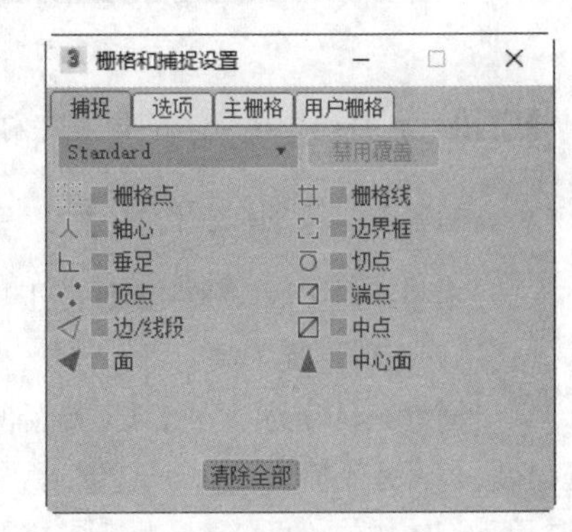

图1-55

- “栅格点”复选框：捕捉到栅格交点，默认情况下，此捕捉类型处于启用状态，组合键为 Alt+F5。
- “栅格线”复选框：捕捉到栅格线上的任何点。
- “轴心”复选框：捕捉到对象的轴心。
- “边界框”复选框：捕捉到对象边界框的 8 个角中的一个。
- “垂足”复选框：捕捉到样条线上与上一个点相对的垂直点。

- “切点”复选框：捕捉到样条线上与上一个点相对的相切点。
- “顶点”复选框：捕捉到网格对象或可以转换为可编辑网格对象的顶点，捕捉样条线上的分段，组合键为 Alt+F7。
- “端点”复选框：捕捉到网格边的端点或样条线的顶点。
- “边/线段”复选框：捕捉到沿着边（可见或不可见）或样条线分段的任何位置，组合键为 Alt+F9。
- “中点”复选框：捕捉到网格边的中点和样条线分段的中点，组合键为 Alt+F8。
- “面”复选框：捕捉到曲面上任何位置，若已选择背面，则该工具无效，组合键为 Alt+F10。
- “中心面”复选框：捕捉到三角形面的中心。

（2）“选项”选项卡。

“选项”选项卡如图 1-56 所示。

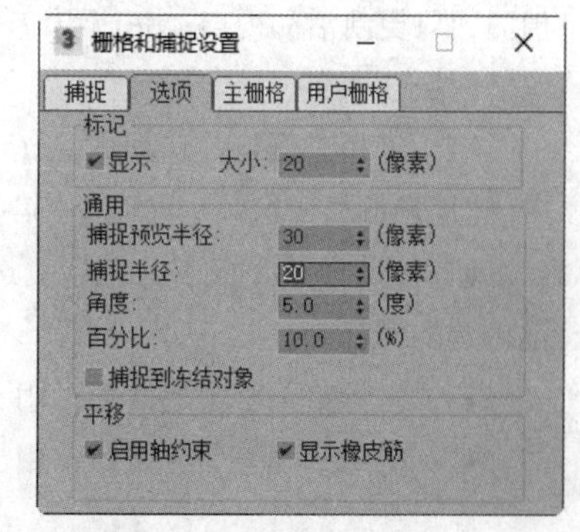

图 1-56

- “显示”复选框：设置是否显示捕捉指南，禁用该复选框后，捕捉仍然起作用，但不显示捕捉指南。
- “大小”数值框：以像素为单位设置捕捉“击中”点的大小，它显示为一个小图标，表示源或目标捕捉点。
- “捕捉预览半径”数值框：当鼠标指针与潜在捕捉点的距离在“捕捉预览半径”值和“捕捉半径”值之间时，捕捉标记出现在最近的潜在捕捉点上，但不发生捕捉。默认值是 30 像素。
- “捕捉半径”数值框：以像素为单位设置鼠标指针周围区域的大小，在该区域内捕捉将自动进行，默认值为 20 像素。
- “角度”数值框：设置对象围绕指定轴旋转的增量（以度为单位）。
- “百分比”数值框：设置缩放变换的百分比增量。
- “捕捉到冻结对象”复选框：勾选此复选框后，启用捕捉到冻结对象，默认设置为禁用状态；该复选框也位于“捕捉”快捷菜单中，按住 Shift 键在任意视口中单击鼠标右键，可以对其进行访问；它也位于捕捉工具栏中，组合键为 Alt+F2。
- “启用轴约束”复选框：约束选择对象，使其沿着在轴约束工具栏上指定的轴移动；取消勾选该复选框后（默认设置），将忽略约束，并且可以将捕捉的对象平移任何尺寸（假设使用 3D 捕捉）；该复选框也位于捕捉快捷菜单中，按住 Shift 键在任意视口中单击鼠标右键，可以对其进行访问；它也位于捕捉工具栏中，组合键为 Alt+F3 或 Alt+D。
- “显示橡皮筋”复选框：当勾选此复选框并且移动一个选择的对象时，在原始位置和鼠标指针位置之间显示橡皮筋线，勾选此复选框可使结果更精确。

（3）“主栅格”选项卡。

“主栅格”选项卡如图 1-57 所示。

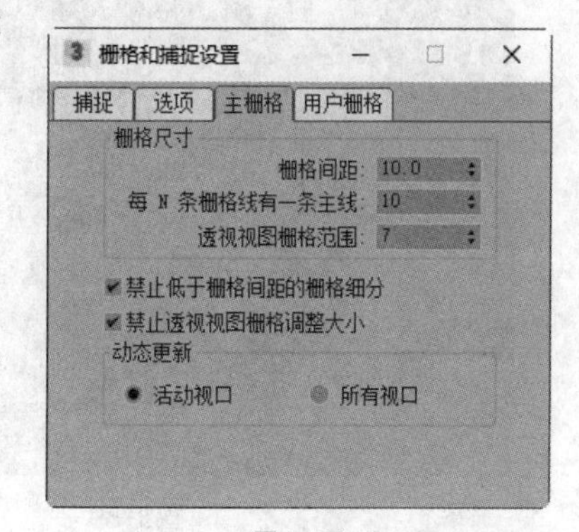

图 1-57

- “栅格间距”数值框：栅格间距是栅格的最小方形的大小，使用微调器可调整其值，或直接输入值。
- “每 N 条栅格线有一条主线”数值框：主栅格显示为更暗的或主线已标记栅格方形的组，使用微调器调整该值，可以调整主线之间的栅格方形数，或直接输入值，最小值为 2。

- “透视视图栅格范围”数值框：设置透视视图中的主栅格大小。
- “禁止低于栅格间距的栅格细分”复选框：当在主栅格上放大时，3ds Max 2019 将栅格视为一组固定的线；实际上，栅格在“栅格间距”设置处停止，如果保持缩放，固定栅格将从视口中丢失，不影响缩小；当缩小时，主栅格不确定扩展以保持主栅格细分。该复选框默认设置为勾选。
- “禁止透视视图栅格调整大小”复选框：当放大或缩小时，3ds Max 2019 将透视视图中的栅格视为一组固定的线；实际上，无论缩放多大多小，栅格将保持同样大小。该复选框默认设置为勾选。
- “动态更新”选项组：默认情况下，当更改“栅格间距”和“每 N 条栅格线有一条主线”的值时，只更新活动视口；完成更改值之后，其他视口才进行更新；选择“所有视口”单选按钮可在更改值时更新所有视口。

（4）“用户栅格”选项卡。

“用户栅格”选项卡如图 1-58 所示。

- “创建栅格时将其激活”复选框：勾选该复选框可自动激活创建的栅格。
- “世界空间”单选按钮：用于将栅格与世界坐标系对齐。
- “对象空间”单选按钮：用于将栅格与对象坐标系对齐。

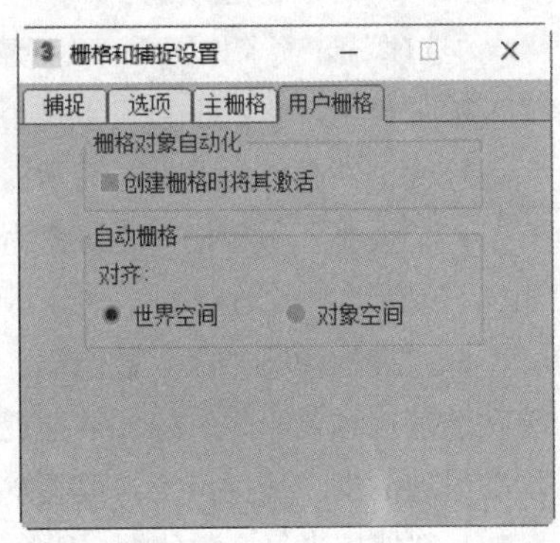

图 1-58

1.8 对齐工具

1.8.1 【操作目的】

使用对齐工具可以对物体进行方向和比例的对齐，还可以进行对齐法线、放置高光、对齐摄影机和对齐视图等操作。对齐工具有实时调节、实时显示效果的功能。

1.8.2 【操作步骤】

步骤① 场景中有长方体和球体，如图 1-59 所示。下面将球体放置到长方体上方的中心处。

步骤② 在场景中选择创建的球体，如图 1-60 所示。

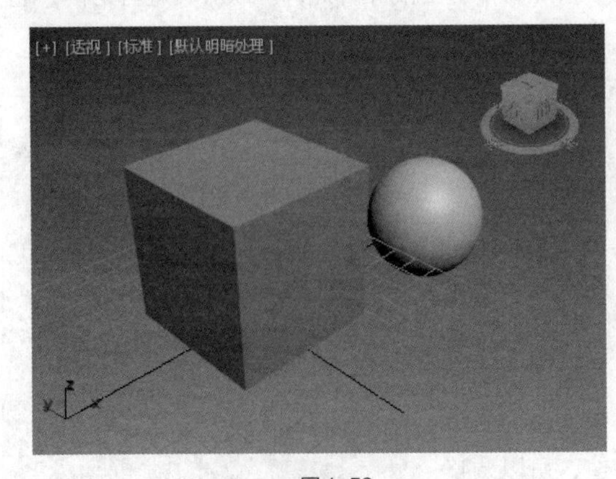

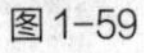
图 1-59

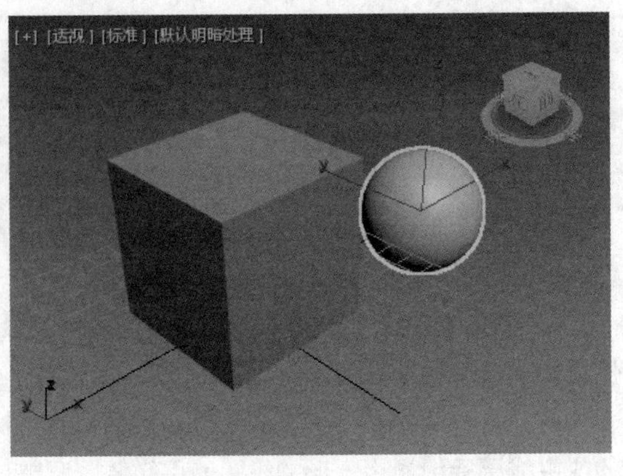

图 1-60

步骤③ 在工具栏中单击“对齐”按钮，在场景中拾取对齐目标。这里选择长方体，弹出图 1-61 所示的对话框，勾选“X 位置”“Y 位置”复选框，在“当前对象”和“目标对象”选项组中分别选择“中心”和“中心”单选按钮，单击“应用”按钮，将球体放置到长方体的中心。

步骤④ 勾选“Z 位置”复选框，分别选择“当前对象”和“目标对象”选项组中的“最小”和“最大”单选项，单击“确定”按钮，如图 1-62 所示，将球体放置到长方体的上方。

> **提示**
> “对齐当前选择”对话框中的轴向是根据视图决定的，例如，在顶视图选择的物体对齐轴向与在前视图中选择的物体对齐轴向就不同。

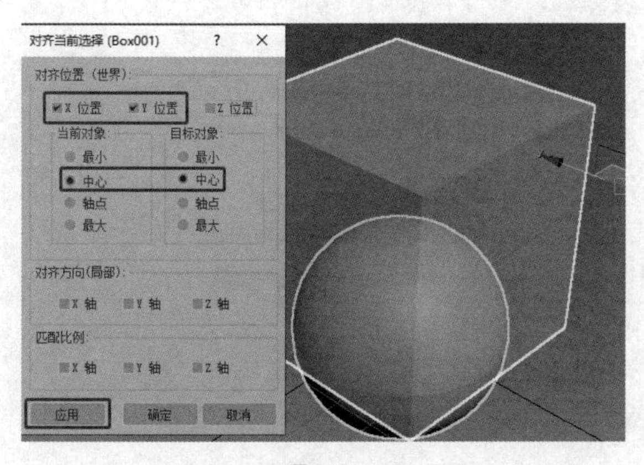

图1-61

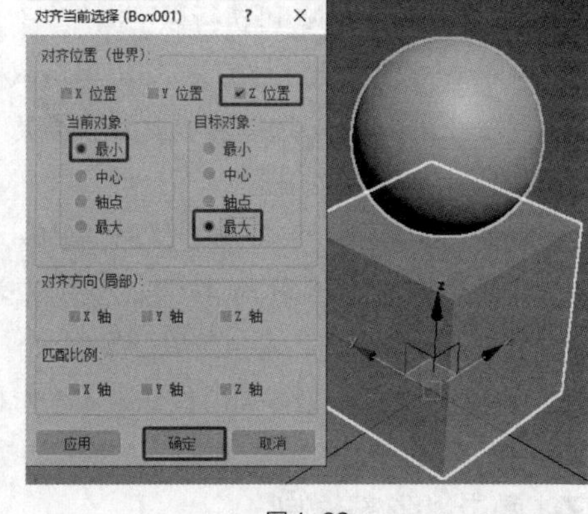

图1-62

1.8.3 【相关工具】

下面介绍“对齐当前选择”对话框中各个选项的功能，如图 1-63 所示。

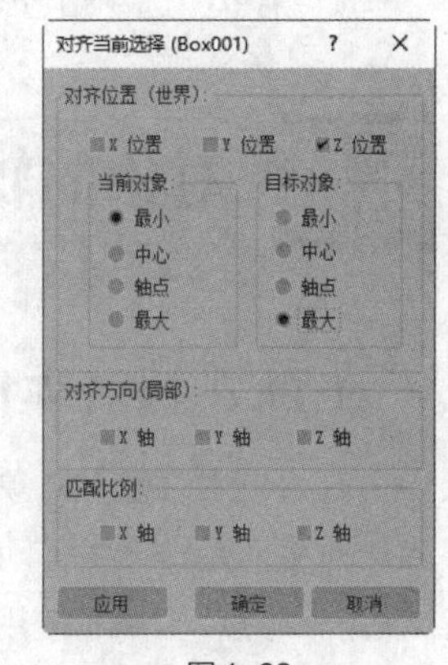

图1-63

- “X 位置”“Y 位置”“Z 位置”复选框：指定要在其中执行对齐操作的一个或多个轴向；勾选 3 个复选框，可以将当前对象移动到目标对象位置。
- “最小”单选按钮：将具有最小坐标值的对象边界框上的点与其他对象上选择的点对齐。
- “中心”单选按钮：将对象边界框的中心与其他对象上的选择的点对齐。
- “轴点”单选按钮：将对象的轴点与其他对象上的选择的点对齐。
- “最大”单选按钮：将具有最大坐标值的对象边界框上的点与其他对象上选择的点对齐。
- “对齐方向（局部）”选项组：用于在轴向的任意组合上匹配两个对象之间的局部坐标系的方向。
- “匹配比例”选项组：勾选“X 轴”“Y 轴”“Z 轴”复选框，可匹配两个选择对象之间的缩放值；该操作仅对变换输入中显示的缩放值进行匹配，这不一定会导致两个对象的大小相同，如果两个对象先前都没有进行缩放，则其大小不会更改。

1.9 撤销和重做

微课视频
撤销和重做

1.9.1 【操作目的】

在制作模型时，撤销和重做是常见的操作，需要熟练掌握。

1.9.2 【操作步骤】

要撤销最近一次操作，可执行以下任意操作。

单击“撤销场景操作”按钮，选择“编辑>撤销”命令，按 Ctrl+Z 组合键。

要撤销若干个操作，可执行以下操作。

步骤① 在“撤销场景操作”按钮上单击鼠标右键。

步骤② 在弹出的列表中选择需要返回的层级。必须连续选择，不能跳过列表中的选项。

步骤③ 单击“撤销”按钮。

要重做一个操作，可执行以下任意操作。

单击“重做场景操作”按钮，选择“编辑>重做”命令，按 Ctrl+Y 组合键。

要重做若干个操作，可执行以下操作。

步骤① 在“重做场景操作”按钮上单击鼠标右键。

步骤② 在弹出的列表中选择要重做的操作。必须连续选择，不能跳过列表中的选项。

步骤③ 单击“重做”按钮。

1.9.3 【相关工具】

撤销和重做可以使用工具栏中的“撤销场景操作”和“重做场景操作”按钮实现，也可以在“编辑”菜单中选择相应命令实现，这里就不再介绍了。

1.10 对象的轴心控制

微课视频
对象的轴心控制

1.10.1 【操作目的】

轴心点用来定义对象在旋转和缩放时的中心点，使用不同的轴心点会对变换操作产生不同的效果。对象的轴心控制工具包括 3 种：“使用轴心点”、“使用选择中心”、“使用变换坐标中心”，效果如图 1-64 所示。

图 1-64

1.10.2 【操作步骤】

步骤① 在前视图中创建文本，设置合适的参数，如图 1-65 所示。

步骤② 切换到“修改”命令面板。在“修改器列表”中选择“挤出”修改器，设置“参数”卷展栏中的“数量”，如图 1-66 所示。

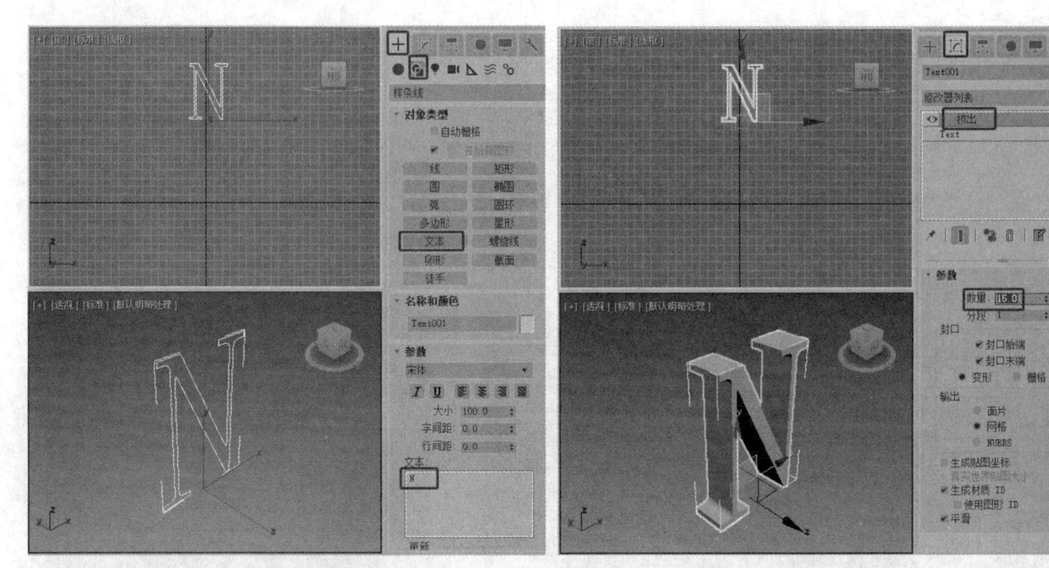

图1-65　　　　图1-66

步骤③ 在工具栏中单击 “选择并旋转”按钮，再单击 “使用变换坐标中心”按钮，在场景中按住鼠标中键并拖曳，移动模型，可以看到轴心的位置在变化，拖曳轴心到图 1-67 所示的位置即可。

步骤④ 打开 “角度捕捉切换”按钮，按住 Shift 键移动鼠标以复制模型。在场景中旋转 90° ，释放鼠标，在弹出的对话框中选择“复制”单选按钮，如图 1-68 所示。

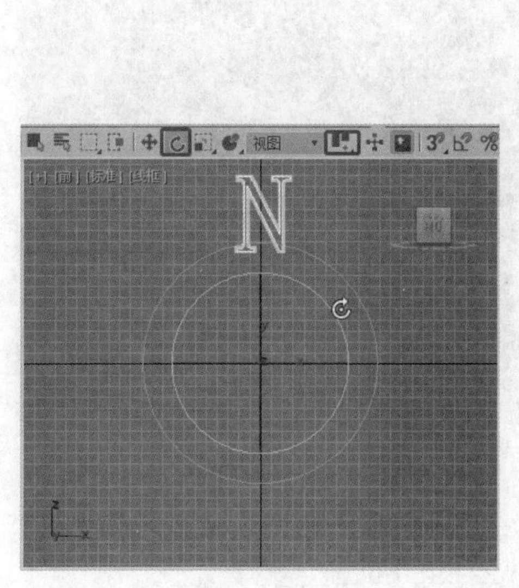

图1-67

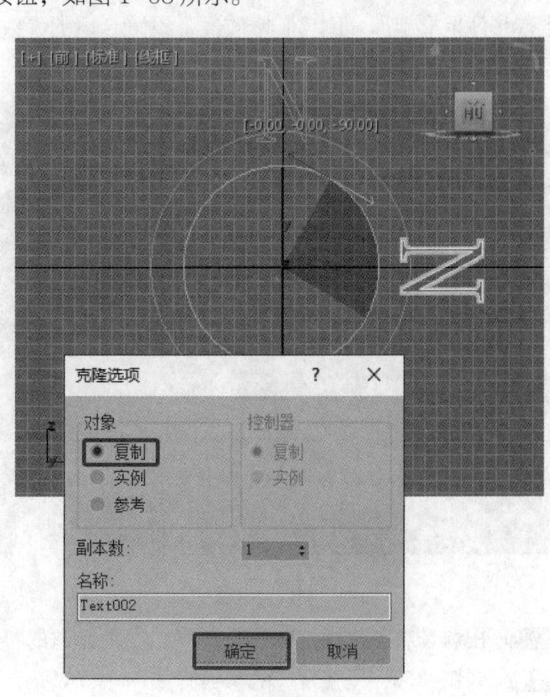

图1-68

步骤⑤ 复制模型后，在“修改器列表”中选择“Text”修改器，在“参数”卷展栏中修改文本，如图 1-69 所示。

步骤⑥ 使用同样的方法复制其他模型，如图 1-70 所示。

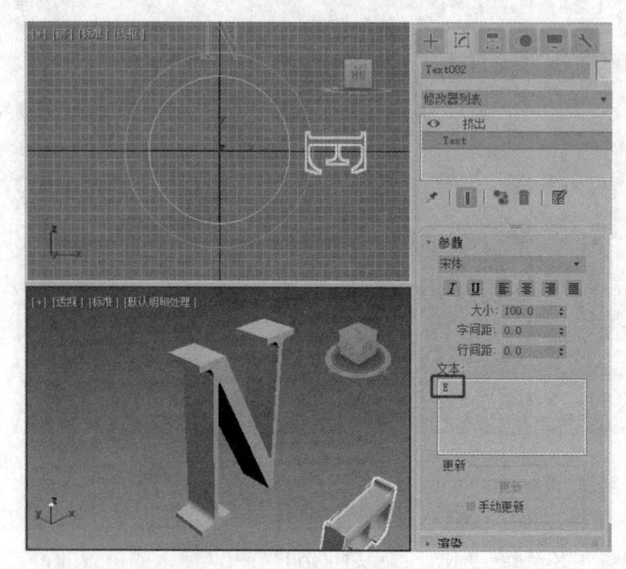

图 1-69

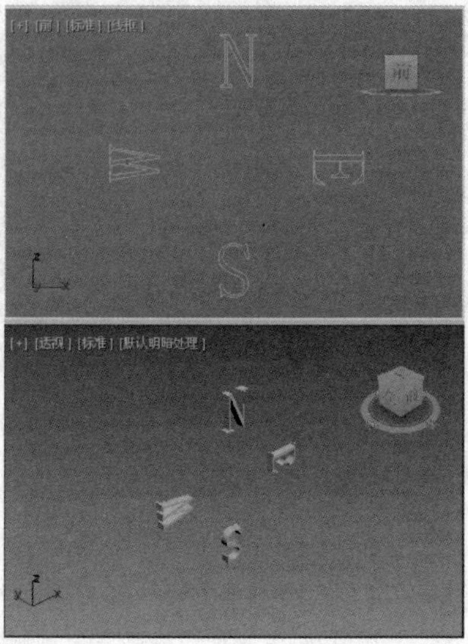

图 1-70

步骤⑦ 在场景中创建星形，设置合适的参数，如图 1-71 所示。

步骤⑧ 为星形施加“倒角”修改器，设置合适的参数，如图 1-72 所示。

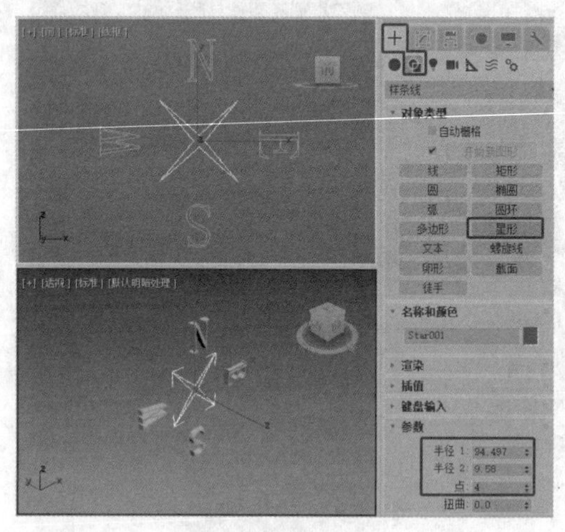

图 1-71

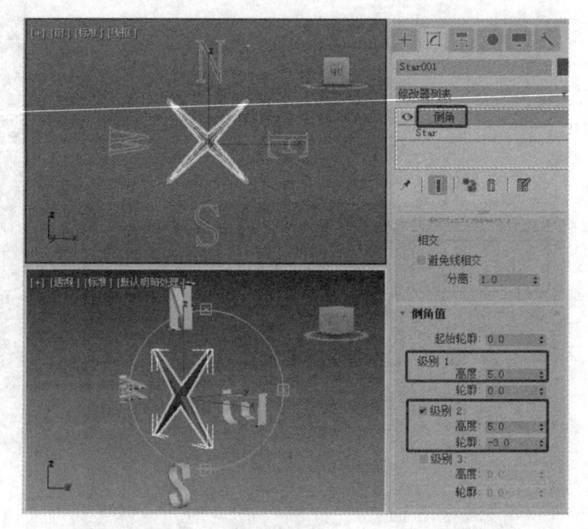

图 1-72

步骤⑨ 在场景中创建圆柱体作为底座，设置合适的参数，如图 1-73 所示。

步骤⑩ 创建圆环，设置合适的参数，如图 1-74 所示，调整模型的位置。

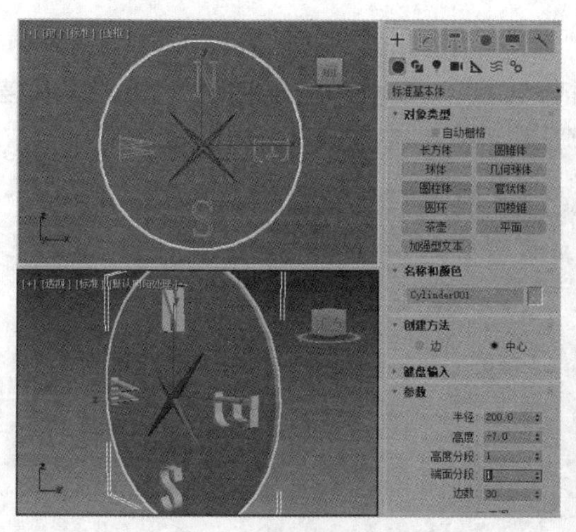

图 1-73

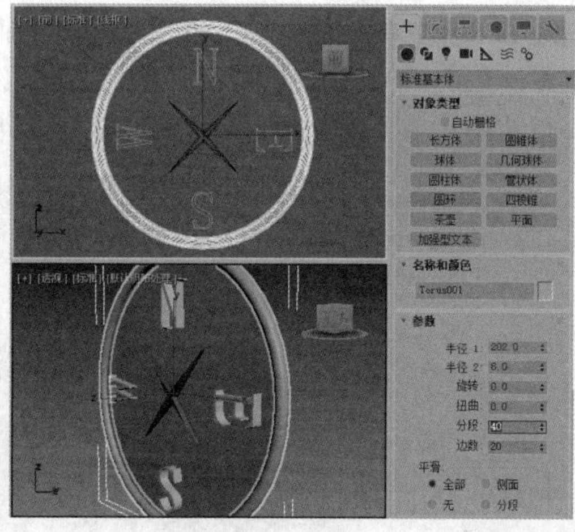

图 1-74

1.10.3 【相关工具】

1．使用轴心点

使用“使用轴心点”按钮，可以围绕各自的轴点旋转或缩放一个或多个对象。

提示

变换中心模式的设置基于逐个变换，因此应先选择变换，再选择中心模式。如果不希望更改中心模式，可选择“自定义>首选项”命令，再选择“常规”选项卡中“参考坐标系>恒定”选项。

使用“使用轴心点”按钮应用旋转，可将每个对象围绕其自身局部轴向进行旋转。

2．使用选择中心

使用“使用选择中心”按钮，可以围绕共同的几何中心旋转或缩放一个或多个对象。如果变换多个对象，系统会计算所有对象的平均几何中心，并将此几何中心作为变换中心。

3．使用变换坐标中心

使用“使用变换坐标中心”按钮，可以围绕当前坐标系的中心旋转或缩放一个或多个对象。当使用拾取功能将其他对象指定为坐标系时，坐标中心是该对象轴的位置。

1.11 快捷键的设置

1.11.1 【操作目的】

在 3ds Max 2019 中设置常用的快捷键，可以提高设计制作人员的作图效率，因此在工作中熟练地使用快捷键是非常有必要的。

1.11.2 【操作步骤】

步骤① 在菜单栏中选择“自定义>自定义用户界面”命令，在弹出的“自定义用户界面”对话框中可以创建一个完全自定义的用户界面。该对话框中包括“键盘”“鼠标”“工具栏”“四元菜单”“菜单”和“颜色”6 个选项卡。其中，在“键盘”选项卡中可以自定义快捷键，如图 1-75 所示。

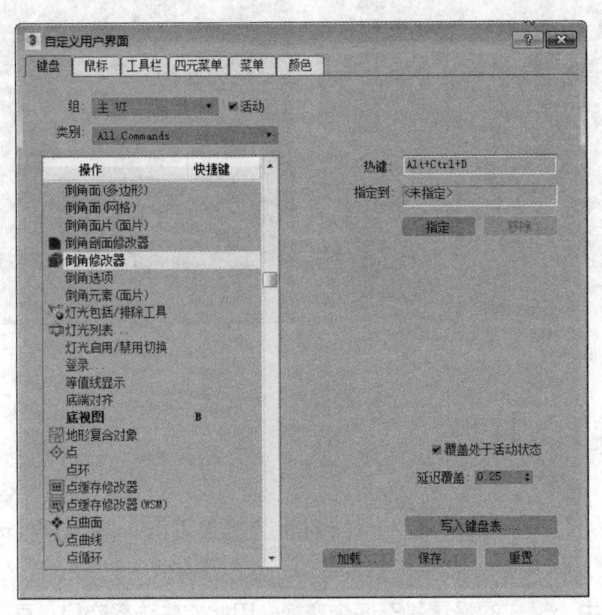

图 1-75

步骤② 在“键盘”选项卡的“操作”列表框中找到要定义快捷键的修改器名称，先按 Caps Lock（大小写切换）键锁定大写，再在“热键”文本框中输入想要设置的快捷键，单击“指定”按钮。快捷键的设置原则为在标准触键姿势下以左手能快速覆盖为宜。

步骤③ 常用的几个快捷键设置如下：“隐藏选定对象”设置为 Alt+S 组合键；“编辑网格”修改器设置为 Y 键；“挤出”修改器设置为 U 键；调用底视图设置为 B 键；调用“显示变换 Gizmo”设置为 X 键。

1.11.3 【相关工具】

在“自定义用户界面”对话框中也可以通过选择代表此工具栏上的命令、脚本的文本或图标按钮来添加命令和宏脚本。

1. “键盘”选项卡

使用“键盘”选项卡可以创建自己的键盘快捷键，如图 1-76 所示。利用该选项卡可以为 3ds Max 2019 中可用的大多数命令指定快捷键。

- “组”下拉列表：选择要自定义的上下文，如“主 UI”“轨迹视图”“材质编辑器”等。
- “活动”复选框：设置特定于上下文的键盘快捷键的可用性，默认设置为启用。
- “类别”下拉列表：可以在所选组（上下文）的用户界面操作类别中进行选择。
- “操作/快捷键”列表框：显示所选组和类别的所有可用操作和快捷键（如果定义的话）。
- “热键”文本框：可以输入键盘快捷键，输入快捷键后，“指定”按钮处于活动状态。

- “指定到”文本框：如果输入的某个快捷键已指定，则显示指定该快捷键的操作。
- “指定”按钮：当在“热键”文本框中输入键盘快捷键时此按钮处于活动状态，单击此按钮之后，快捷键信息将在左侧的“操作/快捷键”列表框中显示。
- “移除”按钮：移除对话框左侧的“操作/快捷键”列表框中选择的操作的快捷键。
- “覆盖处于活动状态”复选框：勾选此复选框后，按“编辑多边形”和“可编辑多边形”选项组中覆盖标准功能的黑体字的快捷键；例如，当“可编辑多边形”对象处于“多边形”子对象层级时，按住 Shift+Ctrl+B 组合键可临时激活“倒角”工具，从而覆盖当前操作。
- “延迟覆盖”数值框：活动的快捷键覆盖当前操作之前的延迟。
- “写入键盘表”按钮：打开“文件另存为”对话框，在其中可以将对快捷键所做的更改保存在可打印的 TXT 文件中。
- “加载”按钮：单击此按钮，打开“加载快捷键文件”对话框，可将自定义快捷键从 KBDX 文件加载到 3ds Max 2019 中。
- “保存”按钮：单击此按钮，打开“保存快捷键文件为”对话框，可将对快捷键所做的任何更改保存到 KBDX 文件中。
- “重置”按钮：单击此按钮，将快捷键还原为默认设置。

2.“鼠标”选项卡

通过“鼠标”选项卡可以自定义鼠标行为，如图 1-77 所示。

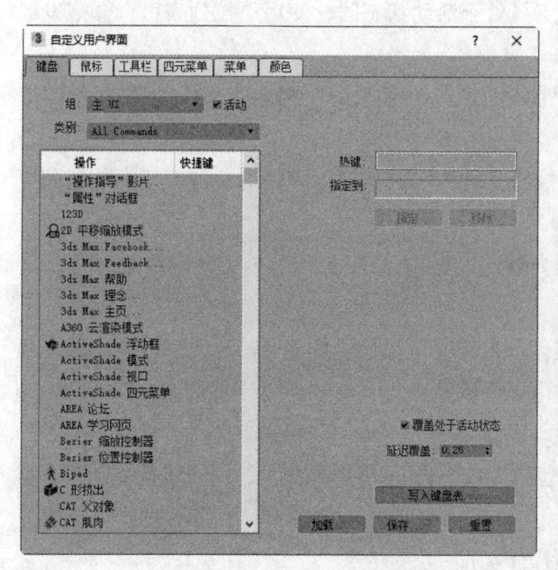

图 1-76

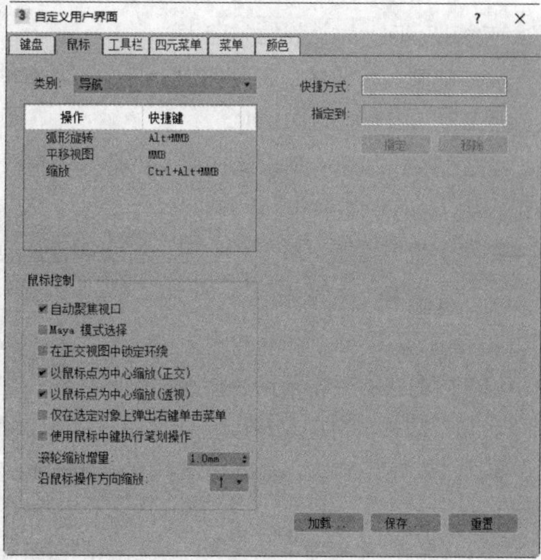

图 1-77

- “类别”下拉列表：用于选择鼠标的用户界面操作类别。
- “操作/快捷键”列表框：如果已定义，则显示鼠标的所有可用操作和快捷键。
- “快捷方式”文本框：可以输入键盘快捷键，输入快捷键后，“指定”按钮处于活动状态。
- “指定到”文本框：如果输入的某个快捷键已指定，则显示该快捷键对应的操作。
- “指定”按钮：当在“热键”文本框中输入键盘快捷键时此按钮处于活动状态，单击此按钮之后，快捷键信息将在“操作/快捷键”列表框中显示。

- “移除”按钮：移除对话框左侧的“操作”列表中选择的操作的快捷键。
- “自动聚焦视口”复选框：勾选该复选框，按住任意键并将鼠标指针悬停在视口中可激活该视口。该复选框默认设置为勾选。
- “Maya 模式选择”复选框：勾选该复选框，按住 Shift 键并单击可将当前选择添加到选择集或从选择集中减去，按住 Ctrl 键并单击可将当前选择从选择集中减去。该复选框默认设置为未勾选。
- “在正交视图中锁定环绕”复选框：勾选该复选框，环绕被锁定且在正交视图中不可用。该复选框默认设置为未勾选。
- “以鼠标点为中心缩放（正交）”复选框：勾选该复选框，视口将围绕鼠标单击的那一点进行缩放；取消勾选该复选框，视口将围绕视口中心进行缩放。该复选框仅适用于正交视图，默认设置为勾选。
- “以鼠标点为中心缩放（透视）”复选框：勾选该复选框，视口将围绕鼠标单击的那一点进行缩放；取消勾选该复选框，视口将围绕视口中心进行缩放。该复选框仅适用于透视视图，默认设置为勾选。
- “仅在选定对象上弹出右键单击菜单”复选框：在选择的对象上限制右键快捷菜单显示。该复选框默认设置为未勾选。
- “使用鼠标中键执行笔划操作”复选框：勾选该复选框，可以通过使用鼠标中键拖曳应用笔划模式。该复选框默认设置为未勾选。
- “滚轮缩放增量”数值框：设置使用鼠标滚轮缩放的灵敏度，该值最大为 100，最小为 0.01，默认为 1。
- “沿鼠标操作方向缩放”下拉列表：在缩放工具处于活动状态时，使用下拉列表可选择拖曳鼠标会放大的方向，默认设置为向上。
- “加载”按钮：单击此按钮，打开“加载快捷键文件”对话框，可将自定义快捷键从 MUSX 文件加载到 3ds Max 2019 中。
- “保存”按钮：单击此按钮，打开“保存快捷键文件为”对话框，可将对快捷键所做的任何更改保存到 MUSX 文件中。
- “重置”按钮：单击此按钮，将快捷键还原为默认设置。

3. “工具栏”选项卡

在“工具栏”选项卡中可以编辑现有工具栏或创建自定义工具栏，如图 1-78 所示。利用该选项卡可以在现有工具栏中添加、移除和编辑按钮，也可以删除整个工具栏，还可以使用 3ds Max 2019 命令和脚本创建自定义工具栏。

- “组”下拉列表：选择自定义的功能环境，包括“主 UI”（用户界面）、“轨迹视图”和“材质编辑器”。
- “类别”下拉列表：选择所选组的用户界面操作类别。
- “操作”列表框：显示所选组和类别的所有可用操作。
- 工具栏下拉列表 Animation Layers：可以在此下拉列表中选择现有工具栏。
- “新建”按钮：单击此按钮，打开“新建工具栏”对话框，输入要创建的工具栏名称，单击“确定”按钮，新工具栏作为浮动工具栏出现。
- “删除”按钮：单击此按钮，删除工具栏下拉列表中选择的工具栏。
- “重命名”按钮：单击此按钮可以打开“重命名工具栏”对话框。从工具栏下拉列表中选择工具栏以激活此按钮，单击此按钮，更改工具栏名称，单击“确定”按钮，浮动工具栏上的工具栏名称将改变。

- “隐藏”复选框：设置是否显示在工具栏下拉列表中选择的工具栏。
- “加载”按钮：单击此按钮，打开“加载 UI 文件”对话框，可以加载自定义用户界面的 CUIX 文件。
- “保存”按钮：单击此按钮，打开“保存 UI 文件为”对话框，可以将对用户界面的任何更改保存在 CUIX 文件中。
- “重置”按钮：单击此按钮，还原默认设置。

4．“四元菜单”选项卡

在“四元菜单”选项卡中可以自定义四元菜单，如图 1-79 所示。利用该选项卡可以创建自定义的四元菜单集，也可以编辑现有的四元菜单集。

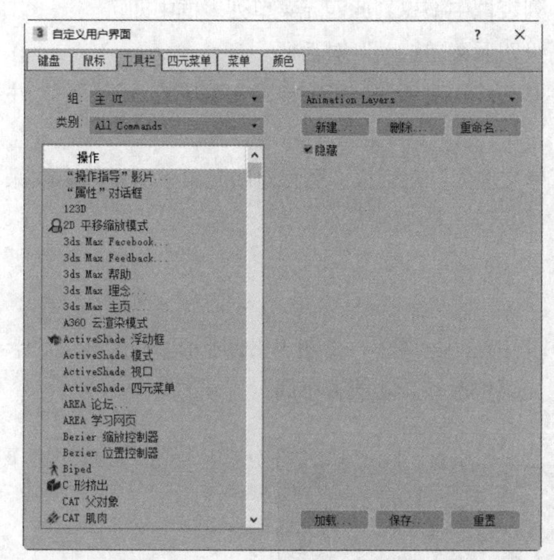

图1-78

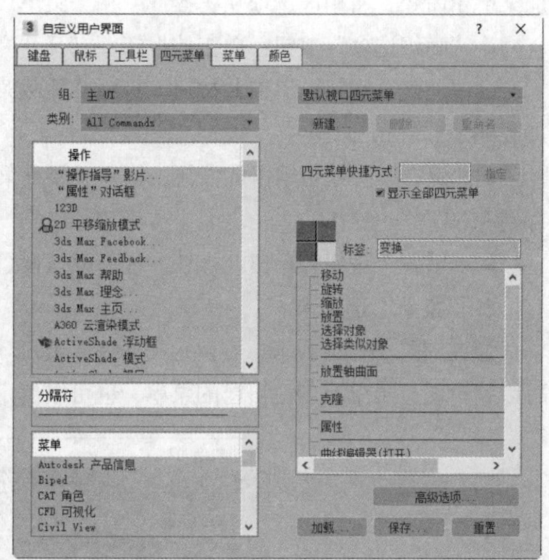

图1-79

- “组”下拉列表：选择要自定义的上下文，如“主 UI”“轨迹视图”“材质编辑器”等。
- “类别”下拉列表：选择所选上下文的用户界面操作类别。
- “操作”列表框：显示所选组和类别的所有可用操作；要向某个特定的四元菜单集添加一项操作，选择该项操作并将其拖曳到位于该对话框右侧的四元菜单列表框中；在其中的一项操作上单击鼠标右键，可以编辑定义这项操作的宏脚本（如果有这样的脚本存在）。
- “分隔符”列表框：显示一条分隔线，用来分开四元菜单中菜单项的各个组；要向某个特定的四元菜单集添加分隔符，选择分隔符并将其拖曳到位于该对话框右侧的四元菜单列表框中。
- “菜单”列表框：显示所有 3ds Max 2019 菜单的名称；要向某个特定的四元菜单集添加一个菜单，选择菜单并将其拖曳到位于该对话框右侧的四元菜单列表框中；在其中的一个菜单上单击鼠标右键，可以删除菜单、重命名、新建一个新菜单或清空菜单。
- 四元菜单集下拉列表 默认视口四元菜单：此下拉列表中显示可用的四元菜单集。
- “新建”按钮：单击此按钮，打开“新建四元菜单集”对话框，输入要创建的四元菜单集名称，单击“确定”按钮，新的四元菜单集将显示在四元菜单集下拉列表中。

- “删除”按钮：删除四元菜单集下拉列表中显示的条目，仅适用于用户创建的四元菜单集。
- “重命名”按钮：单击此按钮，打开“重命名四元菜单集”对话框；要激活“重命名”按钮，从四元菜单下拉列表中选择一个四元菜单集；要更改名称，单击“重命名”按钮，编辑四元菜单集的名称，然后单击“确定”按钮。
- “四元菜单快捷方式”文本框：定义显示四元菜单集的快捷方式，输入快捷键并单击“指定”按钮进行设置。
- “显示全部四元菜单”复选框：勾选此复选框后，键盘快捷键将显示四元菜单的四个象限；取消勾选此复选框后，键盘快捷键一次只显示一个象限。
- “标签”文本框：显示高亮显示的四元菜单标签。
- 四元菜单列表框（对话框右侧）：显示当前选择的四元菜单及四元菜单集的菜单选项；要添加菜单和命令，将相应选项从“操作”和“菜单”列表框中拖曳到此四元菜单列表框中即可。
- “高级选项”按钮：单击此按钮，打开“高级四元菜单选项”对话框。
- “加载”按钮：单击此按钮，打开“加载菜单文件”对话框，可将自定义菜单的 MNUX 文件加载到 3ds Max 2019 中。
- “保存”按钮：单击此按钮，打开“保存菜单文件为”对话框，可将对四元菜单所做的更改保存到 MNUX 文件中。
- “重置”按钮：单击此按钮，还原默认设置。

5.“菜单”选项卡

通过“菜单”选项卡，可自定义 3ds Max 2019 中使用的菜单，如图 1-80 所示。利用该选项卡可以编辑现有菜单或创建自己的菜单，也可以自定义菜单标签、功能和布局。

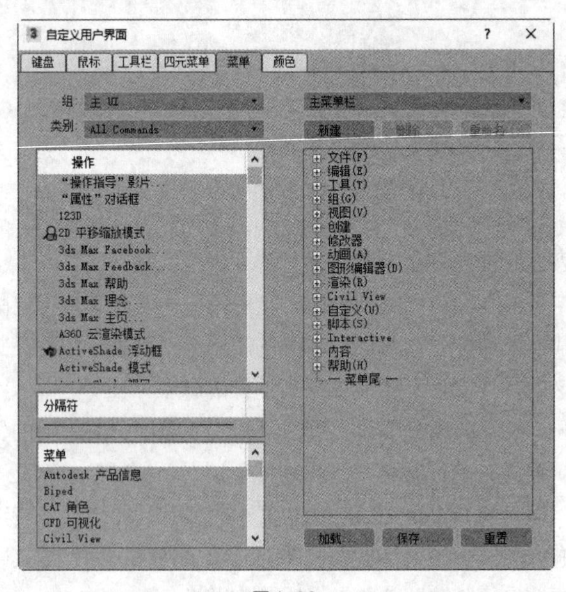

图1-80

- “组”下拉列表：选择要自定义的上下文，如“主 UI”“轨迹视图”“材质编辑器”等。
- “类别”下拉列表：选择所选上下文的用户界面操作类别。
- “操作”列表框：显示所选组和类别的所有可用操作；要向某个特定的菜单添加一项操作，选择该项操作并将其拖曳到位于该对话框右侧的菜单列表框中；在其中的一项操作上单击鼠标右键，便可以编辑定义该项操作的宏脚本（如果有这样的脚本存在）。

• “分隔符”列表框：显示一条分隔线，用来分开菜单项的各个组；要向某个特定的菜单添加一个分隔符，选择分隔符并将其拖曳到位于该对话框右侧的菜单列表框中。

• “菜单”列表框：该列表框显示所有菜单的名称；要将一个菜单添加到另一个菜单中，选择菜单并将其拖曳到位于该对话框右侧的菜单窗口中；在此列表框中的一个条目上单击鼠标右键，可以删除菜单、重命名、新建一个菜单或清空菜单。

• 菜单下拉列表 主菜单栏 ：列出所有可用的菜单。

• “新建”按钮：单击此按钮，打开“新建菜单”对话框，输入要创建的菜单名称，单击“确定”按钮，新菜单显示在此对话框右侧的菜单窗口中，也显示在菜单列表框中。

• “删除”按钮：单击此按钮，删除菜单窗口中高亮显示的菜单。

• “重命名”按钮：单击此按钮，打开“编辑菜单项名称”对话框，在菜单列表框中选择一个菜单并单击“重命名”按钮。在该对话框中可以指定一个将在菜单中显示的自定义名称；如果在自定义名称的某个字母前加上一个“&”字符（逻辑与符号），则该字符将作为菜单的快捷键。

• 菜单列表框（对话框右侧）：显示当前在“菜单”列表框中选择的菜单的条目，要添加菜单和命令（操作），只需选择相应选项并将其从“操作”和“菜单”列表框拖曳到此列表框中。

• “加载”按钮：单击此按钮，打开“加载菜单文件”对话框，可将自定义菜单的 MNUX 文件加载到 3ds Max 2019 中。

• “保存”按钮：单击此按钮，打开“保存菜单文件为”对话框，以 MNUX 文件保存对菜单所做的更改。

• “重置”按钮：单击此按钮，还原默认设置。

6. “颜色”选项卡

“颜色”选项卡可用于自定义 3ds Max 2019 的外观，如图 1-81 所示。通过此选项卡，可以调整操作界面中几乎所有元素的颜色，自由设计具有独特风格的操作界面。

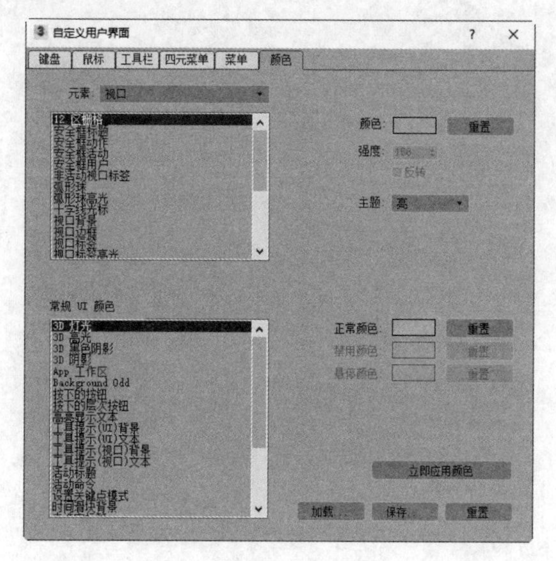

图 1-81

- “元素”下拉列表：可以选择“角色”“几何体”“Gizmo”“视口”等分组。
- UI 元素列表框（对话框左上方）：可以在其中选择元素，执行此操作后，其颜色会显示在该列表框的右侧，单击色块可更改元素颜色。
- “常规 UI 颜色”列表框：显示用户界面中可以更改的所有元素，单击某一元素后，其颜色会显示在列表框的右侧，单击色块可更改元素颜色。
- “颜色”色块：显示选择类别和元素的颜色，单击此色块以打开颜色选择器，其中可以更改颜色，选择新的颜色后，单击“立即应用颜色”按钮以在界面中进行更改。
- “重置”按钮：将高亮显示的元素颜色重置为打开对话框时的值。
- “强度”数值框：设置栅格线显示的灰度值，0 为黑色，255 为白色。
- “反转”复选框：反转栅格线显示的灰度值，深灰色会变成浅灰色，反之则浅灰色变成深灰色。
- “主题”下拉列表：设置“石墨建模工具”界面元素的背景颜色，从该下拉列表中选择“亮”或“暗”选项。
- “正常颜色”色块：显示选定 UI 元素的颜色，单击色块可打开颜色选择器，可在其中更改颜色，选择新的颜色后，单击“应用”按钮可以在界面中进行更改。
- “禁用颜色”色块：设置在 UI 中禁用选择的选项时的颜色。
- “悬停颜色”色块：设置悬停在选择的选项上时选项的颜色。
- “重置”按钮：单击此按钮，将高亮显示的选项恢复到第一次打开对话框时的颜色。
- “立即应用颜色”按钮：单击此按钮，应用在用户界面中所做的任何更改。
- “加载”按钮：单击此按钮，打开“加载颜色文件”对话框，加载自定义颜色的 CLRX 文件，以在 3ds Max 2019 中使用。
- “保存”按钮：单击此按钮，打开“将颜色文件另存为”对话框，以 CLRX 文件保存对用户界面颜色所做的更改。
- “重置”按钮：单击此按钮，还原默认设置。

02 第2章 创建几何体

利用3ds Max 2019，可以通过拼凑基本几何体来完成各种模型设计。本章将通过实例来讲解一些基本几何体的创建方法，并详细介绍几何体参数的设置方法。通过本章的学习，读者可以掌握创建基本几何体和扩展几何体的方法，并能够创建一些简单的模型。

课堂学习目标

- 创建基本几何体
- 创建扩展几何体
- 利用几何体搭建模型

2.1 玄关柜

微课视频

玄关柜

2.1.1 【案例分析】

玄关是指居室入口的区域，玄关柜具有装饰、保护主人的隐私等多种作用。

2.1.2 【设计理念】

制作玄关柜的模型主要使用长方体、圆柱体和管状体等几何体，本案例通过对各个模型参数的修改和复制，完成玄关柜的制作。（最终效果参看云盘中的“场景>第 2 章>玄关柜 ok.max”效果文件，如图 2-1 所示。）

图 2-1

2.1.3 【操作步骤】

步骤① 在创建模型之前，先设置场景中的单位，在菜单栏中选择“自定义>单位设置”命令，如图 2-2 所示。

步骤② 弹出“单位设置”对话框，选择“公制”单选按钮，设置单位为“毫米”，如图 2-3 所示。

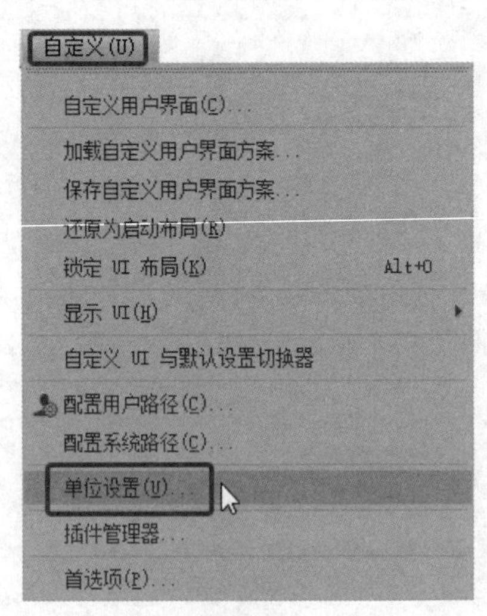

图 2-2

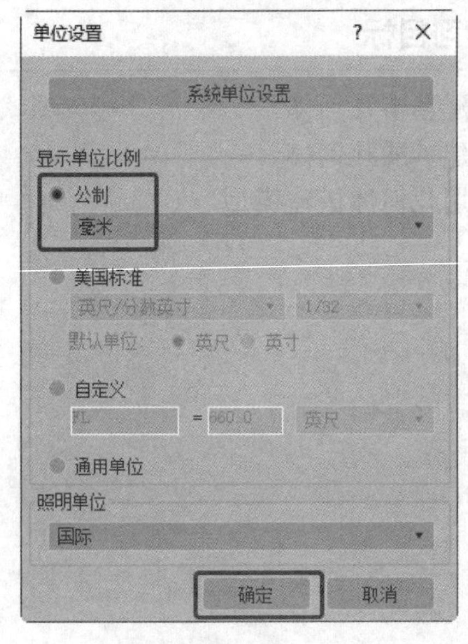

图 2-3

步骤③ 单击“➕（创建）>●（几何体）>长方体”按钮，在顶视图中创建长方体。在“参数”卷展栏中设置“长度”为 400、“宽度”为 1200、“高度”为 10，如图 2-4 所示。

步骤④ 在工具栏中的“2.5 捕捉”按钮上单击鼠标右键，在弹出的对话框的“捕捉”选项卡中勾选“顶点”复选框，如图 2-5 所示。

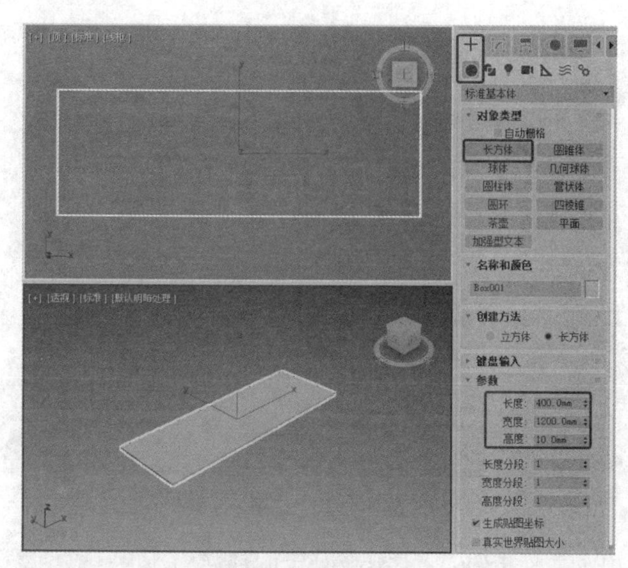

图 2-4

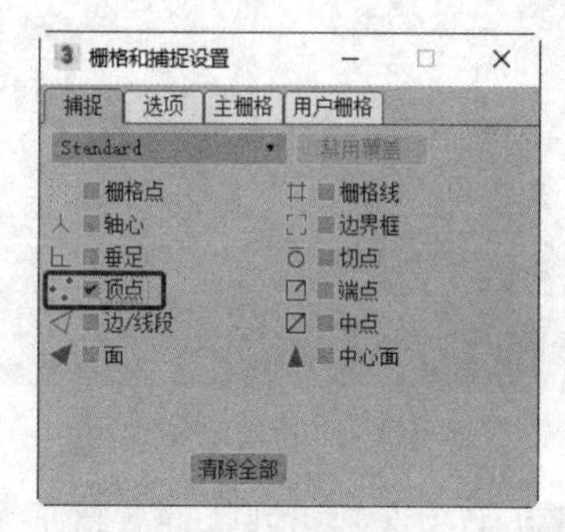

图 2-5

步骤⑤ 在场景中选择创建的长方体，按 Ctrl+V 组合键，在弹出的对话框中选择“复制”单选按钮，单击“确定”按钮，如图 2-6 所示。

步骤⑥ 继续复制长方体，得到 3 个同样大小的长方体，在场景中调整长方体的位置，如图 2-7 所示。

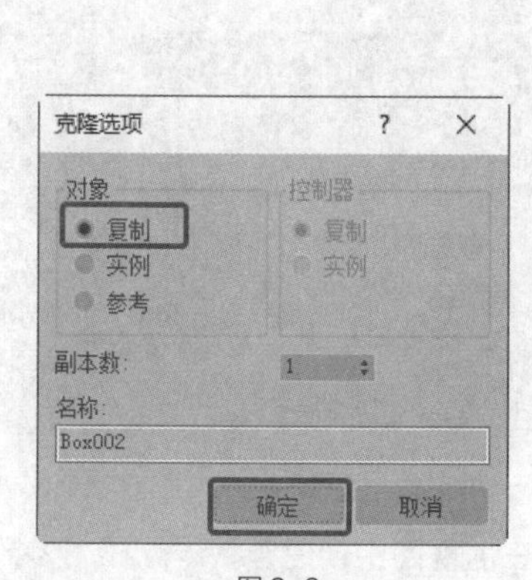

图 2-6

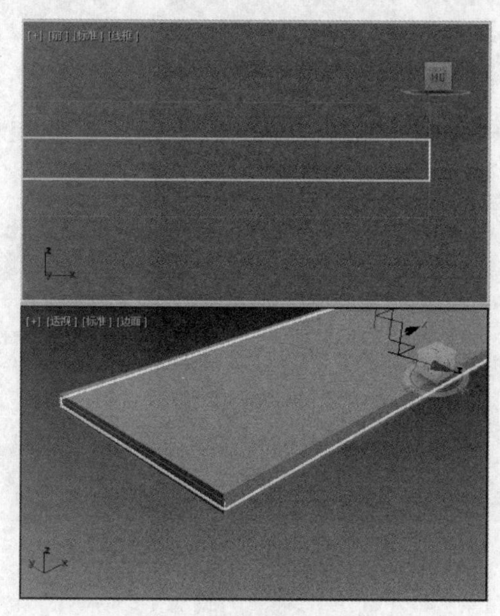

图 2-7

步骤⑦ 选择中间的长方体，切换到 “修改”命令面板。在“参数”卷展栏中设置“长度”为 395、“宽度”为 1195、“高度”为 10，如图 2-8 所示。

步骤⑧ 单击“ （创建）> （几何体）>圆柱体”按钮，在顶视图中创建圆柱体。在“参数”卷展栏中设置“半径”为 70、“高度”为 30、“高度分段”为 1、“边数”为 30，如图 2-9 所示。

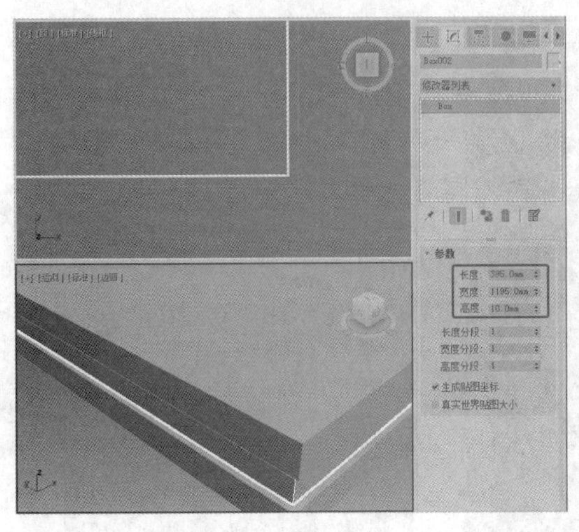

图 2-8

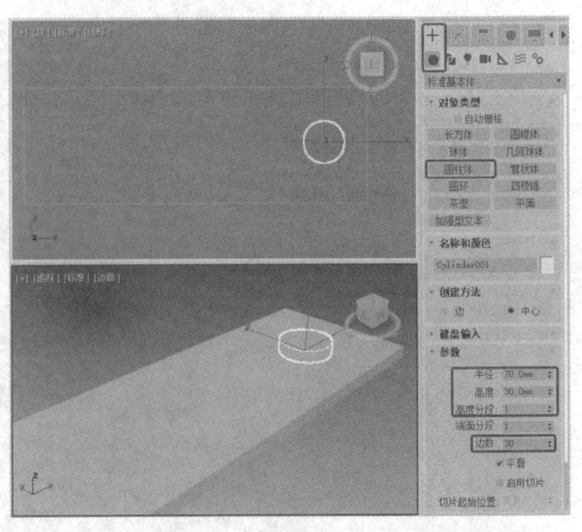

图 2-9

步骤 9 在场景中选择圆柱体，按住 Shift 键，使用 “选择并移动”工具沿着 y 轴向下移动复制模型。释放 Shift 键，在弹出的对话框中选择“复制”单选按钮，单击“确定”按钮，如图 2-10 所示。

步骤 10 选择复制得到的模型，切换到 “修改”命令面板。在“参数”卷展栏中设置“半径”为 80、“高度”为 600，如图 2-11 所示。

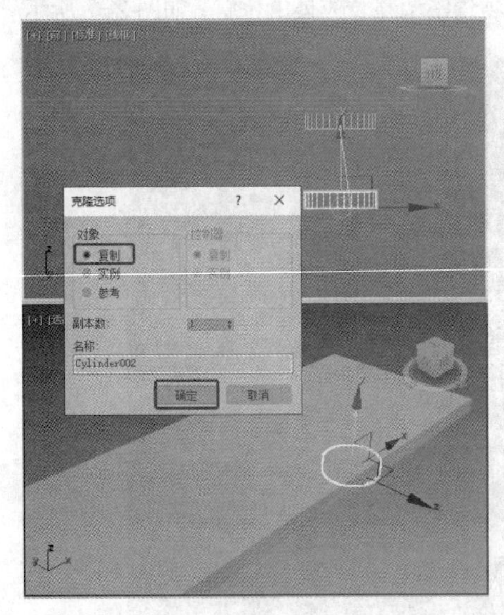

图 2-10

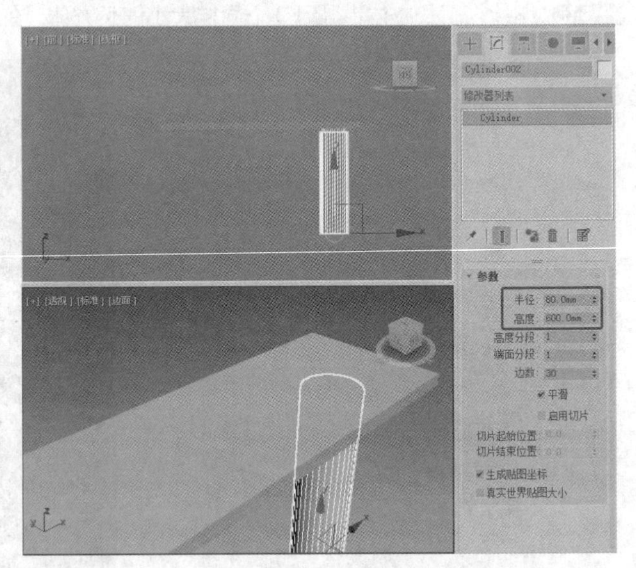

图 2-11

步骤 11 单击“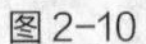（创建）>（几何体）>管状体”按钮，在前视图中创建管状体。在“参数”卷展栏中设置“半径 1”为 325、“半径 2”为 315、“高度”为 30、“边数”为 50，如图 2-12 所示。

步骤 12 对管状体进行复制，选择复制得到的模型，切换到 “修改”命令面板。在“参数”卷展栏中设置“半径 1”为 200、“半径 2”为 205、“高度”为 30，如图 2-13 所示。

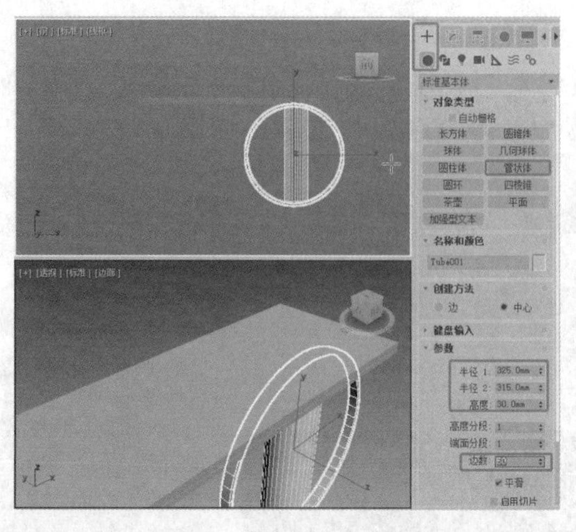

图2-12

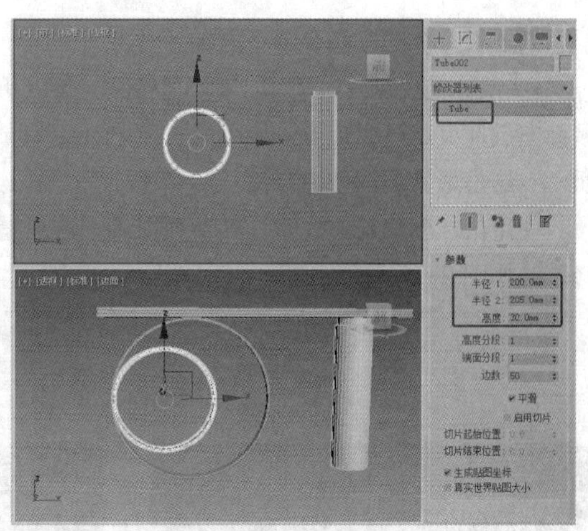

图2-13

步骤⑬ 对管状体再次进行复制，选择复制得到的模型，切换到“修改”命令面板。在“参数”卷展栏中设置“半径 1”为 200、“半径 2”为 198、“高度”为 30，将该模型作为发光线条，如图 2-14 所示。这样玄关柜模型就制作出来了。

要制作最终场景，需要创建材质、灯光和摄影机，还需要为场景添加地面、墙体等装饰物。可以参考本书配套资源中的场景文件进行制作，这里不详细介绍。

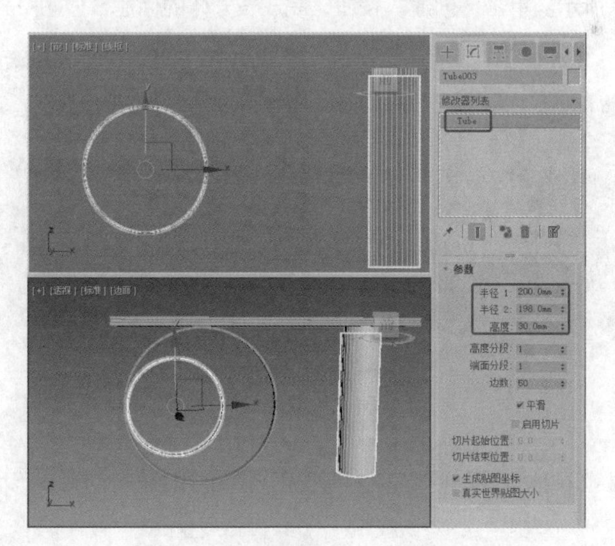

图2-14

2.1.4 【相关工具】

1. 长方体

对于室内外效果图来说，长方体是在模型创建过程中使用非常频繁的基本几何体。修改长方体可以得到很多模型。

创建长方体的方法有以下两种。

- 鼠标拖曳创建。单击“+（创建）>●（几何体）>长方体”按钮，在视图中的任意位置按住鼠标左键拖曳出一个矩形，如图 2-15 所示。释放鼠标，再次拖曳鼠标设置长方体的高，如图 2-16 所示。这是最常用的创建方法。

使用鼠标创建长方体时，其参数很难一次设置正确，可在创建完成后，在“参数”卷展栏中进行修改，如图 2-17 所示。

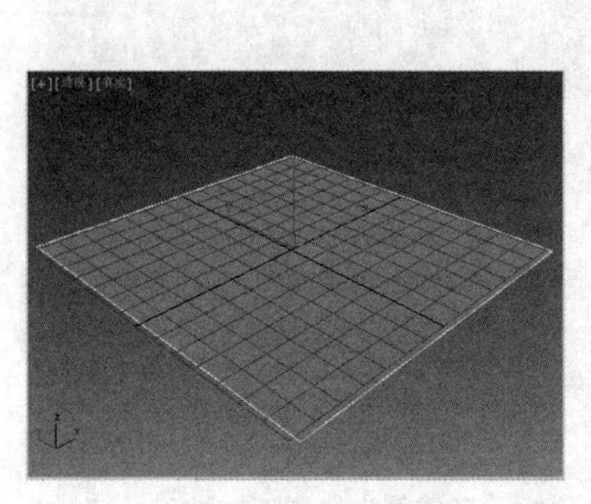

图 2-15

图 2-16

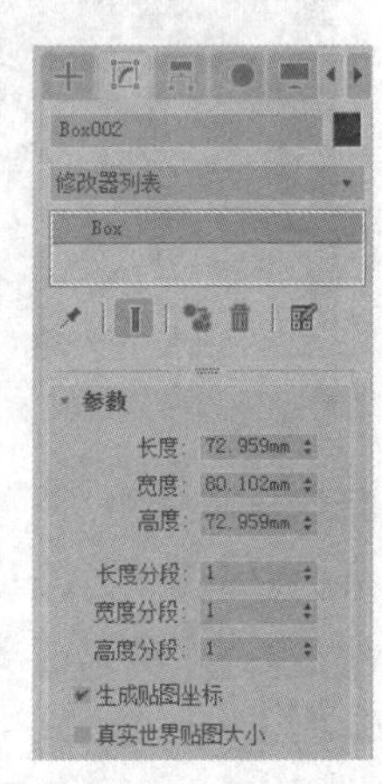

图 2-17

- 键盘输入参数创建。单击“长方体”按钮，在“键盘输入”卷展栏中输入长方体长度、宽度、高度的值，如图 2-18 所示。单击“创建”按钮，完成长方体的创建，如图 2-19 所示。

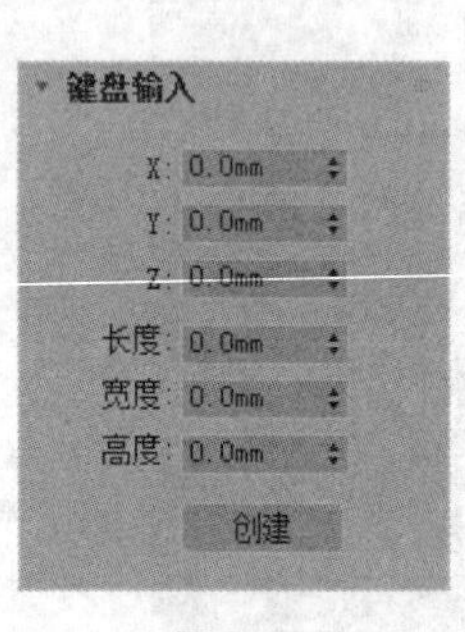

图 2-18

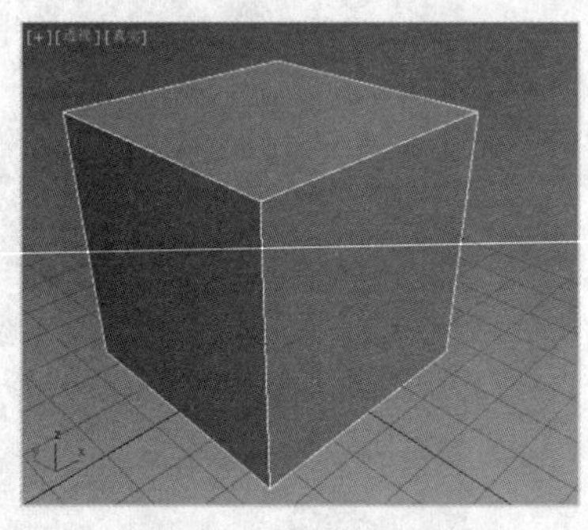

图 2-19

2. 圆柱体

圆柱体用于制作由圆柱体构成的模型，也可以用于围绕主轴进行切片。下面介绍圆柱体的创建及其参数的设置方法。

圆柱体的创建步骤如下。

（1）单击“+（创建）>●（几何体）>圆柱体”按钮。

（2）将鼠标指针移到透视视图中，按住鼠标左键不放并拖曳，透视视图中出现一个圆形。在适当的位置释放鼠标并上下拖曳，圆柱体的高度会跟随鼠标指针的移动而增减。在适当的位置单击，圆柱体创建完成，如图 2-20 所示。

“参数”卷展栏（见图 2-21）介绍如下。

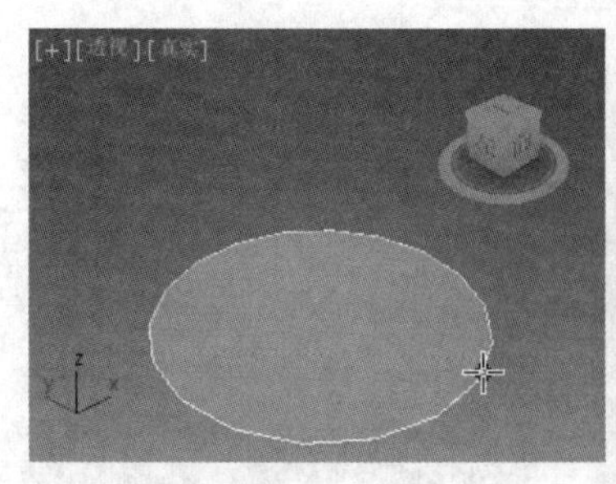

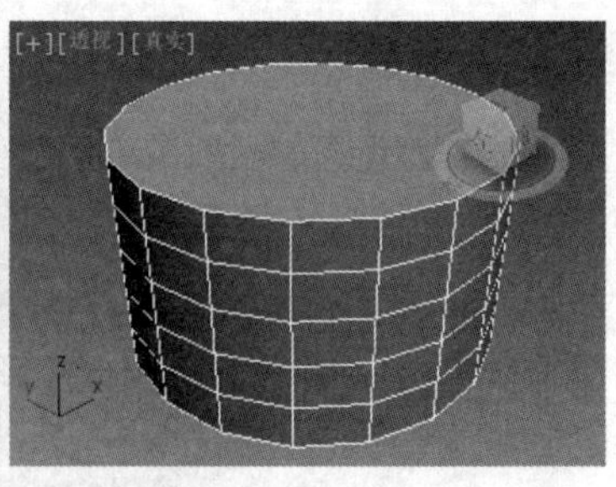

图 2-20

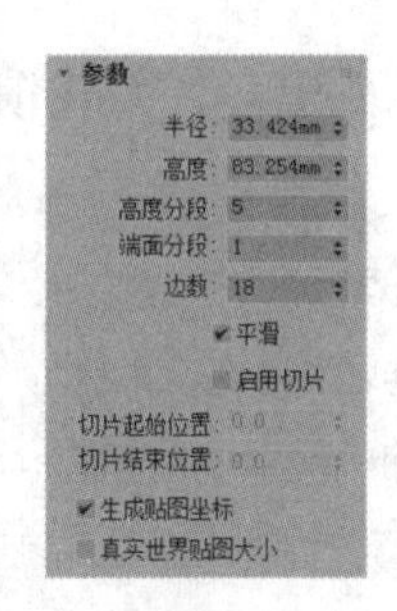

图 2-21

- “半径”数值框：设置圆柱体底面和顶面的半径。
- “高度”数值框：设置圆柱体的高度。
- “高度分段”数值框：设置圆柱体在高度方向上的分段数，如果要弯曲圆柱体，使用高度分段可以产生光滑的弯曲效果。
- “端面分段”数值框：设置圆在圆柱体两个端面上沿半径方向的分段数。
- “边数”数值框：设置圆柱体的片段划分数（即棱柱的边数），边数越多，圆柱体越光滑，最小值为 3，此时柱体的截面为三角形。

3．管状体

管状体类似于中空的圆柱体，常用于创建各种由空心管状体构成的模型，包括管状体、棱管和局部管状体。下面介绍管状体的创建及其参数的设置方法。

管状体的创建方法与其他基本几何体不同，操作步骤如下。

（1）单击“＋（创建）> ●（几何体）>管状体”按钮。

（2）将鼠标指针移到透视视图中，按住鼠标左键并拖曳，透视视图中出现一个圆，如图 2-22 所示。在适当的位置释放鼠标并上下拖曳，生成一个圆环，如图 2-23 所示。单击后上下拖曳，管状体的高度会随之增减。在合适的位置单击，管状体创建完成，如图 2-24 所示。

图 2-22

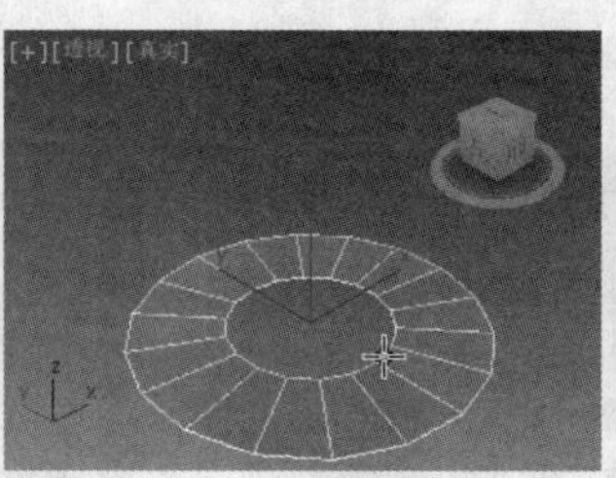

图 2-23

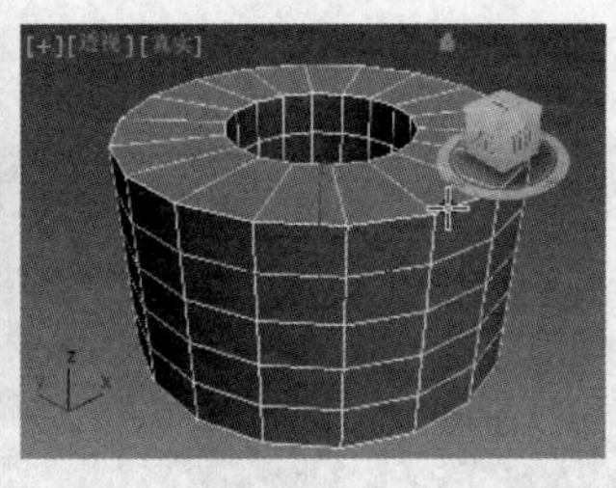

图 2-24

“参数”卷展栏（见图 2-25）介绍如下。

- “半径 1”数值框：设置管状体底面的起始半径大小。
- “半径 2”数值框：设置管状体底面的结束半径大小。
- “高度”数值框：设置管状体的高度。
- “高度分段”数值框：设置管状体高度方向上的分段数。
- “端面分段”数值框：设置管状体上下底面的分段数。
- “边数”数值框：设置管状体的边数，该值越大，管状体越光滑，对棱管来说，“边数”值决定其属于几棱管。

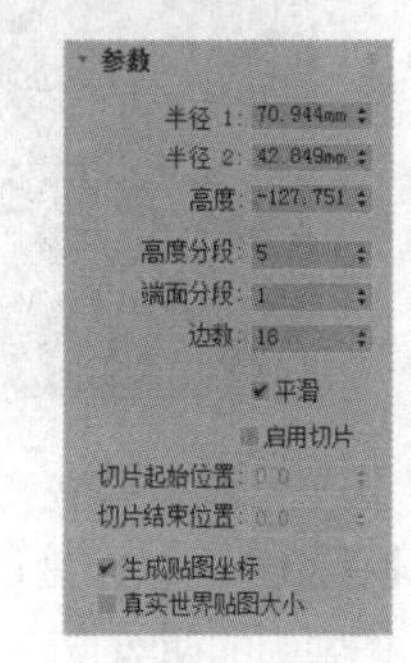

图 2-25

2.1.5 【实战演练】床尾凳

本案例将使用切角长方体创建床尾凳的凳面，使用可渲染的样条线制作出支架，并结合一些常用的修改器调整创建的模型。（最终效果参看云盘中的“场景>第 2 章>床尾凳 ok.max”效果文件，如图 2-26 所示。）

图 2-26

2.2 沙发

2.2.1 【案例分析】

沙发是生活中不可缺少的家具，其主要用途是供人休息，其次是美化空间。在本案例中，将介绍一款简约的时尚沙发的制作方法。

2.2.2 【设计理念】

本案例中制作沙发的模型主要使用“切角长方体”和“FFD”修改器。（最终效果参看云盘中的“场景>第 2 章>沙发 ok.max”效果文件，如图 2-27 所示。）

2.2.3 【操作步骤】

步骤 1 单击“+（创建）>●（几何体）>扩展基本体>切角长方体”按钮，在顶视图中创建切角长方体作为沙发坐垫。在“参数”卷展栏中设置“长度”为 500、“宽度”为 600、“高度”为 180、“圆角”为 8、“长度分段”为 10、“宽度分段”为 10、“高度分段”为 1、“圆角分段”为 3，如图 2-28 所示。

图 2-27

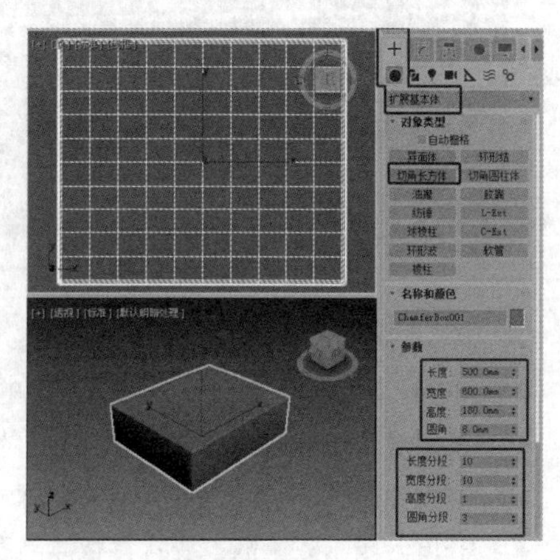

图 2-28

步骤 2 为模型施加“FFD 4×4×4”修改器，将选择集定义为“控制点”。先在前视图中选择最上排中间的两组点，将其向上调整一些。切换到透视图，选择顶部中间的两组点，将其向上调整一些，如图 2-29 所示。

步骤③ 关闭选择集，在左视图中旋转复制模型作为沙发靠背。在“修改器列表”中选择切角长方体，修改模型参数，设置“高度”为 135。选择“FFD 4×4×4”修改器，在“FFD 参数”卷展栏中单击“重置”按钮，重置控制点。将选择集定义为“控制点”，在左视图中调整控制点，如图 2-30 所示。

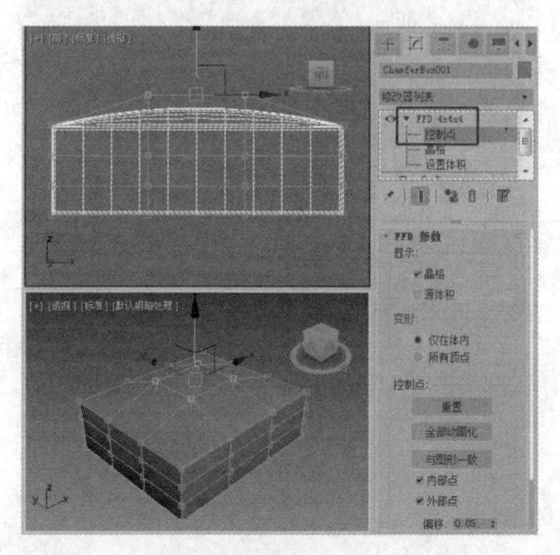

图 2-29

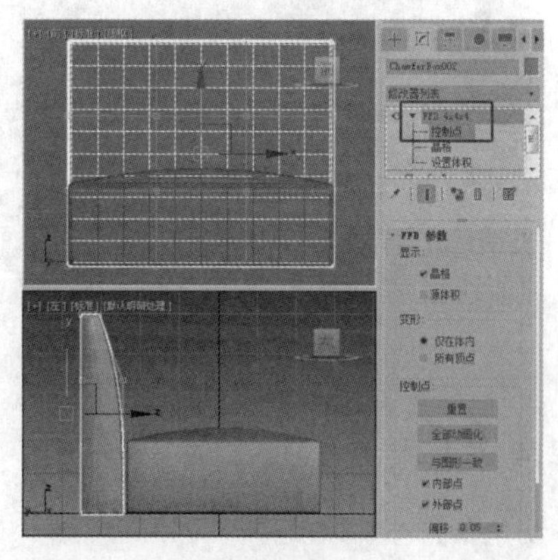

图 2-30

步骤④ 使用旋转复制法复制模型并将其作为沙发扶手。删除“FFD 4×4×4”修改器。修改扶手模型的参数，设置“长度”为 500、“宽度”为 640、“高度”为 180、“圆角”为 8，设置“长度分段”“宽度分段”“高度分段”均为 1、“圆角分段”为 3，调整模型至合适的位置，如图 2-31 所示。

步骤⑤ 在顶视图中创建圆柱体作为沙发腿。在“参数”卷展栏中设置“半径”为 12、“高度”为 80、“高度分段”为 1、“端面分段”为 1。调整模型至合适的位置，如图 2-32 所示。

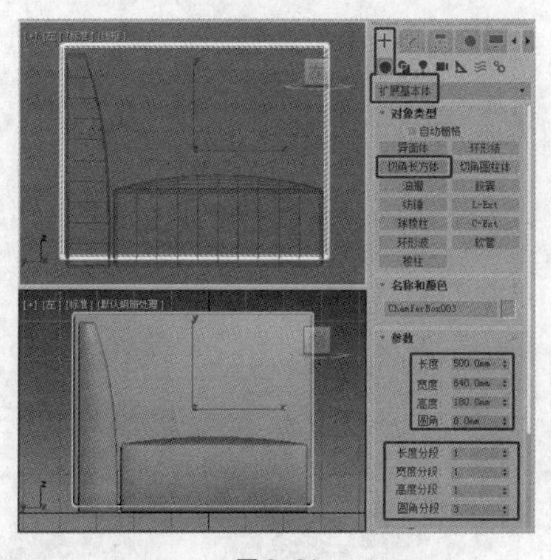

图 2-31

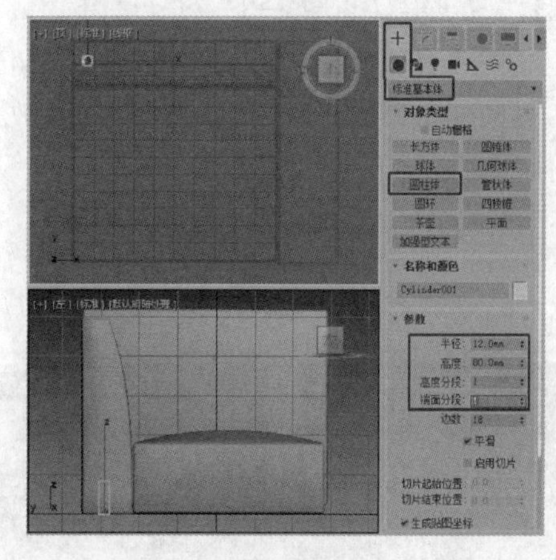

图 2-32

步骤⑥ 在顶视图中创建切角圆柱体作为沙发腿的底座。在“参数”卷展栏中设置“半径”为 20、“高度”为 10、“圆角”为 4、“高度分段”为 1、“圆角分段”为 3、“边数”为 20、“端面分段”为 1。调整模型至合适的位置，如图 2-33 所示。

步骤⑦ 移动复制沙发腿模型，调整模型至合适的位置，如图 2-34 所示。

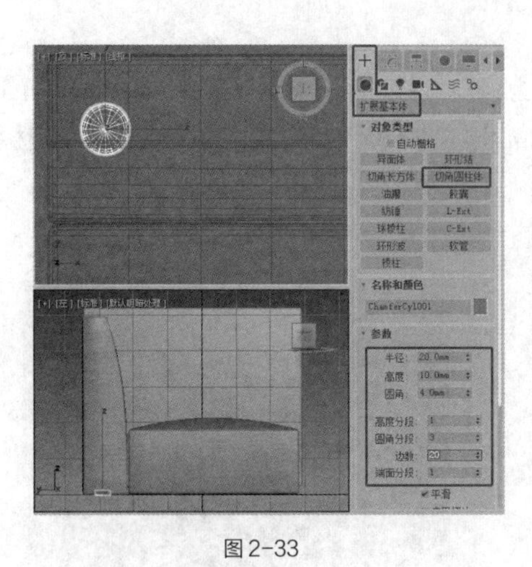

图 2-33

图 2-34

2.2.4 【相关工具】

1. 切角长方体

切角长方体具有圆角的特性，可用于制作带切角的长方体。下面介绍切角长方体的创建及其参数的设置方法。

创建切角长方体的步骤如下。

（1）单击“+（创建）>●（几何体）>扩展基本体>切角长方体”按钮。

（2）将鼠标指针移到透视视图中，按住鼠标左键不放并拖曳，视图中生成一个长方形，如图 2-35 所示。在适当的位置释放鼠标并上下拖曳，调整其高度，如图 2-36 所示。单击后再次上下拖曳，调整其圆角，调整完成后单击确认，切角长方体创建完成，如图 2-37 所示。

“参数”卷展栏（见图 2-38）介绍如下。

- “圆角”数值框：设置切角长方体的圆角半径，确定圆角的大小。
- “圆角分段”数值框：设置圆角的分段数，值越大，圆角越圆滑。

其他参数的介绍请参见长方体参数说明。

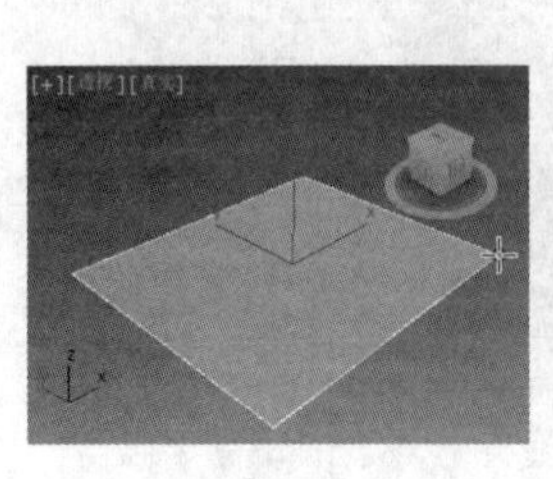

图 2-35

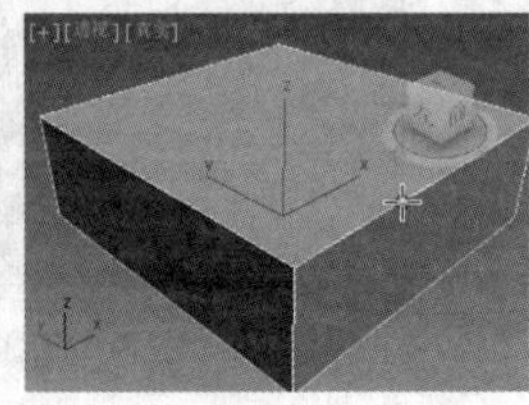

图 2-36

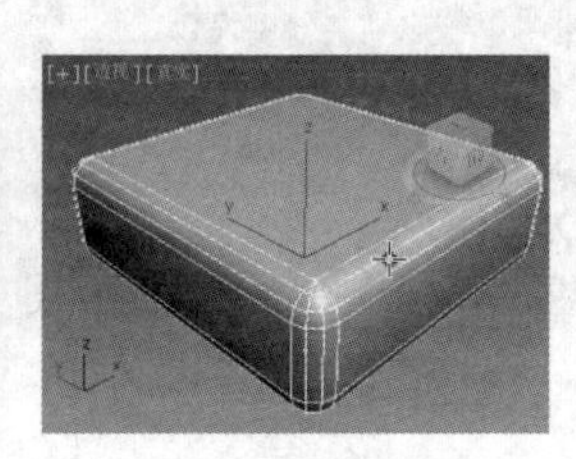

图 2-37

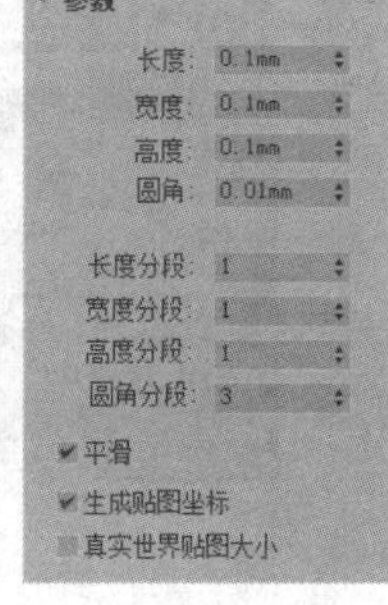

图 2-38

2. 切角圆柱体

创建切角圆柱体的步骤如下。

（1）单击“+（创建）>●（几何体）>扩展基本体>切角圆柱体”按钮。在透视视图中按住鼠标左键并拖曳创建切角圆柱体的底面在适当的位置释放鼠标并上下拖曳设置切角圆柱体的高度，单击后上下拖曳设置切角圆柱体的圆角，再次单击完成切角圆柱体的创建，如图 2-39 所示。

（2）在“参数”卷展栏中设置合适的参数，如图 2-40 所示。

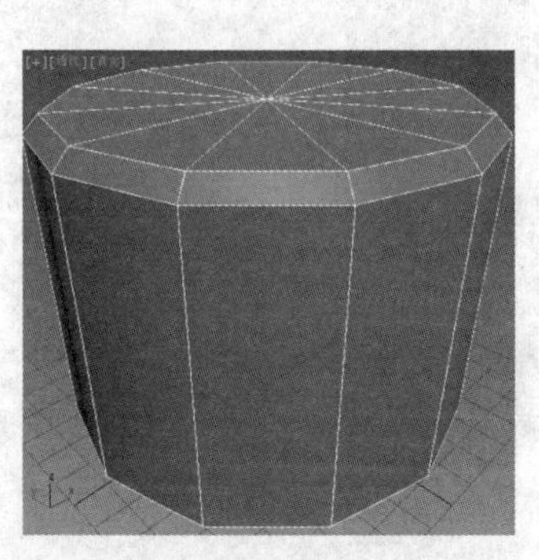

图 2-39

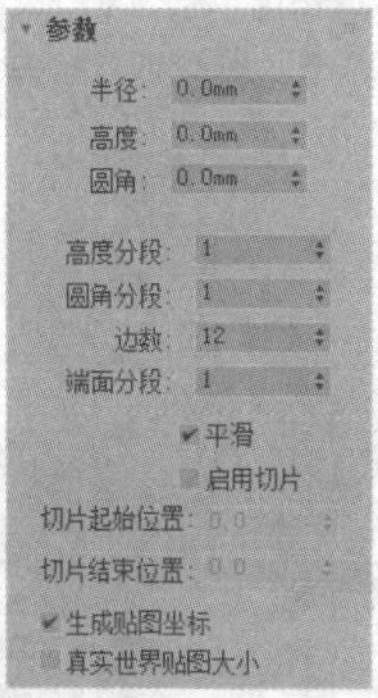

图 2-40

2.2.5 【实战演练】手镯

本案例将使用管状体制作手镯的模型。（最终效果参看云盘中的“场景>第 2 章>手镯 ok.max”效果文件，如图 2-41 所示。）

图 2-41

2.3 草地

2.3.1 【案例分析】

草地中生长的是草本植物可用于饲养牲畜。而城市中的草地则一般作为公园或景区中的绿化装饰。

2.3.2 【设计理念】

本案例将打开草地场景，并将草地模型转换为 VRay 代理网格模型，然后将模型转换为虚拟对象。这样可以避免模型中由植物装饰造成的点、线、面过大的问题。（最终效果参看云盘中的“场景>第 2 章>草地.max”效果文件，如图 2-42 所示。）

图 2-42

2.3.3 【操作步骤】

步骤① 打开云盘中的“场景>第 2 章>草素材.max”素材文件，如图 2-43 所示。

步骤② 在工具栏中单击“渲染设置”按钮，在弹出的对话框中设置“渲染器”为 VRay 渲染器，如图 2-44 所示。

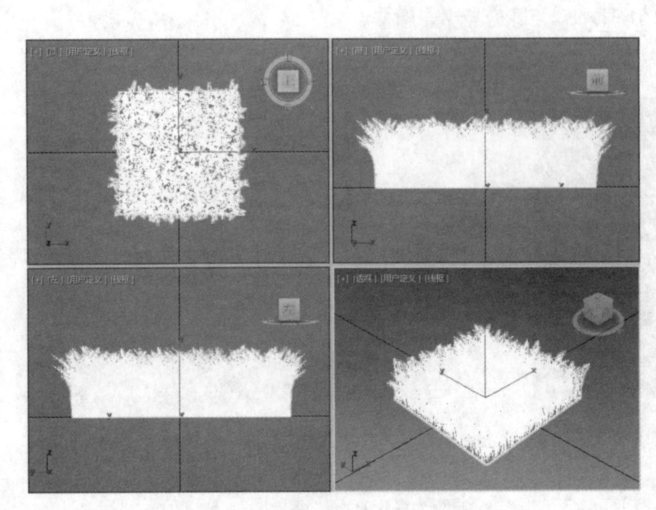

图 2-43

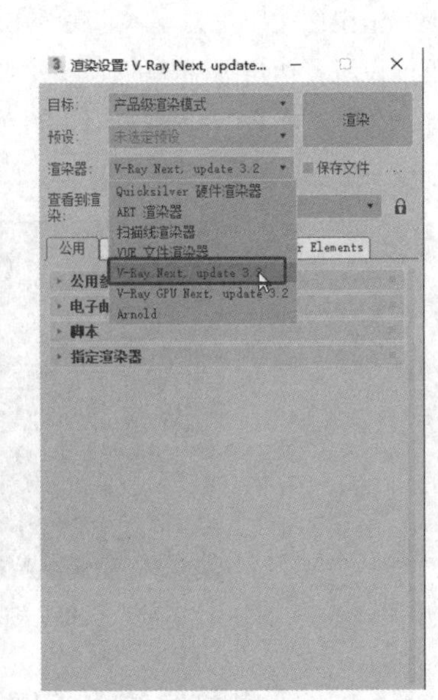

图 2-44

步骤③ 在菜单栏中选择“自定义>自定义用户界面”命令，在弹出的对话框中选择“四元菜单”选项卡，从中将图 2-45 所示的命令拖曳到四元菜单列表框中。

步骤④ 在场景中选择草地模型，在模型上单击鼠标右键，在弹出的快捷菜单中选择“V-Ray 网格导出”命令，如图 2-46 所示。

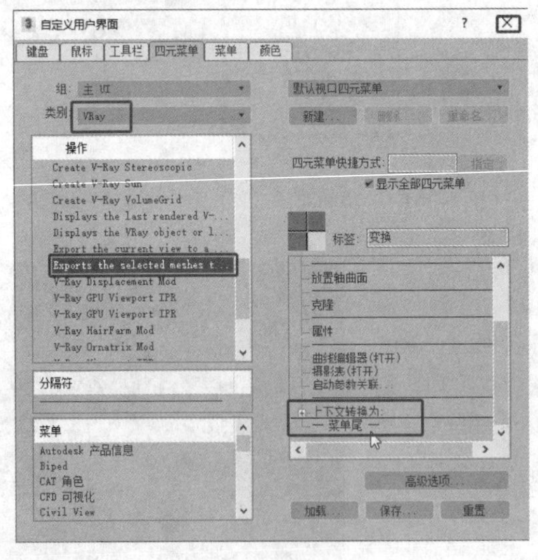

图 2-45

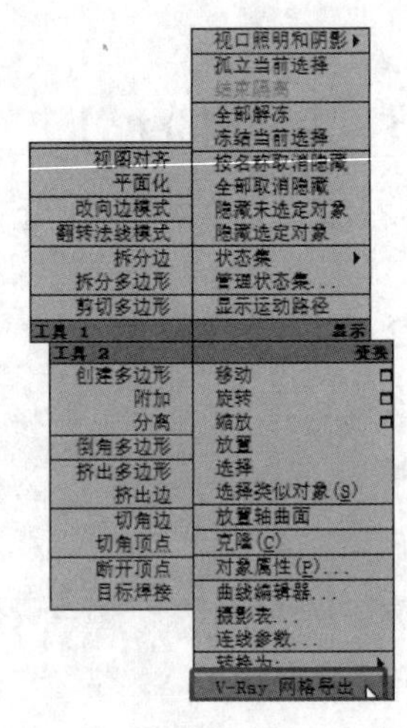

图 2-46

步骤⑤ 在弹出的对话框中选择一个合适的导出路径，并设置“预览面数”为 100，单击“确定”按钮，如图 2-47 所示。

步骤⑥ 重置一个新的场景，单击“+（创建）>●（几何体）>VRay>VRayProxy”按钮。在场景中单击，弹出“选择外部网格文件”对话框，选择导出的草地网格，如图 2-48 所示。

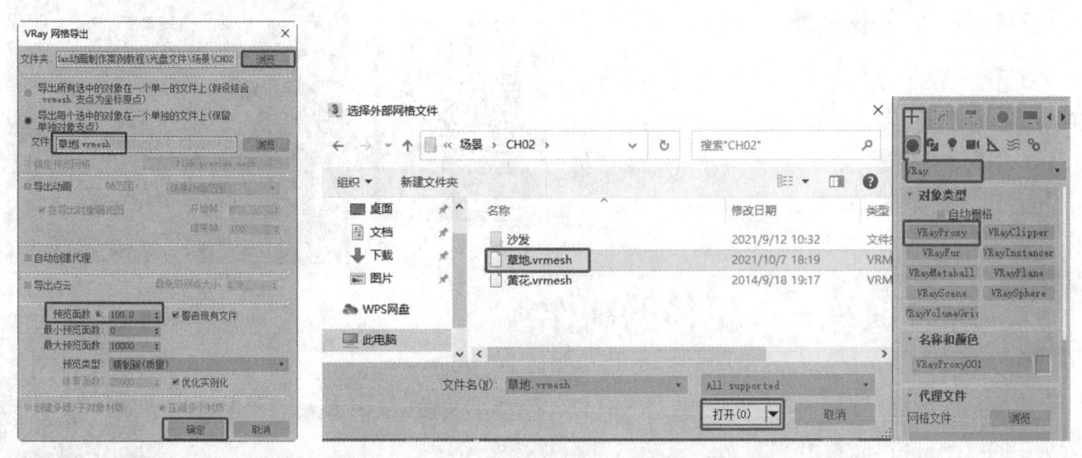

图 2-47　　　　　　图 2-48

步骤 7 创建 VRay 代理模型后，复制该模型，如图 2-49 所示。

图 2-49

2.3.4 【相关工具】

VRay 代理

VRay 代理允许只在渲染的时候导入外部网格对象，这个外部的网格对象不会出现在场景中，也不占用资源。

创建 VRay 代理对象需注意以下事项。

（1）VRay 代理对象无法用修改器进行修改，任何应用到 VRay 代理对象上的修改器都将被忽略。

（2）目前 VRMESH 文件无法存储网格对象的动画。

（3）如果需要创建几个 VRay 代理对象连接到同一个 VRMESH 文件，将它们进行关联是一个好方法，这样可以节省内存。

（4）材质无法保存在 VRMESH 文件中，几何体将使用应用到代理对象的材质进行渲染。

具体的参数这里就不介绍了。

2.3.5 【实战演练】花丛

本案例将使用 VRay 代理将植物转换为虚拟对象，复制 VRay 代理植物完成花丛模型的制作。（最终效果参看云盘中的“场景>第 2 章>花丛 ok.max”效果文件，如图 2-50 所示。）

图 2-50

2.4 综合演练——笔筒的制作

微课视频
笔筒的制作

本案例将使用“管状体”和“圆柱体”几何体制作笔筒模型。（最终效果参看云盘中的“场景>第 2 章>笔筒.max”效果文件，如图 2-51 所示。）

2.5 综合演练——西瓜的制作

微课视频
西瓜的制作

本案例将创建球体和半球，通过调整“FFD”修改器完成西瓜模型的制作。（最终效果参看云盘中的“场景>第 2 章>西瓜 ok.max”效果文件，如图 2-52 所示。）

图 2-51

图 2-52

03 第3章 创建二维图形

在3ds Max 2019中，二维图形的用途非常广泛，样条线可以很方便地转换为NURBS 曲线。二维图形是一种矢量图形，可以使用图形绘制软件创建，如Photoshop、Freehand、CorelDRAW、AutoCAD 等，将创建的矢量图形以 AI 或DWG 格式存储后可以直接导入3ds Max 2019中。

样条线可以作为平面和线条对象，也可以作为挤出、车削或倒角等加工成型的模型截面图形，还可以作为放样对象使用的图形。

本章将介绍二维图形的创建及其参数的修改方法。通过本章的学习，读者可以掌握创建二维图形的方法和技巧，并能绘制出符合实际需要的二维图形。

课堂学习目标

- ✔ 创建二维图形
- ✔ 二维图形的编辑和修改

3.1 吊灯

微课视频
吊灯

3.1.1 【案例分析】

吊灯是安装在室内天花板上的装饰照明灯具，不同风格的吊灯有着不同的作用。本案例制作的时尚简约吊灯可以放置到室内空间中，起到点缀室内空间氛围的作用。

3.1.2 【设计理念】

本案例将创建二维图形，并对二维图形进行编辑和修改，完成吊灯模型的制作。（最终效果参看云盘中的“场景>第 3 章>时尚吊灯 ok.max”效果文件，如图 3-1 所示。）

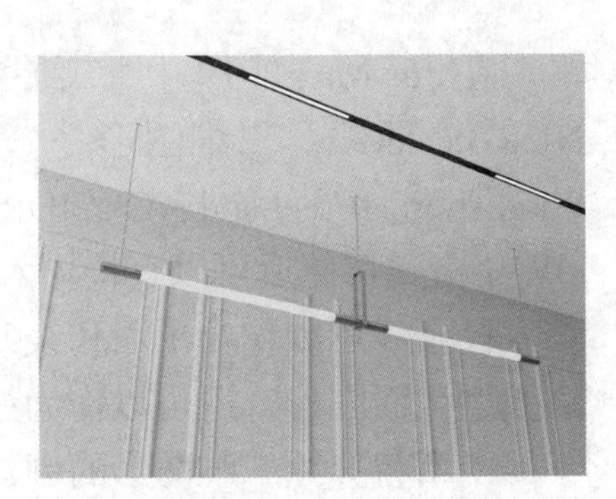
图 3-1

3.1.3 【操作步骤】

步骤① 单击“+（创建）>（图形）>矩形”按钮，在前视图中创建矩形。在“参数”卷展栏中设置“长度”为 600、“宽度”为 2200，如图 3-2 所示。该矩形为辅助物，作为吊灯大小的参考。

步骤② 单击“+（创建）>（图形）>线”按钮，在“渲染”卷展栏中勾选“在渲染中启用”和“在视口中启用”复选框，设置“厚度”为 35，如图 3-3 所示。

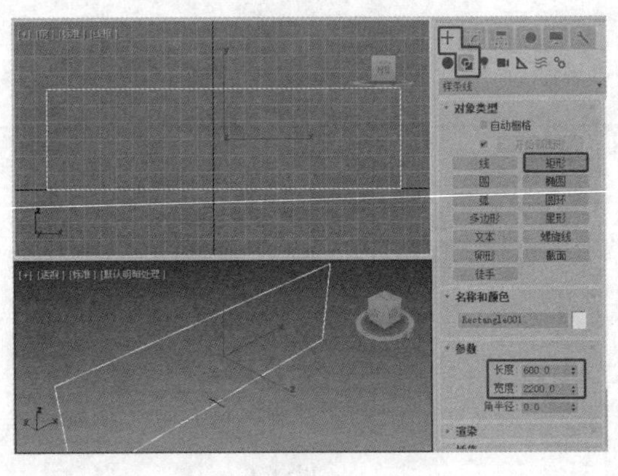
图 3-2

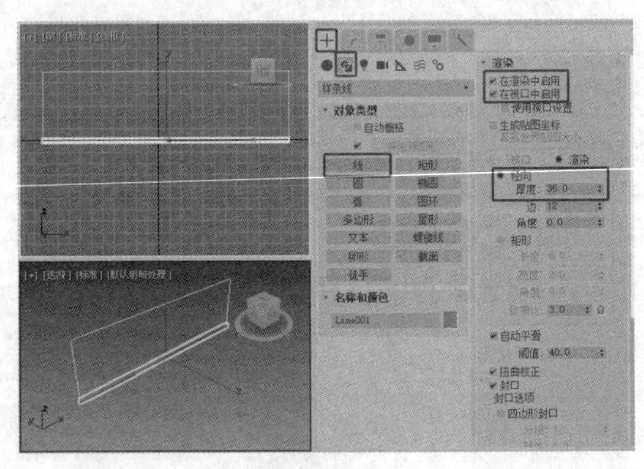
图 3-3

步骤③ 切换到“修改”命令面板，在“修改器列表”中将选择集定义为“线段”，在“几何体”卷展栏中设置“拆分”为 15，如图 3-4 所示。

步骤④ 将选择集定义为“顶点”，在场景中选择图 3-5 所示的顶点，按 Delete 键删除顶点。

步骤⑤ 关闭选择集，按 Ctrl+V 组合键，在弹出的“克隆选项”对话框中选择“复制”单选按钮，如图 3-6 所示。

步骤⑥ 将选择集定义为“线段”，删除多余的线段，如图 3-7 所示。

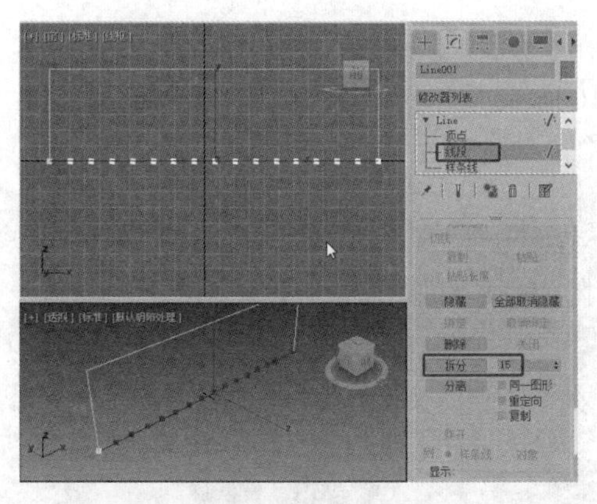
图3-4

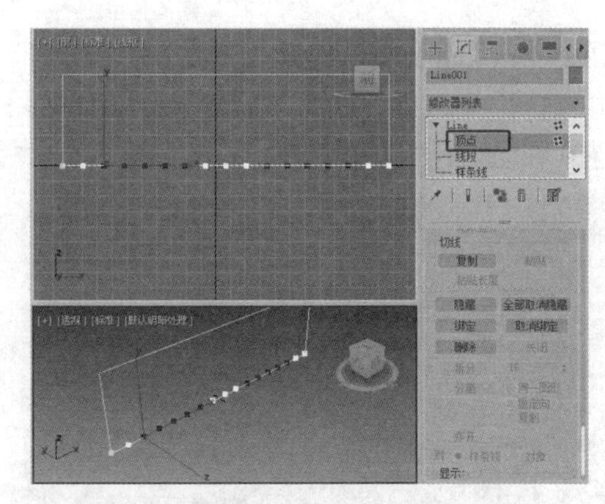
图3-5

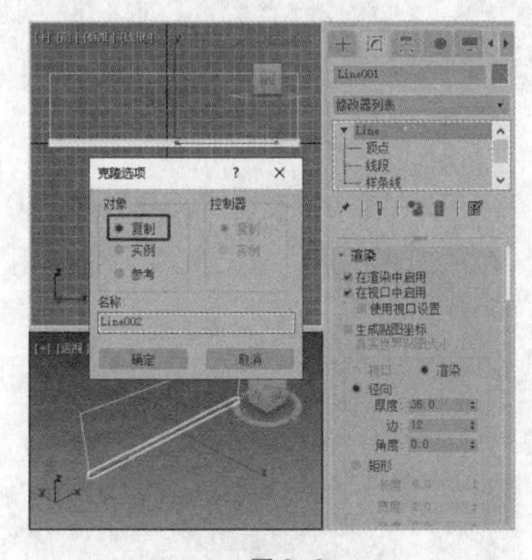
图3-6

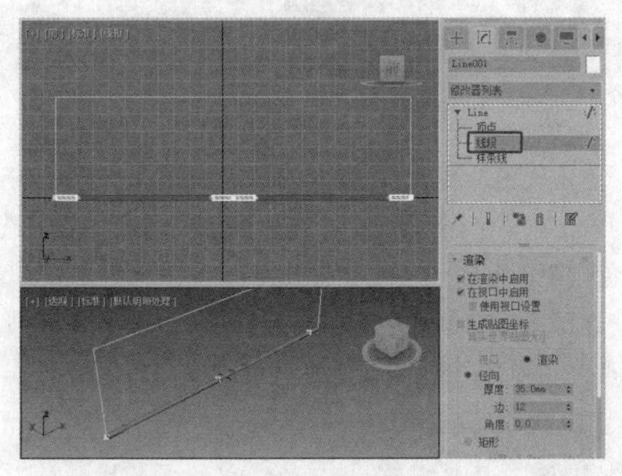
图3-7

步骤 7 删除线段后，关闭选择集。在“渲染”卷展栏中设置“厚度”为38，如图3-8所示。

步骤 8 调整适当的颜色后观察一下模型，如图3-9所示。

根据场景的情况，可以灵活设置渲染的厚度。这里效果图中的图形渲染厚度为6~7。

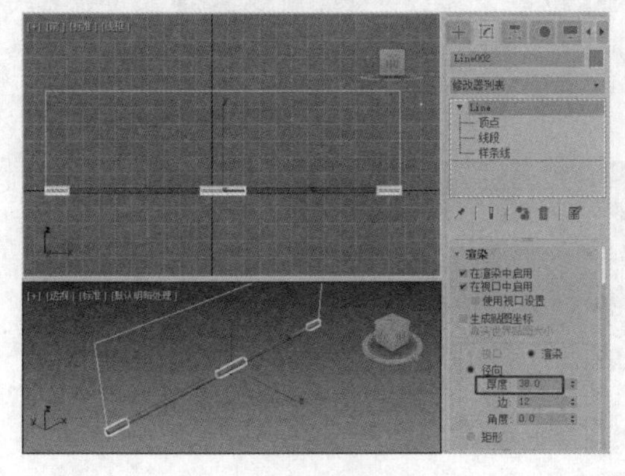
图3-8

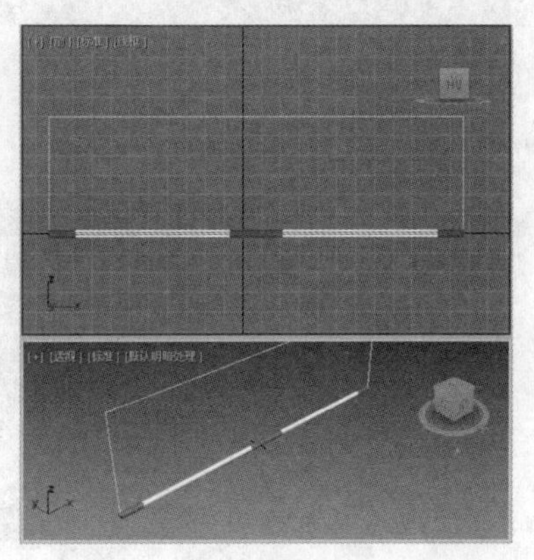
图3-9

步骤⑨ 单击“+（创建）>（图形）>线”按钮。在“渲染”卷展栏中勾选“在渲染中启用”和“在视口中启用”复选框，设置“厚度”为5，如图3-10所示。

步骤⑩ 在场景中创建较短的线，设置“渲染”卷展栏中的“厚度”为10，3个支架的位置如图3-11所示。

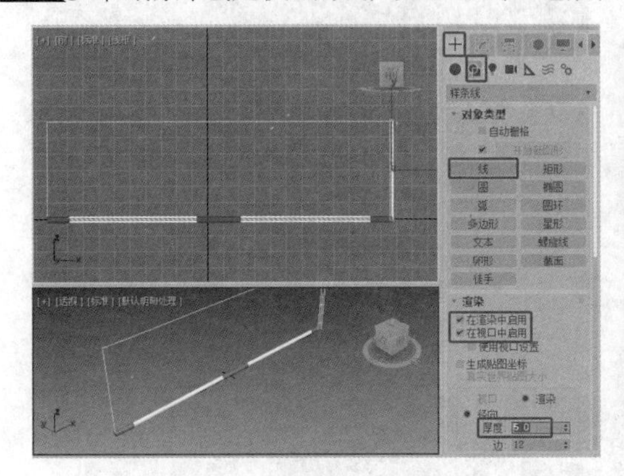

图3-10

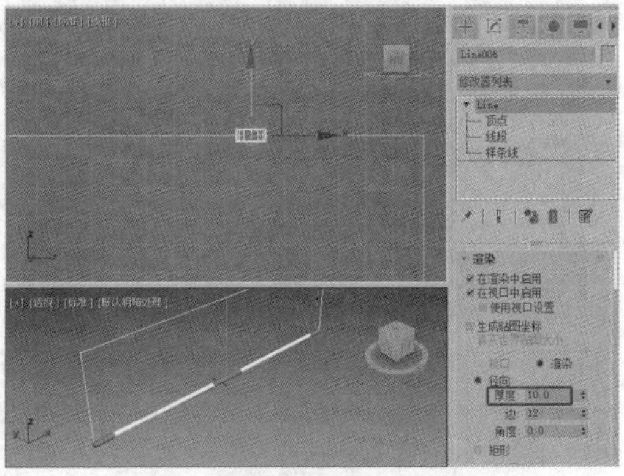

图3-11

步骤⑪ 单击“+（创建）>（图形）>矩形”按钮，在“参数”卷展栏中设置“长度”为250、“宽度”为60、“角半径”为10，在“渲染”卷展栏中勾选“在渲染中启用”和“在视口中启用”复选框，设置“矩形”的“长度”为50、“宽度”为3，如图3-12所示。

步骤⑫ 在场景中将矩形放到适当的位置。选择中间的支架，并将选择集定义为“顶点”，在场景中调整顶点，如图3-13所示。

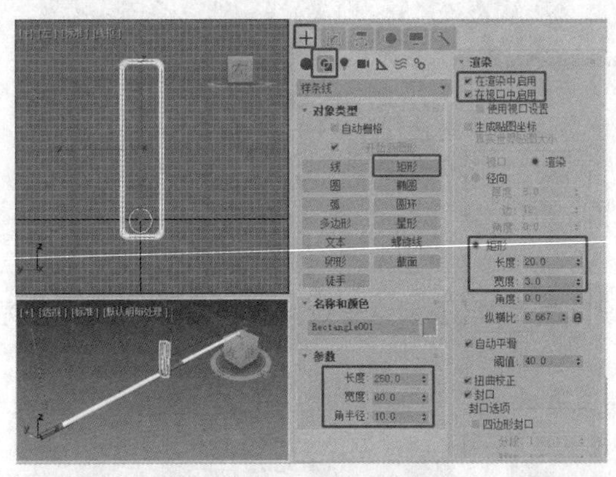

图3-12

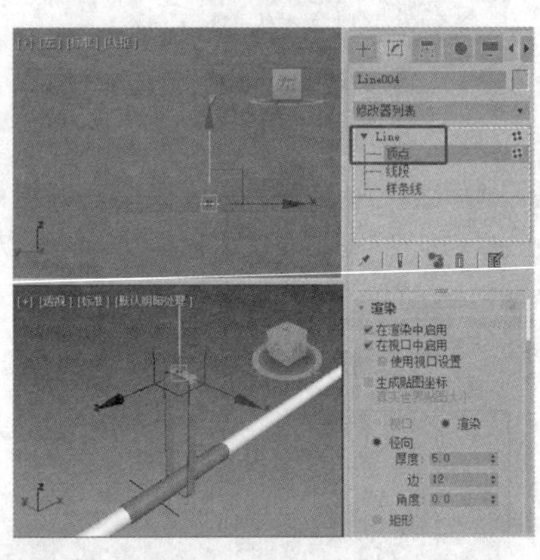

图3-13

步骤⑬ 完成的吊灯模型如图3-14所示。

图3-14

3.1.4 【相关工具】

1．线

◎ 创建样条线

（1）单击“＋（创建）>（图形）>线”按钮，在场景中单击，创建一点，如图 3-15 所示。拖曳鼠标单击创建第二个点，如图 3-16 所示。如果要创建闭合图形，可以拖曳鼠标到第一个顶点上单击，弹出图 3-17 所示的对话框，单击“是”按钮，即可创建闭合的样条线。

（2）单击“＋（创建）>（图形）>线”按钮，在场景中按住鼠标左键并拖曳，绘制出一条弧线，如图 3-18 所示。

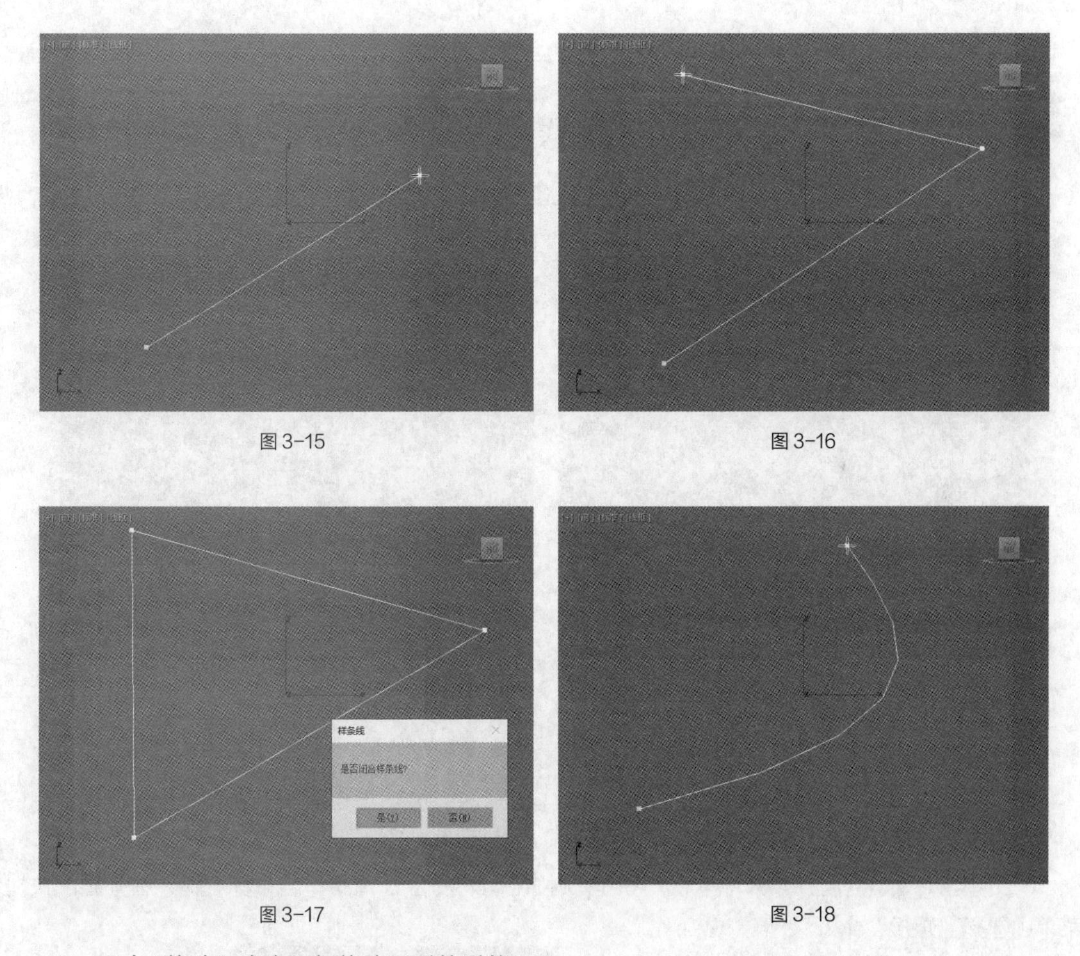

图 3-15　图 3-16

图 3-17　图 3-18

◎ 通过“修改”命令面板修改图形的形状

（1）创建了闭合样条线后，切换到“修改”命令面板。将当前选择集定义为“顶点”，通过顶点可以改变图形的形状，如图 3-19 所示。

（2）在选择的顶点上单击鼠标右键，弹出图3-20 所示的快捷菜单，从中可以选择顶点的调节方式。

（3）选择“Bezier 角点”命令，Bezier 角点有两个控制手柄，可以调整两个控制手柄来调整线段的弧度，如图 3-21 所示。

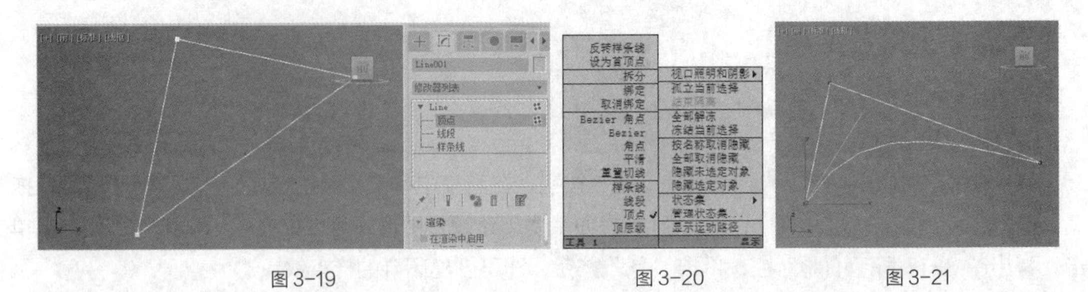

图 3-19　　图 3-20　　图 3-21

（4）选择“Bezier”命令，这时样条线同样也有两个控制手柄，不过这两个控制手柄是相互关联的，如图 3-22 所示。

（5）选择“平滑”命令，如图 3-23 所示。

提示

调整样条线的形状后，如果样条线不是很平滑，可以在“差值”卷展栏中设置“步数”来调整样条线的平滑度。

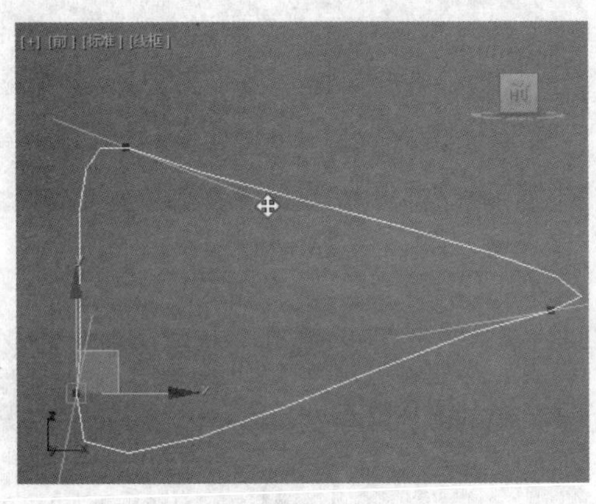

图 3-22　　图 3-23

2．矩形

◎ 创建矩形

“矩形”工具用于创建矩形和正方形，下面介绍矩形的创建及其参数的设置方法。

矩形的创建比较简单，操作步骤如下。

（1）单击“＋（创建）>（图形）>矩形”按钮，或按住 Ctrl 键单击鼠标右键，在弹出的快捷菜单中选择“矩形”命令。

（2）将鼠标指针移到前视图中，按住鼠标左键不放并拖曳，前视图中生成一个矩形。拖曳鼠标调整矩形大小，在适当的位置释放鼠标，矩形创建完成，如图 3-24 所示。创建矩形时按住 Ctrl 键，可以创建出正方形。

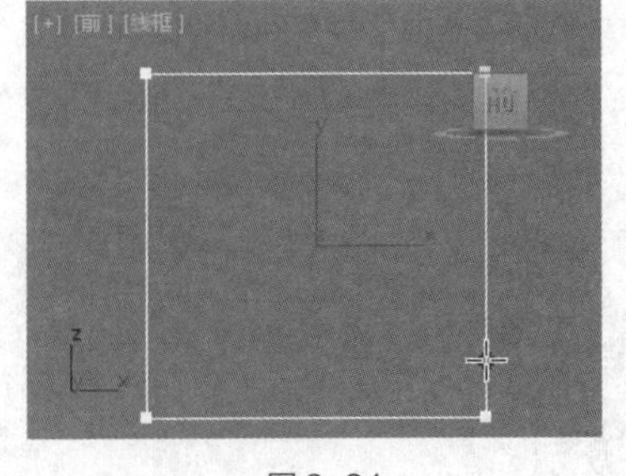

图 3-24

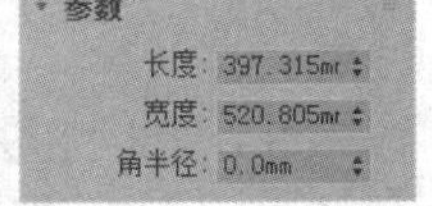

图 3-25

◎ 矩形的参数

“矩形”的“参数”卷展栏（见图 3-25）

介绍如下。

- “长度”数值框：设置矩形的长度。
- “宽度”数值框：设置矩形的宽度。
- “角半径”数值框：设置矩形的4个角是直角还是有弧度的圆角，若其值为0，则矩形的4个角都为直角。

微课视频
扇形画框

3.1.5 【实战演练】扇形画框

本案例将创建可渲染的弧线和直线。调整扇形的轮廓，并在合适的位置创建线作为装饰，复制中间的图形，施加“挤出”修改器，这样就可以完成扇形画框的制作。（最终效果参看云盘中的“场景>第3章>扇形画框 ok.max”效果文件，如图3-26所示。）

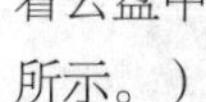

3.2 镜子

图3-26

3.2.1 【案例分析】

镜子是室内空间中不可缺少的一个物件。每一个人都有爱美之心且对自己的仪容非常重视，镜子是每个家庭必不可少的东西。本案例将制作一款简欧风格的梳妆镜，如图3-27所示。

3.2.2 【设计理念】

本案例主要使用可渲染的螺旋线制作镜子的金属支架，使用圆形和“挤出”修改器制作镜面。（最终效果参看云盘中的“场景>第3章>镜子 ok.max”效果文件，如图3-27所示。）

3.2.3 【操作步骤】

步骤① 单击“+（创建）>（图形）>螺旋线”按钮，在前视图中按住鼠标左键并拖曳绘制图3-28所示的螺旋线。在“参数”卷展栏中设置“半径1”为200、“半径2”为400、“高度”为0、“圈数”为2。在“渲染”卷展栏中勾选“在渲染中启用”和“在视口中启用”复选框，设置渲染类型为“矩形”，设置“长度”为20、“宽度”为20，如图3-28所示。

图3-27

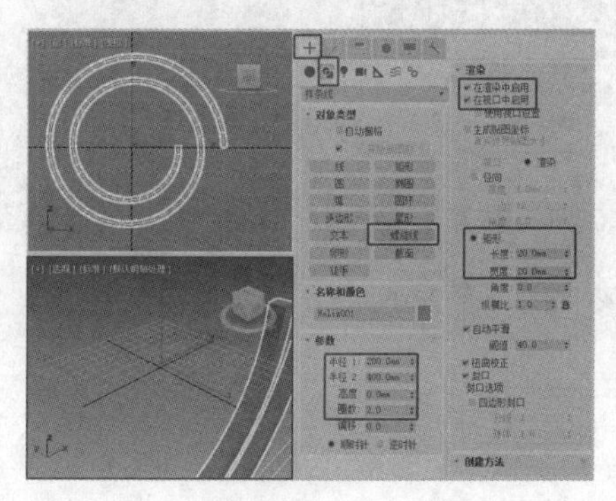

图3-28

步骤② 单击“+（创建）>（图形）>圆”按钮，在前视图中创建形。在“参数”卷展栏中设置“半径”为 400，在“插值”卷展栏中设置“步数”为 20，如图 3-29 所示。

步骤③ 在场景中调整圆形的位置。按 Ctrl+V 组合键，在弹出的对话框中选择“复制”单选按钮，单击“确定”按钮，如图 3-30 所示。

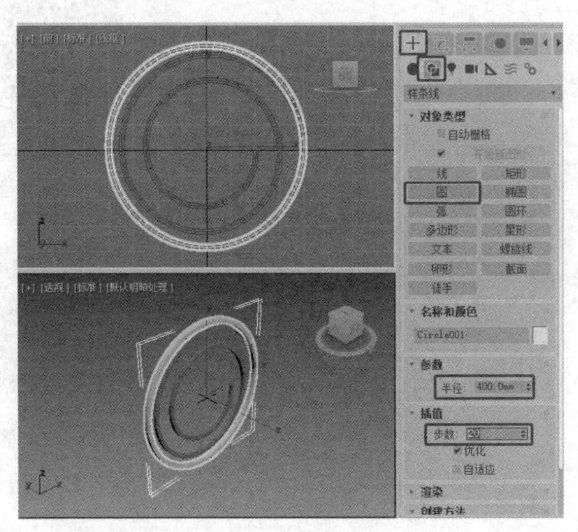

图 3-29

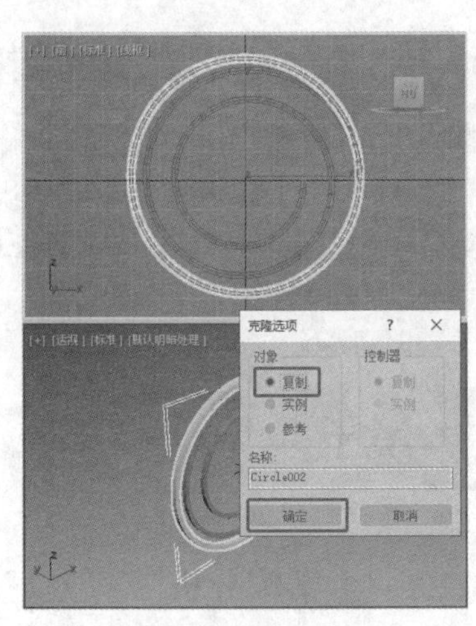

图 3-30

步骤④ 复制圆形后，切换到“修改”命令面板。在“参数”卷展栏中设置“半径”为 200，调整圆形的位置，如图 3-31 所示。

步骤⑤ 选择较小的圆形，按 Ctrl+V 组合键，在弹出的对话框中选择“复制”单选按钮，单击“确定”按钮，如图 3-32 所示。

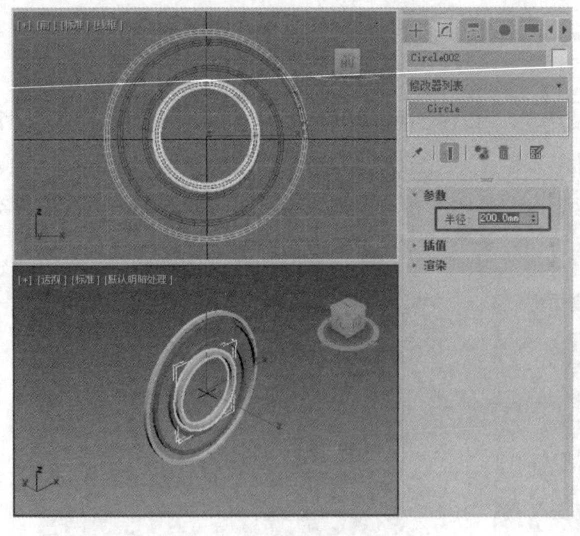

图 3-31

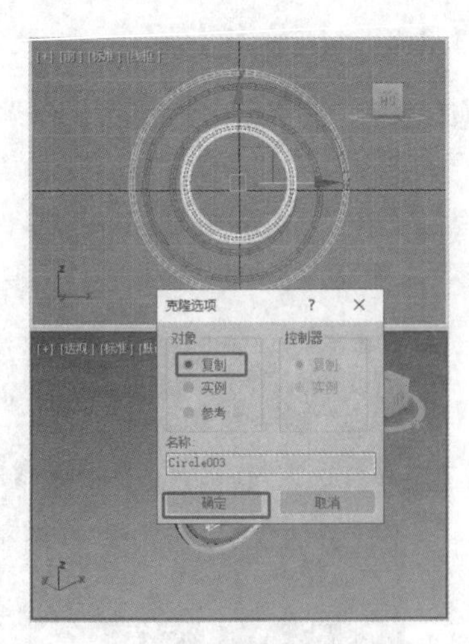

图 3-32

步骤⑥ 复制圆形，在“修改器列表”中选择“挤出”修改器，在“参数”卷展栏中设置“数量”为 5，如图 3-33 所示。

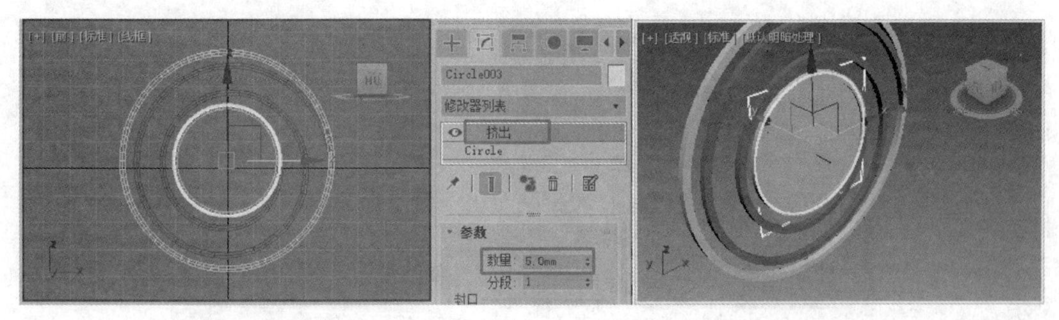

图3-33

3.2.4 【相关工具】

1. 螺旋线

单击“+（创建）>（图形）>螺旋线”按钮，在透视图中按住鼠标左键并拖曳，确定螺旋线的半径，如图 3-34 所示。释放鼠标，拖曳鼠标设置螺旋线的高度，如图 3-35 所示。单击后拖曳鼠标设置螺旋线的半径 2，创建螺旋线，如图 3-36 所示。在“参数”卷展栏中设置合适的参数，如图 3-37 所示。

“参数”卷展栏介绍如下。

- “半径 1”数值框：设置螺旋线的起点半径。
- “半径 2”数值框：设置螺旋线的终点半径。
- “高度”数值框：设置螺旋线的高度。
- “圈数”数值框：设置螺旋线起点和终点之间的圈数。
- “偏移”数值框：设置在螺旋线一端的累积圈数。
- “顺时针”“逆时针”单选按钮：设置螺旋线的旋转方向是顺时针还是逆时针。

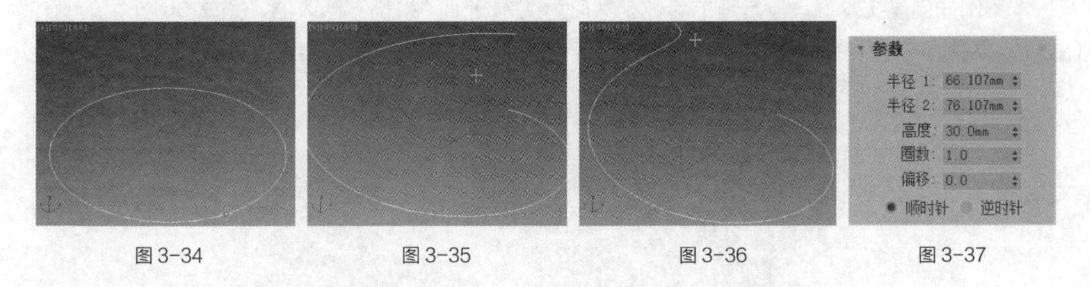

图3-34　　图3-35　　图3-36　　图3-37

2. 圆

下面介绍圆形的创建及其参数的设置方法。

圆形的创建方法分“中心”和“边”两种，默认为“中心”。一般根据图纸创建圆形时，使用“边”配合捕捉开关进行创建。

圆形的创建步骤如下。

（1）单击“+（创建）>（图形）>圆”按钮。

（2）将鼠标指针移到前视图中，按住鼠标左键不放并拖曳，前视图中生成一个圆形。移动鼠标调整圆形的大小，在适当的位置释放鼠标，圆形创建完成，如图 3-38 所示。

圆形的“参数”卷展栏中只能设置“半径”参数，如图 3-39 所示。

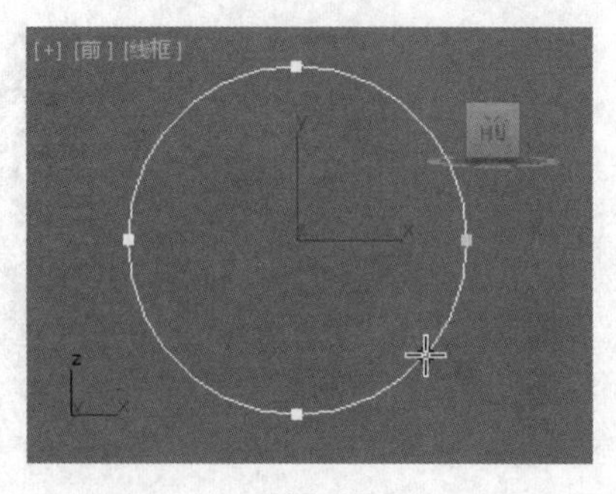

图 3-38

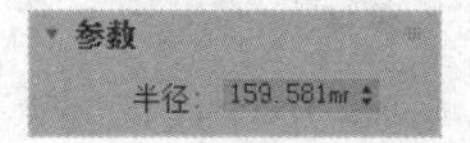

图 3-39

微课视频
便签夹

3.2.5 【实战演练】便签夹

本案例将通过创建可渲染的螺旋线，结合使用“编辑样条线”修改器和切角长方体来完成便签夹模型的创建。（最终效果参看云盘中的“场景>第 3 章>便签夹.max”文件效果，如图 3-40 所示。）

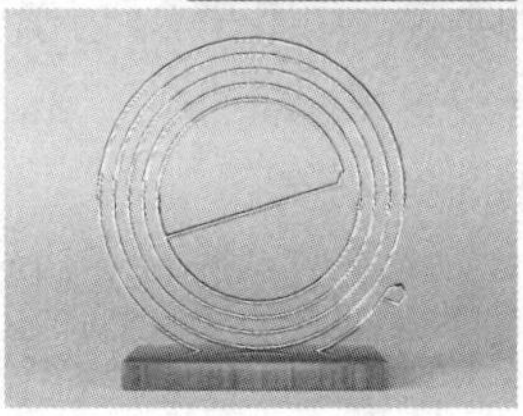

图 3-40

3.3 3D 文字

3.3.1 【案例分析】

3D 文字一般用作广告标语，也可以用作标题动画，其用处相当广泛。

3.3.2 【设计理念】

本案例先创建文本，设置合适的参数，然后为文本施加“挤出”修改器，完成 3D 文字的制作。（最终效果参看云盘中的“场景>第 3 章>3D 文字 ok.max”效果文件，如图 3-41 所示。）

图 3-41

3.3.3 【操作步骤】

步骤① 单击“+（创建）>（图形）>文本”按钮，在“参数”卷展栏中选择合适的字体并设置合适的大小，在“文本”文本框中输入文本，在前视图中单击创建文本，如图 3-42 所示。

步骤② 切换到“修改”命令面板。在“修改器列表”中选择“倒角”修改器。在“倒角值”卷展栏中设置“级别 1”的“高度”为 1、“轮廓”为 1；勾选“级别 2”复选框，设置“高度”为 5；勾选“级别 3”复选框，设置“高度”为 1、“轮廓”为-1，如图 3-43 所示。

图 3-42

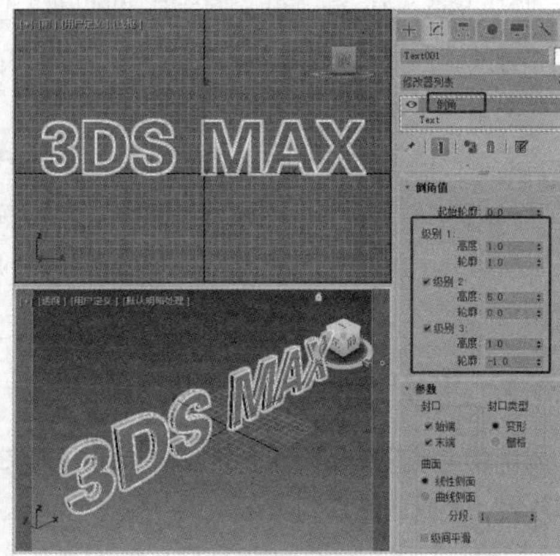

图 3-43

3.3.4 【相关工具】

文本

单击“（创建）>（图形）>文本”按钮，在场景中单击创建文本，在“参数”卷展栏中设置文本参数，如图 3-44 所示。

图 3-44

“参数”卷展栏介绍如下。

- 字体下拉列表：选择文本的字体。
- 按钮：设置斜体字体。
- 按钮：设置下划线。
- 按钮：设置向左对齐。
- 按钮：设置居中对齐。
- 按钮：设置向右对齐。

- 按钮：设置两端对齐。
- “大小”数值框：设置文字的大小。
- “字间距”数值框：设置文字之间的间隔距离。
- “行间距”数值框：设置文字行与行之间的距离。
- “文本”文本框：输入文本内容。
- “更新”选项组：有时需要对输入的文本内容进行修改，修改完文本内容后，在此可以设置视图是否立刻进行更新显示；当文本内容非常复杂时，系统可能很难完成自动更新，此时可选择手动更新。“手动更新”复选框用于手动更新视图，当勾选该复选框时，只有单击“更新”按钮后，文本框中当前的内容才会显示在视图中。

3.3.5 【实战演练】墙贴

本案例将创建文本，设置合适的参数，并为文本施加“挤出”修改器，完成墙贴的制作。（最终效果参看云盘中的“场景>第 3 章>墙贴 ok.max”效果文件，如图 3-45 所示。）

图 3-45

微课视频
红酒架的制作

3.4 综合演练——红酒架的制作

本案例利用可渲染的线和球体制作红酒架的模型。（最终效果参看云盘中的“场景>第 3 章>红酒架 ok.max”效果文件，如图 3-46 所示。）

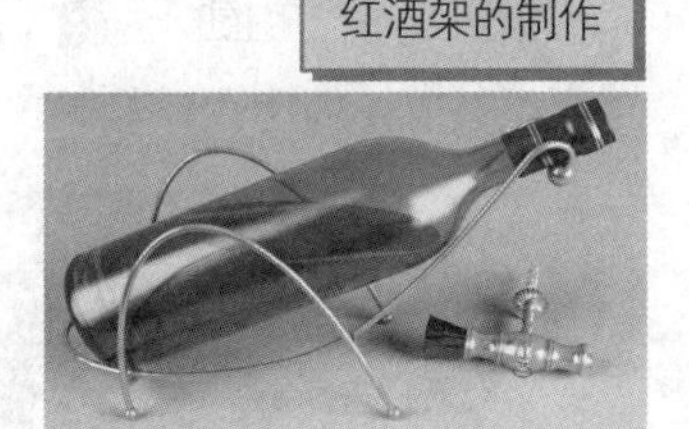
图 3-46

3.5 综合演练——花架的制作

本案例将使用可渲染的样条线制作花架的支架模型，使用矩形、圆形、阵列完成花架的制作。（最终效果参看云盘中的“场景>第 3 章>花架 ok.max”效果文件，如图 3-47 所示。）

图 3-47

04 第4章 创建三维模型

现实中的物体造型是多种多样的，很多模型都需要对组成模型的几何体进行修改后才能达到理想的状态。3ds Max 2019 提供了很多三维模型修改命令，通过这些修改命令可以创建丰富多彩的模型。

课堂学习目标

- 将二维图形转换为三维模型的常用修改器
- 编辑三维模型常用的修改器

4.1 花瓶

微课视频

花瓶

4.1.1 【案例分析】

花瓶是烘托室内氛围的摆件。花瓶中可以摆放各种鲜花，作为浪漫元素存在于室内空间中。本案例介绍两款常见的简单花瓶的制作方法。

4.1.2 【设计理念】

花瓶制作的要点是先创建图形，然后为图形施加“车削”修改器，从而完成花瓶模型的制作。（最终效果参看云盘中的“场景>第 4 章>花瓶 ok.max”效果文件，如图 4-1 所示。）

图 4-1

4.1.3 【操作步骤】

（1）曲面花瓶的制作步骤如下。

步骤① 单击“+（创建）>（图形）> 样条线 > 线”按钮，在前视图中创建样条线，如图 4-2 所示。

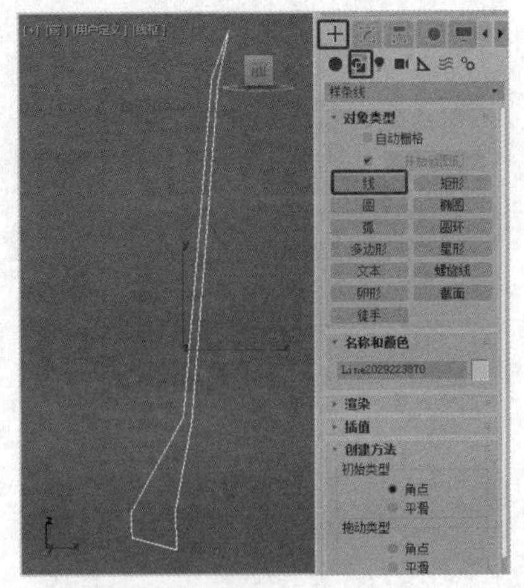

图 4-2

步骤② 切换到“修改”命令面板，将选择集定义为“顶点”。按 Ctrl+A 组合键，在场景中全选顶点，如图 4-3 所示。

步骤③ 在前视图中单击鼠标右键，在弹出的快捷菜单中选择“Bezier 角点”命令，如图 4-4 所示。

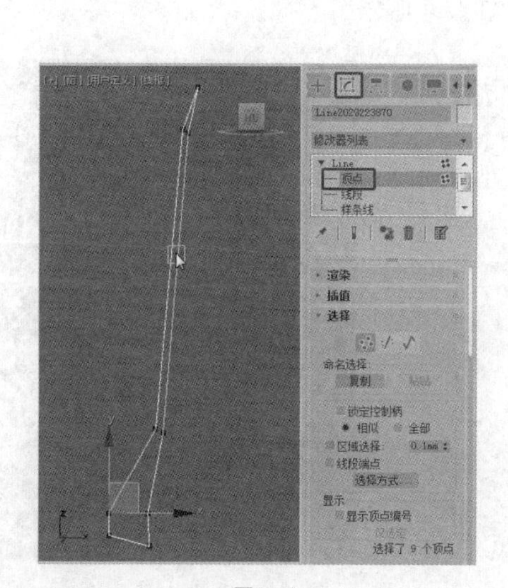

图 4-3

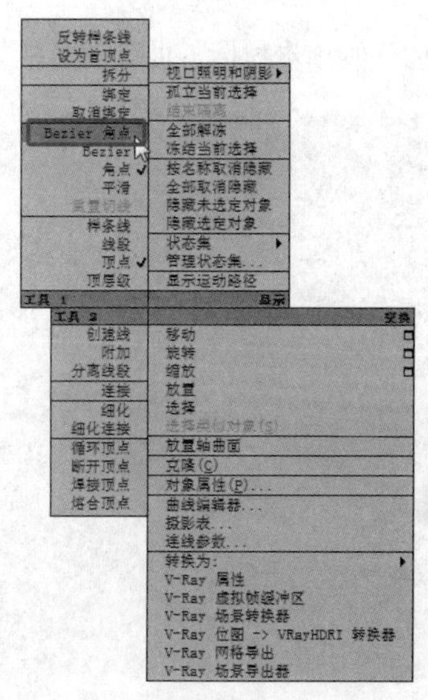

图 4-4

步骤④ 在场景中可以看到样条线上出现了控制手柄，可通过调整控制手柄调整样条线，将其调整成花瓶的截面形状，如图 4-5 所示。

步骤⑤ 关闭选择集，在“修改器列表”中选择“车削”修改器，在“参数”卷展栏中设置合适的参数，如图 4-6 所示。

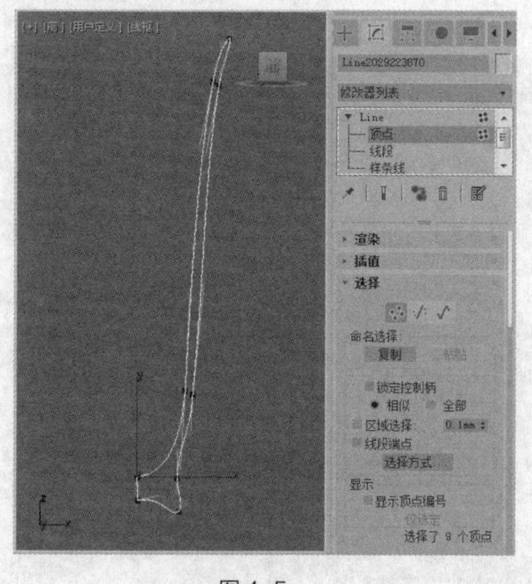

图 4-5

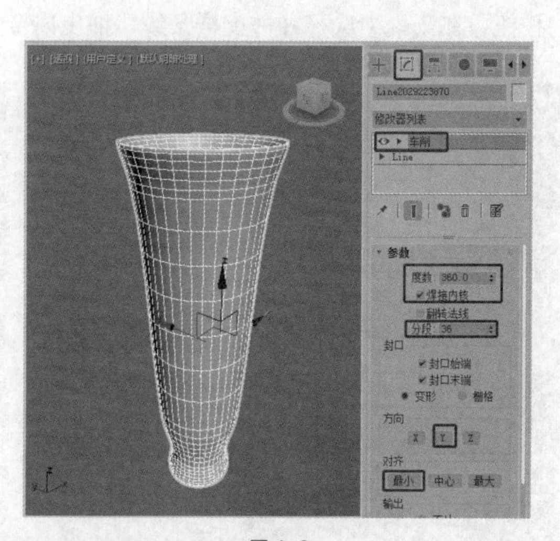

图 4-6

步骤⑥ 如果模型不够平滑，可以在“车削”修改器的“参数”卷展栏中增大分段。若想要样条线变得更加平滑，可以在“修改器列表”中选择“Line”，设置“步数”为 20。增大“步数”值可以使样条线变得更加平滑，如图 4-7 所示。

在操作过程中，如果打开了某个修改按钮，用完之后要关闭该按钮，以确保后面的操作无误。同样，使用完的选择集也需要及时关闭，便于后面的操作。

步骤 7 增加分段和步数后，曲面花瓶的效果如图 4-8 所示。

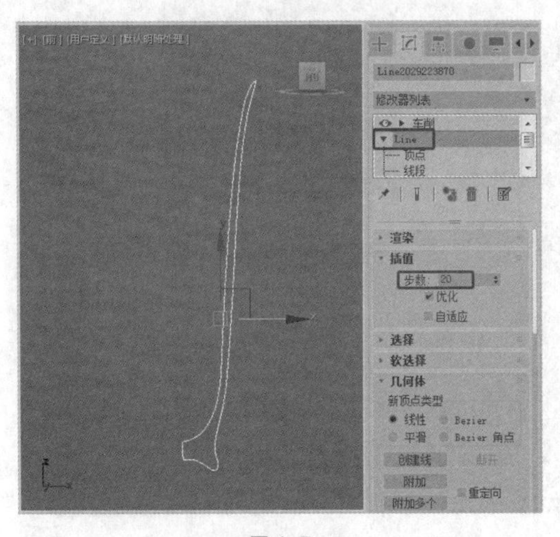

图 4-7

图 4-8

（2）桶状花瓶的制作步骤如下。

步骤 1 单击“+（创建）>（图形）> 样条线 > 线”按钮，在前视图中创建样条线，如图 4-9 所示。

步骤 2 切换到“修改”命令面板，将选择集定义为“样条线”。在“几何体”卷展栏中单击“轮廓”按钮，在场景中选择并拖曳样条线，拖曳出合适的轮廓后释放鼠标，如图 4-10 所示。

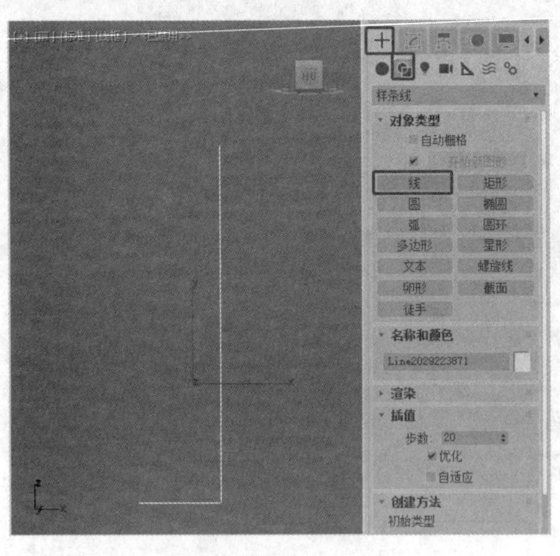

图 4-9

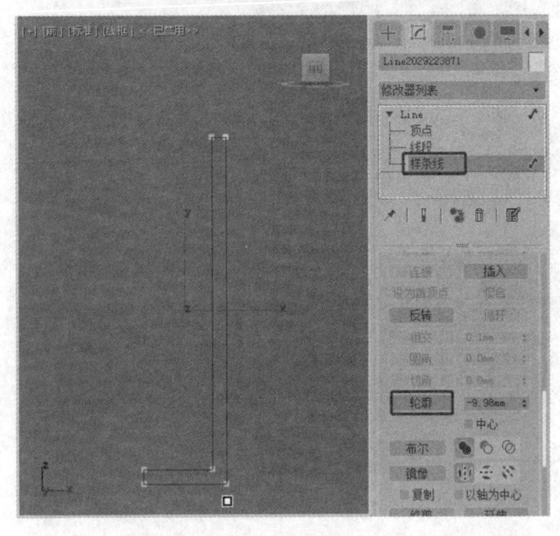

图 4-10

步骤 3 将选择集定义为“顶点”。在“几何体”卷展栏中单击“圆角”按钮，在场景中拖曳顶点，调整出圆角效果，如图 4-11 所示。

步骤④ 关闭选择集，为模型施加“车削”修改器，设置合适的参数，完成桶状花瓶的制作，如图 4-12 所示。

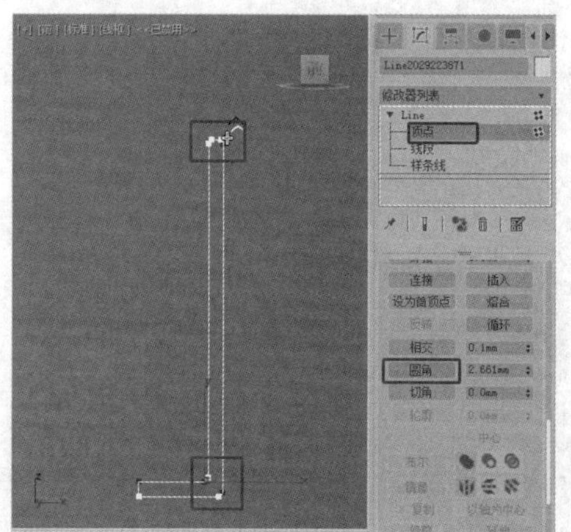

图 4-11

图 4-12

4.1.4 【相关工具】

1.“编辑样条线”修改器

创建样条线后切换到“修改”命令面板，可以看到其中有一系列的工具。这些工具与“编辑样条线”修改器中的功能基本相同。下面以“编辑样条线”修改器为例介绍这些工具的作用。

使用 3ds Max 2019 提供的“编辑样条线”修改器可以很方便地调整曲线，把一个简单的曲线变成复杂的曲线。如果是用样条线创建的曲线或图形，可以直接对其进行编辑样条线的操作，除了用样条线创建的二维曲线以外，想要编辑使用其他工具创建的二维曲线有以下两种方法。

方法一：在“修改器列表”中选择“编辑样条线”修改器。

方法二：在创建的图形上单击鼠标右键，在弹出的快捷菜单中选择“转换为>转换为可编辑样条线”命令。

使用“编辑样条线”修改器可以对曲线的“顶点”“线段”“样条线”进行编辑，在“几何体”卷展栏中，不同的选择集将有相应的编辑功能。下面介绍的工具对任意选择集都可以使用。

- “创建线”按钮：可以在当前二维曲线的基础上创建新的曲线，创建出的曲线与操作之前选择的曲线结合在一起。
- “附加”按钮：可以将操作之后选择的曲线结合到操作之前选择的曲线中。勾选“重定向”复选框，可以将操作之后选择的曲线移动到操作之前选择曲线的位置。
- “附加多个”按钮：单击该按钮，打开“附加多个”对话框，可以将场景中所有二维曲线结合到当前选择的二维曲线中。
- “插入”按钮：可以在选择的线条中插入新的点，不断单击，以便不断插入新点，单击鼠标右键即可停止插入点，插入的点会改变曲线的形态。

(1) 顶点。

在“顶点”选择集的编辑状态下，“几何体”卷展栏中有一些针对该选择集的编辑工具，这些工具大部分比较常用，要熟练掌握，如图 4-13 所示。

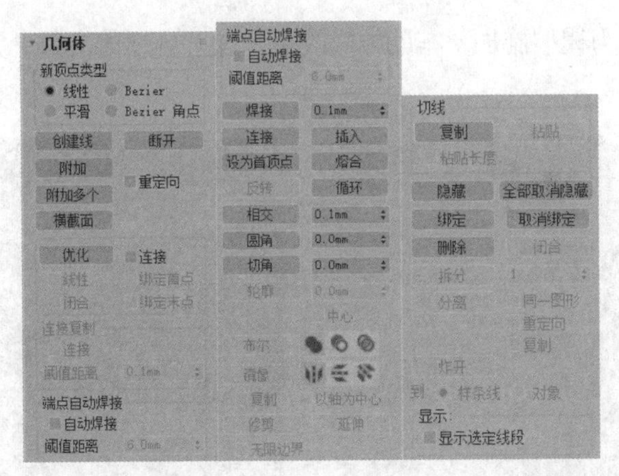

图 4-13

- “断开”按钮：可以将选择的端点打断，原来由该端点连接的线条在此处断开，产生两个端点。
- “优化”按钮：可以在选择的线条中加入新的点，且不会改变线的形状，此操作常用来平滑局部曲线。
- “焊接”按钮：可以将两个或多个顶点进行焊接，该功能只能焊接开放性的顶点，焊接的范围由该按钮后面的数值决定。
- “连接”按钮：可以将两个顶点进行连接，在两个顶点中间生成一条新的连接线。
- “圆角”按钮：可以将选择的顶点进行圆角处理，选择顶点后，通过该按钮后面的数值框进行圆角处理，如图 4-14 所示。
- “切角”按钮：可以将选择的顶点进行切角处理，如图 4-15 所示。

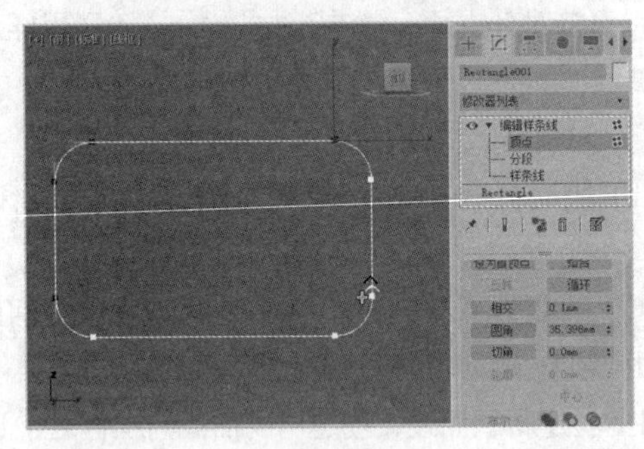

图 4-14

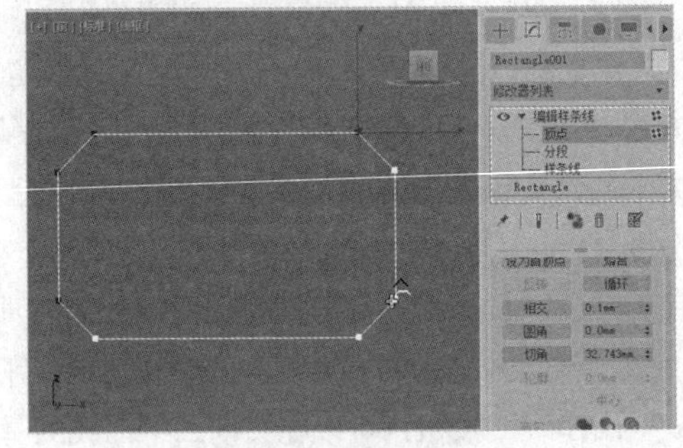

图 4-15

（2）分段。

在“修改器列表”中选择“分段”选择集，在“几何体”卷展栏中有两个编辑工具适用于该选择集，如图 4-16 所示。

- “拆分”按钮：可在选择的线段中插入相应的等分点进行等分，插入等分点的个数可以在该按钮之后的数值框中输入。
- “分离”按钮：可以将选择的线段分离出去，成为一个独立的图形实体；该按钮之后的“同一图形”“重定向”“复制”3 个复选框，可以控制分离操作的具体情况。

（3）样条线。

在“修改器列表”中选择“样条线”选择集，进入“样条线”层级后，“几何体”卷展栏如图 4-17

所示。下面介绍几个常用的工具。

- “轮廓”按钮：可以将选择的曲线进行双线勾边以生成轮廓，如果选择的曲线为非封闭曲线，则系统在生成轮廓时会自动进行封闭。

- “布尔”按钮：可以对经过结合操作的多条曲线进行运算，其中有“并集”、“差集”、“相交”运算按钮；布尔运算必须在同一条二维曲线之内进行，选择要留下的样条线，选择运算方式后单击该按钮，在视口中单击想要移除的样条线即可。

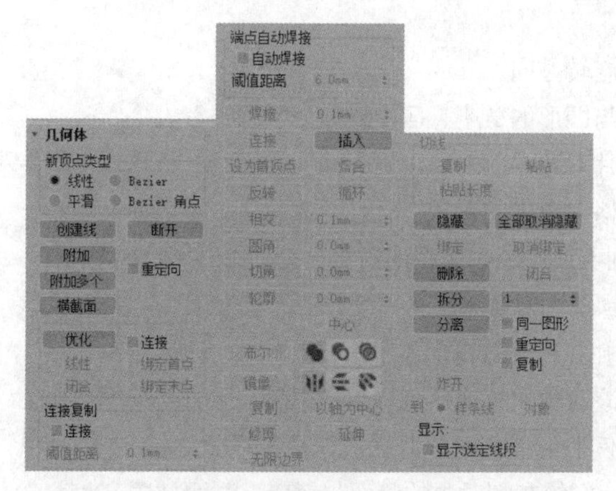

图 4-16

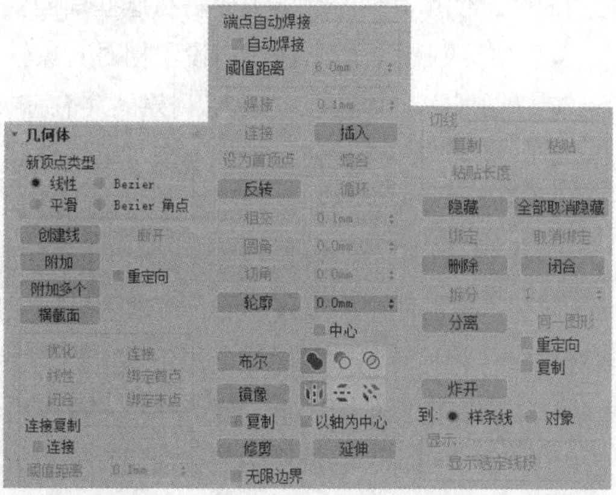

图 4-17

对于图 4-18 所示的图形，进行“并集”处理后的效果如图 4-19 所示，进行“差集”处理后的效果如图 4-20 所示，进行“交集”处理后的效果如图 4-21 所示。

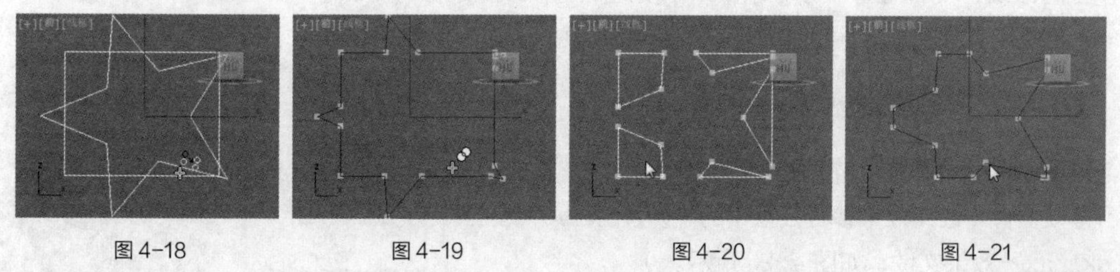

图 4-18　　图 4-19　　图 4-20　　图 4-21

- “修剪”按钮：可以对经过结合操作的多条相交样条线进行修剪。

2.“车削”修改器

“车削”通过绕轴旋转一个图形或 NURBS 曲线来创建三维对象。图 4-22 所示为“车削”修改器的“参数”卷展栏。

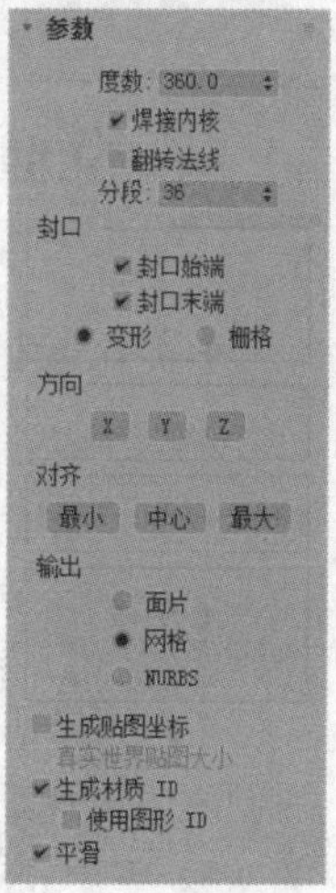

- “度数”数值框：设置对象绕轴旋转多少度（范围是从 0～360，默认值是 360）。

- “焊接内核”复选框：通过将旋转轴中的顶点焊接来简化网格，如果要创建一个变形对象，禁用此复选框。

- “翻转法线”复选框：依据图形上顶点的方向和旋转方向，旋转对象可能会向内部外翻，启用“翻转法线”复选框可以修正它。

- “分段”数值框：设置在曲面上创建多少插值线段。

- “封口始端”复选框：设置封口的“度数”小于 360 的车削对象的起点，并形

图 4-22

成闭合图形。

- “封口末端”复选框：设置封口的“度数”小于 360 的车削对象的终点，并形成闭合图形。
- “变形”单选按钮：按照创建变形对象所需的可预见且可重复的模式排列封口面，渐进封口可以产生细长的面，而不像栅格封口需要渲染或变形；如果要车削出多个渐进目标，主要使用渐进封口的方法。
- “栅格”单选按钮：在图形边界上的方形修剪栅格中安排封口面，使用此方法可以产生尺寸均匀的曲面，使用其他修改器很容易将这些曲面变形。
- “X”“Y”“Z”按钮：设置相对对象轴的旋转方向。
- “最小”“中心”“最大”按钮：将旋转轴与图形的最小、居中或最大范围对齐。
- “面片”单选按钮：产生一个可以折叠到面片对象中的对象。
- “网格”单选按钮：产生一个可以折叠到网格对象中的对象。
- “NURBS”单选按钮：产生一个可以折叠到 NURBS 对象中的对象。
- “生成贴图坐标”复选框：将贴图坐标应用到车削对象中；当“度数”的值小于 360 并勾选该复选框时，将另外的贴图坐标应用到末端封口中，并在每一封口上放置一个 1×1 的平铺图案。
- “真实世界贴图大小”复选框：设置应用于该对象的纹理贴图材质使用的缩放方法，缩放值由应用材质的“坐标”卷展栏中的“使用真实世界比例”复选框设置，默认设置为勾选。
- “生成材质 ID”复选框：将不同的材质 ID 指定给车削对象的侧面与封口，侧面材质 ID 为 3，封口（当“度”的值小于 360 且车削对象是闭合图形时）材质 ID 为 1 和 2，默认设置为勾选。
- “使用图形 ID”复选框：将材质 ID 指定给车削产生的样条线中的线段，或指定给 NURBS 车削产生的曲线；仅当勾选“生成材质 ID”复选框时，该复选框可用。
- “平滑”复选框：给车削图形应用平滑效果。

4.1.5 【实战演练】红酒瓶

本案例制作红酒瓶，先创建样条线，然后为其施加“车削”修改器。（最终效果参看云盘中的“场景>第 4 章>红酒瓶 ok.max”效果文件，如图 4-23 所示。）

微课视频
红酒瓶

图 4-23

微课视频
壁画

4.2 壁画

4.2.1 【案例分析】

无论是商业空间还是家装空间，不可或缺的元素就是壁画。只要有墙面就应该有壁画的存在，壁画是点缀墙面的好工具，它使墙面不再单调。

4.2.2 【设计理念】

本案例先创建墙矩形，并为墙矩形施加“挤出”和“倒角”修改器，最后创建球体和可渲染的样条线作为装饰。（最终效果参看云盘中的“场景>第 4 章>壁画 ok.max”效果文件，如图 4-24 所示。）

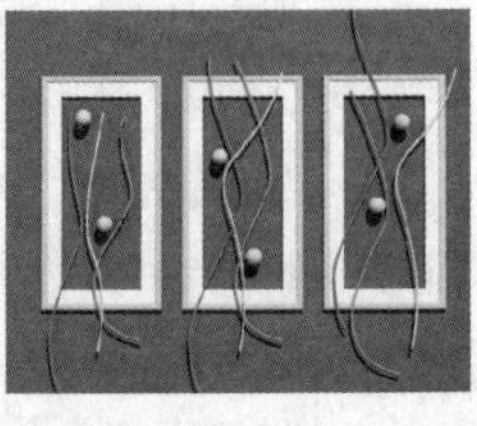

图 4-24

4.2.3 【操作步骤】

步骤① 单击“＋（创建）>（图形）>扩展样条线>墙矩形”按钮，在前视图中创建墙矩形。在“参数”卷展栏中设置“长度”为800、“宽度”为400、“厚度”为50，如图4-25所示。

步骤② 切换到“修改”命令面板，在“修改器列表”中选择“挤出”修改器，在“参数”卷展栏中设置“数量”为10，如图4-26所示。

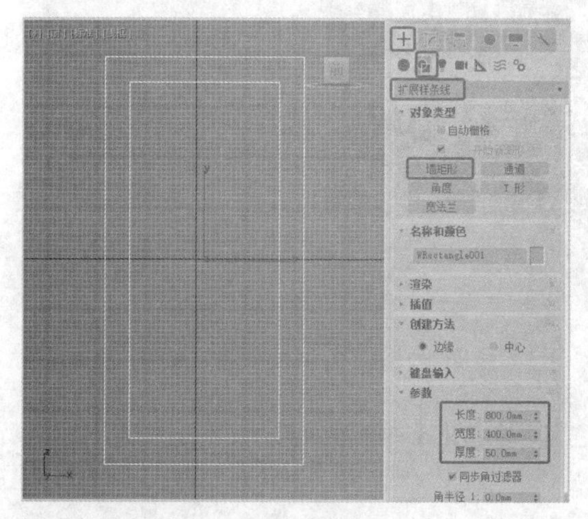

图4-25

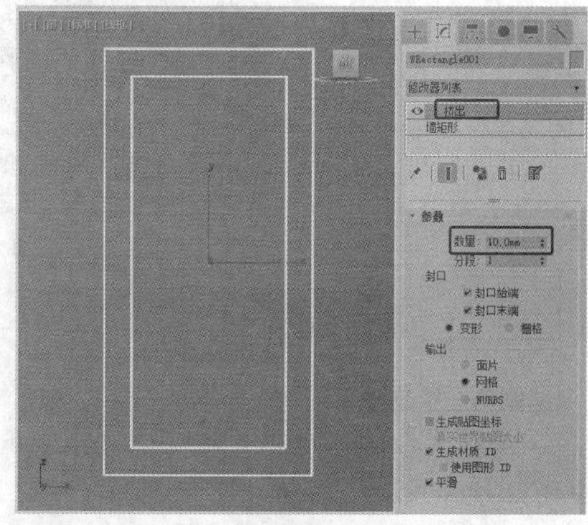

图4-26

步骤③ 创建墙矩形，在“参数”卷展栏中设置“长度”为850、“宽度”为450、“厚度”为25，如图4-27所示。

步骤④ 为墙矩形施加“倒角”修改器，在“倒角值”卷展栏中设置“级别1”的“高度”为10，勾选“级别2”复选框，设置“高度”为5、“轮廓”为-5，如图4-28所示。

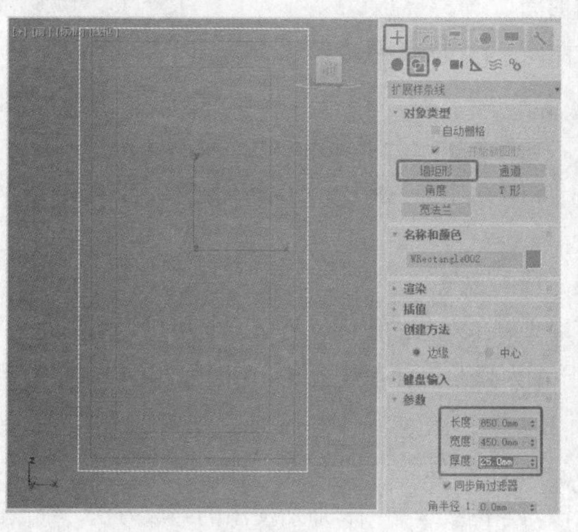

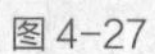

图4-27

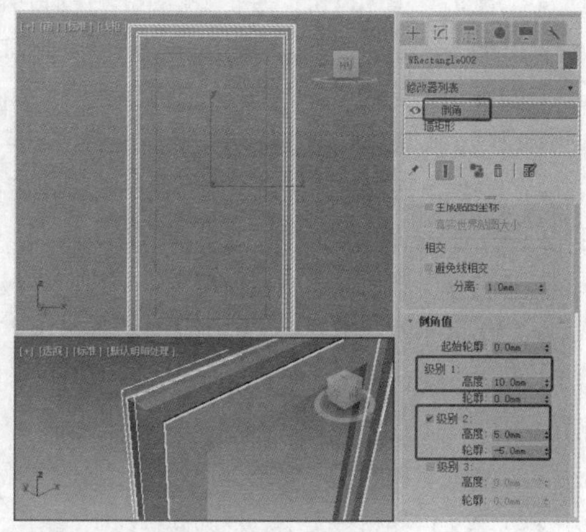

图4-28

步骤⑤ 制作出画框后，创建球体和可渲染的样条线作为装饰，完成本案例的制作，如图4-29所示。

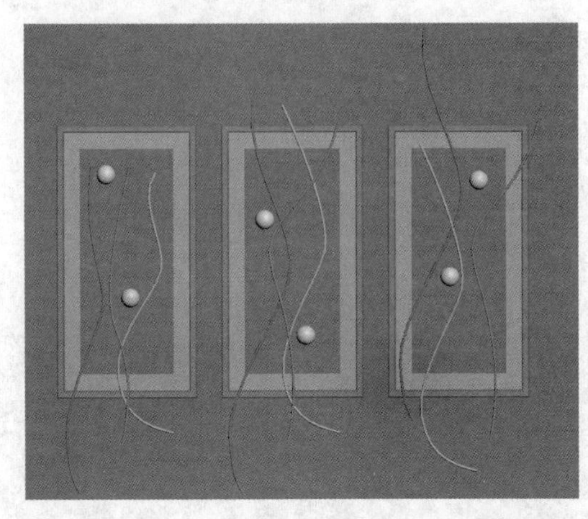

图 4-29

4.2.4 【相关工具】

“倒角”修改器

“倒角”修改器是“挤出”修改器的延伸，用它可以在挤出来的三维对象边缘产生倒角效果。

（1）图 4-30 所示为“倒角”修改器的“参数”卷展栏。

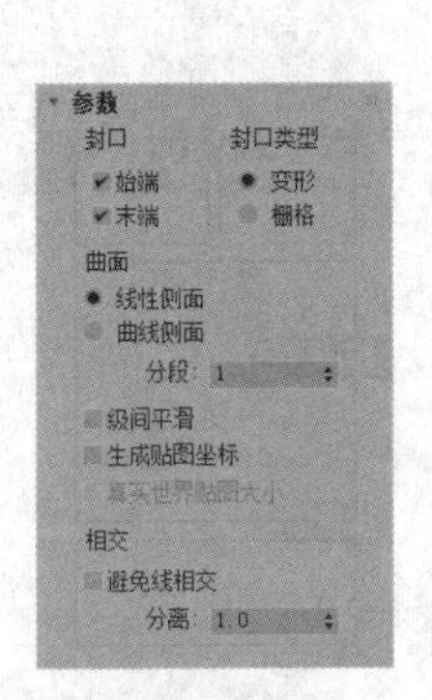

图 4-30

- “始端”复选框：勾选此复选框，用对象的最低局部 z 轴坐标值（底部）对始端进行封口，取消勾选此复选框后，底部为打开状态。
- “末端”复选框：勾选此复选框，用对象的最高局部 z 轴坐标值（底部）对末端进行封口，取消勾选此复选框后，底部不再打开。
- “变形”单选按钮：为变形创建适合的封口曲面。
- “栅格”单选按钮：在栅格图案中创建封口曲面，封口类型的变形和渲染要比渐进变形封装效果好。
- “线性侧面”单选按钮：选择此单选按钮后，曲面会沿着一条直线进行分段插值。
- “曲线侧面”单选按钮：选择此单选按钮后，曲面会沿着一条 Bezier 曲线进行分段插值；对于可见曲线，使用曲线侧面的多个分段。
- “分段”数值框：设置在每个级别之间中级分段的数量。
- “级间平滑”复选框：控制是否将平滑组应用于倒角对象的侧面，封口会使用与侧面不同的平滑组；勾选此复选框后，对侧面应用平滑组，侧面显示为弧形；取消勾选此复选框后，不应用平滑组，侧面显示为平面倒角。
- “生成贴图坐标”复选框：勾选此复选框后，将贴图坐标应用于倒角对象。
- “真实世界贴图大小”复选框：控制应用于该对象的纹理贴图材质所使用的缩放方法，缩放值由位于应用材质的“坐标”卷展栏中的“使用真实世界比例”控制，默认设置为勾选。
- “避免线相交”复选框：防止轮廓彼此相交，通过在轮廓中插入额外的顶点，并用一条平直的线段覆盖锐角来实现。
- “分离”数值框：设置边之间保持的距离，最小值为 0.01。

（2）图 4-31 所示为“倒角”修改器的“倒角值”卷展栏。

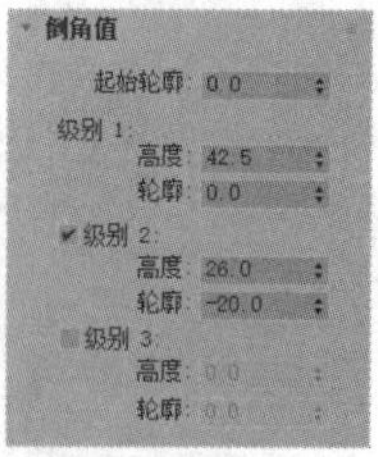

图 4-31

- “级别 1”选项组：包含两个参数，它们表示起始级别。

“高度”数值框：设置级别 1 在起始级别之上的距离。

“轮廓”数值框：设置级别 1 的轮廓到起始轮廓的偏移距离。

“级别 2”和“级别 3”是可选的，并且允许改变倒角量和方向。

- “级别 2”复选框：在级别 1 之后添加一个级别。

“高度”数值框：设置级别 1 之上的距离。

“轮廓”数值框：设置级别 2 的轮廓到级别 1 轮廓的偏移距离。

- “级别 3”复选框：在前一级别之后添加一个级别，如果未勾选“级别 2”复选框，级别 3 添加于级别 1 之后。

“高度”数值框：设置级别 3 到前一级别之上的距离。

“轮廓”数值框：设置级别 3 的轮廓到前一级别轮廓的偏移距离。

“倒角”修改器一般用于制作三维立体文本模型。

4.2.5 【实战演练】衣架

本案例先创建线，然后调整其形状结合“倒角”修改器来完成衣架模型的制作。（最终效果参看云盘中的“场景>第 4 章>衣架 ok.max”效果文件，如图 4-32 所示。）

微课视频
衣架

图 4-32

4.3 果盘

微课视频
果盘

4.3.1 【案例分析】

果盘是盛放水果的器皿，本案例将制作一款玻璃花边果盘，其外观造型配合整体环境，可以起到一定的装饰作用。

4.3.2 【设计理念】

本案例先创建圆柱体，设置合适的分段，然后使用“编辑多边形”修改器设置模型的造型，并通过施加“涡轮平滑”修改器和“锥化”修改器完成果盘模型。（最终效果参看云盘中的“场景>第 4 章>果盘 ok.max”效果文件，如图 4-33 所示。）

4.3.3 【操作步骤】

步骤 1 单击“+（创建）>（几何体）>圆柱体”按钮，在顶视图中创建圆柱体。在“参数”卷展栏中设置“半径”为 260、“高度”为 100、“高度分段”为 1，如图 4-34 所示。

图 4-33

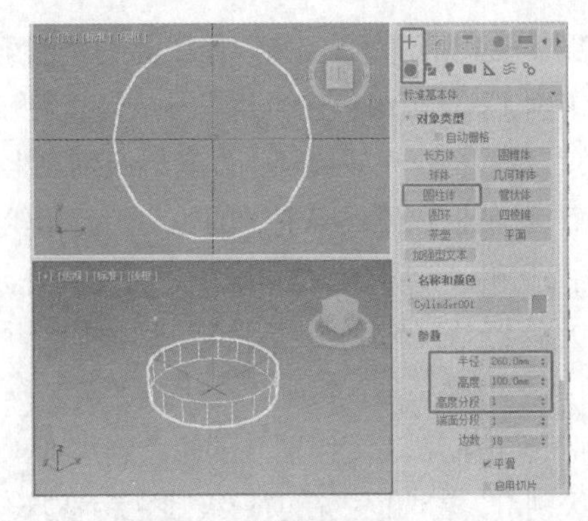

图 4-34

步骤② 切换到“修改”命令面板，在“修改器列表”中选择“编辑多边形”修改器，将选择集定义为“多边形”。在顶视图中选择多边形，在“编辑多边形”卷展栏中单击“切角”后的按钮。设置“倒角轮廓”为-20，单击“确定”按钮，如图 4-35 所示。

步骤③ 单击“挤出”后的按钮，设置“挤出多边形高度”为-90，单击“确定”按钮，如图 4-36 所示。

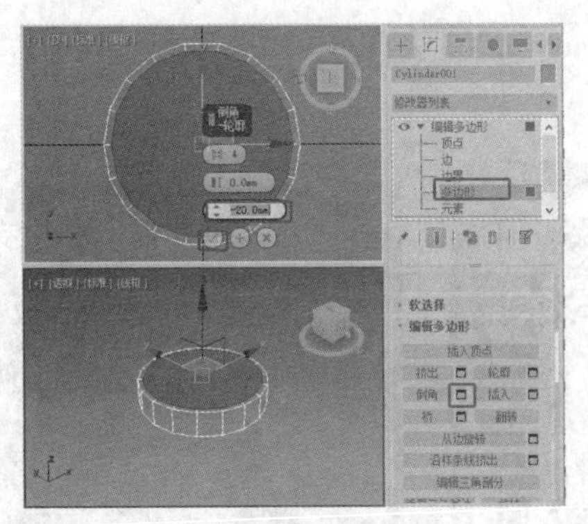

图 4-35

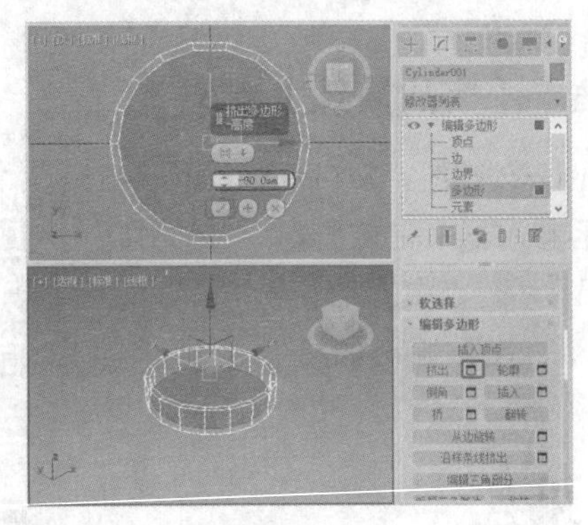

图 4-36

步骤④ 将选择集定义为“边”，在场景中选择图 4-37 所示的边。

步骤⑤ 选择边后，在“编辑边”卷展栏中单击“切角”后的按钮，在前视图中设置“切角”为 9.933、“分段”为 3，单击“确定”按钮，如图 4-38 所示。

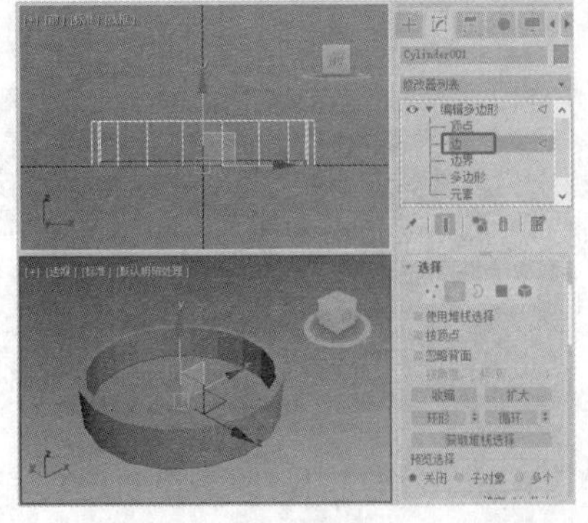

图 4-37

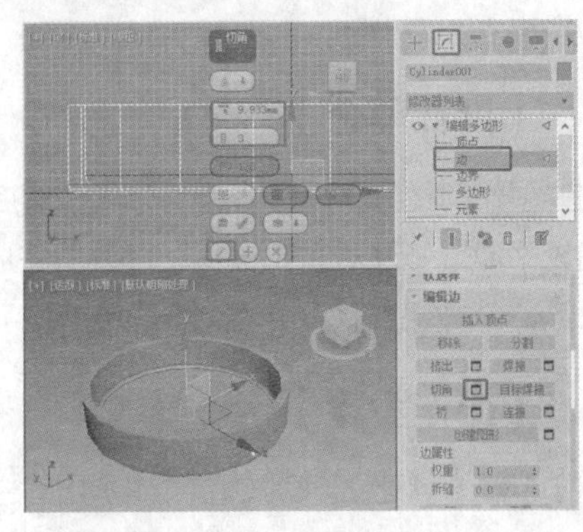

图 4-38

步骤 ⑥ 将选择集定义为“多边形”，在场景中选择图 4-39 所示的多边形。

步骤 ⑦ 在“编辑多边形”卷展栏中单击“倒角”后的■按钮，在透视视图中设置“倒角高度”为 38.632、“倒角轮廓”为–6.264，单击✓“确定”按钮，如图 4-40 所示。

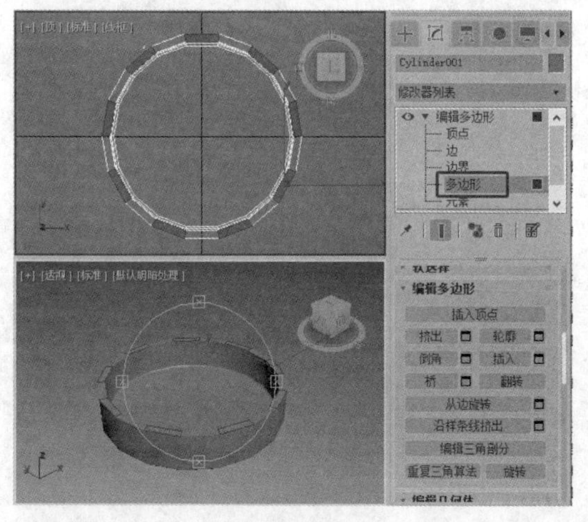

图 4-39

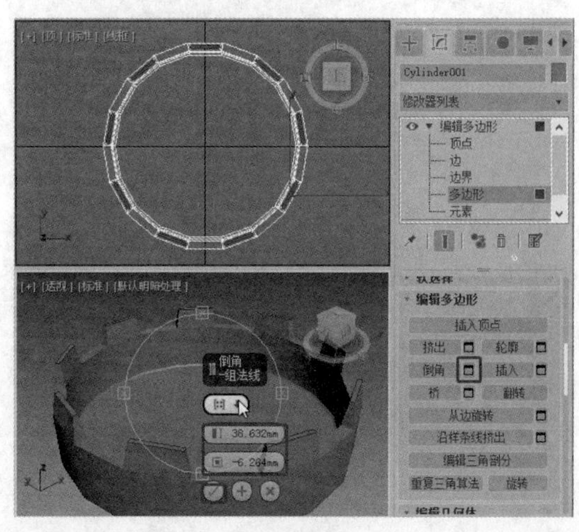

图 4-40

步骤 ⑧ 确定当前选择的是多边形，按住 Ctrl 键单击“选择”卷展栏中的◁“边”按钮，可以根据当前选择的多边形来选择边，如图 4-41 所示。

步骤 ⑨ 选择边后，在“编辑边”卷展栏中单击“切角”后的■按钮。在透视视图中设置“切角量”为 0.929、“切角分段”为 1，单击✓“确定”按钮，如图 4-42 所示。

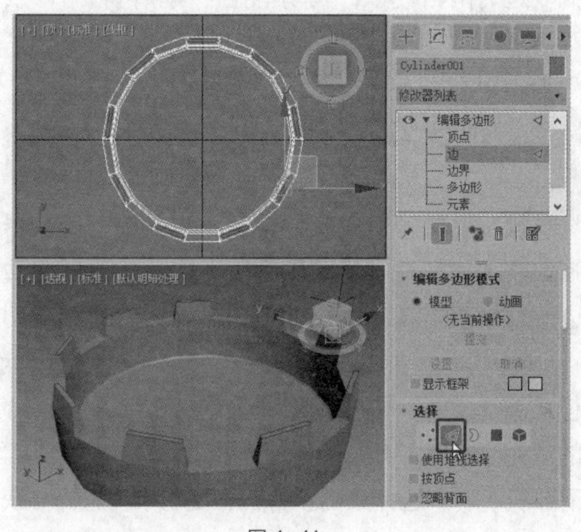

图 4-41

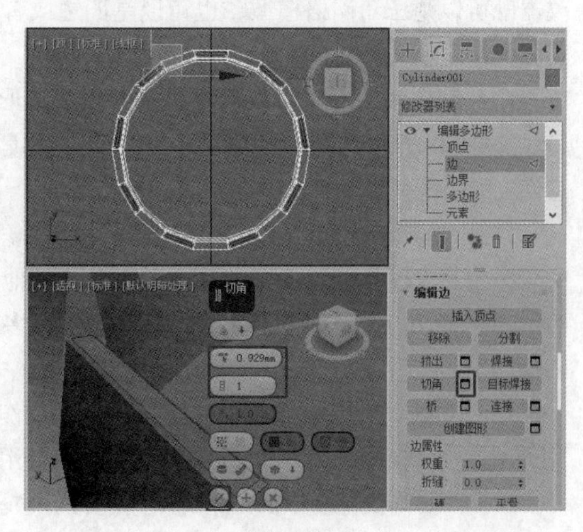

图 4-42

步骤 ⑩ 关闭选择集，在“修改器列表”中选择“涡轮平滑”修改器，设置“迭代次数”为 2，如图 4-43 所示。

步骤 ⑪ 为模型施加“锥化”修改器，在“参数”卷展栏中设置“数量”为 0.38，如图 4-44 所示。

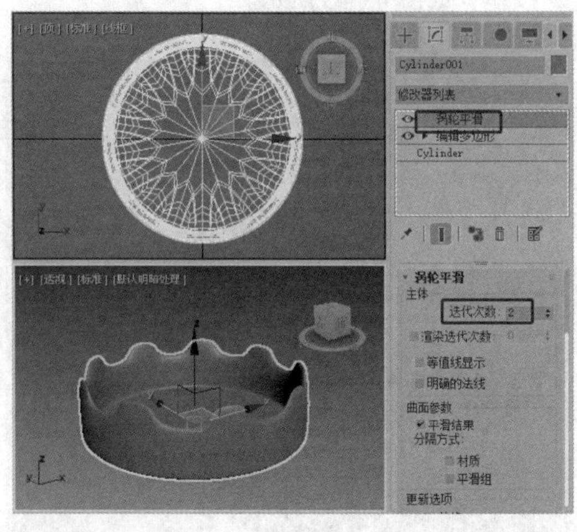

图 4-43

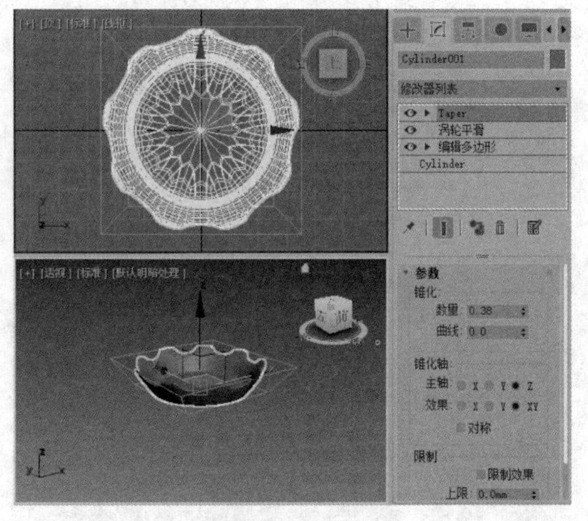

图 4-44

4.3.4 【相关工具】

1. “编辑多边形”修改器

“编辑多边形”修改器也是一种网格对象，它在功能、使用方法上几乎和“编辑网格”修改器是一致的。不同的是，“编辑网格”修改器是由三角形面构成的框架结构，而“编辑多边形”修改器既可以是三角网格模型，也可以是四边或者更多边的网格模型，其功能比“编辑网格”修改器强大。

◎“编辑多边形”修改器与“可编辑多边形”修改器的区别

“编辑多边形”修改器（见图 4-45）与“可编辑多边形”修改器（见图 4-46）大部分功能相同，它们之间的区别如下。

（1）“编辑多边形”是一个修改器，具有修改器状态说明的所有属性。其中包括在“修改器列表”中将“编辑多边形”放到基础对象和其他修改器上方，在“修改器列表”中将修改器移动到不同位置，以及对同一对象施加多个“编辑多边形”修改器（每个修改器包含不同的建模或动画操作）。

（2）“编辑多边形”修改器有两个不同的操作模式：“模型”和“动画”。

（3）“编辑多边形”修改器中不包括始终启用的“完全交互”开关功能。

（4）“编辑多边形”修改器提供了两种从堆栈下部获取现有选择集的新方法：使用堆栈选择和获取堆栈选择。

（5）“编辑多边形”修改器中缺少“可编辑多边形”的“细分曲面”和“细分置换”卷展栏。

（6）在“动画”模式中，通过单击“切片”而不是“切片平面”按钮来开始切片操作，通过单击“切片平面”按钮来移动平面，可以设置切片平面的动画。

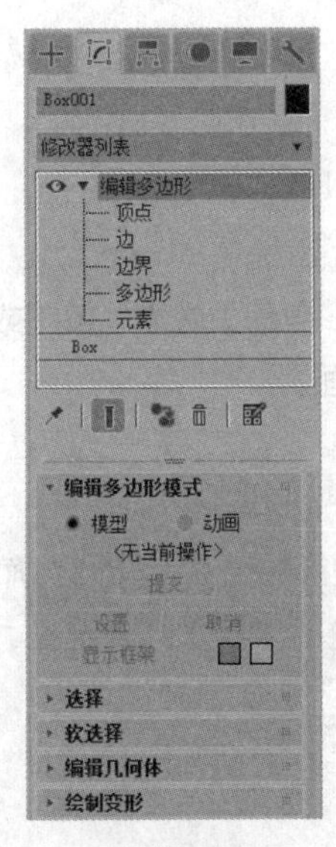

图 4-45

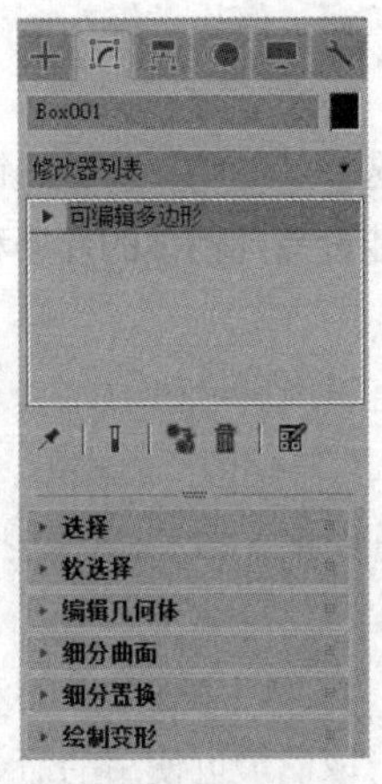

图 4-46

◎“编辑多边形”修改器的选择级

为模型施加“编辑多边形”修改器后，在“修改器列表”中可以查看“编辑多边形”修改器的选择集，如图 4-47 所示。

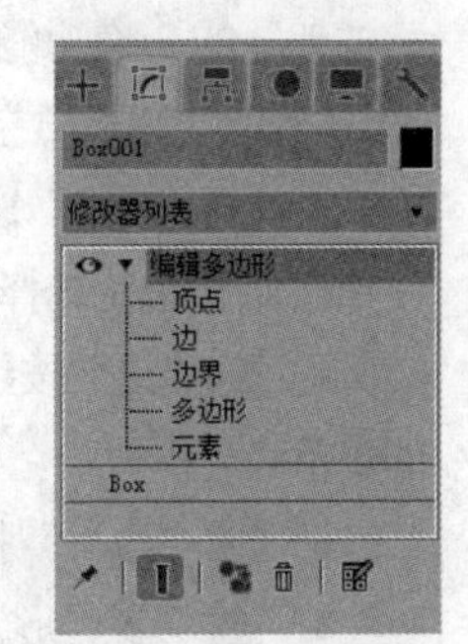

图 4-47

“编辑多边形”修改器的选择集介绍如下。

- 顶点：顶点是位于相应位置的点，它们构成多边形对象的其他子对象的结构，当移动或编辑顶点时，它们形成的几何体也会受影响；顶点也可以独立存在，孤立顶点可以用来构建其他几何体，但在渲染时，它们是不可见的；当选择集定义为“顶点”时可以选择单个或多个顶点，并且使用标准方法移动它们。
- 边：边是连接两个顶点的线段，边不能由两个以上的多边形共享；另外，两个多边形的法线应相邻，如果法线不相邻，应卷起共享顶点的两条边；当选择集定义为“边”时，可以选择一条或多条边，然后使用标准方法变换它们。
- 边界：边界是网格的线性部分，它通常是多边形仅位于一面时的边序列，例如，长方体没有边界，但茶壶对象有壶盖、壶身和壶嘴上的边界，还有两个边界在壶把上；如果创建圆柱体，然后删除末端多边形，相邻的一行边会形成边界；当选择集定义为“边界”时，可选择一个或多个边界，然后使用标准方法变换它们。
- 多边形：多边形是通过曲面连接的 3 条或多条边的封闭序列，多边形提供“编辑多边形”对象的可渲染曲面；当选择集定义为“多边形”时，可选择单个或多个多边形，然后使用标准方法变换它们。
- 元素：元素是两个或两个以上可组合为一个更大对象的单个网格对象。

◎公共参数卷展栏

无论当前定义为何种选择集，它们都具有公共的参数卷展栏。下面介绍这些公共参数卷展栏。在定义了选择集后，相应的参数就会被激活。

（1）“编辑多边形模式”卷展栏（见图 4-48）介绍如下。

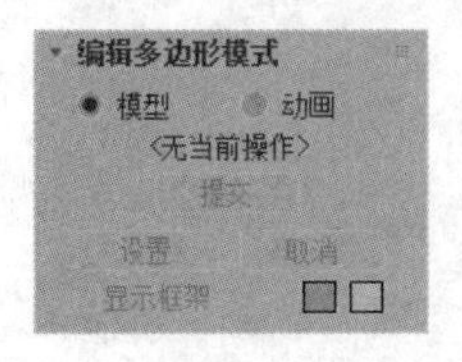

图 4-48

• “模型”单选按钮：使用“编辑多边形”功能建模，在“模型”模式下，不能设置操作的动画。

• “动画”单选按钮：使用“编辑多边形”功能设置动画。

除选择“动画”单选按钮外，必须打开“自动关键点”按钮或使用“设置关键点”才能设置几何体的变换和参数更改的动画。

• 标签：显示当前存在的任何命令，默认显示“<无当前操作>”。

• “提交”按钮：在“模型”模式下，接受在视口中进行的更改，与“确定”按钮功能相同）；在“动画”模式下，冻结已设置动画的选择在当前帧的状态，然后关闭对话框，该操作会丢失所有已设置的关键帧。

• “设置”按钮：切换到当前命令的对话框。

• “取消”按钮：取消最近使用的命令。

• “显示框架”复选框：在修改或细分之前，用于切换显示“编辑多边形”对象的两种颜色框架；框架颜色显示为复选框右侧的色样，第一种颜色表示未选择的子对象，第二种颜色表示选择的子对象，通过单击其色块更改颜色，“显示框架”的切换功能只能在子对象层级使用。

（2）“选择”卷展栏（见图 4-49）介绍如下。

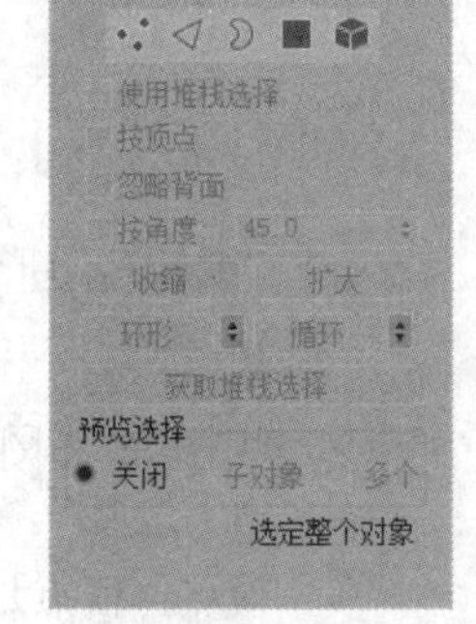

图 4-49

• “顶点”按钮：访问“顶点”选择集，可从中选择鼠标指针下的顶点，使用区域选择将选择区域中的顶点。

• “边”按钮：访问“边”选择集，可从中选择鼠标指针下多边形的边，也可框选区域中多边形的多条边。

• “边界”按钮：访问“边界”选择集，可从中选择构成网格中孔洞边框的一系列边。

• “多边形”按钮：访问“多边形”选择集，可选择鼠标指针下的多边形，使用区域选择可选择区域中的多个多边形。

• “元素”按钮：访问“元素”选择集，通过它可以选择对象中所有相邻的多边形，使用区域选择可选择多个元素。

• “使用堆栈选择”复选框：勾选此复选框时，“编辑多边形”自动使用在堆栈中向上传递的任何现有子对象的选择，并禁止用户手动更改选择。

• “按顶点”复选框：勾选此复选框时，只有通过选择所用的顶点，才能选择子对象；单击某一顶点时，将选择使用该顶点的所有子对象。该功能在“顶点”选择集上不可用。

• “忽略背面”复选框：勾选此复选框后，选择子对象将只影响朝向用户的那些对象。

• “按角度”复选框：勾选此复选框时，选择一个多边形会基于复选框右侧数值框设置的角度同时选择相邻多边形；该值可以确定要选择的相邻多边形之间的最大角度，仅在“多边形”选择集可用。

• “收缩”按钮：通过取消选择最外部的子对象缩小子对象的选择区域，如果不再减小选择区域的大小，则可以取消选择其余的子对象，如图 4-50 所示。

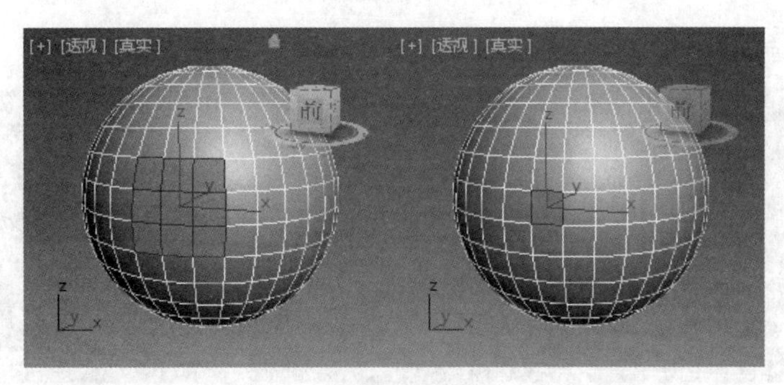

图 4-50

- “扩大”按钮：朝所有可用方向外侧扩展选择区域，如图 4-51 所示。

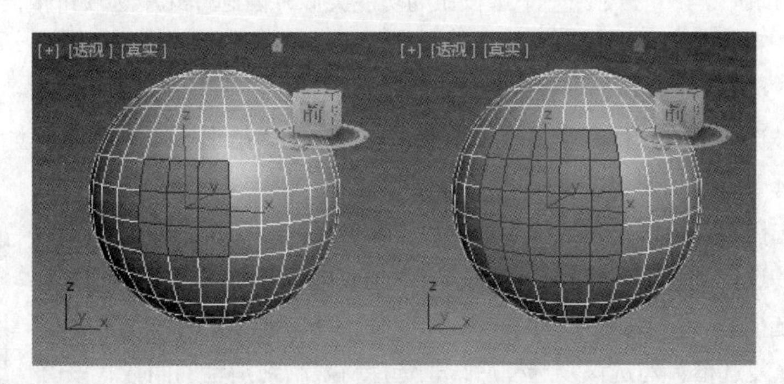

图 4-51

- “环形”按钮：“环形”按钮旁边的微调器允许在任意方向将选择移动到相同环上的其他边，即相邻的平行边，如图 4-52 所示；如果使用了“循环”功能，则可以使用该功能选择相邻的循环；该功能只适用于“边”和“边界”层级。

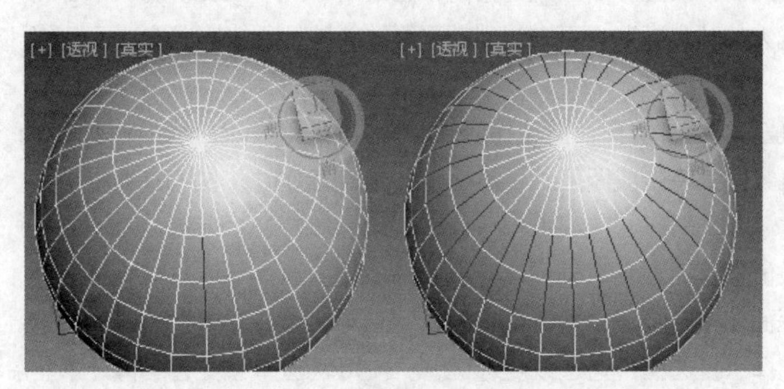

图 4-52

- “循环”按钮：在与所选边对齐的同时，尽可能地扩展边选择范围，循环选择仅通过四向连接实现，如图 4-53 所示。
- “获取堆栈选择”按钮：使用在堆栈中向上传递的子对象选择替换当前选择，可以使用标准方法修改此选择。
- “预览选择”选项组：提交子对象选择集之前，通过该选项组可以预览它；根据鼠标指针的位置，可以在当前层级预览，或者自动切换层级预览。

“关闭”单选按钮：预览不可用。

“子对象”单选按钮：仅在当前层级启用预览，如图 4-54 所示。

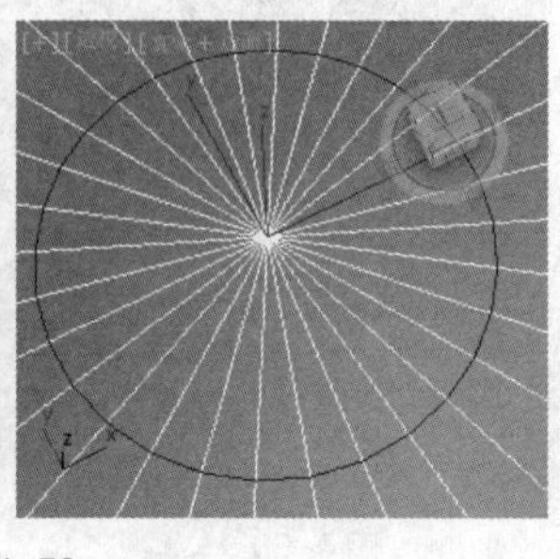

图 4-53

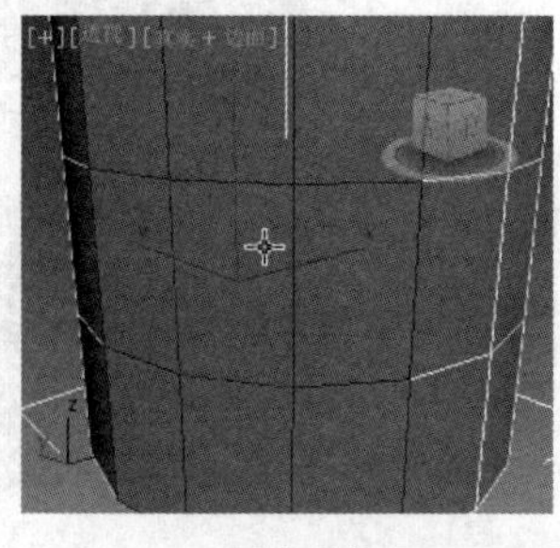

图 4-54

“多个”单选按钮：与“子对象”单选按钮的功能类似，但选择此单选项可根据鼠标指针的位置，在“顶点”“边”和“多边形”层级之间自动变换。

- “选定整个对象”文本区域：在“选择”卷展栏底部，是一个文本，提供有关当前选择的信息；如果没有子对象被选择，或者选择了多个子对象，那么该文本给出选择的数目和类型。

（3）“软选择”卷展栏（见图 4-55）介绍如下。

- “使用软选择”复选框：勾选该复选框后，3ds Max 2019 会将样条线变形应用到所变换的选择周围的未选择子对象；要产生效果，必须在变换或修改选择之前勾选该复选框。
- “边距离”复选框：勾选该复选框后，软选择将限制到指定的面数，该值应在进行选择的区域和软选择的最大范围之间。
- “影响背面”复选框：勾选该复选框后，法线方向与选择的子对象的平均法线方向相反的、取消选择的面就会受到软选择的影响。
- “衰减”数值框：设置影响区域的距离，它是用当前单位表示的从中心到球体边的距离；越大的“衰减”，可以实现越平缓的斜坡，具体情况取决于几何体比例。
- “收缩”数值框：沿着垂直轴提高并降低曲线的顶点，设置区域的相对“突出度”；此值为负数时，将生成凹陷，而不是点；此值为 0 时，收缩将生成平滑变换。

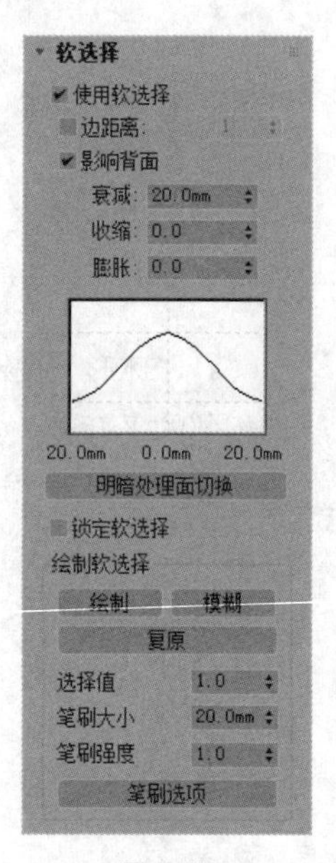

图 4-55

- “膨胀”数值框：沿着垂直轴向展开或收缩曲线。
- “明暗处理面切换”按钮：显示颜色渐变，它与软选择权重相适应。
- “锁定软选择”复选框：勾选该复选框，“使用软选择”复选框将处于非活动状态，通过锁定“使用软选择”的一些参数，可避免程序对它们进行更改。
- “绘制软选择”选项组：可以通过鼠标指针在视口中指定软选择，也可以通过绘制不同权重的不规则形状来表达想要的选择效果；与标准软选择相比，绘制软选择可以更灵活地控制软选择图形的范围，不再受固定衰减曲线的限制。

“绘制”按钮：单击该按钮，在视口中按住鼠标左键并拖曳鼠标指针，可在当前对象上绘制软选择。

“模糊”按钮：单击该按钮，在视口中按住鼠标左键并拖曳鼠标指针，可模糊当前的软选择。

“复原”按钮：单击该按钮，在视口中按住鼠标左键并拖曳，可复原当前的软选择。

“选择值”数值框：设置绘制或复原软选择的最大权重，最大值为 1。

“笔刷大小”数值框：设置绘制软选择的笔刷大小。

“笔刷强度”数值框：设置绘制软选择的笔刷强度，强度越高，达到完全值的速度越快。

通过按 Ctrl+Shift 组合键并单击可以快速调整笔刷大小。通过 Alt+Shift 组合键并单击可以快速调整笔刷强度，绘制时按住 Ctrl 键可暂时恢复“启用复原”工具。

“笔刷选项”按钮：单击此按钮，可打开“绘制选项”窗口来自定义笔刷的相关属性，如图 4-56 所示。

（4）“编辑几何体”卷展栏（见图 4-57）介绍如下。

- “重复上一个”按钮：重复执行最近使用的命令。
- “约束”选项组：可以使用现有的几何体约束子对象的变换。

“无”单选按钮：没有约束，这是默认选项。

“边”单选按钮：约束子对象到边界的变换。

“面”单选按钮：约束子对象到单个曲面的变换。

“法线”单选按钮：约束每个子对象到其法线（或平均法线）的变换。

- “保持 UV”复选框：勾选此复选框后，可以编辑子对象，而不影响对象的 UV 贴图。
- “创建”按钮：创建新的几何体。

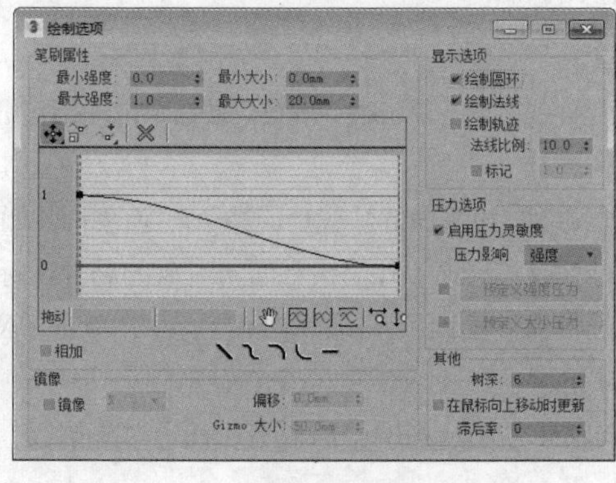

图 4-56

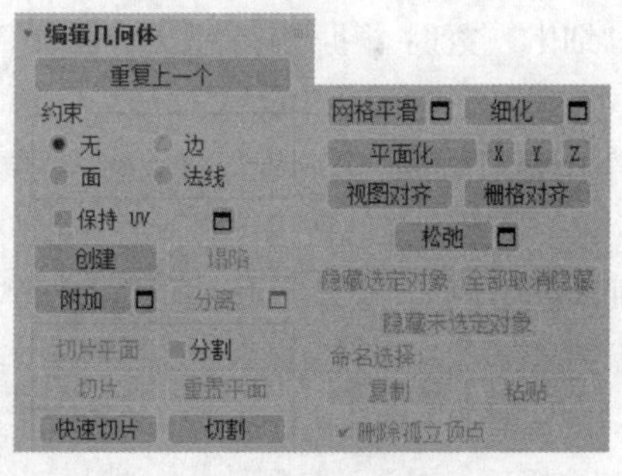

图 4-57

- “塌陷”按钮：将顶点与选择中心的顶点焊接，使连续选择子对象的组产生塌陷，如图 4-58 所示。

图 4-58

- “附加”按钮：用于将场景中的其他对象附加到选择的多边形对象，单击■“附加列表”按钮，在弹出的对话框中可以选择一个或多个对象进行附加。
- “分离”按钮：将选择的子对象和附加到子对象的多边形作为单独的对象或元素进行分离，单击■“设置”按钮，打开“分离”对话框，使用该对话框可设置多个参数。
- “切片平面”按钮：为切片平面创建 Gizmo，可以定位和旋转它，以指定切片位置，同时打开“切片”和“重置平面”按钮，单击切片可在平面与几何体相交的位置创建新边。
- “分割”复选框：启用此复选框时，通过快速切片和分割操作，可以在划分边位置的点上创建两个顶点集。
- “切片”按钮：在切片平面处执行切片操作，只有打开“切片平面”按钮时，才能使用该按钮。
- “重置平面”按钮：将切片平面恢复到其默认位置和方向，只有打开“切片平面”按钮时，才能使用该按钮。
- “快速切片”按钮：可以将对象快速切片而不操作 Gizmo；选择要切片的对象，并单击“快速切片”按钮，然后在切片的起点处单击一次，再在其终点处单击一次即可快速切片，可以继续对选择的内容执行切片操作；要停止切片操作，可在视口中单击鼠标右键，或者重新单击“快速切片”按钮将其关闭。
- “切割”按钮：用于创建一个多边形到另一个多边形的边，或在多边形内创建边；单击并移动鼠标指针，然后单击，再移动鼠标指针和单击，以创建新的边，单击鼠标右键退出当前切割操作，然后可以开始新的切割，或者再次单击鼠标右键退出切割操作。
- “网格平滑”按钮：使用当前设置平滑对象。
- “细化”按钮：根据细化设置细分对象中的所有多边形，单击■“设置”按钮，以便指定细化的应用方式。
- “平面化”按钮：强制所有选择的子对象成为共面，该平面的法线是选择子对象的平均曲面法线。
- “X”“Y”“Z”按钮：用于平面化选择的所有子对象，并使该平面与对象的局部坐标系中的相应平面对齐；例如，因为使用的平面是与单击的按钮的轴向相垂直的平面，所以，单击“X”按钮时，可以使该对象与局部坐标系中的 y 轴、z 轴对齐。
- “视图对齐”按钮：使对象中的所有顶点与活动视口所在的平面对齐；在子对象层级，此功能只会影响选择顶点或属于选择子对象的顶点。
- “栅格对齐”按钮：使选择对象中的所有顶点与活动视图所在的平面对齐；在子对象层级，只会对齐选择子对象的顶点。
- “松弛”按钮：使用当前的松弛设置将松弛功能应用于当前选择的对象；松弛可以规格化网格空间，方法是朝着邻近对象的平均位置移动每个顶点；单击■“设置”按钮，以便指定松弛功能的应用方式。
- “隐藏选定对象”按钮：隐藏选择的子对象。
- “全部取消隐藏”按钮：将隐藏的子对象恢复为可见。
- “隐藏未选定对象”按钮：隐藏未选择的子对象。
- “命名选择”选项组：用于复制和粘贴子对象的命名选择集。

“复制”按钮：单击此按钮，打开一个对话框，使用该对话框，可以指定要放置在复制缓冲区中的命名选择集。

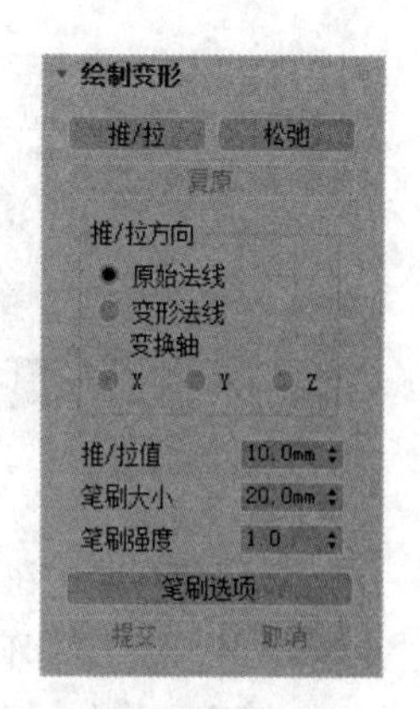

图 4-59

“粘贴”按钮：从复制缓冲区中粘贴命名选择集。

• “删除孤立顶点”复选框：勾选此复选框时，在删除连续子对象的选择时删除孤立顶点；取消勾选此复选框时，在删除子对象时会保留所有顶点；默认设置为勾选。

（5）“绘制变形”卷展栏（见图 4-59）介绍如下。

• “推/拉”按钮：将顶点移入对象曲面内（推）或移至对象曲面外（拉），推拉的方向和范围由“推/拉值”确定。

• “松弛”按钮：将每个顶点移到由它的邻近顶点平均位置计算出来的位置上，用来规格化顶点之间的距离，“松弛”按钮使用的方法与“松弛”修改器相同。

• “复原”按钮：通过绘制可以逐渐擦除或反转推/拉、松弛的效果，仅影响从最近提交操作开始变形的顶点，如果没有顶点可以复原，该按钮不可用。

• “推/拉方向”选项组：指定对顶点的推或拉是根据曲面法线、原始法线或变形法线进行，还是沿着指定轴进行。

“原始法线”单选按钮：选择此单选项后，对顶点的推或拉使顶点以它变形之前的法线方向进行移动，重复应用绘制变形总是将每个顶点以它最初移动时的方向进行移动。

“变形法线”单选按钮：选择此单选项后，对顶点的推或拉使顶点以它现在的法线方向进行移动，也就是说，变形之后的法线方向。

“X”“Y”“Z”单选按钮：选择这三个单选按钮后，对顶点的推或拉使顶点沿着指定的轴向进行移动。

• “推/拉值”数值框：确定单个推或拉操作应用的方向和最大范围，此值为正值将顶点拉出对象曲面，此值为负值将顶点推入对象曲面。

• “笔刷大小”数值框：设置圆形笔刷的半径。

• “笔刷强度”数值框：设置笔刷应用“推/拉值”的速率，低笔刷强度值应用效果的速率要比高笔刷强度值慢。

• “笔刷选项”按钮：单击此按钮，打开“绘制选项”窗口，在该窗口中可以设置各种笔刷相关的参数。

• “提交”按钮：使变形的更改永久化，将它们分配到对象几何体中，在使用提交功能后，就不可以将复原功能应用到更改上。

• “取消”按钮：取消自最初应用绘制变形以来的所有更改，或取消最近的提交操作。

◎ 子对象选择集卷展栏

在“编辑多边形”修改器中有许多参数卷展栏是与子对象的选择集关联的，选择子对象的选择集时，相应的卷展栏会出现。下面对这些卷展栏进行详细的介绍。

（1）选择集为“顶点”时，在“修改”命令面板中出现的卷展栏。

“编辑顶点”卷展栏（见图 4-60）介绍如下。

• “移除”按钮：删除选中的顶点，并接合起使用这些顶点的多边形。

选中需要删除的顶点，如图 4-61 所示。如果直接 Delete 键，此时网格中会出现一个或多个洞，如图 4-62 所示。如果单击“移除”按钮则不会出现洞，如图 4-63 所示。

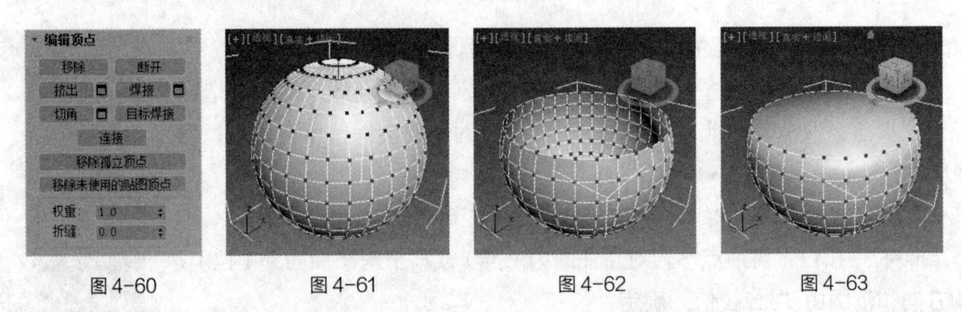

图 4-60　　图 4-61　　图 4-62　　图 4-63

- “断开”按钮：在与选择顶点相连的每个多边形上都创建一个新顶点，这可以使多边形的转角分开，使它们不再相连于原来的顶点上；如果选定顶点是孤立的或者只有一个多边形使用，则顶点不受影响。
- “挤出”按钮：可以手动挤出顶点，方法是在视口中直接操作；单击此按钮，然后将其拖曳到任何顶点上，就可以挤出此顶点；挤出顶点时，它会沿法线方向移动，并且创建新的多边形，生成挤出的面，将顶点与对象相连；挤出对象的面的数目，与原来多边形面的数目一样；单击◻“设置”按钮打开对话框，以便通过交互式操纵执行挤出操作。
- “焊接”按钮：对焊接助手中指定的公差范围内选定的连续顶点进行合并；所有边都会与产生的单个顶点连接；单击◻“设置”按钮打开对话框以便设置焊接阈值。
- “切角”按钮：单击此按钮，然后在活动对象上拖曳顶点；如果想准确地设置切角，可以先单击◻“设置”按钮打开对话框，然后设置“切角”值，如图 4-64 所示；如果选择多个顶点，那么它们都会被施加同样的切角。
- “目标焊接”按钮：可以选择一个顶点，并将它焊接到相邻目标顶点，如图 4-65 所示；该按钮只用来焊接成对的连续顶点，也就是说，顶点必须与一条边相连。

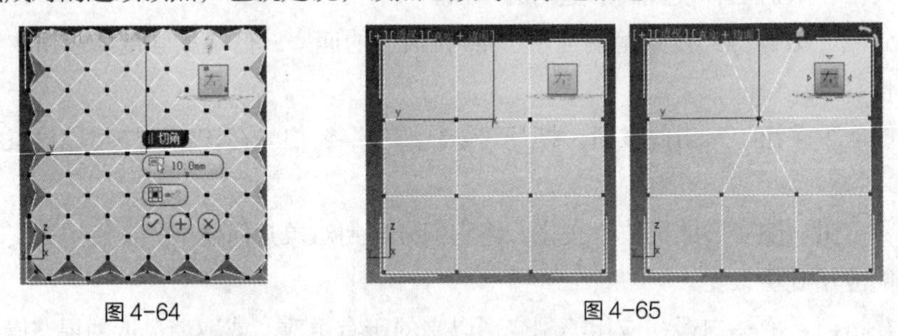

图 4-64　　图 4-65

- “连接”按钮：在选择的顶点对之间创建新的边，如图 4-66 所示。

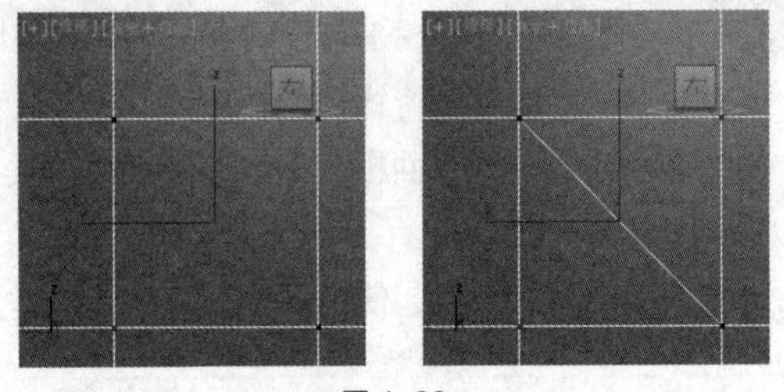

图 4-66

- “移除孤立顶点”按钮：将不属于任何多边形的所有顶点删除。
- “移除未使用的贴图顶点”按钮：某些建模操作会留下未使用的（孤立）贴图顶点，它们会显示在展开 UVW 编辑器中，但是不能用于贴图，可以使用这一按钮自动删除这些贴图顶点。

（2）选择集为“边”时，在“修改”命令面板中出现的卷展栏。

“编辑边”卷展栏中（见图 4-67）介绍如下。

- “插入顶点”按钮：手动细分可视的边，启用此按钮后，单击某边即可在该位置添加一个顶点。
- “移除”按钮：删除选择边并组合使用这些边的多边形。
- “分割”按钮：沿着选择边分割网格，对网格中心的单条边应用时，不会起任何作用；选择边末端的顶点必须是单独的，以便能使用该按钮；例如，因为边界顶点可以一分为二，所以可以在与现有边界相交的单条边上使用该按钮；另外，因为共享顶点可以进行分割，所以可以在栅格或球体的中心处分割两条相邻的边。
- “桥”按钮：使用多边形的桥连接对象的边，桥只连接边界的边，也就是只在一侧有多边形的边，创建边循环或剖面时，该按钮特别有用；单击 “设置”按钮打开对话框，以便通过交互式操纵在边之间添加多边形，如图 4-68 所示。

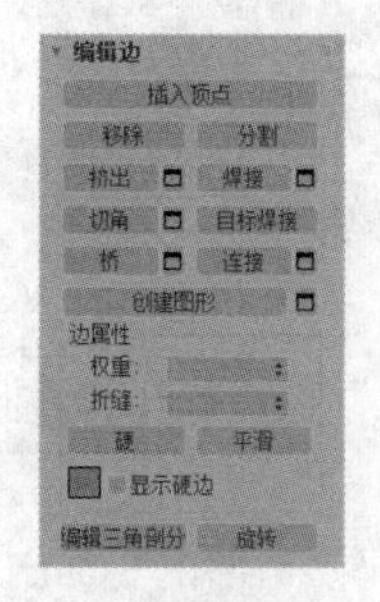

图 4-67

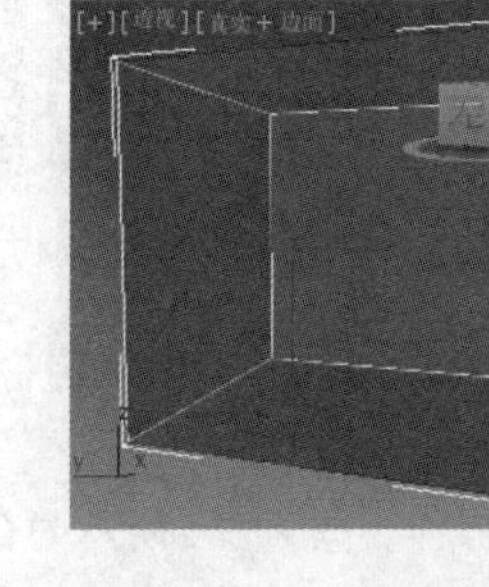
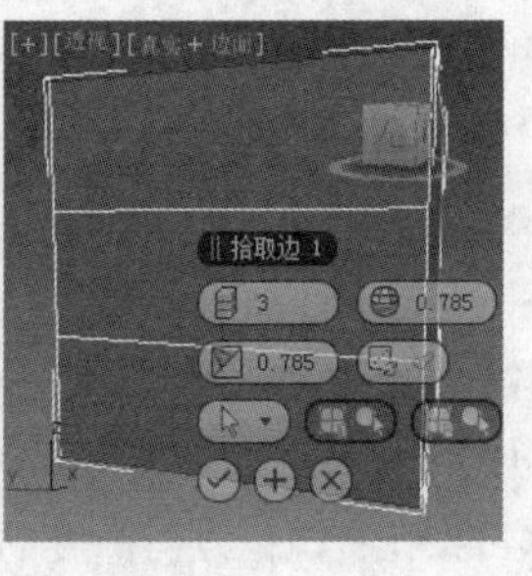

图 4-68

- “创建图形”按钮：选择一条或多条边以创建新的曲线。
- “编辑三角剖分”按钮：修改绘制内边或对角线时多边形细分为三角形的方式。
- “旋转”按钮：通过单击对角线修改多边形细分为三角形的方式；打开该按钮时，对角线可以在线框和边面视图中显示为虚线；在“旋转”模式下，单击对角线可更改其位置，要退出“旋转”模式，在视口中单击鼠标右键或再次单击“旋转”按钮。

（3）选择集为“边界”时，在“修改”命令面板中出现的卷展栏。

“编辑边界”卷展栏（见图 4-69）介绍如下。

- “封口”按钮：使用单个多边形封住整个边界环，如图 4-70 所示。

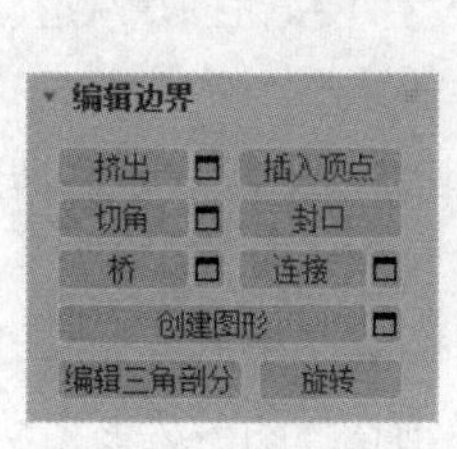

图 4-69

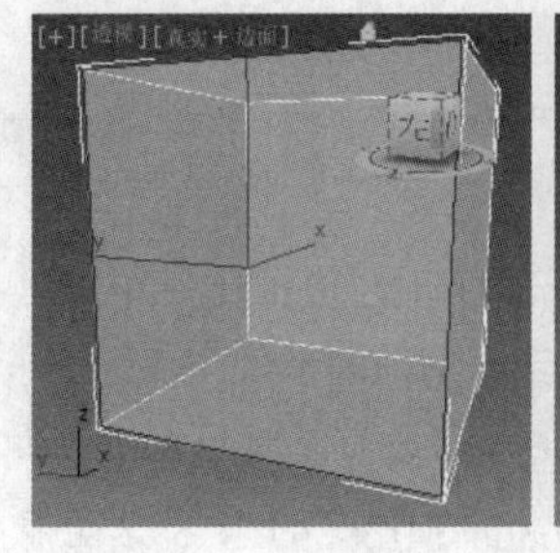
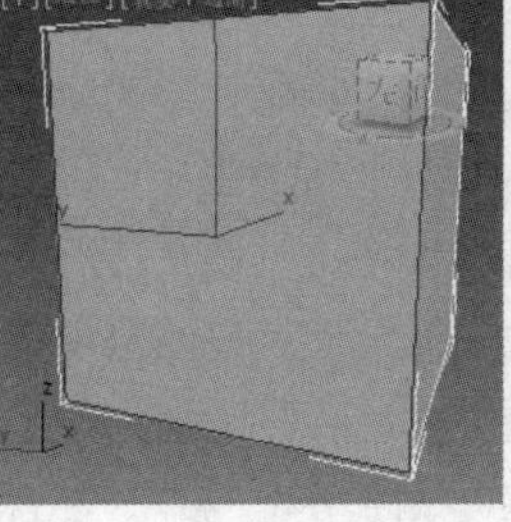

图 4-70

- “创建图形”按钮：选择边界以创建新的曲线。

- “编辑三角剖分”按钮：修改绘制内边或对角线时多边形细分为三角形的方式。
- “旋转”按钮：通过单击对角线修改多边形细分为三角形的方式。

（4）选择集为“多边形”时，在“修改”命令面板中出现“编辑多边形”“多边形：材质 ID”“多边形：平滑组”卷展栏。

“编辑多边形”卷展栏（见图 4-71）介绍如下。

- “挤出”按钮：单击该按钮，然后垂直拖曳任何多边形，即可将其挤出；挤出多边形时，这些多边形将会沿着法线方向移动，然后创建挤出边的新多边形。
- “轮廓”按钮：用于增加或减少每组连续的选择多边形的外边；单击■“设置”按钮打开对话框，以便通过数值设置执行轮廓操作，如图 4-72 所示。

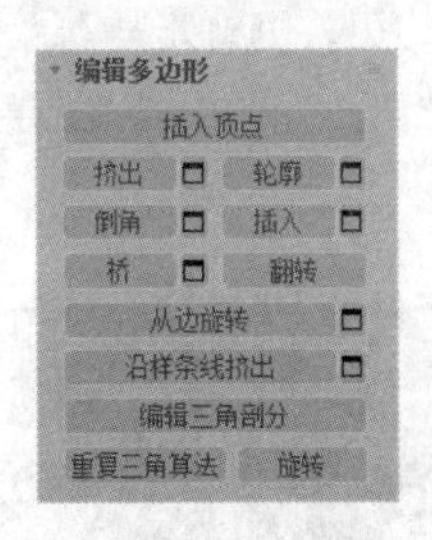

图 4-71

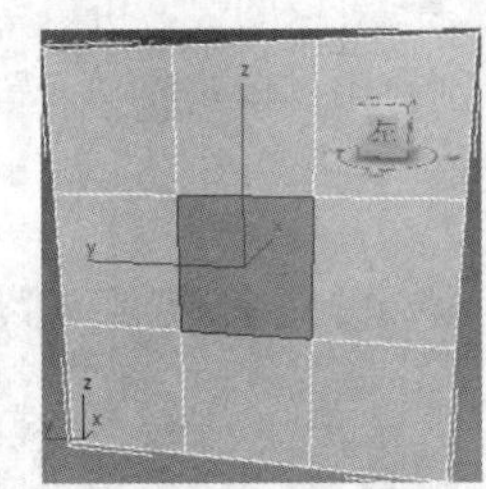

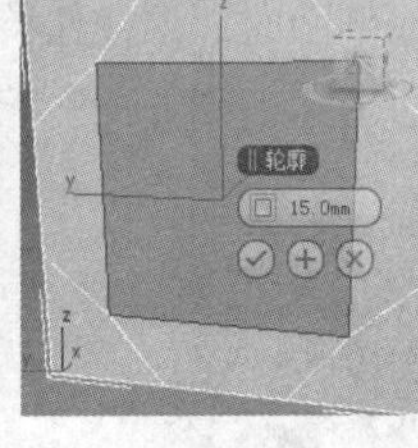

图 4-72

- “倒角”按钮：直接在视口中执行手动倒角操作，单击■“设置”按钮打开对话框，以便输入参数执行倒角操作，如图 4-73 所示。
- “插入”按钮：执行没有高度的倒角操作，图 4-74 所示为在选择多边形的平面内执行该操作；单击该按钮，然后垂直拖曳任何多边形，以便将其插入；单击■“设置”按钮打开对话框，以便输入参数插入多边形。

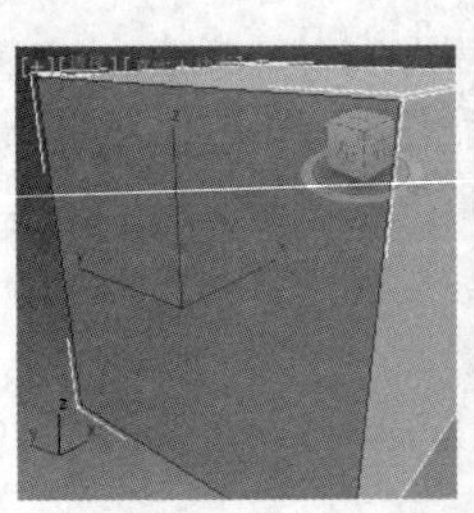

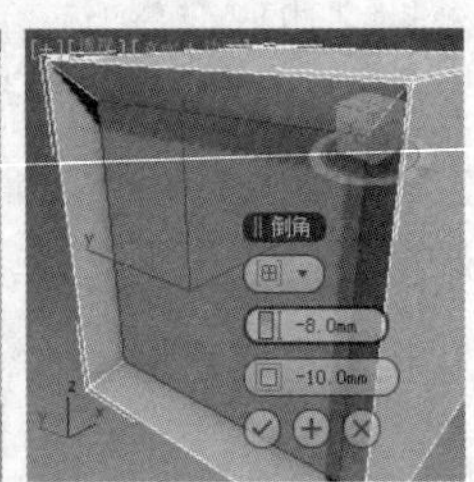

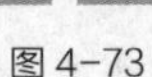

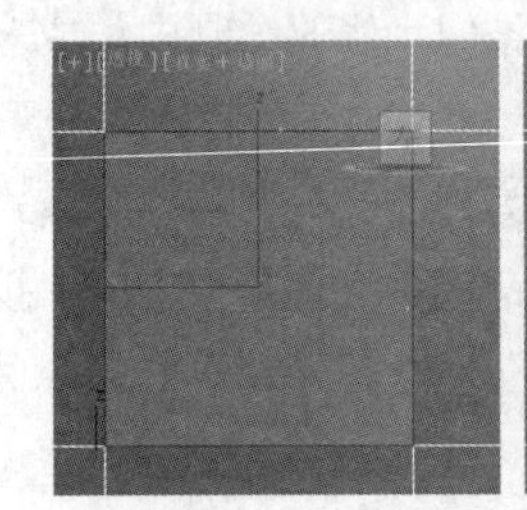

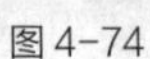

- “翻转”按钮：反转选择的多边形的法线方向。
- “从边旋转”按钮：在视口中手动执行旋转操作，单击■“设置”按钮打开从边旋转助手，以便通过交互式操纵旋转多边形。
- “沿样条线挤出”按钮：沿样条线挤出当前的选择内容，单击■“设置”按钮打开沿样条线挤出助手，以便通过交互式操纵沿样条线挤出当前的选择内容。
- “编辑三角剖分”按钮：可以通过绘制内边修改多边形细分为三角形的方式，如图 4-75 所示。
- “重复三角算法”按钮：允许 3ds Max 2019 对多边形或当前选择的多边形自动执行最佳的三角剖分操作。
- “旋转”按钮：通过单击对角线修改多边形细分为三角形的方式。

图 4-75

“多边形：材质 ID”卷展栏（见图 4-76）介绍如下。

- “设置 ID”数值框：向选择的面片分配特殊的材质 ID，以供多维/子对象材质等使用。
- “选择 ID”按钮：选择相邻 ID 字段中指定的材质 ID 对应的子对象，输入或使用该微调器指定 ID，然后单击该按钮。
- “清除选择”复选框：勾选此复选框时，选择新 ID 或材质名称会取消选择以前选择的所有子对象。

“多边形：平滑组”卷展栏（见图 4-77）介绍如下。

- “按平滑组选择”按钮：单击此按钮，打开当前平滑组的对话框。
- “清除全部”按钮：从选择的片中删除所有的基于平滑组的分配多边形。
- “自动平滑”按钮：基于多边形的法线之间的角度设置平滑组，如果任何两个相邻多边形的法线之间的角度小于阈值角度（使用该按钮右侧的微调器设置），它们会被包含在同一平滑组中。

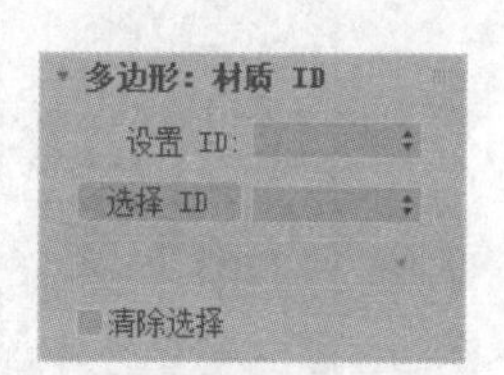

图 4-76

图 4-77

“元素”选择集的卷展栏中相关参数的功能与“多边形”选择集功能大体相同，这里就不重复介绍了，具体参考“多边形”选择集即可。

2. “涡轮平滑”修改器

“涡轮平滑”修改器用于平滑场景中的几何体，图 4-78 所示为“涡轮平滑”卷展栏。

- “迭代次数”数值框：设置网格细分的次数，增加该值，每次新的迭代会通过在迭代之前对顶点、边和曲面创建平滑差补顶点来细分网格；此修改器会使用这些新的顶点来细分曲面；默认值为 10，取值范围为 0~10。

增加迭代次数时，对于每次迭代，对象中的顶点和曲面数量，以及计算时间增加 4 倍。对平均适度的复杂对象应用 4 次迭代会花费很长时间进行计算，如果迭代次数过多，计算机计算时间过长，这时需要按 Esc 键退出计算。

- “渲染迭代次数”复选框：允许在渲染时选择一个不同数量的平滑迭代次数应用于对象，勾选此复选框，还需使用右边的数值框来设置渲染迭代次数。
- “等值线显示”复选框：勾选此复选框时只显示等值线，以及对象在平滑之前的原始边，勾选此复选框的好处是减少混乱的显示；取消勾选此复选框后，会显示所有通过“涡轮平滑”修改器添加的曲面，因此，更多的迭代次数会产生更多数量的线条；默认设置为禁用状态。
- “明确的法线”复选框：设置“涡轮平滑”修改器是否输出计算法线，此方法的计算速度要比 3ds Max 2019 中“网格对象”平滑组中用于计算法线的标准方法快；默认设置为未勾选状态。
- “平滑结果”复选框：勾选此复选框，对所有曲面应用相同的平滑组。
- “材质”复选框：防止在不共享材质 ID 的曲面之间的边上创建新曲面。
- “平滑组”复选框：防止在至多共享一个平滑组的曲面之间的边上创建新曲面。

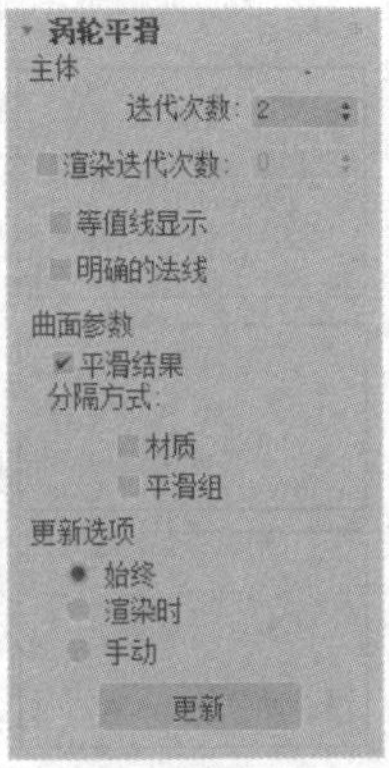

图 4-78

- “始终”单选按钮：无论何时改变任何“涡轮平滑”设置都自动更新对象。
- “渲染时”单选按钮：只在渲染时更新对象的显示。
- “手动”单选按钮：启用手动更新，选择此单选按钮时，改变的任意设置直到单击“更新”按钮时才起作用。
- “更新”按钮：更新视口中的对象以匹配当前“涡轮平滑”设置，仅在选择“渲染时”或“手动”单选按钮时才起作用。

4.3.5 【实战演练】足球

本案例通过创建异面体，结合编辑网格、网格平滑、球形化、“编辑多边形”修改器来制作足球模型。（最终效果参看云盘中的“场景>第 4 章>足球 ok.max”效果文件，如图 4-79 所示。）

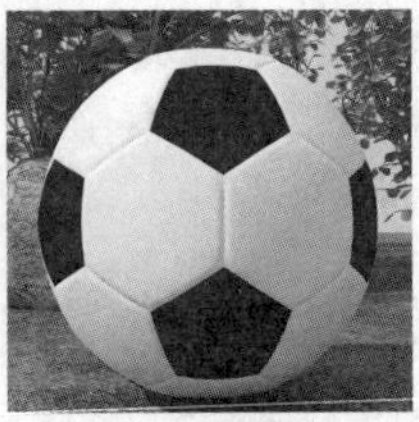

图 4-79

4.4 综合演练——石灯的制作

本案例通过“车削”修改器、阵列工具，以及“编辑多边形”修改器的修改和组合完成石灯的制作。（最终效果参看云盘中的“场景>第 4 章>石灯 ok.max”效果文件，如图 4-80 所示。）

图 4-80

4.5 综合演练——仙人球的制作

本案例先创建球体，再为球体施加“编辑多边形”修改器和“挤出”修改器，最后施加“网格平滑”或“涡轮平滑”修改器设置模型的平滑效果。（最终效果参看云盘中的“场景>第 4 章>仙人球 ok.max”效果文件，如图 4-81 所示。）

图 4-81

05 第5章 创建复合对象

3ds Max 2019 的基本内置模型是创建复合物体的基础，可以将多个基本内置模型组合在一起，从而创建千变万化的模型。布尔运算工具和放样工具是 3ds Max 2019 的常用建模工具，使用这两个建模工具可以快速创建一些复杂的模型的。

课堂学习目标

- ✔ 布尔运算建模
- ✔ 放样建模

5.1 蜡烛

微课视频

蜡烛

5.1.1 【案例分析】

蜡烛可以用来装饰和点缀生活环境。

5.1.2 【设计理念】

本案例使用切角长方体、圆柱体、布尔运算、长方体、线和“编辑多边形”修改器制作蜡烛模型。（最终效果参看云盘中的“场景>第 5 章>蜡烛.max”效果文件，如图 5-1 所示。）

5.1.3 【操作步骤】

步骤❶ 单击“+（创建）>（几何体）>扩展基本体>切角长方体”按钮，在顶视图中创建切角长方体。在“参数”卷展栏中设置“长度”为 150、“宽度”为 150、“高度”为 150、“圆角”为 2、“圆角分段”为 3，如图 5-2 所示。

图 5-1

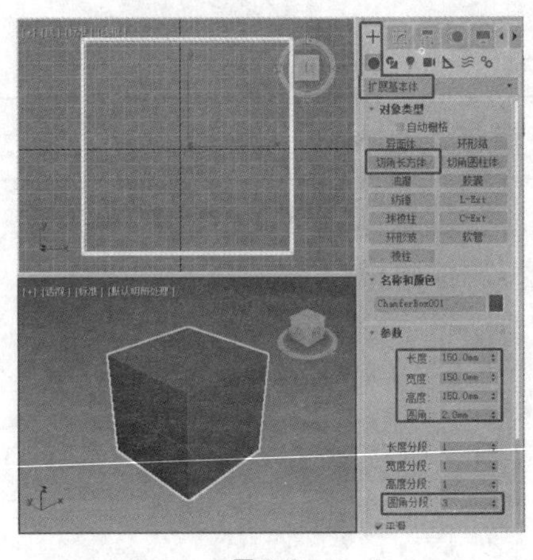

图 5-2

步骤❷ 单击“+（创建）>（几何体）>标准基本体>圆柱体”按钮，在顶视图中创建圆柱体。在“参数”卷展栏中设置“半径”为 58、“高度”为 200、“边数”为 50，如图 5-3 所示。

步骤❸ 在场景中调整圆柱体的位置，按 Ctrl+V 组合键，在弹出的对话框中选中“复制”单选按钮，单击“确定”按钮，如图 5-4 所示。

步骤❹ 在场景中选择切角长方体，单击“+（创建）>（几何体）>复合对象>ProBoolean”按钮，在场景中拾取圆柱体，如图 5-5 所示。通过“差集”运算为切角长方体掏一个洞，可以将场景中的圆柱体隐藏进行查看。

步骤❺ 切换到“修改”命令面板，在场景中选择另一个圆柱体。在“修改器列表”中选择“编辑多边形”修改器，将选择集定义为“顶点”，在场景中调整顶点，如图 5-6 所示。

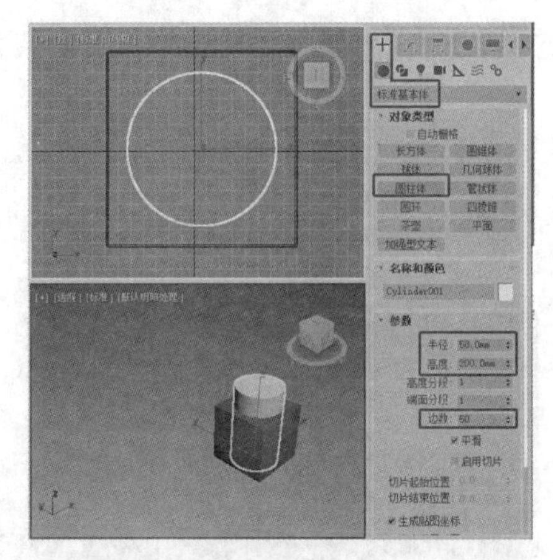

图 5-3

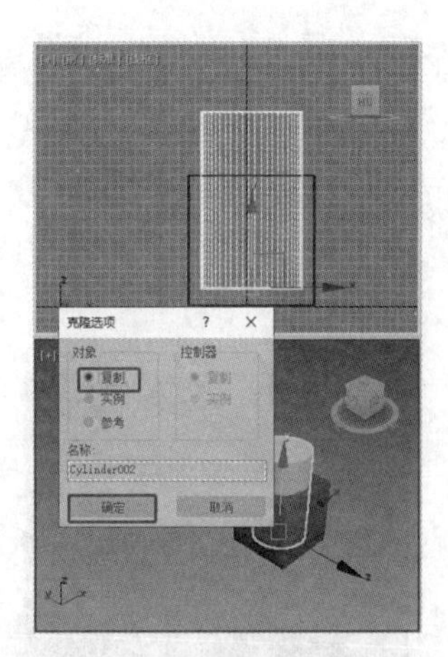

图 5-4

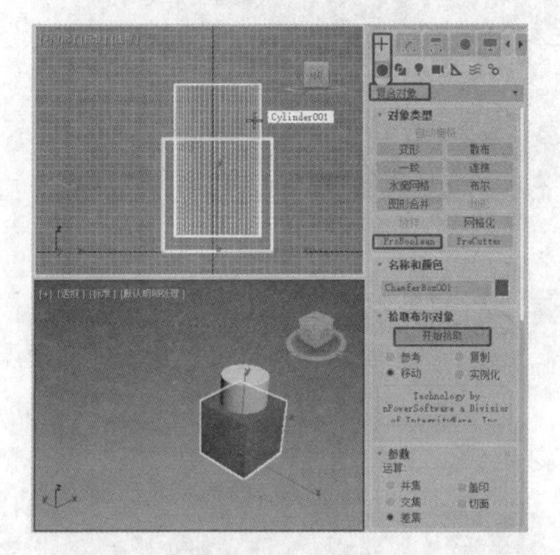

图 5-5

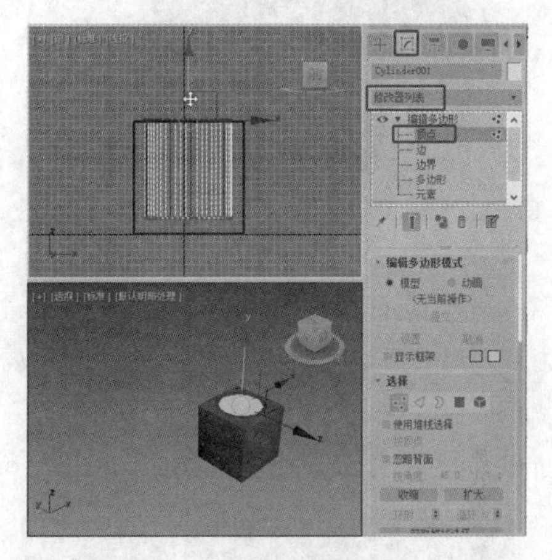

图 5-6

步骤 ⑥ 将选择集定义为“边”，在场景中选择圆柱体顶部的一圈边，如图 5-7 所示。

步骤 ⑦ 选择边后，在“编辑边”卷展栏中单击“切角”后的▣“设置”按钮。在对话框中设置“切角量”为 2.5、“切角分段”为 3，单击☑“确定”按钮，如图 5-8 所示。

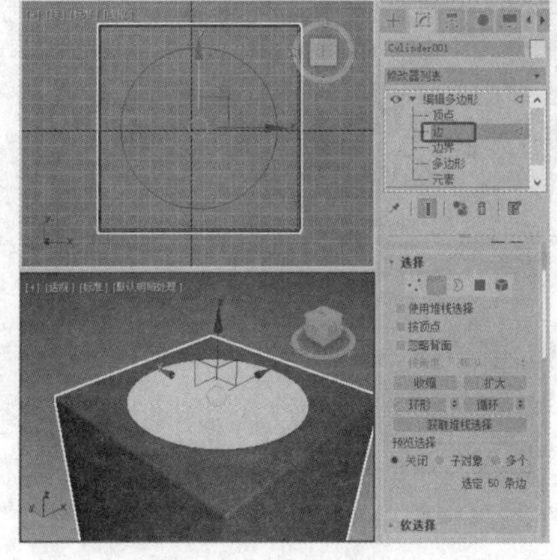

图 5-7

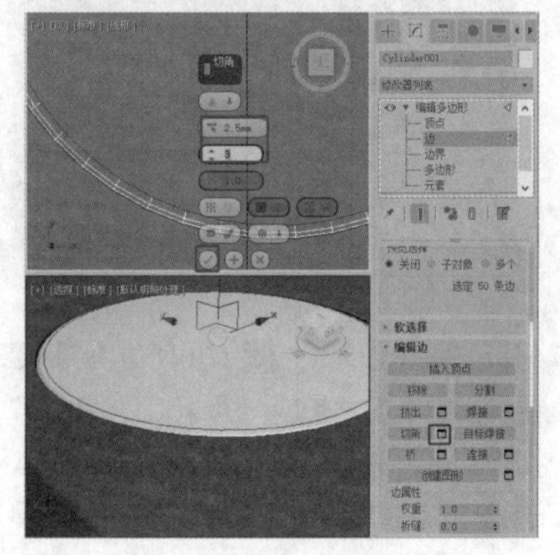

图 5-8

步骤⑧ 在工具栏中的"选择并均匀缩放"按钮上单击鼠标右键，在弹出的对话框中设置"偏移：世界"为 99.5，如图 5-9 所示。

步骤⑨ 单击"+（创建）>（图形）> 样条线 > 线"按钮，在前视图中创建曲线。在"渲染"卷展栏中勾选"在渲染中启用"和"在视口中启用"复选框，设置"径向"的"厚度"为 1，如图 5-10 所示。

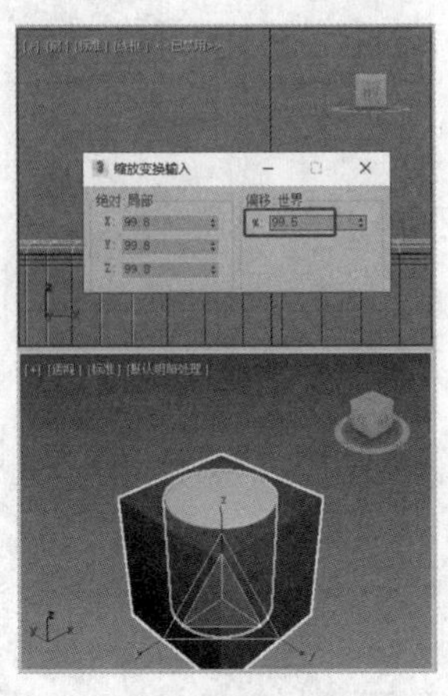

图 5-9

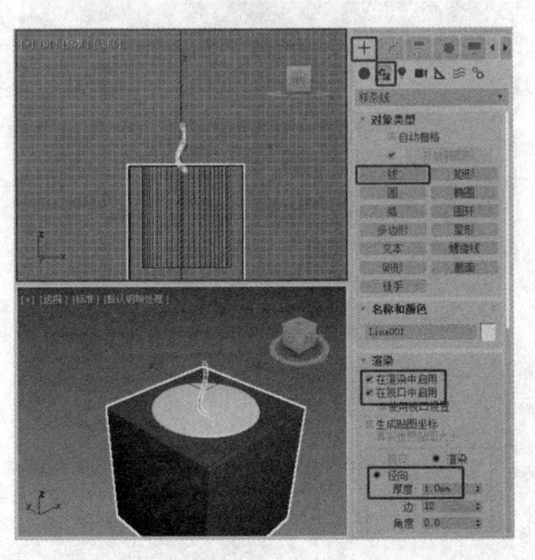

图 5-10

步骤⑩ 在场景中选择组成蜡烛的 3 个模型，单击"选择并移动"按钮，按住 Shift 键，移动复制模型。为复制出的模型施加"编辑多边形"修改器，如图 5-11 所示，将选择集定义为"顶点"，在场景中调整顶点。

步骤⑪ 使用同样的方法复制并调整模型，如图 5-12 所示。

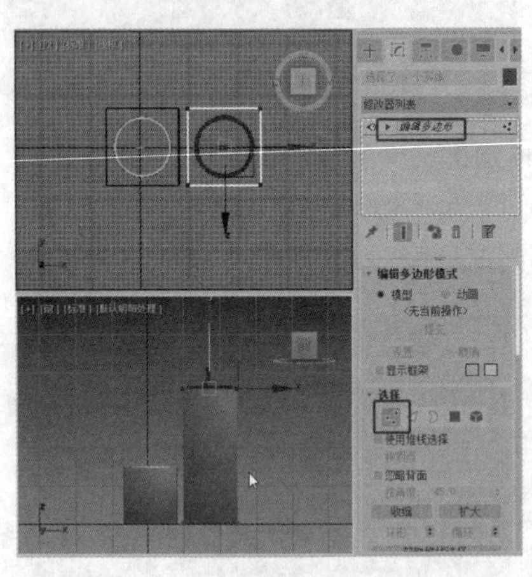

图 5-11

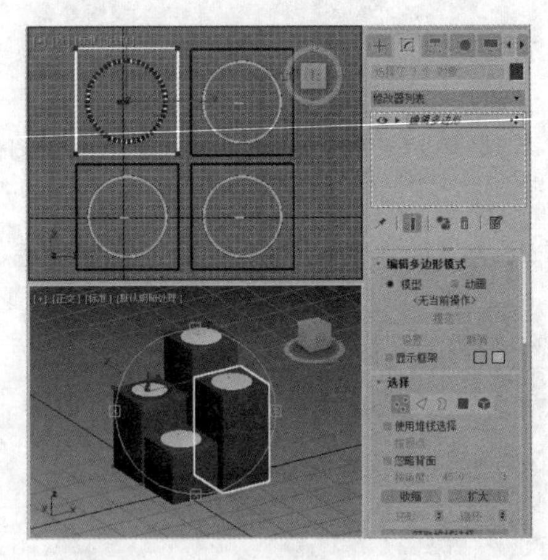

图 5-12

步骤⑫ 单击"+（创建）>（几何体）>标准基本体>长方体"按钮，在顶视图中创建长方体。在"参数"卷展栏中设置"长度"为 400、"宽度"为 400、"高度"为-50，如图 5-13 所示。

步骤⑬ 切换到"修改"命令面板，为长方体施加"编辑多边形"修改器，将选择集定义为"多边形"。在场景中选择顶部的多边形，在"编辑多边形"卷展栏中单击"倒角"后的"设置"按钮。在对话框中设置"倒角-轮廓"为-20，单击"确定"按钮，如图 5-14 所示。

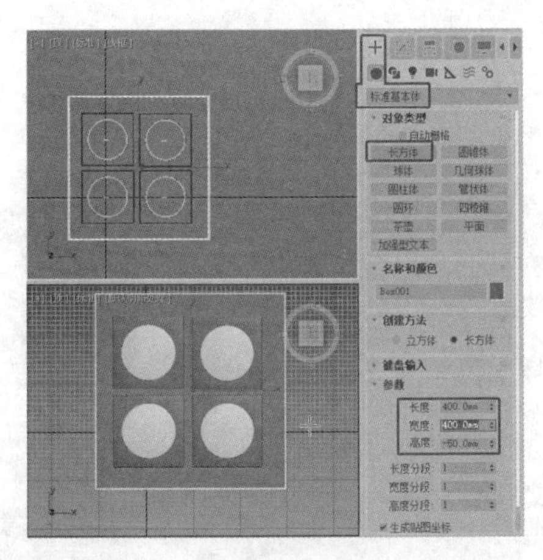

图 5-13

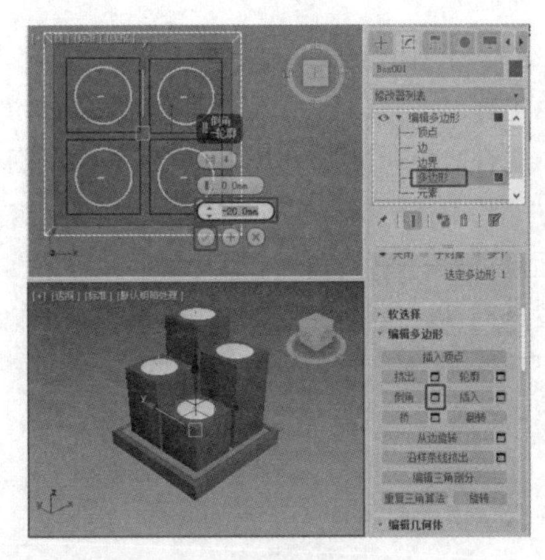

图 5-14

步骤⑭ 单击“挤出”后的■“设置”按钮，在对话框中设置“挤出多边形-高度”为-30，单击⊘“确定”按钮，如图 5-15 所示。

步骤⑮ 将选择集定义为“边”，在“选择”卷展栏中单击“边”按钮，在场景中选择需要的边，如图 5-16 所示。

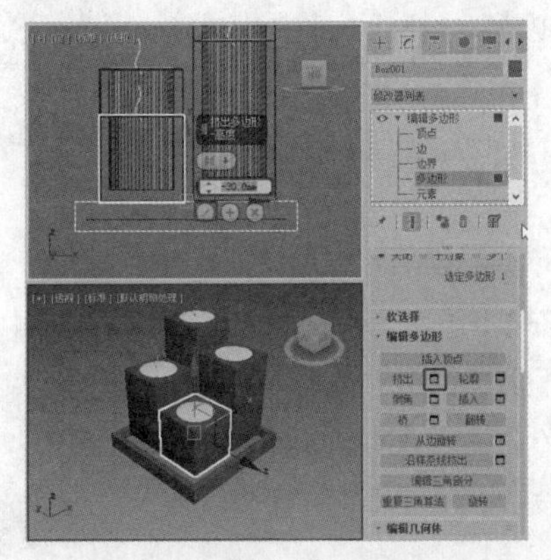

图 5-15

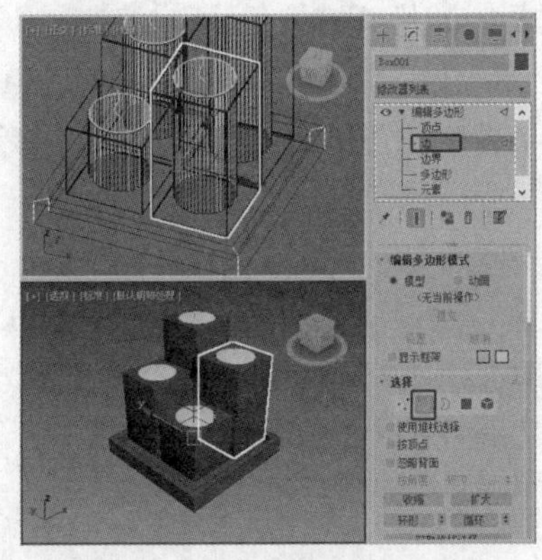

图 5-16

步骤⑯ 在“编辑边”卷展栏中单击“切角”后的■“设置”按钮，在对话框中设置“切角量”为 2、“切角分段”为 2，单击⊘“确定”按钮，如图 5-17 所示，完成蜡烛模型的制作。

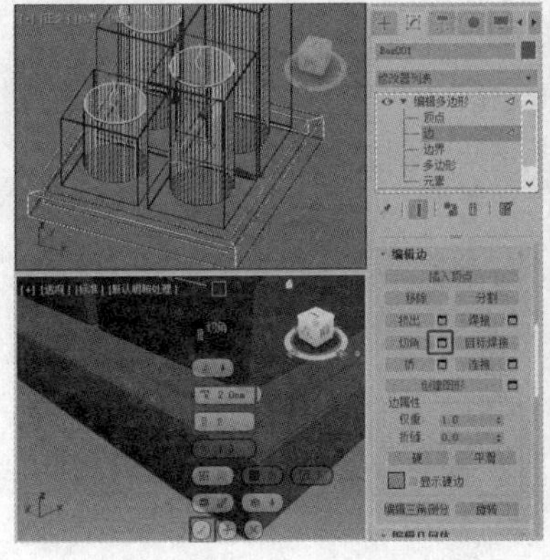

图 5-17

5.1.4 【相关工具】

布尔工具

布尔复合对象在执行布尔运算之前采用了网格，并组合了拓扑，确定共面三角形并移除附带的边，在多边形上而不是在这些三角形上执行布尔运算。完成布尔运算之后，对结果执行重复三角算法，然后在共面的边隐藏的情况下，将结果发送回 3ds Max 2019 中。这些额外工作的结果有如下意义：因为布尔对象的可靠性非常高，有更少的小边和三角形，所以输出结果更清晰。

图 5-18

◎“拾取布尔对象”卷展栏（见图 5-18）

- “开始拾取”按钮：在场景中拾取操作对象。

◎“高级选项”卷展栏（见图 5-19）

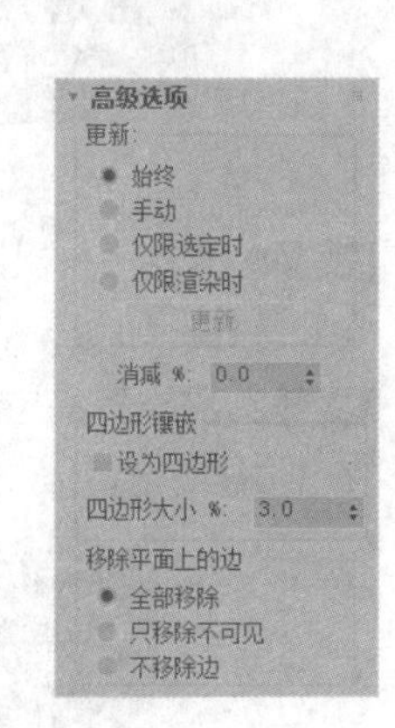

图 5-19

（1）“更新”选项组：用于确定在进行更改后，何时对布尔对象执行更新操作。

- “始终”单选按钮：只要更改了布尔对象，就会进行更新。
- “手动”单选按钮：仅在单击“更新”按钮后进行更新。
- “仅限选定时”单选按钮：不论何时，只要选择了布尔对象，就会进行更新。
- “仅限渲染时”单选按钮：仅在渲染时或单击“更新”按钮后，才进行更新。
- “更新”按钮：对布尔对象应用更新。

（2）“消减%”数值框：从布尔对象中的多边形上移除边，从而减少多边形数目的边百分比。

（3）“四边形镶嵌”选项组：用于设置是否启用布尔对象的四边形镶嵌。

- “设为四边形”复选框：勾选此复选框时，会将布尔对象的镶嵌从三角形改为四边形。
- “四边形大小%”数值框：用于确定四边形的大小与总体布尔对象的百分比。

（4）“移除平面上的边”选项组：用于确定如何处理平面上的多边形。

- “全部移除”单选按钮：移除一个面上的所有共面的边，这样该面本身将定义多边形。
- “只移除不可见”单选按钮：移除每个面上的不可见边。
- “不移除边”单选按钮：不移除面上的边。

◎“参数”卷展栏（见图 5-20）

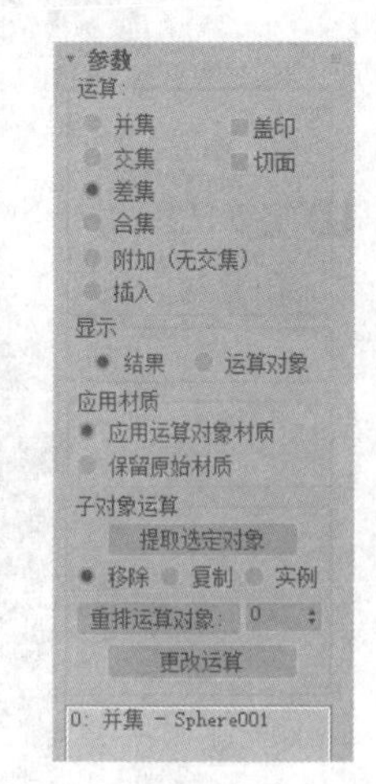

图 5-20

（1）“运算”选项组：用于确定布尔运算对象如何交互。

- “并集”单选按钮：将两个或多个单独的对象组合到单个布尔对象中。
- “交集”单选按钮：从原始对象之间的物理交集中创建一个新对象，移除未相交的体积。
- “差集”单选按钮：从原始对象中移除选择对象的体积。
- “合集”单选按钮：将多个对象组合到单个对象中，而不移除任何几何体，在相交对象的位置创建新边。
- “盖印”复选框：将图形轮廓（或相交边）输出到原始网格对象上。
- “切面”复选框：切割原始网格图形的面，它只影响这些面，选择的运算对象的面未添加到布尔结果中。

- “附加（无交集）”单选按钮：将多个对象合并成一个对象，而不影响各对象的拓扑；各对象实质上是复合对象中的独立元素。
- “插入”单选按钮：从操作对象 A（当前结果）减去操作对象 B（新添加的操作对象）的边界图形，操作对象 B 的图形不受此操作的影响。应用了“插入”的操作对象在视口中显示时会以红色标出其轮廓。

（2）“显示”选项组：用于选择一个显示模式。

- “结果”单选按钮：只显示布尔运算而非单个运算对象的结果。
- “运算对象”单选按钮：显示定义布尔结果的运算对象，选择该单选项可以编辑运算对象并修改结果。

（3）“应用材质”选项组：用于选择一个材质应用模式。

- “应用运算对象材质”单选按钮：为布尔运算产生的新面获取运算对象的材质。
- “保留原始材质”单选按钮：为布尔运算产生的新面保留原始对象的材质。

（4）“子对象运算”选项组：对在层次视图列表中高亮显示的运算对象进行运算。

- “提取选定对象”按钮：对在层次视图列表中高亮显示的运算对象进行运算。
- “移除”单选按钮：从布尔结果中移除在层次视图列表中高亮显示的运算对象，它在本质上撤销了加到布尔对象中高亮显示的运算对象，提取的每个运算对象都再次成为顶层对象。
- “复制”单选按钮：提取在层次视图列表中高亮显示的一个或多个运算对象的副本，原始的运算对象仍然是布尔运算结果的一部分。
- “实例”单选按钮：提取在层次视图列表中高亮显示的一个或多个运算对象的实例，对提取的运算对象的后续修改也会改变原始的运算对象，因此会影响布尔对象。
- “重排运算对象”按钮：在层次视图列表中更改高亮显示的运算对象的顺序，将重排的运算对象移动到“重排运算对象”按钮后的数值框中列出的位置。
- “更改运算”按钮：为层次视图列表中高亮显示的运算对象更改运算类型。

微课视频
草坪灯

5.1.5 【实战演练】草坪灯

本案例先创建切角圆柱体，通过为其设置噪波和网格平滑模拟出石材的效果，并使用布尔工具创建切角圆柱体内部的空间，再进行几何体组合，完成草坪灯的制作。（最终效果参看云盘中的“场景>第 5 章>草坪灯 ok.max”效果文件，如图 5-21 所示。）

图 5-21

5.2 牵牛花

5.2.1 【案例分析】

牵牛花是一种较为普通的户外花，品种繁多，在盛夏时生长得最旺盛，形似喇叭，又名喇叭花。本案例制作两朵牵牛花模型。

5.2.2 【设计理念】

本案例先创建星形，然后为其创建路径，对图形进行放样，通过创建可渲染的样条线和螺旋线完成牵牛花的制作。（最终效果参看云盘中的“场景>第 5 章>牵牛花.max”效果文件，如图 5-22 所示。）

5.2.3 【操作步骤】

步骤① 单击“+（创建）>（图形）>星形”按钮，在顶视图中创建星形。在“参数”卷展栏中设置“半径 1”为 110、“半径 2”为 100、“点”为 5、“圆角半径 1”为 10、“圆角半径 2”为 10，如图 5-23 所示。

图 5-22

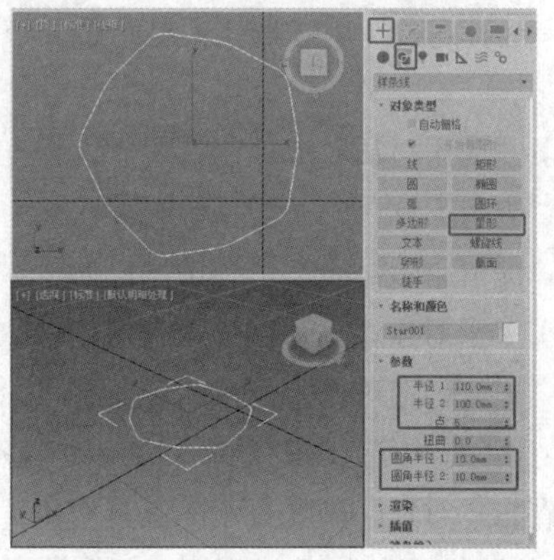

图 5-23

步骤② 单击“+（创建）>（图形）>线”按钮，在前视图中创建线作为路径，如图 5-24 所示。

步骤③ 在场景中选择作为路径的线。单击“+（创建）>（几何体）>复合对象>放样”按钮，在“创建方法”卷展栏中单击“获取图形”按钮，在场景中拾取创建的星形，在“蒙皮参数”卷展栏中取消勾选“封口始端”和“封口末端”复选框，如图 5-25 所示。

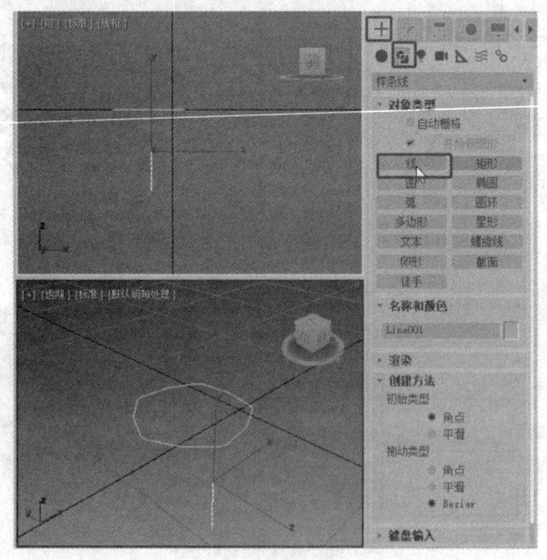

图 5-24

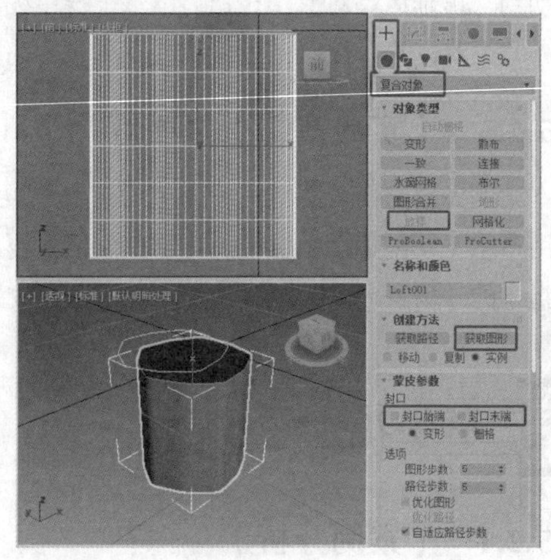

图 5-25

步骤④ 如果在场景中创建的模型过高，可以在“修改器列表”中选择放样的选择集为“路径”。在场景中选择放样模型中的路径，可以看到“修改器列表”中显示出“Line”。将选择集定义为“顶点”，在场景中调整顶点的位置，调整至合适的高度，如图 5-26 所示。如果对图形不满意，使用同样的方法继续调整至理想效果。

步骤⑤ 关闭选择集，在“变形”卷展栏中单击“缩放”按钮，在弹出的“缩放变形”窗口中单击“移动控制点”按钮。在左侧的控制点上单击鼠标右键，在弹出的快捷菜单中选择“Bezier 角点”命令。在场景中调整顶点，并调整控制点的位置，如图 5-27 所示。

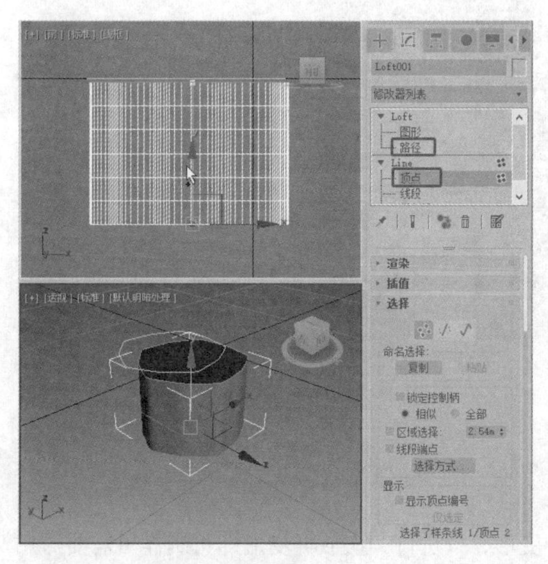

图 5-26

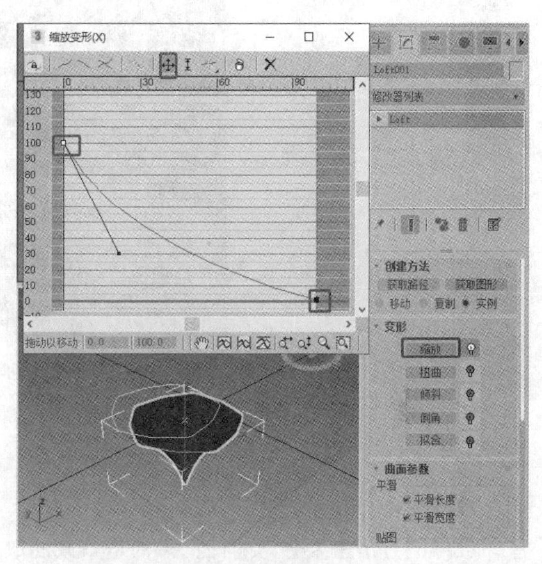

图 5-27

步骤⑥ 调整模型后，为模型施加“壳”修改器，在“参数”卷展栏中设置“外部量”为 0.1，如图 5-28 所示。

步骤⑦ 在“修改器列表”中选择“Loft”修改器，在“蒙皮参数”卷展栏中设置“图形步数”为 10、“路径步数”为 30，创建模型的平滑效果，如图 5-29 所示。

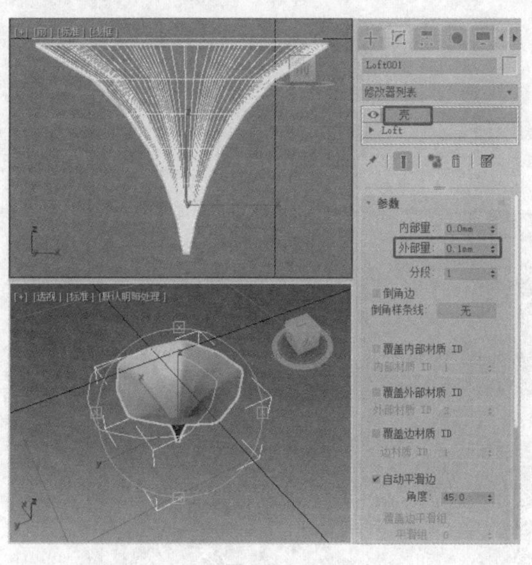

图 5-28

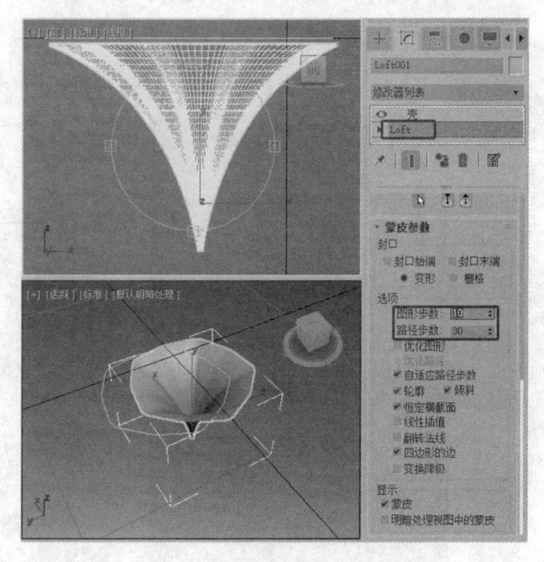

图 5-29

步骤⑧ 在场景中创建可渲染的样条线和螺旋线，完成牵牛花的创建，如图 5-30 所示。

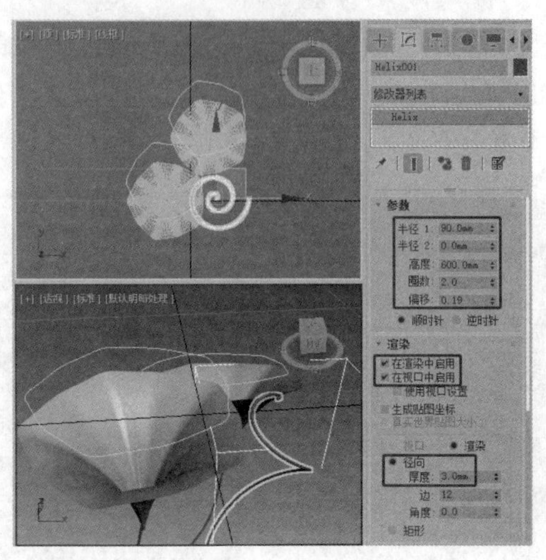

图 5-30

5.2.4 【相关工具】

放样

放样的方法主要分为两种：一种是单截面放样变形，只进行一次放样变形即可制作出需要的几何体；另一种是多截面放样变形，用于制作较为复杂的几何体，在制作过程中要进行多个路径的放样变形。

◎ 单截面放样变形

单截面放样变形是放样的基础，也是比较常用的放样方法。

（1）在前视图中创建一个星形和一条线，如图 5-31 所示，这两个二维图形可以随意创建。

（2）选择作为放样路径的线，单击“+（创建）> ●（几何体）>复合对象>放样”按钮，命令面板中会显示放样的相关参数，如图 5-32 所示。

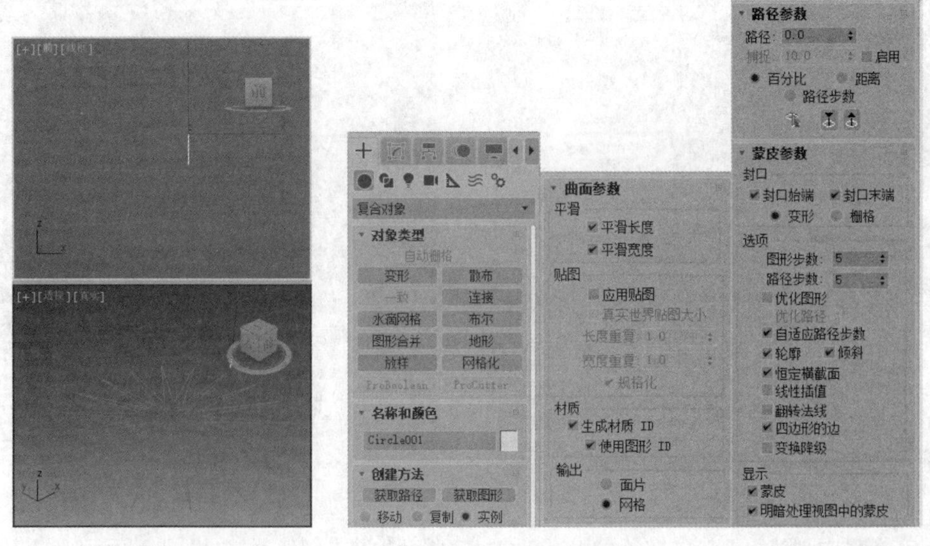

图 5-31　　图 5-32

（3）单击“获取图形”按钮，在前视图中单击星形，样条线会以星形为截面生成三维几何体，如图 5-33 所示。

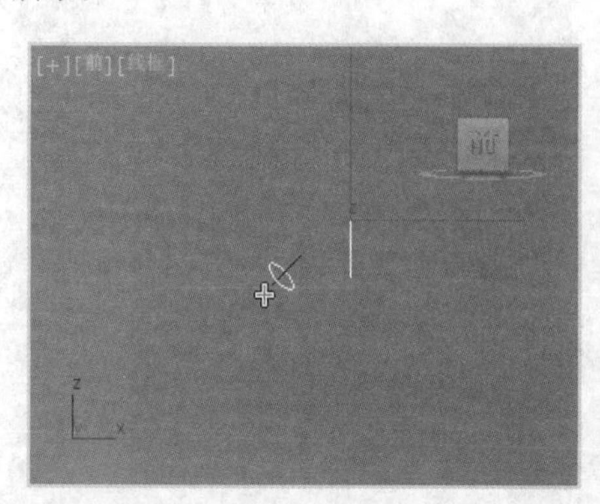

图 5-33

◎ 多截面放样变形

在路径的不同位置摆放不同的二维图形，通过在“路径参数”卷展栏中的“路径”数值框中输入数值或单击微调器来实现多截面放样变形。

在实际制作模型的过程中，有一部分模型只用单截面放样变形是不能完成的，复杂的模型由不同的截面组合而成，这时就要用到多截面放样变形。

（1）在顶视图中创建圆形和六角星图形作为放样图形，在前视图中创建弧线作为放样路径，如图 5-34 所示，这几个二维图形可以随意创建。

（2）在顶视图中选择作为放样路径的弧线，单击“ （创建）> （几何体）>复合对象>放样”按钮。在“创建方法”卷展栏中单击“获取图形”按钮，在顶视图中单击星形，这时二维图形变成了三维几何体，如图 5-35 所示。

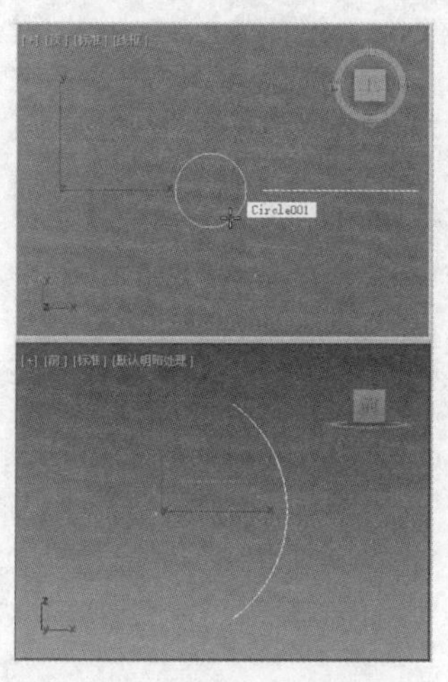

图 5-34

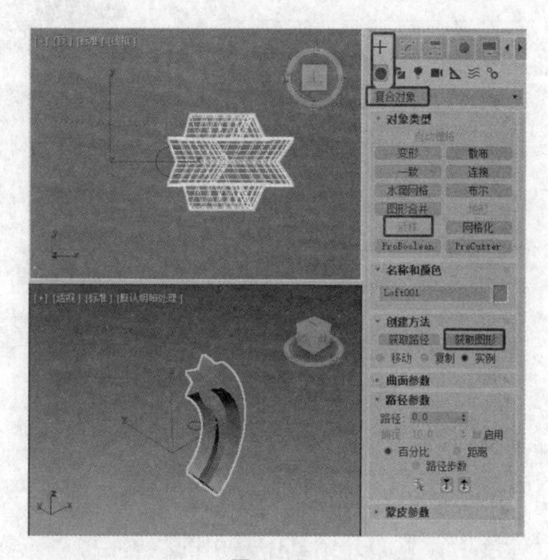

图 5-35

（3）在“路径参数”卷展栏中设置“路径”为 100。单击“创建方法”卷展栏中的“获取图形”按钮，在透视视图中单击圆形，如图 5-36 所示。

（4）切换到 “修改”命令面板，将当前选择集定义为“图形”，这时“修改”命令面板中会出现新的参数，如图 5-37 所示。

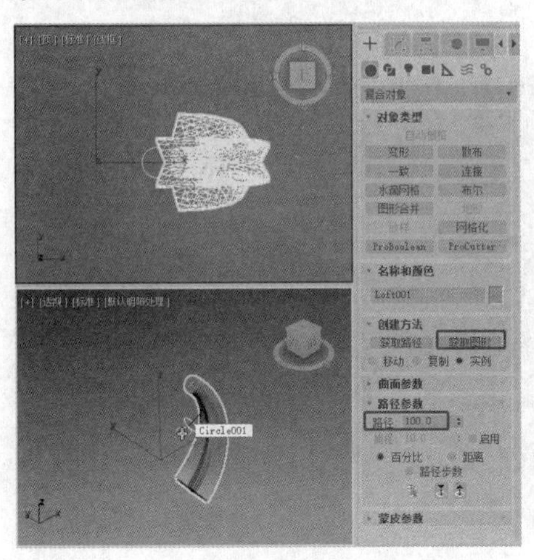

图 5-36

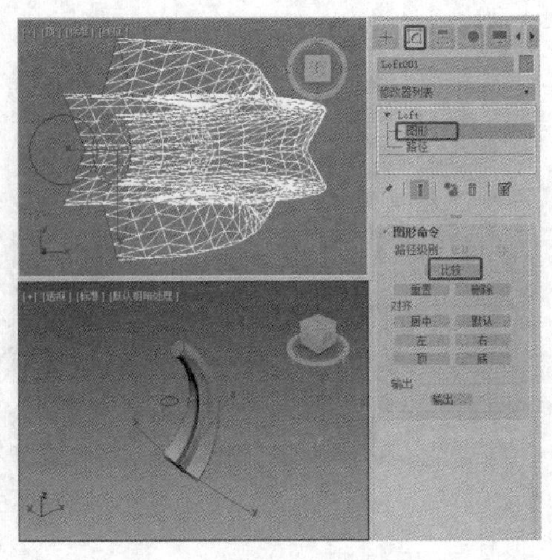

图 5-37

（5）在“图形命令”卷展栏中单击“比较”按钮，弹出“比较”窗口，如图 5-38 所示。

（6）在“比较”窗口中单击 “拾取图形”按钮，在顶视图中分别在放样模型的两个截面图形上单击，将两个截面图形拾取到“比较”窗口中，如图 5-39 所示。

在“比较”窗口中，可以看到两个截面图形的起点。如果两个起点没有对齐，可以单击 “选择并旋转”按钮手动调整，使之对齐。

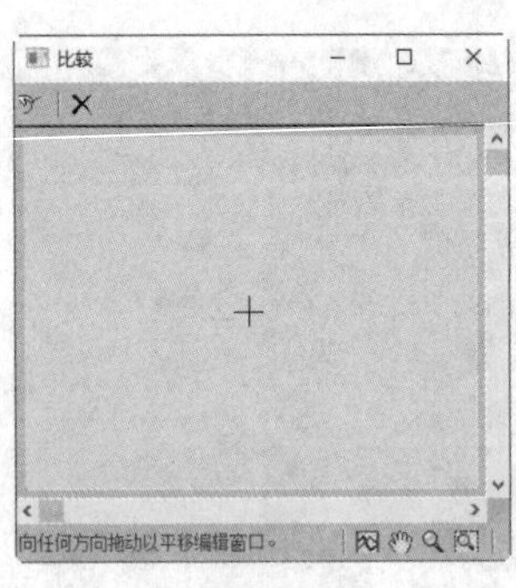

图 5-38

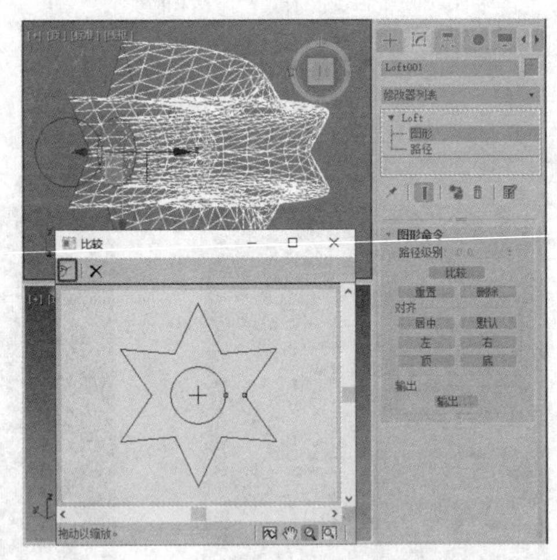

图 5-39

◎放样设置

放样相关的参数由 5 个卷展栏组成，包括“创建方法”“路径参数”“曲面参数”“蒙皮参数”和“变形”卷展栏，下面介绍其中常用的卷展栏。

（1）“创建方法”卷展栏用于确定在放样过程中使用哪一种方式进行放样，如图 5-40 所示。

图 5-40

- “获取路径”按钮：用于将路径指定给选择的图形或更改选择图形当前指定的路径。

• “获取图形”按钮：用于将图形指定给选择的路径或更改选择路径当前指定的图形。

• “移动”单选按钮：选择的路径或截面图形不产生复制品，这意味着选择后的模型在场景中不能独立存在，其他路经或截面无法再使用。

• “复制”单选按钮：选择后的路径或截面图形产生原型的一个复制品。

• “实例”单选按钮：选择后的路径或截面图形产生原型的一个关联复制品，关联复制品与原型相关联，即原型修改后，关联复制品也会改变。

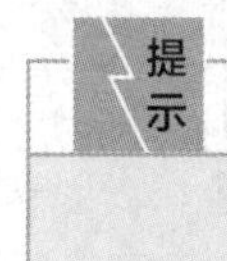

先指定路径，再拾取截面图形，还是先指定截面图形，再拾取路径，两种方式本质上对模型的形态没有影响，只是因为位置的需要而选择不同的方式。

（2）通过“路径参数”卷展栏可以控制放样对象路径上多个图形的位置，如图5-41所示。

• “路径”数值框：用于设置截面图形在路径上的位置。图5-42所示为在路径的多个位置插入不同的图形生成的模型。

• “捕捉”数值框：用于设置路径上图形之间的恒定距离，“捕捉”值的设置依赖于选择的测量方法，更改测量方法后需更改“捕捉”值，以保持捕捉间距不变。

• “启用”复选框：当勾选该复选框时，“捕捉”数值框处于活动状态，默认设置为未勾选。

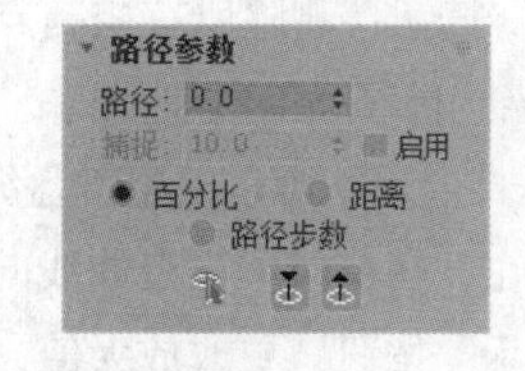

图5-41

图5-42

• “百分比”单选按钮：将路径级别表示为路径总长度的百分比。

• “距离”单选按钮：将路径级别表示为与路径第一个顶点间的绝对距离。

• “路径步数”单选按钮：将图形置于路径步数和顶点上。

• “拾取图形”按钮：选取截面图形，使该截面图形成为作用截面图形，以便选取截面图形或更新截面图形。

• “上一个图形”按钮：转换到上一个截面图形。

• “下一个图形”按钮：转换到下一个截面图形。

（3）“变形”卷展栏如图5-43所示，包括“缩放”“扭曲”“倾斜”“倒角”“拟合”按钮。单击任意一个按钮，弹出对应的变形窗口。

“缩放变形”窗口（见图5-44）介绍如下。

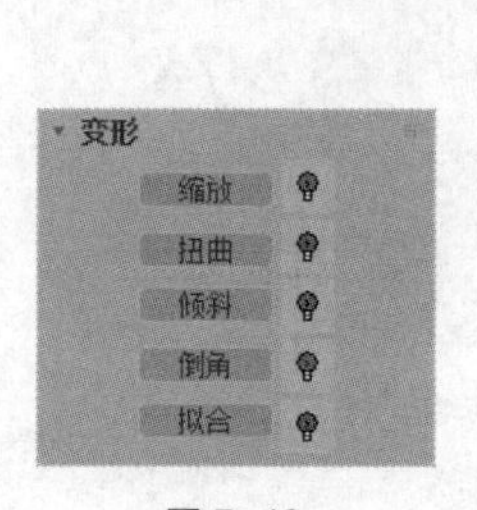

图5-43

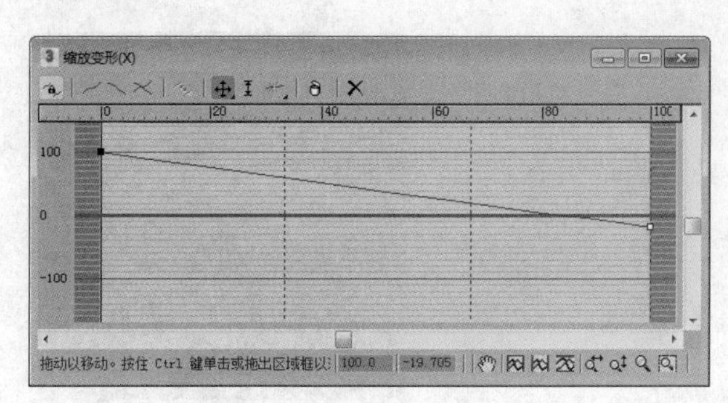

图5-44

变形曲线首先是使用常量值的直线，要生成更精细的曲线，可以在曲线上插入控制点并更改它们的属性。使用变形窗口工具栏中的按钮可以插入和更改变形曲线控制点。

- “均衡”按钮：该按钮是一个动作按钮，也是一种曲线编辑模式，可以用于对轴和形状应用相同的变形。
- “显示 X 轴”按钮：仅显示红色的 x 轴变形曲线。
- “显示 Y 轴”按钮：仅显示绿色的 y 轴变形曲线。
- “显示 XY 轴”按钮：同时显示 x 轴和 y 轴变形曲线，各条曲线使用各自的颜色。
- “变换变形曲线”按钮：在 x 轴和 y 轴之间复制曲线，此按钮在“均衡”按钮打开时是关闭的。
- “移动控制点”按钮：更改变形的量（垂直移动）和变形的位置（水平移动）。
- “缩放控制顶点”按钮：更改变形的量，而不更改变形的位置。
- “插入角点”按钮：单击变形曲线上的任意一点，可以在该位置插入控制点。
- “删除控制点”按钮：删除所选的控制点，也可以通过按 Delete 键来删除所选的点。
- “重置曲线”按钮：删除所有控制点（曲线两端的控制点除外）并恢复曲线的默认值。
- 数值字段：仅当选择了一个控制点时，才能访问这两个字段；第一个字段提供点的水平位置，第二个字段提供点的垂直位置，可以使用键盘编辑这些字段。
- “平移”按钮：在窗口中拖曳曲线向任意方向移动。
- “最大化显示”按钮：更改放大值，使整个变形曲线可见。
- “水平方向最大化显示”按钮：更改沿路径长度的放大值，使得整个路径区域在窗口中可见。
- “垂直方向最大化显示”按钮：更改沿变形值的放大值，使得整个变形区域在窗口中可见。
- “水平缩放”按钮：更改沿路径长度的放大值。
- “垂直缩放”按钮：更改沿变形值的放大值。
- “缩放”按钮：更改沿路径长度和变形值的放大值，保持曲线纵横比。
- “缩放区域”按钮：在变形栅格中拖曳区域，区域会相应放大，以填充变形窗口。

5.2.5 【实战演练】鱼缸

本案例先创建 3 个图形作为放样的 3 个截面，再创建线作为放样路径，然后为模型施加“编辑多边形”“平滑”“壳”“涡轮平滑”修改器，完成鱼缸模型的创建。（最终效果参看云盘中的“场景>第 5 章>鱼缸 ok.max”效果文件，如图 5-45 所示。）

图 5-45

5.3 综合演练——刀盒的制作

本案例先创建图形，并为图形施加“挤出”修改器，制作基本刀盒模型，然后创建长方体和圆柱体作为布尔对象，创建刀洞，最终完成刀盒的制作。（最终效果参看云盘中“场景>第 5 章>刀盒 ok.max”效果文件，如图 5-46 所示。）

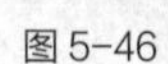
图 5-46

5.4 综合演练——垃圾桶的制作

本案例先通过创建原始模型和布尔模型创建出垃圾桶模型，然后使用一些常用的修改器调整垃圾桶的外观，最后使用“放样”工具制作出垃圾桶的袋子模型。（最终效果参看云盘中的“场景>第 5 章>垃圾桶.max”效果文件，如图 5-47 所示。）

图 5-47

06 第 6 章 材质与贴图

前面几章讲解了利用 3ds Max 2019 创建模型的方法，好的作品除了模型之外还需要材质与贴图。添加材质与贴图是三维设计中非常重要的环节，其重要性和难度丝毫不亚于建模。通过本章的学习，读者应掌握材质编辑器的参数设定、常用材质和贴图，以及 UVW 贴图的使用方法。

材质是三维世界的一个重要概念，是对现实世界中各种材料视觉效果的模拟。本章将主要讲解材质编辑器和材质参数设置。通过本章的学习，读者可以掌握材质编辑器的使用方法，了解材质制作的流程，充分认识材质与贴图的联系及其重要性。

课堂学习目标

- 材质编辑器
- 材质的参数设置
- 常用材质简介
- 常用贴图

6.1 金属质感

微课视频
金属质感

6.1.1 【案例分析】

金属材质的特点是具有强烈的高光和反射，本案例中使用 3ds Max 2019 默认材质设置钢管的材质。

6.1.2 【设计理念】

本案例设置明暗器类型为“金属”，这样可以使材质具有金属材质的特性，使用“位图”贴图设置金属材质的反射，使金属材质具有真实的反射效果。（最终效果参看云盘中的“场景>第 6 章>钢管 ok.max”效果文件，如图 6-1 所示。）

6.1.3 【操作步骤】

步骤① 在菜单栏中选择“文件>打开”命令，打开云盘中的“场景>第 6 章>钢管.max”素材文件，如图 6-2 所示。

图6-1

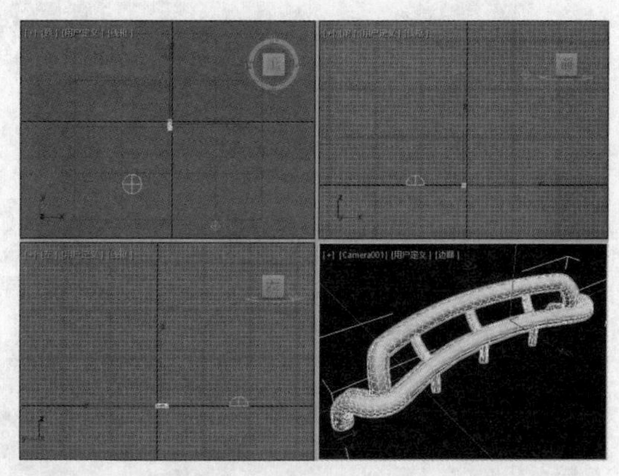

图6-2

步骤② 在场景中选择钢管模型，按 M 键，打开材质编辑器，选择一个新的材质样本球，将其命名为“钢管”，并在“明暗器基本参数”卷展栏中设置明暗器类型为“金属”。

步骤③ 在“金属基本参数”卷展栏中设置“环境光”的“红”“绿”“蓝”均为 0，设置“漫反射”的“红”“绿”“蓝”均为 255。在“反射高光”选项组中设置“高光级别”和“光泽度”分别为 100 和 80，如图 6-3 所示。

步骤④ 在“贴图”卷展栏中单击“反射”后的“无贴图”按钮，在弹出的“材质/贴图浏览器”对话框中选择“位图”贴图，单击“确定”按钮，如图 6-4 所示。

步骤⑤ 在弹出的对话框中选择素材中的“LAKEREM.jpg”文件，单击“打开”按钮，如图 6-5 所示。进入贴图层级面板，使用默认参数。

步骤⑥ 单击 “转到父对象”按钮返回材质编辑器，在“贴图”卷展栏中设置“反射”的“数量”为 60。确认场景中的钢管模型处于选择状态，单击 “将材质指定给选定对象”按钮指定材质，如图 6-6 所示。

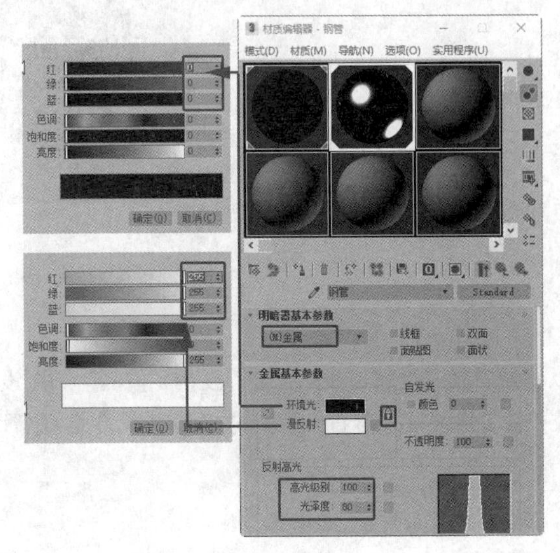

图 6-3

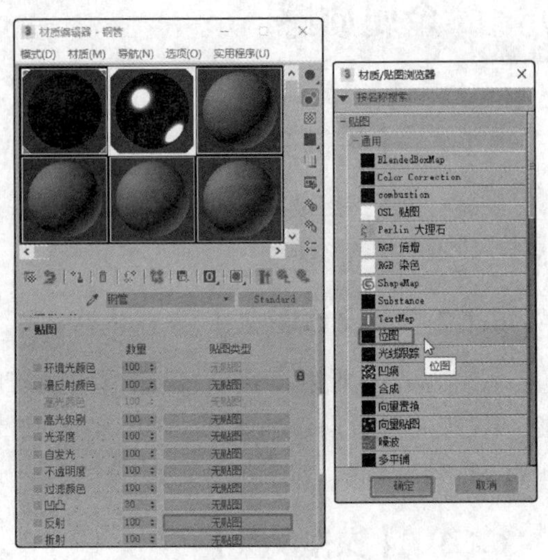

图 6-4

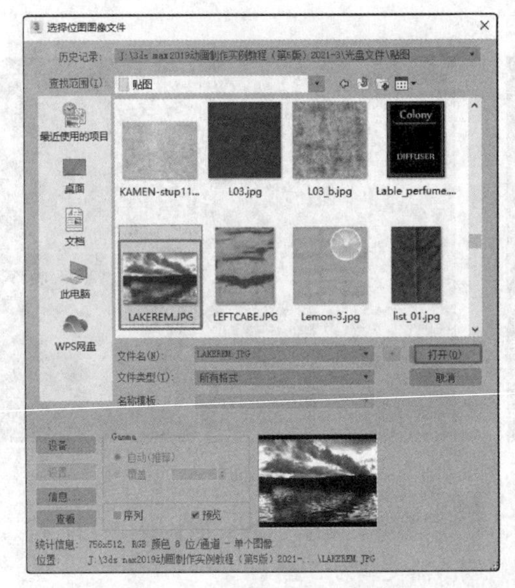

图 6-5

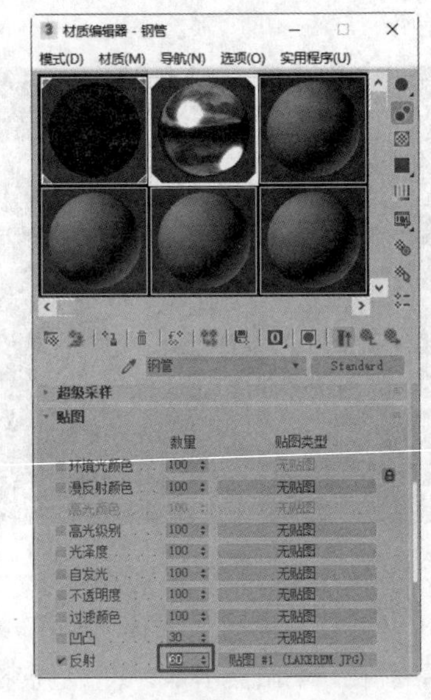

图 6-6

6.1.4 【相关工具】

1. Slate 材质编辑器与精简材质编辑器

3ds Max 2019 的材质编辑器是一个独立的模块，可以选择“渲染>材质编辑器”命令打开材质编辑器，也可以在工具栏中单击“材质编辑器”按钮（或使用快捷键 M）打开材质编辑器。 Slate 材质编辑器如图 6-7 所示。

Slate 材质编辑器是一个具有多个元素的窗口。

按住“材质编辑器”按钮，弹出隐藏的按钮，单击该按钮，弹出精简的材质编辑器，如图 6-8 所示。

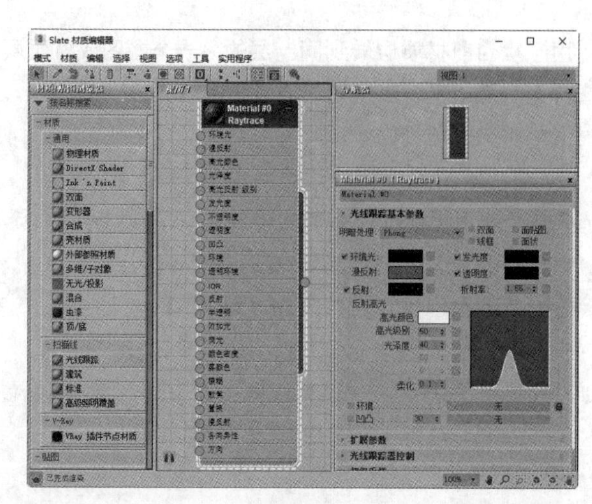

图 6-7

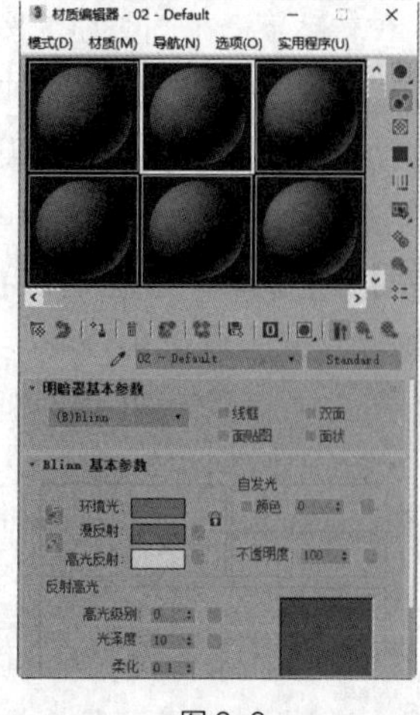

图 6-8

2．材质编辑器

下面对常用的精简的材质编辑器进行介绍。

（1）标题栏用于显示当前材质的名称，如图 6-9 所示。

（2）菜单栏中放置常用的材质编辑命令，如图 6-10 所示。

图 6-9　　图 6-10

（3）实例窗用于显示材质编辑的情况，如图 6-11 所示。

（4）工具按钮用于进行快捷操作，如图 6-12 所示。

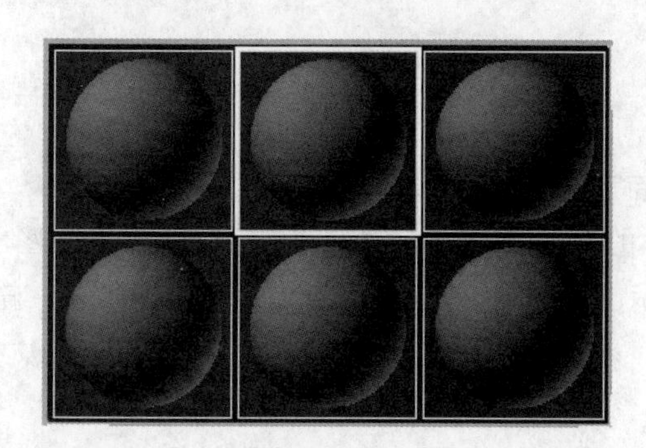
图 6-11

图 6-12

（5）参数控制区用于编辑和修改材质，如图 6-13 所示。

下面简单地介绍常用的工具按钮。

- “获取材质”按钮：用于从材质库中获取材质，材质库文件为.mat 文件。
- “将材质指定给选定对象”按钮：用于指定材质。
- “视口中显示明暗处理”按钮：用于在视口中显示贴图。
- “转到父对象”按钮：用于返回上一层材质。

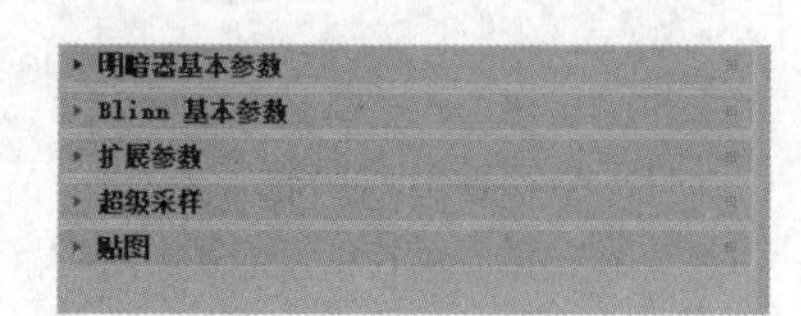

图 6-13

- “转到下一个同级项”按钮：用于从当前材质层转到同一层的另一个贴图或材质层。
- “背景”按钮：用于添加方格背景，常用于编辑透明材质。
- “按材质选择”按钮：用于根据材质选择场景物体。

3.“明暗器基本参数”卷展栏

“明暗器基本参数”卷展栏可用于选择一个要用于标准材质的明暗器类型，如图 6-14 所示。

（1）明暗器下拉列表：包含以下几个选项，默认明暗器为“Blinn”。

- “Blinn”：适用于圆形物体，它产生的高光要比“Phong”明暗器着色柔和。
- “金属”：适用于金属表面。
- “各向异性”：适用于椭圆形表面，它能产生各向异性高光，如果为头发、玻璃或磨砂金属建模，这些高光很有用。
- “多层”：适用于比各向异性更复杂的高光。
- “Oren-Nayar-Blinn”：适用于无光表面（如纤维或土壤）。
- “Phong”：适用于强度很高的、具有圆形高光的表面。
- “Strauss”：适用于金属和非金属表面，“Strauss”明暗器的界面比其他明暗器的简单。
- “半透明明暗器”：与“Blinn”明暗器着色类似，半透明明暗器也可用于指定半透明，这种情况下光线穿过材质时会散开。

（2）“线框”复选框：以线框模式渲染材质，用户可以在扩展参数上设置线框的大小，如图 6-15 所示。

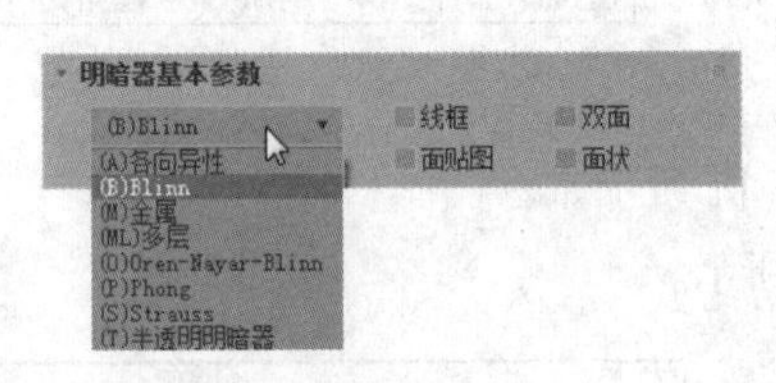

图 6-14

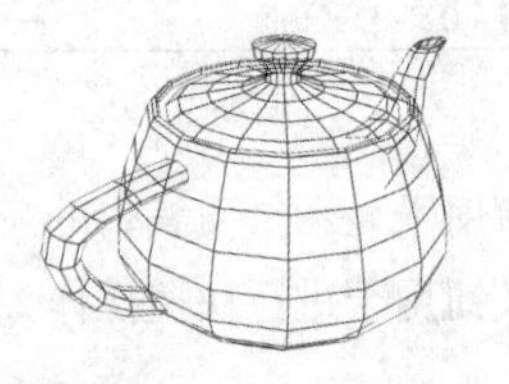
图 6-15

（3）“双面”复选框：使材质生成两面，将材质应用到选择面的双面，如图 6-16 所示，左图为未勾选“双面”复选框的效果，右图为勾选“双面”复选框的效果。

（4）“面贴图”复选框：将材质应用到几何体的各面，如果材质是贴图材质，则不需要贴图坐标，贴图会自动应用到对象的每一面，如图 6-17 所示，左图为未勾选“面贴图”复选框的效果，右图为勾选“面贴图”复选框的效果。

（5）“面状”复选框：就像表面是平面一样，渲染表面的每一面。

图 6-16　　图 6-17

4. 基本参数卷展栏

基本参数卷展栏因所选的明暗器而异。下面以“Blinn 基本参数”卷展栏为例进行介绍，如图 6-18 所示。

- “环境光”：设置环境光颜色，环境光颜色是位于阴影中的颜色（间接灯光）。
- “漫反射”：设置漫反射颜色，漫反射颜色是位于直射光中的颜色。

• “高光反射”：设置高光反射颜色，高光反射颜色是发光物体高亮显示的颜色。

• “自发光”选项组：“自发光”使用漫反射颜色替换曲面上的阴影，从而创建白炽效果；当增加“自发光”的“颜色”值时，自发光颜色将取代环境光；如图6-19所示，左图的“自发光”的“颜色”值为0，右图的“自发光”的“颜色”值为80。

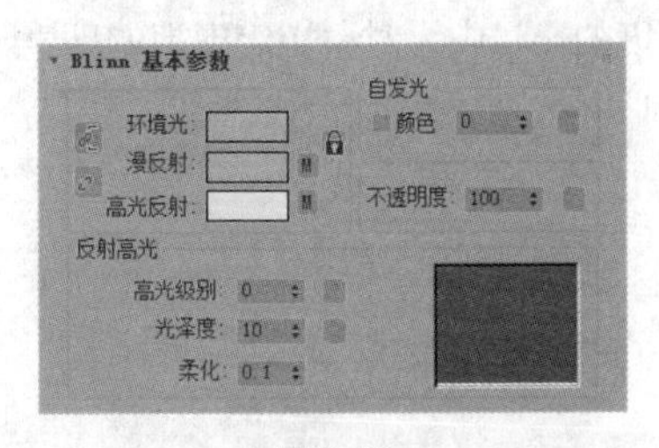

图6-18

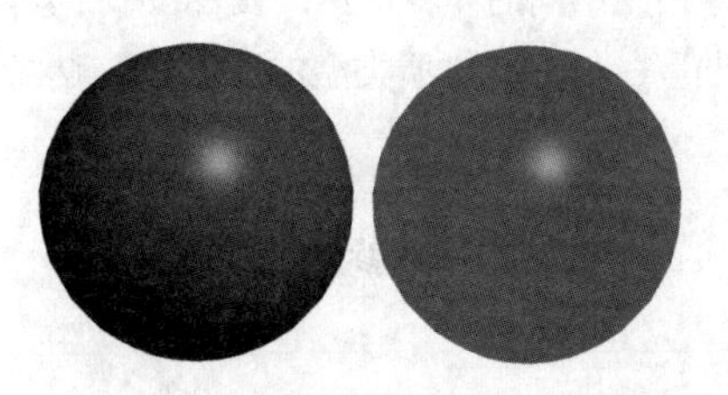

图6-19

• “不透明度”数值框：设置材质是不透明、透明，还是半透明。

• “高光级别”数值框：影响反射高光的强度，随着该值的增大，高光将越来越亮。

• “光泽度”数值框：影响反射高光的强弱，随着该值的增大，高光将越来越弱，材质将变得越来越亮。

• “柔化”数值框：柔化反射高光的效果。

5. “贴图”卷展栏

“贴图”卷展栏包含每个贴图类型的按钮。单击相应按钮，可选择位图文件进行贴图，或者选择程序贴图。选择位图之后，它的名称和类型会出现在按钮上。通过按钮左边的复选框，可以禁用或启用贴图效果，如图6-20所示。下面介绍常用的几种贴图类型。

	数量	贴图类型
环境光颜色	100	无贴图
漫反射颜色	100	无贴图
高光颜色	100	无贴图
高光级别	100	无贴图
光泽度	100	无贴图
自发光	100	无贴图
不透明度	100	无贴图
过滤颜色	100	无贴图
凹凸	30	无贴图
反射	100	无贴图
折射	100	无贴图
置换	100	无贴图

图6-20

• 漫反射颜色：可以选择位图文件或程序贴图，以将图案或纹理指定给材质的漫反射颜色。

• 自发光：可以选择位图文件或程序贴图来设置自发光的贴图，这样将使对象的部分发光；例如，贴图的白色区域渲染为完全自发光，黑色区域不使用自发光渲染，灰色区域渲染为部分自发光，具体情况取决于灰度值。

• 不透明度：可以选择位图文件或程序贴图来生成部分透明的对象；贴图的浅色（较高的值）区域渲染为不透明，深色区域渲染为透明，之间的值渲染为半透明。

• 反射：设置贴图的反射，可以选择位图文件设置金属或瓷器的反射图像。

• 折射：折射贴图类似于反射贴图，它将贴图贴在表面上，这样贴图看起来就像透过表面所看到的一样，而不是从表面反射的贴图。

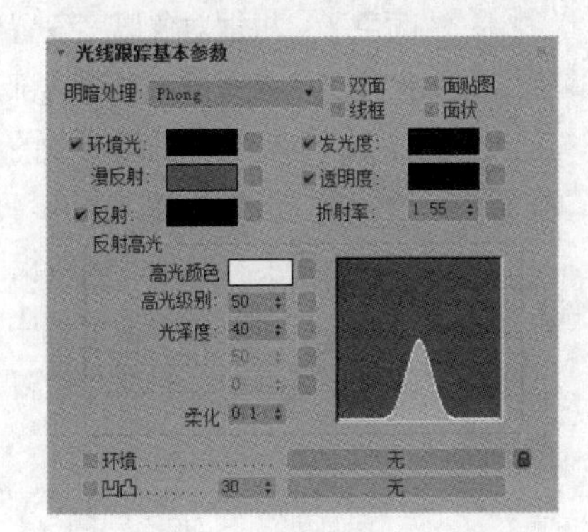

图6-21

6. “光线跟踪”材质

◎“光线跟踪基本参数”卷展栏（见图6-21）

• “明暗处理”下拉列表：这里提供了5种着色方式，即“Phong”“Blinn”“金属”“Oren-Nayar-Blinn”和“各向异性”。

- “发光度”：与标准材质中的“自发光”设置相似。
- “折射率”数值框：设置材质折射光线的强度。
- “环境”：允许指定一张环境贴图，它会覆盖全局的环境贴图设置；默认的反射和透明都使用场景的环境贴图，一旦在这里进行环境贴图的设置，它将会取代原来的设置；利用这个特性，可以单独为场景中的对象指定不同的环境贴图，或者在一个没有环境的场景中为对象指定虚拟的环境贴图。
- “凹凸”：与标准材质类型的“凹凸”贴图相同。

相同的参数参照前面的介绍。

◎“扩展参数”卷展栏（见图 6-22）

（1）“特殊效果”选项组。

- “附加光”：增减对象表面的光照，可以把它当作在基本材质基础上的一种环境照明光，但不要与基本参数中的“环境光”混淆；通过为它指定颜色或贴图，可以模拟场景对象的反射光线在其他对象上产生渗出光的效果；例如，一件白衬衫靠近橘黄色的墙壁时，会被反射上橘黄色。
- “半透明”：创建半透明效果，半透明是一种无方向性的漫反射，对象上的漫反射区颜色取决于表面法线与光源位置间的角度，而半透明则是通过忽视表面法线的角度来模拟半透明材质的。

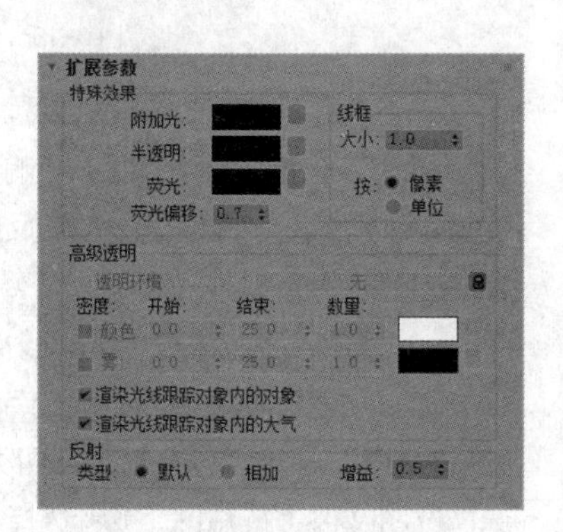

图 6-22

- “荧光”：创建一种荧光材质效果，使得在黑暗的环境中也可以显现色彩和贴图，通过“荧光偏移”值可以调节荧光的强度。
- “线框”选项组：当指定材质为“线框”效果时，在该选项组中设置线框的属性。

（2）“高级透明”选项组：这里提供了更多的透明效果设置。

- “透明环境”：用指定的环境贴图替代场景中原有的环境贴图。
- “密度”：专用于透明材质的设置，如果对象不透明，则不会产生效果。
- “颜色”：根据对象厚度设置颜色，“过滤颜色”用于对透明对象背后的景物进行染色处理，而此处的密度颜色是对透明对象内部进行染色处理，就像制作一块彩色玻璃；使用“数量”值控制密度颜色的强度，密度颜色根据对象的厚度而表现出不同的效果，厚的玻璃要浑浊一些，薄的玻璃要透亮一些，这依据“开始”和“结束”值来设置。
- “雾”：密度雾与密度颜色相同，也是以对象厚度为基础产生的影响，用一种不透明自发光的雾填充在透明体内部，就好像玻璃中的烟、蜡烛顶部透亮的区域、氖管中发光的雾气等。
- “渲染光线跟踪对象内的对象”复选框：设置附有光线跟踪材质的透明对象内部是否进行光线跟踪计算。
- “渲染光线跟踪对象内的大气”复选框：当大气效果位于一个具有光线跟踪材质的对象内部时，设置是否进行内部的光线跟踪计算。

（3）“反射”选项组：提供对反射更好的设置。

- “默认”单选按钮：在默认状态下，反射与漫反射是分层的。

- “相加”单选按钮：反射附加在漫反射之上，在这种状态下，漫反射总是可视的。
- “增益”数值框：设置反射的亮度，“增益”值越低，反射光的亮度越高。

◎“光线跟踪器控制”卷展栏（见图 6-23）

（1）“局部选项”选项组。

- “启用光线跟踪”复选框：设置是否进行光线跟踪计算。
- “光线跟踪大气”复选框：设置是否对场景中的大气效果进行光线跟踪计算。
- “启用自反射/折射”复选框：设置是否使用自身反射或折射，不同的对象要区别对待，有些对象不需要使用自身反射或折射。
- “反射/折射材质 ID”复选框：如果为一个光线跟踪材质指定了材质 ID，并且在视频合成器或者特效编辑器中根据其材质 ID 指定特殊效果，这个复选框用于设置是否对其反射和折射的图像也进行特效处理，即对 ID 的设置也进行反射或折射处理。

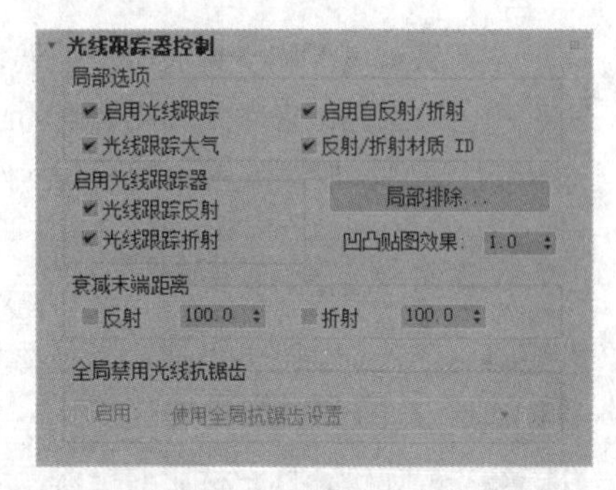

图 6-23

（2）“启用光线跟踪器”选项组：这里提供两个复选框，可以设置光线跟踪材质是否进行反射和折射的计算，默认为启用状态，对于不需要的效果，禁用此复选框可以节省渲染时间。

- “光线跟踪反射”复选框：是否进行光线跟踪反射计算。
- “光线跟踪折射”复选框：是否进行光线跟踪折射计算。

（3）“局部排除”按钮：单击此按钮，打开“自身排除/包含”对话框，允许指定场景中的对象不进行光线跟踪计算，被自身排除的对象只从当前的材质中排除，使用排除方法是加速光线跟踪最简单的方法之一。

（4）“凹凸贴图效果”数值框：调节“凹凸”贴图在光线跟踪反射与光线跟踪折射上的效果。

（5）“衰减末端距离”选项组。

- “反射”：在当前距离上暗淡反射效果至黑色。
- “折射”：在当前距离上暗淡折射效果至黑色。

（6）“全局禁用光线抗锯齿”选项组：用于忽略全局抗锯齿设置，为当前光线跟踪材质和贴图设置自身的抗锯齿方式。

微课视频
塑料质感

6.1.5 【实战演练】塑料质感

塑料材质与瓷器材质基本相同，本案例在设置塑料材质“漫反射”和“反射”颜色的同时，还为“透明度”设置了颜色，完成塑料效果的制作，如图 6-24 所示。（最终效果参看云盘中的“场景>第 6 章>塑料质感 ok.max”效果文件，如图 6-24 所示。）

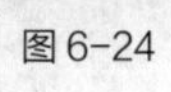
图 6-24

微课视频
玻璃质感

6.2 玻璃质感

6.2.1 【案例分析】

玻璃是一种无规则结构的非晶态固体。玻璃的用途很多，它可以作为窗玻璃，也可以制作各种饰物、玻璃砖、玻璃纸等。

6.2.2 【设计理念】

本案例通过 VRay 材质制作玻璃，其中主要通过设置“漫反射”和“折射”的色块颜色，来完成玻璃效果的制作。（最终效果参看云盘中的“场景>第 6 章>玻璃杯 ok.max”效果文件，如图 6-25 所示。）

图 6-25

6.2.3 【操作步骤】

步骤① 打开云盘中的“场景>第 6 章>玻璃杯.max”素材文件，如图 6-26 所示，在场景中选择玻璃杯模型。

步骤② 按 M 键，打开材质编辑器，从中选择一个新的材质样本球。单击“Standard”按钮，在弹出的对话框中选择 VRayMtl 材质，单击“确定”按钮，如图 6-27 所示。

图 6-26

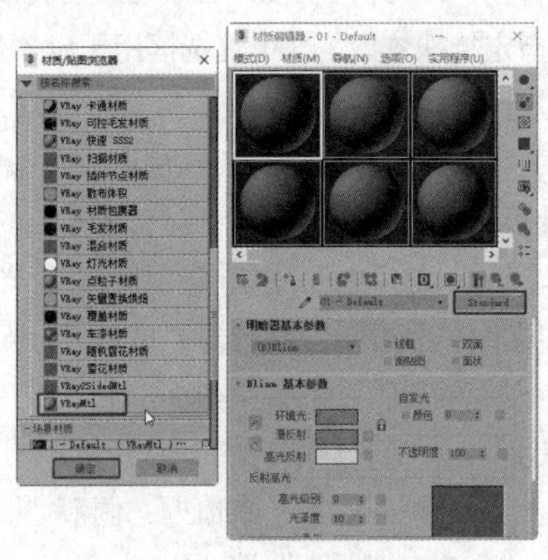

图 6-27

步骤③ 将玻璃杯的材质转换为 VRayMtl 材质。在“基本参数”卷展栏中设置“漫反射”的“红”“绿”“蓝”均为 128、“折射”的“红”“绿”“蓝”均为 255，如图 6-28 所示。

步骤④ 在“贴图”卷展栏中单击“反射”后的“无贴图”按钮，在弹出的“材质/贴图浏览器”对话框中选择“Falloff”贴图，指定衰减贴图，如图 6-29 所示。

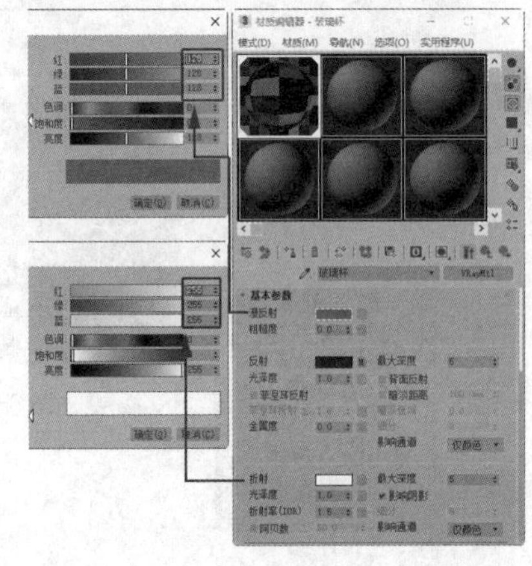

图 6-28

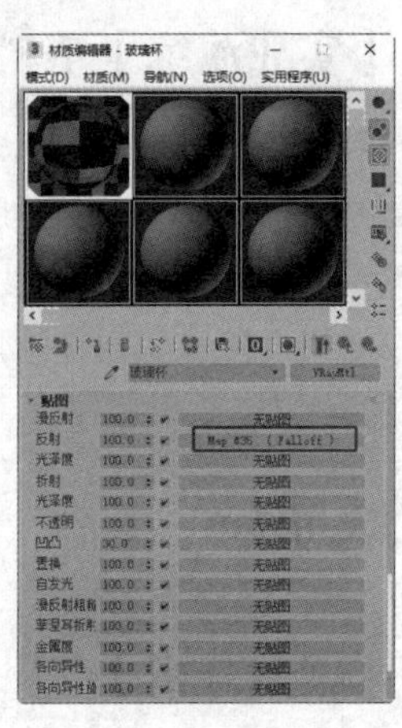

图 6-29

步骤⑤ 指定衰减贴图后，在“衰减参数”卷展栏中设置第一个色块的“红”“绿”“蓝”均为 8、第二个色块的“红”“绿”“蓝”均为 96，如图 6-30 所示。设置好材质后，单击 “转到父对象”按钮，再单击 “将材质指定给选定对象”按钮，将材质指定给装饰模型。

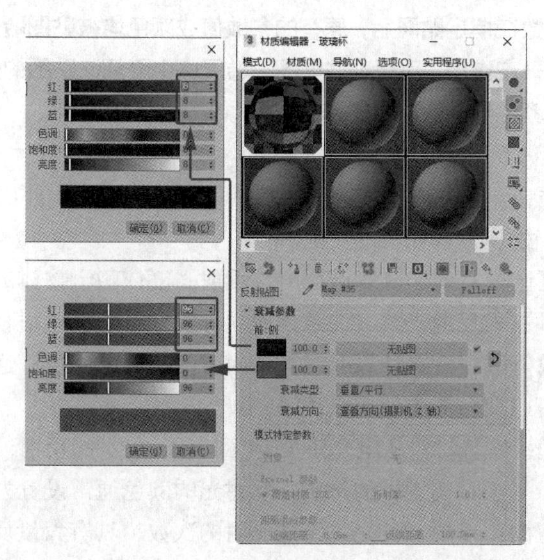

图 6-30

6.2.4 【相关工具】

VRayMtl 材质

VRayMtl 材质是仿真材质，制作出的效果很逼真，VRay 渲染器插件已经逐渐成为三维软件的主要渲染器。

下面介绍 VRayMtl 材质中常用的参数。

（1）“基本参数”卷展栏（见图 6-31）介绍如下。

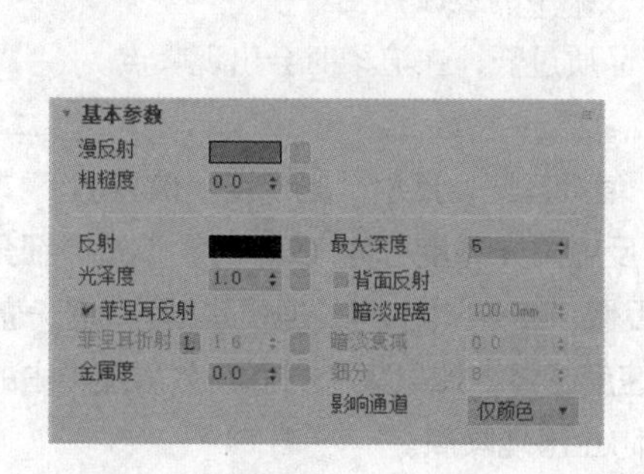

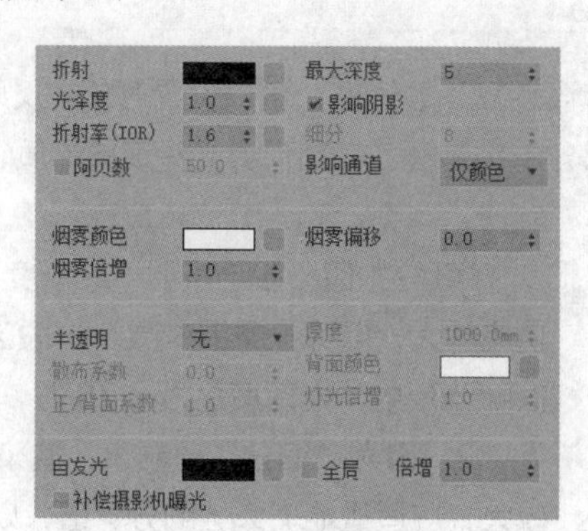

图 6-31

- “漫反射”：设置物体表面的颜色和纹理；单击色块，可以调整物体表面的颜色；单击色块右侧的 “无”按钮，可以选择不同的贴图类型。
- “粗糙度”数值框：数值越大，粗糙效果越明显，可以用于模拟绒布的效果。
- “反射”：物体表面反射的强弱是由色块的亮度来决定的，颜色越亮反射越强，颜色越暗反射越弱；这里的色块决定了反射光的颜色，反射光的强度是分开计算的；单击色块右侧的■“无”按钮，可以使用贴图控制反射光的强度、颜色、区域。

任何参数在指定贴图后，原有的参数值或颜色均被贴图覆盖。如果需要参数值或颜色起到一定作用，可以在“贴图”卷展栏中降低该贴图的数量，这样可以起到原参数值或颜色与贴图混合的作用。

- “光泽度”数值框：即反射光泽度，用于控制反射的清晰度；此值为 1 意味着产生完美的镜面反射，较小的值会产生模糊或光滑的反射。
- “菲涅耳反射”复选框：勾选此复选框时，反射强度依赖于物体的表面，自然界中的某些物质（如玻璃等）以这种方式反射光线。注意，菲涅耳效应也与折射率有关。
- “菲涅耳折射”数值框：设置计算菲涅耳折射时使用的返回值；通常该参数是锁定的，但可以解锁，通过该参数可以在贴图中使用纹理映射。
- “金属度”数值框：设置材料从电介质（0）到金属（1）的反射模型。注意 0 到 1 之间的值不对应任何物理材料。对于真实世界的材质，反射光的颜色通常设置为白色。
- “最大深度”数值框：设置一条光线能被反射的次数，具有大量反射和折射表面的场景可能需要设置较大的值才能使生成的效果看起来正确。
- “背面反射”复选框：当勾选该复选框时，背面也计算反射。注意，这影响总的内部反射。
- “暗淡距离”复选框：勾选此复选框后，用户可以手动设置参与反射对象之间的距离，距离大于该值的对象将不参与反射计算。

渲染室内大面积的玻璃或金属物体时，“最大深度”需要设置大一些；渲染水泥地面或墙体时，“最大深度”可以适当设置小点，这样可以在不影响品质的情况下加快渲染速度。

- “暗淡衰减”数值框：可以设置对象在反射效果中的衰减程度。
- “细分”数值框：控制反射光泽度的品质，品质过低，在渲染时会出现噪点。

提示

“细分”值一般与反射“光泽度”值成反比，反射“光泽度”值越小，“细分”值应越大，以弥补平滑效果。一般当反射“光泽度”为 0.9 时，设置“细分”为 10；当反射“光泽度”为 0.76 时，设置“细分”为 24。但是“细分”值一般最大为 32，因为“细分”值越大，渲染速度越慢。如果某个材质在效果图中占的比重较大，应适量地增大“细分”值，以防止出现噪点。

- “折射”：颜色越白，物体越透明，光进入物体内部产生的折射光线就越多；颜色越黑，透明度越低，产生的折射光线越少；可以通过贴图控制折射的强度和区域。
- “光泽度”数值框：控制物体的折射模糊度，值越小越模糊，默认数值为 1，不产生折射模糊；可以通过贴图的灰度控制光泽度。

• “折射率”数值框：设置透明物体的折射率，物理学中的常用物体折射率有水为 1.33、水晶为 1.55、金刚石为 2.42、玻璃按成分不同为 1.5～1.9。

• “阿贝数”复选框：增强或减弱分散效应，勾选此复选框并降低其值会增加分散度，反之减小。

• “最大深度”数值框：控制折射的最大次数。

• “影响阴影”复选框：设置透明物体产生的阴影；勾选此复选框时，透明物体将产生真实的阴影；该复选框仅对 VRay 灯光和 VRay 阴影有效。

• “细分”数值框：设置折射模糊的品质，与反射的“细分”原理一样。

• “影响通道”下拉列表：设置折射效果是否影响对应图像通道。

如果有透过折射物体观察到的对象，如室外游泳池、室内的窗玻璃等，需要勾选“影响阴影”复选框，设置“影响通道”为“颜色+Alpha”。

• “烟雾颜色”：设置透明物体的颜色。

• “烟雾倍增”数值框：可以理解为烟雾的浓度；此值越大，烟雾越浓；该参数一般都用来降低“烟雾颜色”的浓度，如烟雾颜色的饱和度为 1 基本是最低了，但若还是感觉饱和度太高，则可以调节该参数值。

• “烟雾偏移”数值框：改变烟雾的颜色；若此值为负值，会增加烟雾对物体较厚部分的影响强度；若此值为正值，在任何厚度上均匀分布烟雾颜色。

• “半透明”下拉列表：此下拉列表中有 4 个选项，即“硬（蜡）模型”“软（水）模型”“混合模型”和“无”。

• “散布系数”数值框：设置物体内部的散射总量。0 表示光线在所有方向被物体内部散射；1 表示光线在一个方向被物体内部散射，而不考虑物体内部的曲面。

• “正/背面系数”数值框：设置光线在物体内部的散射方向。0 表示光线沿着灯光发射的方向向前散射，1 表示光线沿着灯光发射的方向向后散射。

• “厚度”数值框：设置光线在物体内部被追踪的深度，也可以理解为光线的穿透力。

• “背面颜色”：设置“半透明”效果的颜色。

• “灯光倍增”数值框：设置光线穿透力的倍增值。

• “自发光”：通过调整色块，可以使对象具有自发光效果。

• “全局”复选框：取消勾选该复选框后，“自发光”不对其他物体产生全局照明。

• “倍增”数值框：设置发光的强度。

（2）“双向反射分布函数”卷展栏（见图 6-32）介绍如下。

• 明暗器下拉列表：包含 4 种明暗器类型，即“反射”“沃德”“多面”“微面 GTR（GGX）”。“反射”适用于硬度高的物体，高光区域很小；“沃德”适用于表面柔软或粗糙的物体，高光区域最大；“多面”适用于大多数物体，高光区域大小适中；“微面 GTR（GGX）”表达能力很强。默认设置为“反射”。

• “各向异性”数值框：设置高光区域的形状，可以用该参数来控制拉丝效果。

• “旋转”数值框：设置高光区域的旋转方向。

- “局部轴”单选按钮：有“X”“Y”“Z”这 3 个轴向可供选择。
- “贴图通道”单选按钮：可以使用不同的贴图通道与“UVW”贴图进行关联，从而实现一个物体在多个贴图通道中使用不同的“UVW”贴图，这样可以得到各自对应的贴图坐标。
- “使用光泽度”“使用粗糙度”单选按钮：这两个单选按钮控制如何使用反射光泽度。当选择“使用光泽度”单选按钮时，反射光泽度按原样使用，高光光泽度值（如 1）会产生尖锐的反射高光；当选择“使用粗糙度”单选按钮时，采用反射光泽度的反比值。
- “GTR 尾巴衰减”数值框：设置从突出显示的区域到非突出显示的区域的转换。

（3）“选项”卷展栏（见图 6-33）介绍如下。

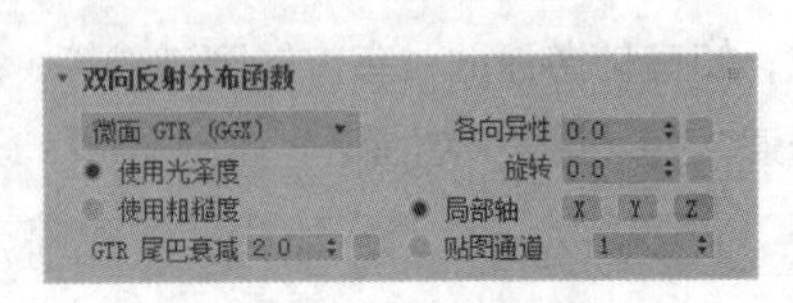

图 6-32

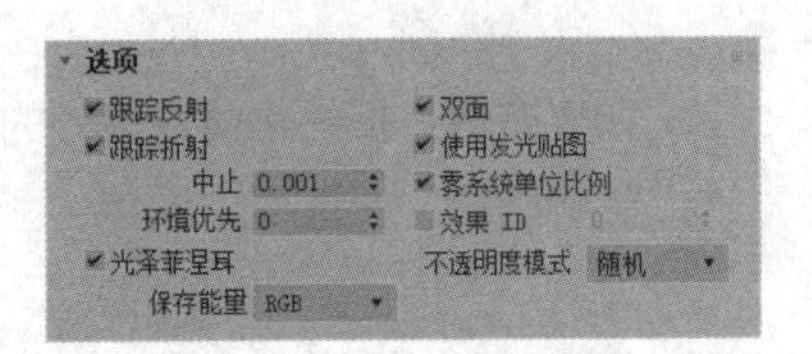

图 6-33

- “跟踪反射”复选框：控制光线是否追踪反射；取消勾选此复选框后，将不渲染反射效果。
- “跟踪折射”复选框：控制光线是否追踪折射；取消勾选此复选框后，将不渲染折射效果。
- “中止”数值框：设置一个阈值，低于这个阈值，反射、折射不会被追踪。
- “环境优先”数值框：设置当反射或折射的光线穿过几种材质时使用环境，每种材质都有一个环境覆盖。
- “光泽菲涅耳”复选框：启用此复选框时，使用光泽菲涅耳计算插入光泽反射和折射；它将光滑反射的每个“微面”考虑进菲涅耳方程，而不仅是观察光线和表面法线之间的角度；最明显的效果是菲涅耳计算使反射和折射的效果更加自然。
- “保存能量”下拉列表：设置漫反射、反射和折射光的颜色如何相互影响。VRay 试图保持从对象表面反射的光总量小于或等于落在其表面上的光（就像在现实生活中情况）。为此，反射级别能使漫反射和折射级别变低（纯白色反射将消除任何漫反射和折射效果），折射级别能使漫反射级别变低（纯白色折射将消除任何漫反射效果）。此参数决定 RGB 组件的调光是单独进行还是根据强度进行。
- “双面”复选框：默认为勾选，可以渲染出物体背面的面；取消勾选此复选框后，将只渲染物体正面的面。
- “使用发光贴图”复选框：控制当前材质是否使用发光贴图。
- “雾系统单位比例”复选框：控制是否使用雾系统单位比例。
- “效果 ID”复选框：勾选此复选框后，用户可以手动设置效果 ID，覆盖掉材质本身的 ID。
- “不透明度模式”下拉列表：设置不透明度的取样方式。

（4）“贴图”卷展栏（见图 6-34）介绍如下。

贴图			
凹凸	30.0	✔	无贴图
漫反射	100.0	✔	无贴图
漫反射粗糙度	100.0	✔	无贴图
自发光	100.0	✔	无贴图
反射	100.0	✔	无贴图
高光光泽度	100.0	✔	无贴图
光泽度	100.0	✔	无贴图
菲涅耳折射率	100.0	✔	无贴图
金属度	100.0	✔	无贴图
各向异性	100.0	✔	无贴图
各向异性旋转	100.0	✔	无贴图
GTR 衰减	100.0	✔	无贴图
折射	100.0	✔	无贴图
光泽度	100.0	✔	无贴图
折射率(IOR)	100.0	✔	无贴图
半透明	100.0	✔	无贴图
烟雾颜色	100.0	✔	无贴图
置换	100.0	✔	无贴图
不透明度	100.0	✔	无贴图
环境		✔	无贴图

图 6-34

- “半透明”：与“基本参数”卷展栏“半透明”的“背

面颜色”功能相同。

- “环境”：使用贴图为当前材质添加环境效果。

6.2.5 【实战演练】水晶装饰

水晶装饰材质与玻璃材质基本相同，本案例主要是设置“折射”和“漫反射”色块的“红”“绿”“蓝”值及参数来完成水晶的材质制作。（最终效果参看云盘中的“场景>第 6 章>水晶材质 ok.max”效果文件，如图 6-35 所示。）

图 6-35

6.3 多维/子对象

6.3.1 【案例分析】

“多维/子对象”材质在 3ds Max 2019 中应用广泛，主要应用于对几何体的子对象级别分配不同的材质。

6.3.2 【设计理念】

本案例在场景中选择设置“多维/子对象”的模型，设置模型的材质 ID，为其设置“多维/子对象”材质，并单独设置子材质。（最终效果参看云盘中的“场景>第 6 章>饭盒材质 ok.max”效果文件，如图 6-36 所示。）

6.3.3 【操作步骤】

步骤① 打开云盘中的“场景>第 6 章>饭盒材质.max”素材文件，在场景中选择模型，如图 6-37 所示。

图 6-36

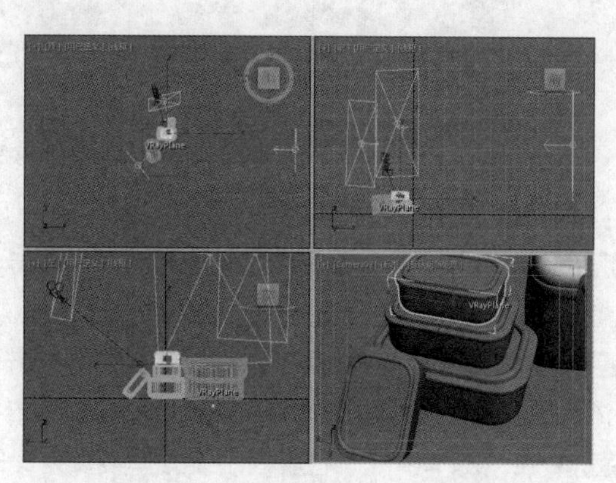

图 6-37

步骤② 在“修改器列表”中选择“编辑多边形”修改器，将选择集定义为“元素”。在场景中选择图 6-38 所示的元素，在“多边形：材质 ID”卷展栏中设置“设置 ID”为 1。

步骤③ 按 Ctrl+I 组合键在场景中反选元素，设置“设置 ID”为 2，如图 6-39 所示。

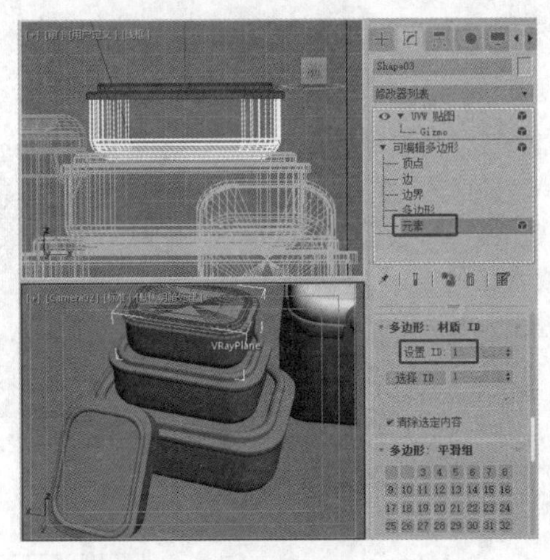
图 6-38

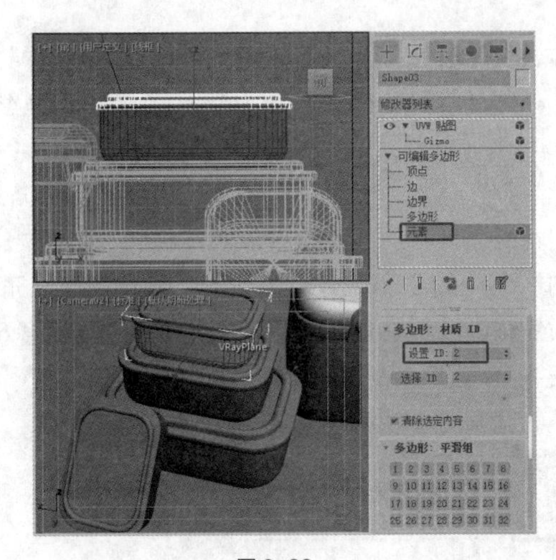
图 6-39

步骤④ 打开材质编辑器，选择一个新的材质样本球。单击“Standard”按钮，在弹出的“材质/贴图浏览器”对话框中选择“多维/子对象”材质，单击“确定”按钮，如图 6-40 所示。

步骤⑤ 在弹出的“替换材质”对话框中选择“丢弃材质？”单选按钮，单击“确定”按钮，如图 6-41 所示。

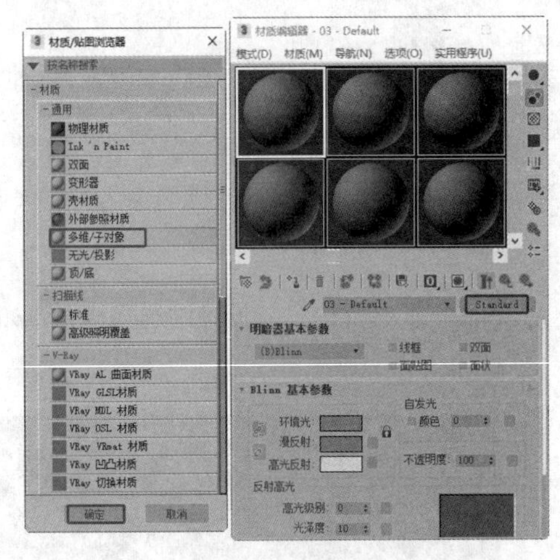
图 6-40

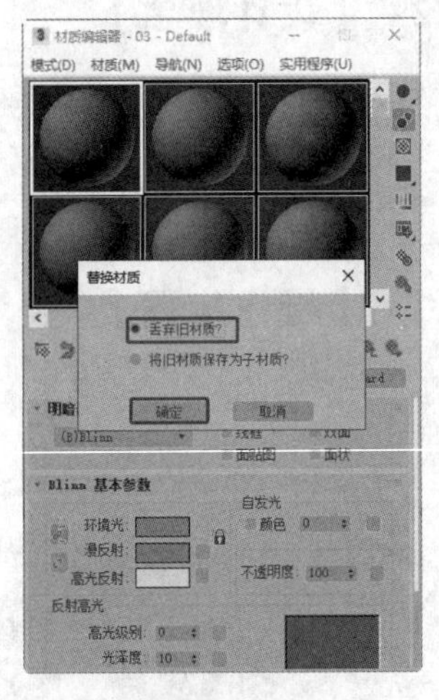
图 6-41

步骤⑥ 在“多维/子对象基本参数”卷展栏中单击“设置数量”按钮，在弹出的对话框中设置“材质数量”为 2，单击“确定”按钮，如图 6-42 所示。

步骤⑦ 在“多维/子对象基本参数”卷展栏中单击（1）号材质后的“无”按钮，在弹出的“材质/贴图浏览器”对话框中选择“VRayMtl”材质，单击“确定”按钮，如图 6-43 所示。

步骤⑧ 在“基本参数”卷展栏中设置“漫反射”的“红”“绿”“蓝”分别为 255、211、78，设置“反射”的“红”“绿”“蓝”均为 155，设置“光泽度”为 0.8，勾选“菲涅耳反射”复选框，如图 6-44 所示。

步骤⑨ 单击 “转到父对象”按钮，再单击（2）号材质后的“无”按钮。在弹出的“材质/贴图浏览器”对话框中选择“VRayMtl”材质，单击“确定”按钮，如图 6-45 所示。

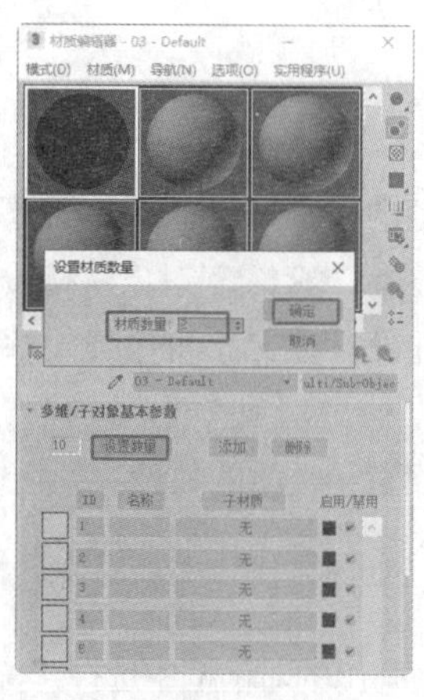

图 6-42

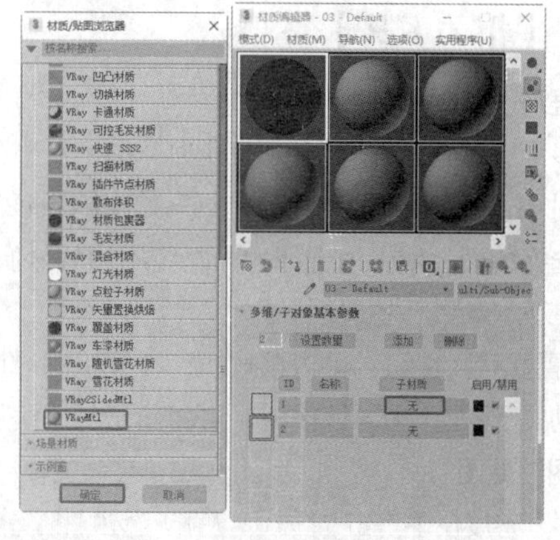

图 6-43

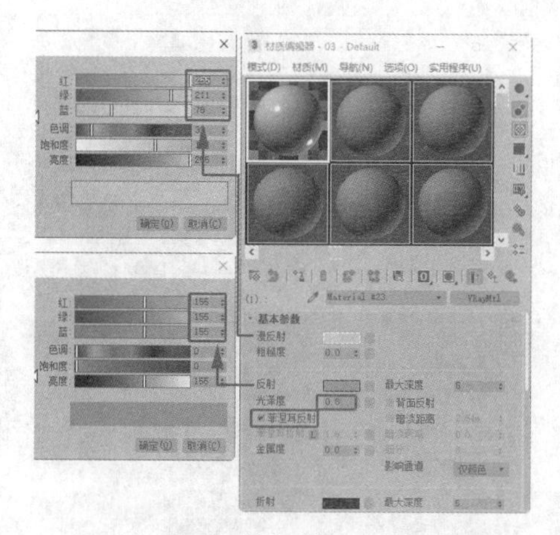

图 6-44

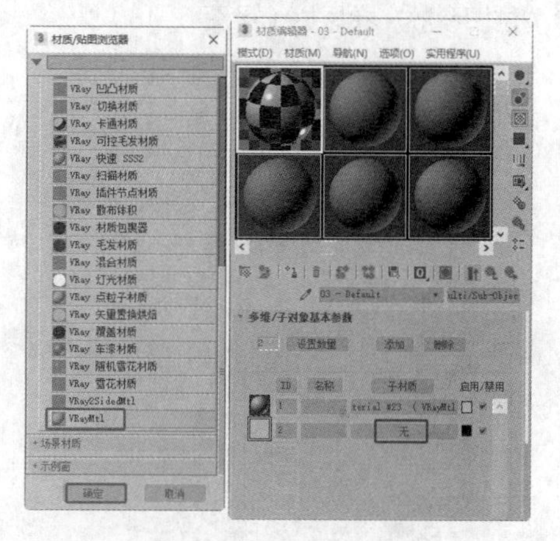

图 6-45

步骤⑩ 在“基本参数”卷展栏中设置“漫反射”的“红”“绿”“蓝”均为 255，设置“反射”的“红”“绿”“蓝”均为 82，设置“折射”的“红”“绿”“蓝”均为 230，如图 6-46 所示。

步骤⑪ 选择饭盒模型，单击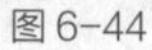“将材质指定给选定对象”按钮，将材质指定给饭盒模型。

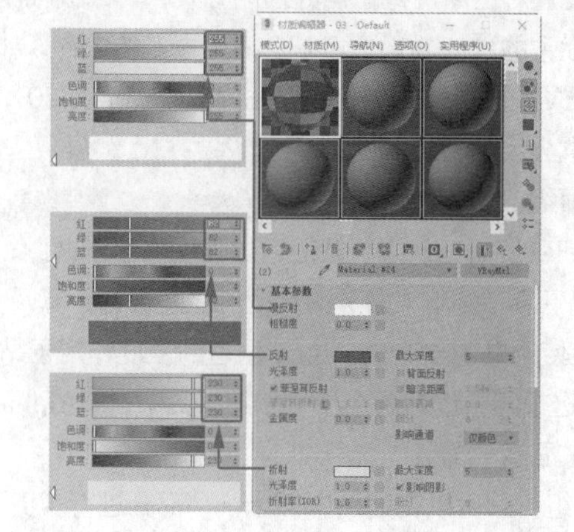

图 6-46

6.3.4 【相关工具】

1．“多维/子对象”材质

使用“多维/子对象”材质可以为几何体的子对象分配不同的材质。创建“多维/子对象”材质，将其指定给对象，并使用“网格选择”修改器选择面，然后选择“多维/子对象”材质中的子材质并将其指定给选择的面，或者为选择的面指定不同的材质 ID，并设置对应 ID 的材质。图 6-47 所示为“多维/子对象基本参数”卷展栏。

- “设置数量”按钮：单击该按钮，在弹出的对话框中设置子材质的数量。
- “添加”按钮：单击该按钮，可将新子材质添加到列表中。

2．“位图”贴图

在“贴图”卷展栏中单击“位图”后的“无贴图”按钮，在弹出的对话框中选择“位图”贴图，再在弹出的对话框中选择 3ds Max 2019 支持的位图文件，进入位图贴图设置面板。

◎“位图参数”卷展栏（见图 6-48）

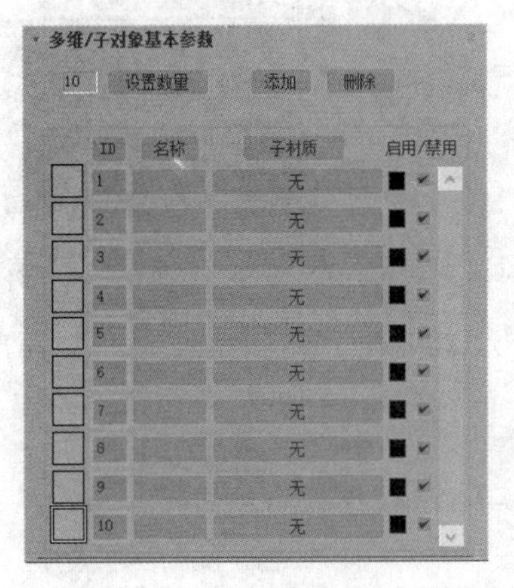

图 6-47

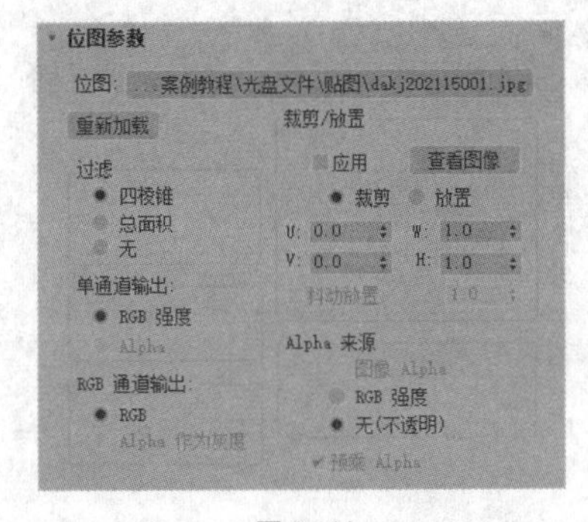

图 6-48

（1）“重新加载”按钮：按照相同的路径和名称重新将上面的位图载入，这主要是因为在其他软件中对该图做了改动，重新加载它才能使修改后的效果生效。

（2）“过滤”选项组：设置对位图进行抗锯处理的方式；“四棱椎”过滤方式用来处理抗锯已经足够了，过滤方式提供更加优秀的过滤效果，但是会占用更多的内存，如果对“凹凸”贴图的效果不满意，可以选择这种过滤方式，效果非常优秀，这是提高 3ds Max 2019“凹凸”贴图渲染品质的一个关键参数，不过渲染时间也会大幅增加。

（3）“单通道输出”选项组。

- “RGB 强度”单选按钮：使用红、绿、蓝通道的强度作用于贴图；像素的颜色将被忽略，只使用它的明度值，彩色将在 0（黑）～255（白）的灰度值之间进行计算。
- “Alpha”单选按钮：使用贴图自带的 Alpha 通道的强度作用于贴图。

（4）“RGB 通道输出”选项组：包括两个单选按钮，其中，“Alpha 作为灰度”单选按钮表示以 Alpha 通道图像的灰度级别来显示色调。

（5）“裁剪/放置”选项组：它可以在贴图中任意一个部分进行裁剪，作为贴图，不过在裁剪后，必须勾选“应用”复选框贴图才起作用。

• “裁剪”单选按钮：允许在位图内裁剪局部图像用于贴图，其下的 U、V 值用于控制局部图像的相对位置，W、H 值用于控制局部图像的宽度和高度。

• “放置”单选按钮：其下的 U、V 值用于控制缩小后的位图在原位图上的位置，这会影响贴图在物体表面的位置，W、H 值用于控制位图缩小的宽高比例。

• “抖动放置”复选框：针对“放置”方式起作用，这时缩小位图的比例和尺寸，由系统提供的随机值来控制。

• “查看图像”按钮：单击该按钮，会弹出一个虚拟图像窗口，在其中可以直观地进行剪切和放置操作，如图 6-49 所示，如果勾选“应用”复选框，可以在样本球上看到裁剪的部分被应用。

（6）“Alpha 来源”选项组。

• “图像 Alpha”单选按钮：如果图像具有 Alpha 通道，将使用它的 Alpha 通道。

• “RGB 强度”单选按钮：将彩色图像转化为灰度图像作为透明通道的来源。

• “无（不透明）”单选按钮：不使用透明信息。

（7）“预乘 Alpha”复选框：设置以何种方式来处理位图的 Alpha 通道，默认为勾选状态；如果取消勾选，RGB 值将被忽略，只有发现不重复贴图时才取消勾选。

◎“坐标”卷展栏（见图 6-50）

图 6-49

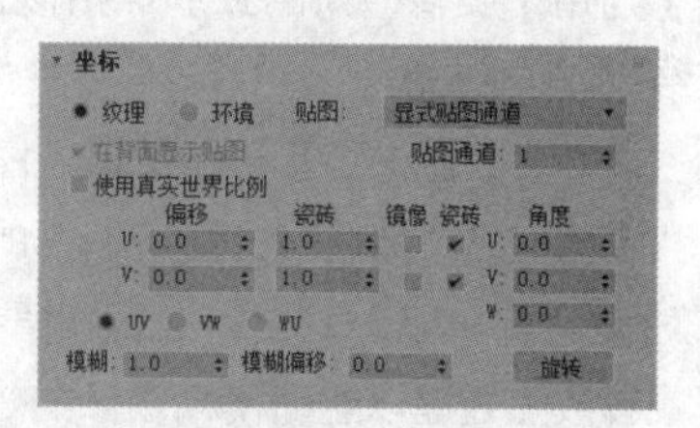

图 6-50

• “纹理”单选按钮：将贴图作为纹理应用于表面，可从“贴图”列表中选择坐标类型。

• “环境”单选按钮：使用贴图作为环境贴图，可从“贴图”列表中选择坐标类型。

• “贴图”下拉列表：下拉列表中的选项因选择“纹理”贴图或“环境”贴图而异。

当选择“纹理”贴图时，“贴图”下拉列表有以下几个选项，如图 6-51 所示。

“显式贴图通道”：使用任意贴图通道；如选择该选项，“贴图通道”数值框将处于活动状态，可选择从 1 到 99 的任意通道。

“顶点颜色通道”：使用指定的顶点颜色作为通道；可以使用“顶点绘制”修改器、指定顶点颜色工具指定顶点颜色，也可以使用“可编辑网格顶点”控件、“可编辑多边形顶点”控件指定顶点颜色。

“对象 XYZ 平面”：使用基于对象的本地坐标系的平面贴图（不考虑轴向）；用于渲染时，除非勾选“在背面显示贴图”复选框，否则平面贴图不会投影到对象背面。

“世界 XYZ 平面”：使用基于场景的世界坐标系的平面贴图（不考虑对象边界框）；用于渲染时，除非勾选“在背面显示贴图”复选框，否则平面贴图不会投影到对象背面。

当选择“环境”贴图时，“贴图”下拉列表有以下几个选项，如图 6-52 所示。

“球形环境”“柱形环境”“收缩包裹环境”：将贴图投影到场景中，就像将其贴到背景中的不可见对象上一样。

图 6-51

图 6-52

“屏幕”：将屏幕投影为场景中的平面背景。

- “在背面显示贴图”复选框：勾选此复选框后，平面贴图将被投影到对象的背面，并且能对其进行渲染；取消勾选此复选框后，不能在对象背面对平面贴图进行渲染；默认设置为勾选。
- “使用真实世界比例”复选框：勾选此复选框之后，使用真实宽度和高度值而不是 UV 值，将贴图应用于对象；默认设置为未勾选。
- “偏移”数值框：在 UV 坐标中更改贴图的位置，移动贴图以符合它的大小。
- “瓷砖”数值框：设置贴图沿每个轴向平铺（重复）的次数。
- “镜像”复选框：从左至右（U 轴）或从上至下（V 轴）镜像贴图。
- “角度”数值框：通过 U、V、W 设置贴图旋转的角度。
- “UV”“VW”“WU”单选按钮：更改贴图使用的贴图坐标；默认的 UV 坐标将贴图作为幻灯片投影到表面；VW 坐标与 WU 坐标用于对贴图进行旋转，使其与表面垂直。
- “旋转”按钮：单击此按钮，打开图解的旋转贴图坐标对话框，用于在弧形球图上拖曳来旋转贴图（与用于旋转视口的弧形球相似，虽然在圆圈中拖曳是绕全部 3 个轴向旋转，而在其外部拖曳则仅绕 W 轴旋转）。
- “模糊”数值框：基于贴图离视图的距离影响贴图的锐度或模糊度。
- “模糊偏移”数值框：影响贴图的锐度或模糊度，而与贴图离视图的距离无关，“模糊偏移”会模糊对象空间中的自身图像；如果需要对贴图的细节进行软化处理或者散焦处理以达到模糊图像的效果，可使用此参数。

◎“噪波”卷展栏（见图 6-53）

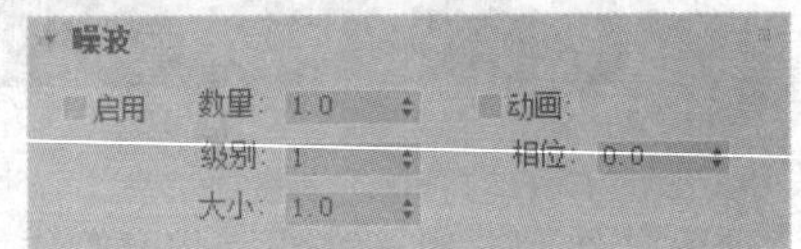

图 6-53

- “启用”复选框：设置噪波参数是否影响贴图。
- “数量”数值框：设置分形功能的强度值，以百分比表示；如果“数量”为 0，则没有噪波；如果“数量”为 100，贴图将变为纯噪波；默认值为 1.0。
- “级别”复选框：设置“级别”或迭代次数应用函数的次数；此值决定层级的效果；此值越大，增加层级值的效果就越强，其范围为 1～10，默认值为 1。
- “大小”数值框：设置噪波函数相对于几何体的比例；如果值很小，那么噪波效果相当于白噪声；如果值很大，噪波尺度可能超出几何体的尺度；如果出现这样的情况，将不会产生效果或者产生的效果不明显。
- “动画”复选框：设置动画是否启用噪波效果；如果要将噪波设置为动画，必须勾选此复选框。
- “相位”数值框：设置噪波函数的动画速度。

◎“时间”卷展栏（见图 6-54）

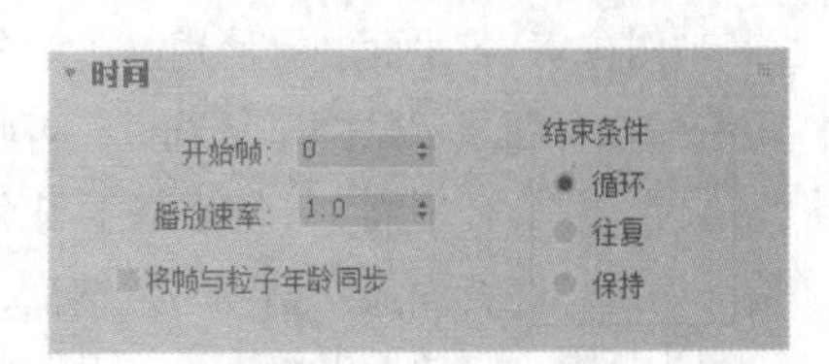

图 6-54

- “开始帧”数值框：设置动画贴图开始播放的帧。

- “播放速率”数值框：设置对应用于贴图的动画速率加速或减速。
- “将帧与粒子年龄同步”复选框：启用此复选框后，3ds Max 2019 会将位图序列的帧与贴图应用到的粒子的年龄同步；利用这种效果，每个粒子从出生开始显示该序列，而不是被指定于当前帧；默认设置为禁用。
- “结束条件”选项组：如果位图动画比场景少，则确定其最后一帧后发生的情况。

“循环”单选按钮：使动画反复循环播放。

“往复”单选按钮：反复地使动画向前播放，然后向后播放，从而使每个动画序列平滑循环。

“保持”单选按钮：冻结位图动画的最后一帧。

◎“输出”卷展栏（见图 6-55）

- “反转”复选框：用于反转贴图的色调，使之类似彩色照片的底片；默认设置为未勾选。
- “输出量”数值框：设置要混合为合成材质的贴图数量。
- “钳制”复选框：启用该复选框之后，限制显示颜色值小于 1.0 的颜色；当增加“RGB 级别”值时，勾选此复选框，贴图不会显示出自发光；默认设置为未勾选。
- “RGB 偏移”数值框：根据设置的值增加贴图颜色的 RGB 值，此参数对色调的值产生影响；最终贴图会变成白色并有自发光效果；降低这个值会改变色调，使颜色向黑色转变。
- “来自 RGB 强度的 Alpha”复选框：勾选此复选框后，根据在贴图中 RGB 通道的强度生成一个 Alpha 通道，黑色变得透明，而白色变得不透明，中间值根据它们的强度变得半透明。

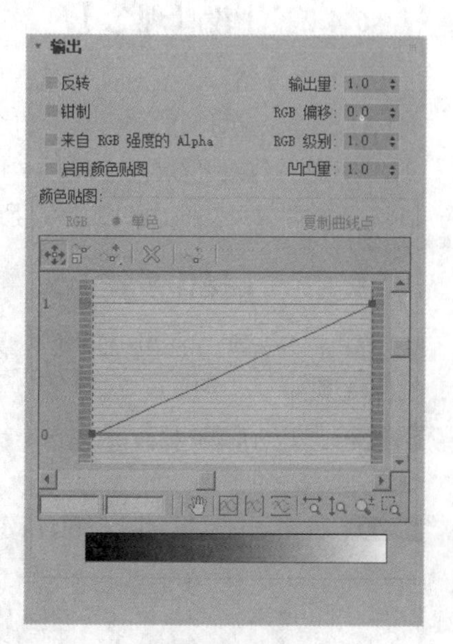

图 6-55

- “RGB 级别”数值框：根据设置的值使贴图颜色的 RGB 值加倍，此参数对颜色的饱和度产生影响。
- “启用颜色贴图”复选框：勾选此复选框来使用颜色贴图，默认设置为未勾选。
- “凹凸量”数值框：调整凹凸的量。
- “颜色贴图”选项组：当“启用颜色贴图”复选框处于勾选状态时可用。

“单色”单选按钮：将贴图曲线分别指定给每个 RGB 过滤通道（RGB）或合成通道（单色）。

“复制曲线点”复选框：勾选此复选框后，当切换到 RGB 图时，将复制添加单色图的点；如果是对 RGB 图进行此操作，这些点会被复制到单色图中。

6.3.5 【实战演练】大理石材质

本案例制作大理石材质。打开素材文件，在场景中选择大理石模型，为“漫反射”指定“位图”，并设置一个“反射”颜色或贴图，完成大理石材质的设置。（最终效果参看云盘中的“场景>第 6 章>大理石材质.max”效果文件，如图 6-56 所示。）

图 6-56

6.4 VRay 灯光材质

微课视频

VRay 灯光材质

6.4.1 【案例分析】

VRay 灯光材质是 VRay 渲染时常用的一种发光材质。

6.4.2 【设计理念】

本案例介绍 VRay 灯光材质，其中主要是将材质设置为发光材质，再设置材质的“倍增”和颜色即可完成 VRay 灯光材质效果。（最终效果参看云盘中的“场景>第 6 章>VRay 灯光材质 ok.max”效果文件，如图 6-57 所示。）

图 6-57

6.4.3 【操作步骤】

步骤① 打开云盘中的“场景>第 6 章>VRay灯光材质.max”素材文件，如图 6-58 所示，在场景中选择模型。

步骤② 打开材质编辑器，选择一个新的材质样本球，将材质转换为“VR 灯光材质”，使用默认的参数，如图 6-59 所示。

步骤③ 渲染场景，得到图 6-60 所示的效果。

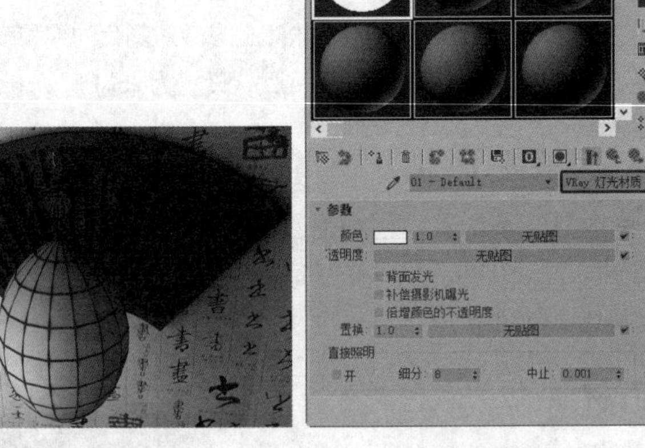

图 6-58 图 6-59 图 6-60

步骤④ 适当地调整“倍增”值，可以看到该材质影响场景的照明效果。图 6-61 所示为“倍增”为 3 时的场景效果。

步骤⑤ 单击色块调整颜色可以更改发光模型的颜色，如图 6-62 所示。用户可以根据自己的喜好设置颜色，完成的效果如图 6-57 所示。

图6-61

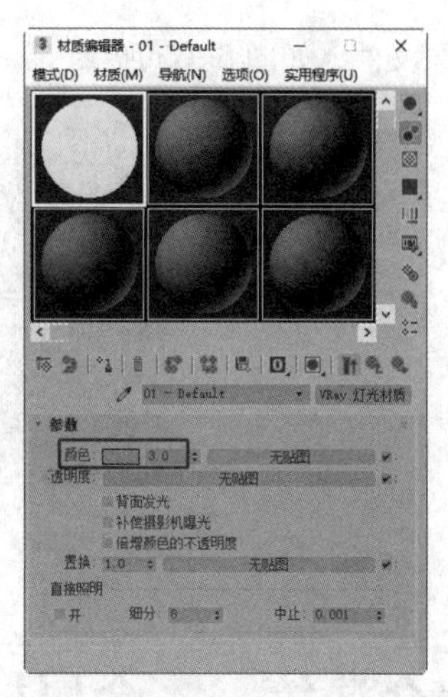

图6-62

6.4.4 【相关工具】

VRay 灯光材质

下面介绍 VRay 灯光材质常用的参数。图 6-63 所示为“参数”卷展栏。

- “颜色”：通过后面的色块设置发光的颜色；通过在数值框中输入数值，可以设置发光材质的发光倍增；单击其后的“无贴图”按钮，可以为发光材质指定贴图。
- “透明度”：在“无贴图”按钮上单击可指定不透明的遮罩贴图；在黑白贴图中，白色为发光部分，黑色为遮罩部分。
- “背面发光”复选框：启用该复选框，可以设置对立面的发光效果。

微课视频
岩浆材质

6.4.5 【实战演练】岩浆材质

本案例的岩浆材质主要是通过为“漫反射”和“自发光”指定“位图”贴图模拟出来的。（最终效果参看云盘中的“场景>第 6 章>岩浆材质 ok.max”效果文件，如图 6-64 所示。）

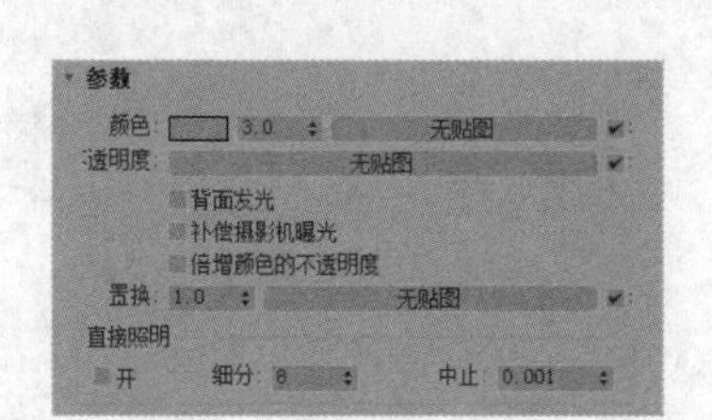

图6-63

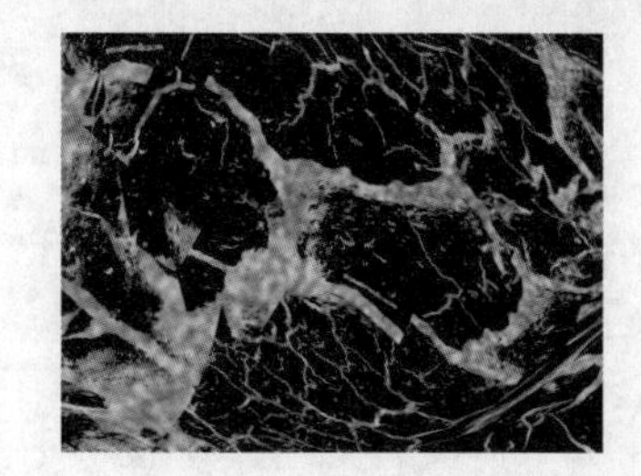

图6-64

微课视频
木纹材质的制作

6.5 综合演练——木纹材质的制作

本案例中的木纹材质是一个简单的无漆木纹材质，通过为 VRayMtl 材质的“漫反射”指定木纹“位图”，完成木纹材质的制作。（最终效果参看云盘中的“场景>第 6 章>木纹材质

ok.max”效果文件，如图 6-65 所示。）

图 6-65

6.6 综合演练——金属材质的制作

本案例通过设置 VRayMtl 材质的“漫反射”和“反射”的色块和参数，完成金属材质的制作。（最终效果参看云盘中的“场景>第 6 章>金属材质 ok.max”效果文件，如图 6-66 所示。）

图 6-66

07 第7章 灯光与摄影机

灯光的主要目的是为场景照明、烘托场景氛围和产生视觉冲击。照明与灯光的亮度有关，烘托氛围与灯光的颜色、衰减和阴影有关，产生视觉冲击是使用建模和材质，并配合灯光、摄影机实现的。

一幅好的效果图需要好的观察角度，让人一目了然，因此调节摄影机是进行设计工作的基础。

课堂学习目标

- 场景的灯光布置
- 摄影机的创建

7.1 天光的应用

7.1.1 【案例分析】

天光用于创建日光的模型，意味着它要与光跟踪器一起使用。

7.1.2 【设计理念】

本案例为场景创建天光，并将结合“高级照明>光跟踪器”命令来完成。（最终效果参看云盘中的“场景>第 7 章>天光的应用 ok.max”效果文件，如图 7-1 所示。）

图 7-1

7.1.3 【操作步骤】

步骤① 打开云盘中的“场景>第 7 章>天光的应用.max”素材文件，单击“+（创建）>（灯光）>标准>天光”按钮，在顶视图中创建天光，如图 7-2 所示。

步骤② 在工具栏中单击“渲染设置”按钮，在弹出的对话框中选择“高级照明”选项卡，在“选择高级照明”卷展栏中选择“光跟踪器”选项，如图 7-3 所示。

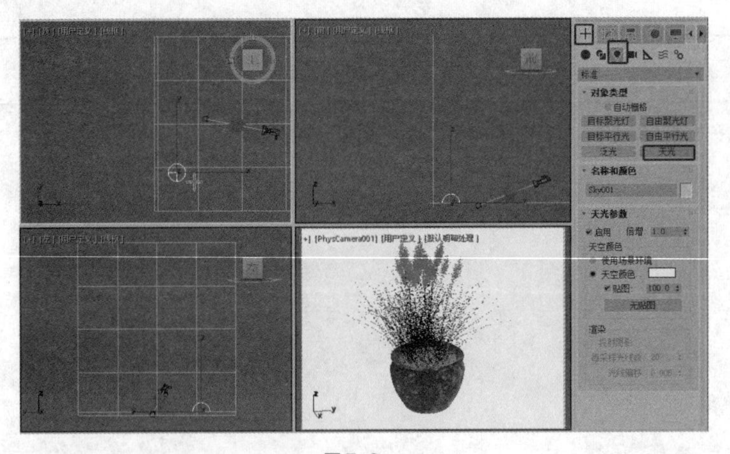

图 7-2

图 7-3

7.1.4 【相关工具】

天光

天光用于创建日光模型，意味着它要与“光跟踪器”一起使用。

“天光参数”卷展栏如图 7-4 所示。

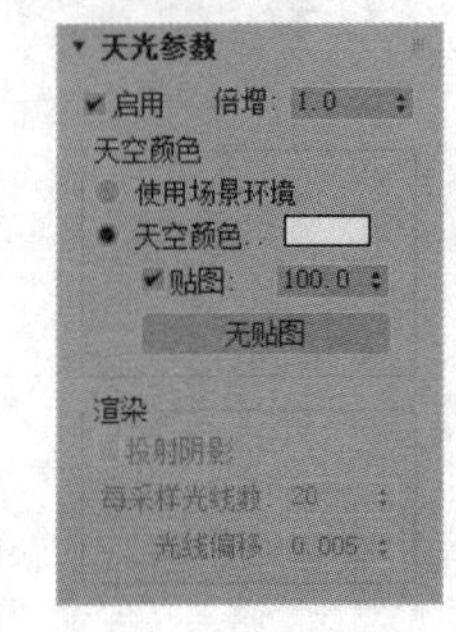

图 7-4

- “启用”复选框：启用和禁用灯光。
- “倍增”数值框：将灯光的功率放大一个正或负的倍数。
- “使用场景环境”单选按钮：使用“环境和效果”窗口中设置的灯光颜色。

- “天空颜色”单选按钮：单击色块可打开颜色选择器，并在其中为天光设置颜色。
- “贴图”复选框：可以使用贴图影响天光颜色。
- “投射阴影”复选框：使天光投射阴影。
- “每采样光线数”数值框：用于设置落在场景中指定点上天光的光线数。
- “光线偏移”数值框：设置对象可以在场景中指定点上投射阴影的最短距离。

微课视频
创建灯光

7.1.5 【实战演练】创建灯光

本案例为模型创建灯光。打开场景后创建灯光并使用“光跟踪器”设置场景，完成灯光的创建。（最终效果参看云盘中的“场景>第 7 章>创建灯光 ok.max”效果文件，如图 7-5 所示。）

图 7-5

7.2 场景布光

7.2.1 【案例分析】

在一个场景制作完成后，要添加材质、灯光和摄影机，这个场景效果才完整。本案例介绍场景中灯光的布置。

7.2.2 【设计理念】

本案例创建目标聚光灯作为主光源，并通过为环境和反射指定 VRay 天空来模拟环境光。（最终效果参看云盘中的“场景>第 7 章>场景布光 ok.max”效果文件，如图 7-6 所示。）

图 7-6

7.2.3 【操作步骤】

步骤① 打开云盘中的“场景>第 7 章>场景布光.max”素材文件。在场景中创建标准灯光“目标平行光”，在场景中调整灯光的位置和角度，在“常规参数”卷展栏中勾选“启用”复选框，选择阴影类型为“VRay 阴影”。在“平行光参数”卷展栏中设置“聚光区/光束”为 45195.52、“衰减区/区域”为 48750.76。在“强度/颜色/衰减”卷展栏中设置“倍增”为 1.3，设置灯光颜色的“红”“绿”“蓝”分别为 255、240、215。在“VRay 阴影参数”卷展栏中勾选“区域阴影”复选框，设置“U”“V”“W”大小”均为 500，如图 7-7 所示。

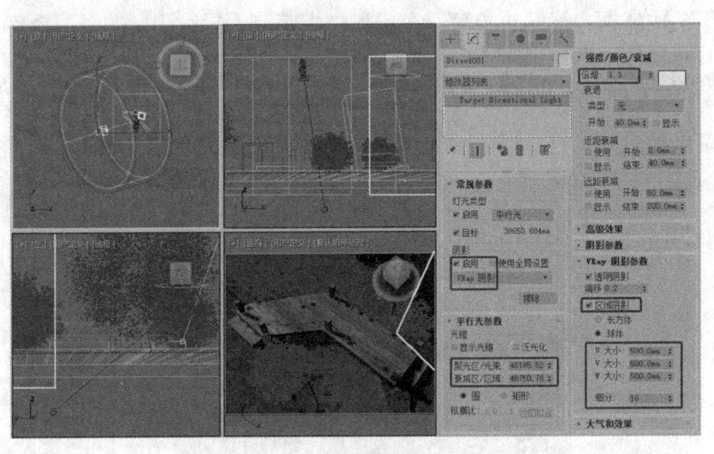

图 7-7

步骤② 打开“渲染设置”窗口，在“V-Ray”的“环境”中勾选“全局照明环境（天光）覆盖”和“反射/折射环境覆盖”中的“贴图”复选框，并为天光“VRay 天空”贴图，将“VRay 天空”贴图拖曳复制到“反射/折射环境覆盖”后的贴图按钮上，如图 7-8 所示。在弹出的对话框中选择“实例”单选按钮，实例复制贴图。

步骤③ 按 8 键，打开“环境和效果”窗口将“环境”的“VRay 天空”贴图拖曳到“环境和效果”窗口中的“环境贴图”的贴图按钮上，实例复制贴图，如图 7-9 所示。

步骤④ 将“环境贴图”中的“VRay 天空”拖曳到材质编辑器中的新的材质样本球上，实例复制贴图。在“VRay 天空参数”卷展栏中勾选“指定太阳节点”复选框，设置“太阳浊度”为 2、“太阳臭氧”为 0.3、“太阳强度倍增”为 0.03、“太阳大小倍增”为 5，如图 7-10 所示。

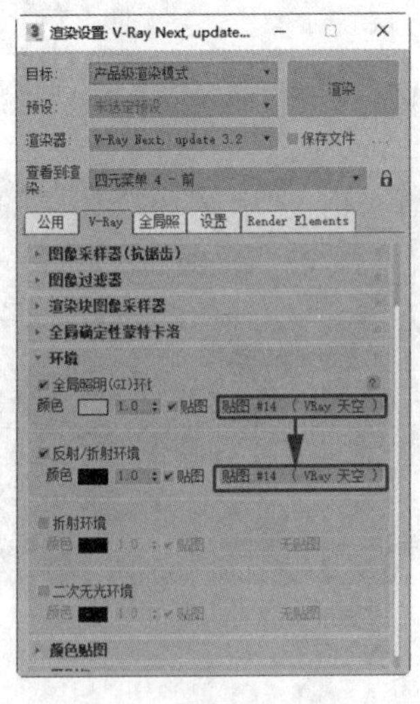

图 7-8

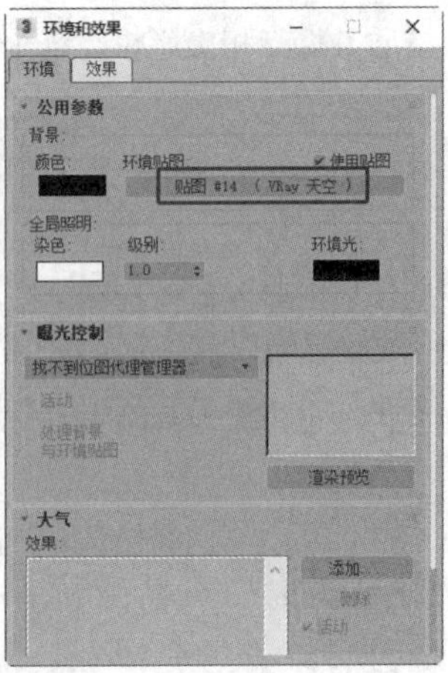

图 7-9

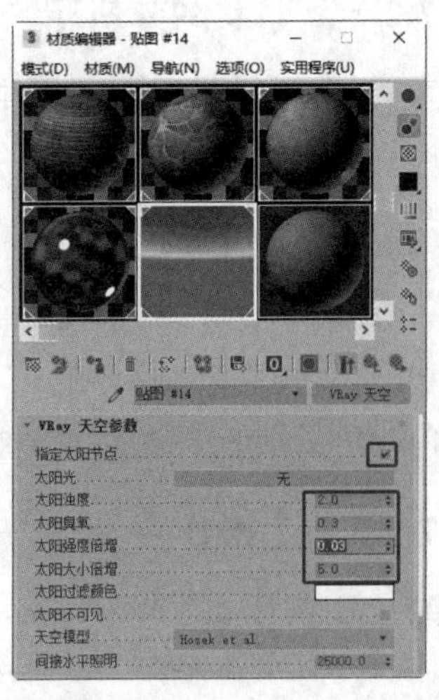

图 7-10

步骤⑤ 至此，灯光创建完成，渲染场景，得到图 7-6 所示的效果。

7.2.4 【相关工具】

1. 目标平行光

目标平行光是一种经常使用的有方向的光源，类似于舞台上的强光灯，它可以准确地控制光束大小。图 7-11 所示为目标平行光的参数设置卷展栏。

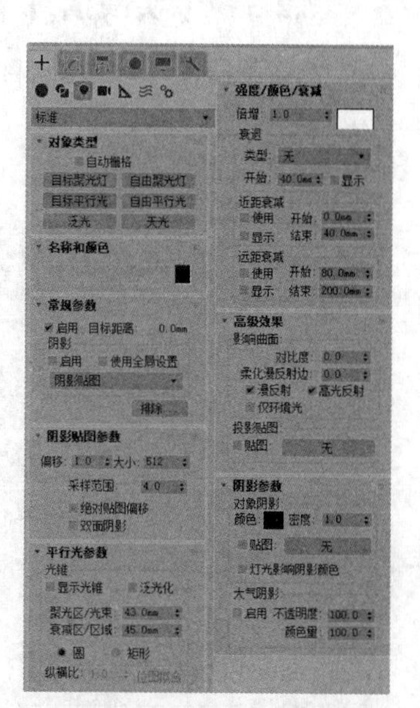

图 7-11

（1）“常规参数”卷展栏用于启用和禁用灯光、灯光阴影，并且排除或包含照射场景中的对象。

（2）“平行光参数”卷展栏用来控制目标平行光的聚光区和衰减区。

- “显示光锥”复选框：启用或禁用圆锥体的显示。
- “泛光化”复选框：当勾选此复选框时，灯光将向各个方向投射，但是投影和阴影只产生在其衰减圆锥体内。
- “聚光区/光束”数值框：设置灯光圆锥体的角度。
- “衰减区/区域”数值框：设置灯光衰减区的角度。

（3）使用“强度/颜色/衰减”卷展栏可以设置灯光的颜色和强度，也可以设置灯光的衰减参数。

- “倍增”数值框：控制灯光的光照强度，单击“倍增”后的色块，可以设置灯光的颜色。
- “近距衰减”选项组介绍如下。

“开始”数值框：设置灯光开始淡入的距离。

“结束”数值框：设置灯光达到其最大值的距离。

“使用”复选框：勾选此复选框，启用灯光的近距衰减。

“显示”复选框：勾选此复选框，在视口中显示近距衰减范围。

- “远距衰减”选项组介绍如下。

“开始”数值框：设置灯光开始淡出的距离。

“结束”数值框：设置灯光减为 0 的距离。

“使用”复选框：勾选此复选框，启用灯光的远距衰减。

“显示”复选框：勾选此复选框，在视口中显示远距衰减范围。

（4）“高级效果”卷展栏提供影响灯光、影响曲面方式的控件，也包括很多微调和投影的控件。这些控件使光度学灯光进行投影。

- “贴图”复选框：勾选该复选框，可以通过贴图按钮投射选定的贴图；取消勾选该复选框，可以禁用贴图。
- “无”按钮：设置投影的贴图，可以从材质编辑器中指定的任何贴图上拖曳，或从任何其他贴图按钮上拖曳，并将贴图放置在灯光的贴图按钮上；单击该按钮打开“材质/贴图浏览器”对话框，使用此对话框选择贴图类型，然后将按钮拖曳到材质编辑器，并且使用材质编辑器窗口选择和调整贴图。

2. VRay 天空

VRay 天空贴图主要用在场景的环境中，用来辅助照亮场景。可以通过将 VRay 天空拖曳到材质编辑器中进行编辑，通过设置“太阳强度倍增”影响场景中的照明效果，如图 7-12 所示。

7.2.5 【实战演练】水边住宅

本案例通过为场景创建目标聚光灯和目标平行光来制作水边住宅的灯光，使用 VRay 渲染器渲染场景，得到最终效果。（最终效果参看云盘中的“场景>第 7 章>水边住宅 ok.max”效果文件，如图 7-13 所示。）

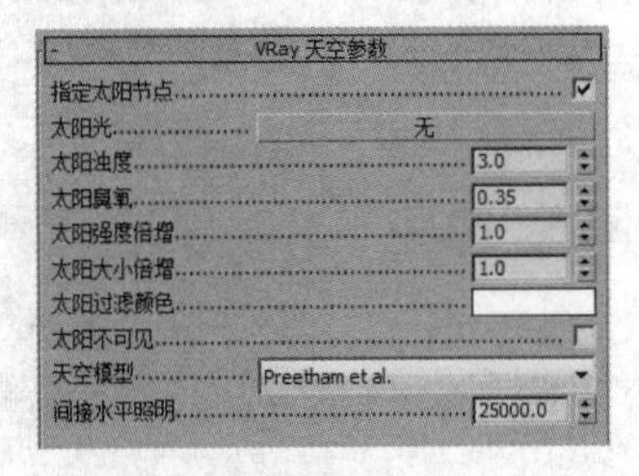

图 7-12

图 7-13

7.3 摄影机动画

微课视频
摄影机动画

7.3.1 【案例分析】

摄影机动画在三维动画中经常使用，如片头动画就灵活运用了摄影机动画。

7.3.2 【设计理念】

本案例创建目标摄影机，通过添加关键帧创建摄影机移动的动画。（最终效果参看云盘中的“场景>第 7 章>摄影机动画 ok.max”效果文件，如图 7-14 所示。）

图 7-14

7.3.3 【操作步骤】

步骤① 打开云盘中的“场景>第 7 章> 摄影机动画.max”素材文件，如图 7-15 所示。

步骤② 在视口的右下角单击“时间配置”按钮，在弹出的对话框中设置“开始时间”为 0、“结束时间”为 35，单击“确定”按钮，如图 7-16 所示。

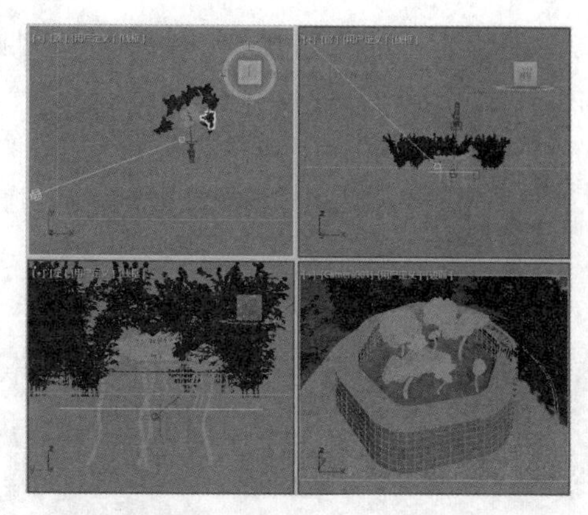

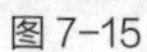

图7-15

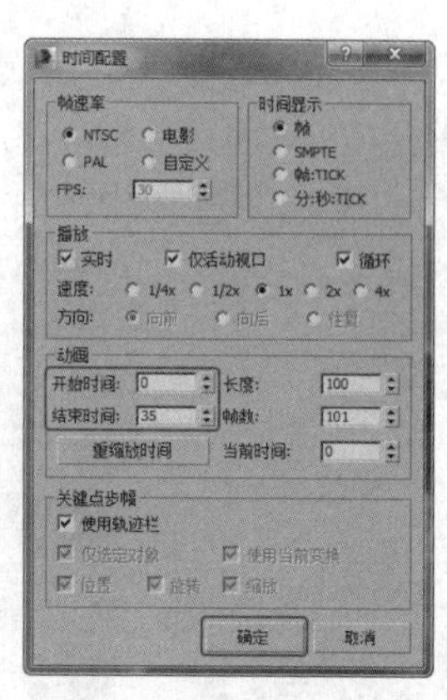

图7-16

步骤③ 打开“自动关键点”按钮，在场景中确定时间滑块在0帧。确定当前摄影机视图，调整摄影机角度为图7-17所示的效果。

步骤④ 拖曳时间滑块到第15帧，在场景中调整摄影机，视口中的模型角度为图7-18所示的效果。

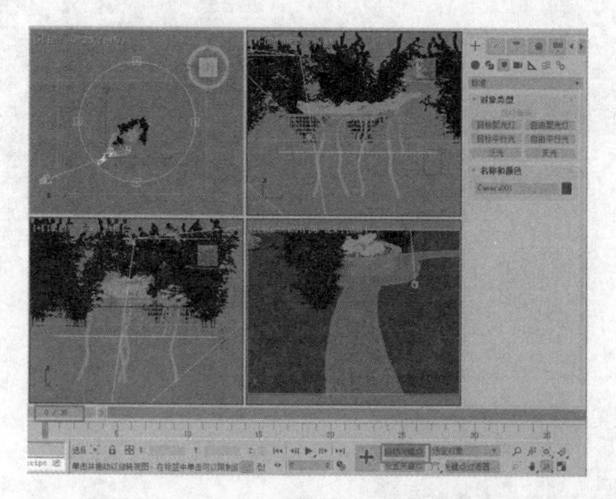

图7-17

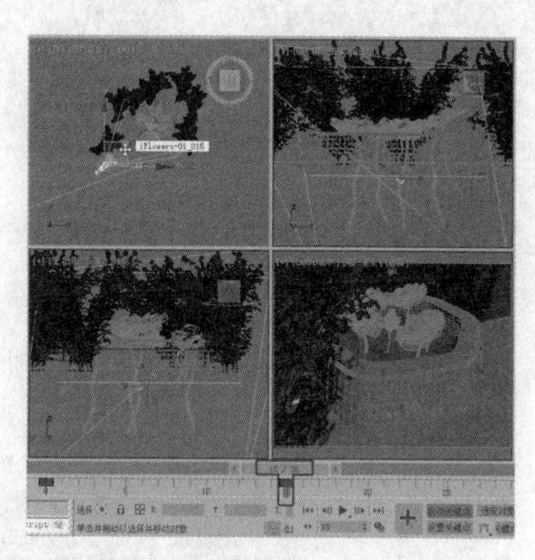

图7-18

步骤⑤ 拖曳时间滑块到第25帧，并在场景中调整摄影机，视口中的模型角度如图7-19所示。

步骤⑥ 拖曳时间滑块到第35帧，在场景中调整摄影机，视口中的模型角度如图7-20所示。

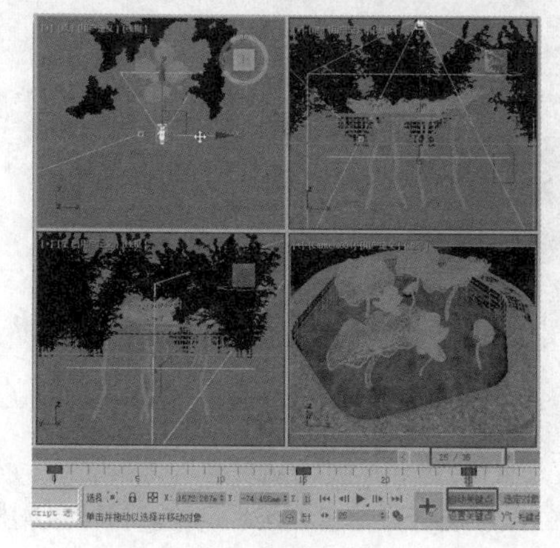

图7-19

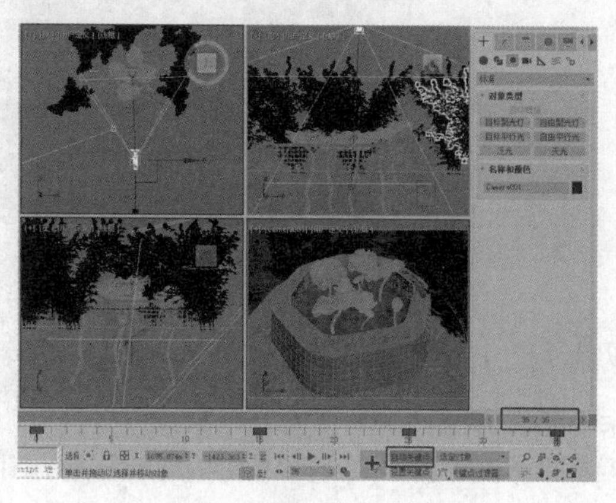

图7-20

步骤⑦ 在工具栏中单击 “渲染设置”按钮，在弹出的“渲染设置”窗口中选择“活动时间段”单选按钮，设置合适的“宽度”和“高度”，如图 7-21 所示。

步骤⑧ 在“渲染输出”选项组中单击“文件”按钮。在弹出的对话框中选择一个合适的文件路径，选择保存类型为 AVI，单击“保存”按钮。在弹出的对话框中使用默认的参数，单击“确定”按钮，如图 7-22 所示。

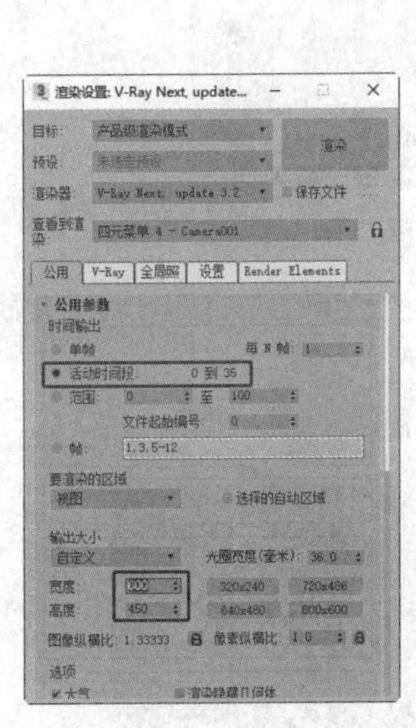

图 7-21

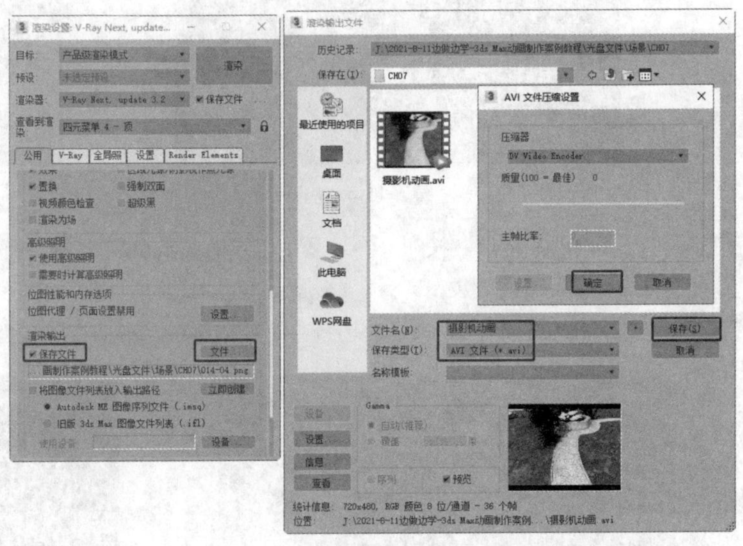

图 7-22

步骤⑨ 单击“渲染”按钮渲染场景，如图 7-23 所示。

图 7-23

7.3.4 【相关工具】

目标摄影机

目标摄影机用于观察目标点附近的场景内容。与自由摄影机相比，它更容易定位。目标摄影机有多个参数设置卷展栏，下面分别介绍。

（1）“参数”卷展栏如图7-24所示。

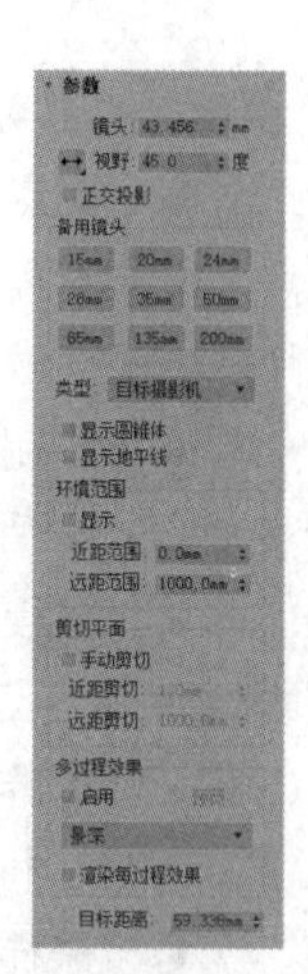

图7-24

- “镜头”数值框：以毫米为单位设置摄影机的焦距。
- “视野”数值框：设置摄影机查看区域的宽度（视野）。

可以选择怎样应用“视野”值。单击↔按钮水平应用视野，这是设置和测量视野的标准方法；单击↕按钮垂直应用视野；单击⤢按钮在对角线上应用视野，即从视口的一角到另一角。

- “正交投影”复选框：勾选此复选框后，摄影机视图看起来就像用户视图；取消勾选此复选框后，摄影机视图就像标准的透视视图。当勾选“正交投影”时，视口导航按钮的功能如同平常一样，透视视图除外，在透视视图中仍然能移动摄影机，并且更改视野，但禁用“正交投影”复选框后将取消执行这两个操作，以使用户可以看到所做的更改。
- “备用镜头”选项组：这些预设值用于设置摄影机的焦距（以毫米为单位）。
- “类型”下拉列表：将摄影机类型从“目标摄影机”更改为“自由摄影机”，或从“自由摄影机”更改为“目标摄影机”。
- “显示圆锥体”复选框：勾选此复选框，显示摄影机视野定义的锥形光线（实际上是一个四棱锥），锥形光线出现在其他视口，但是不出现在摄影机视图中。
- “显示地平线”复选框：勾选此复选框，在摄影机视图中的地平线层级显示为一条深灰色的线条。
- “显示”复选框：勾选此复选框，显示在摄影机锥形光线内的矩形，以“近距范围”和“远距范围”数值框的设置显示。
- “近距范围”“远距范围”数值框：设置大气效果的近距范围和远距范围限制，在这两个值之间的对象将应用大气效果。
- “剪切平面”选项组：定义剪切平面，在视口中，剪切平面在摄影机锥形光线内显示为红色的矩形（带有对角线）。

“手动剪切”复选框：勾选该复选框可定义剪切平面。

“近距剪切”“远距剪切”数值框：设置近距和远距平面。

- “多过程效果”选项组：可以指定摄影机的景深或运动模糊效果；当由摄影机生成效果时，通过使用偏移以多个通道渲染场景，将生成模糊效果，它们增加渲染时间。

“启用”复选框：勾选该复选框后，使用效果预览或渲染；取消勾选该复选框后，不渲染该效果。

“预览”按钮：单击该按钮，可在摄影机视图中预览效果；如果摄影机视图不是当前活动视口，则该按钮无效。

景深效果下拉列表：在该下拉列表中可以选择生成哪个多重过滤效果、景深或运动模糊效果，这些效果相互排斥。

“渲染每过程效果”复选框：勾选此复选框后，如果指定任何一个效果，则将渲染效果应用于多重过滤效果的每个过程；取消勾选此复选框后，将在生成多重过滤效果的通道之后，只应用渲染效果；默认设置为未勾选状态。

- “目标距离”数值框：使用自由摄影机，将点设置为不可见的目标，以便可以围绕该点旋转摄影机；使用目标摄影机，用于设置摄影机和其目标之间的距离。

（2）“景深参数”卷展栏如图7-25所示。

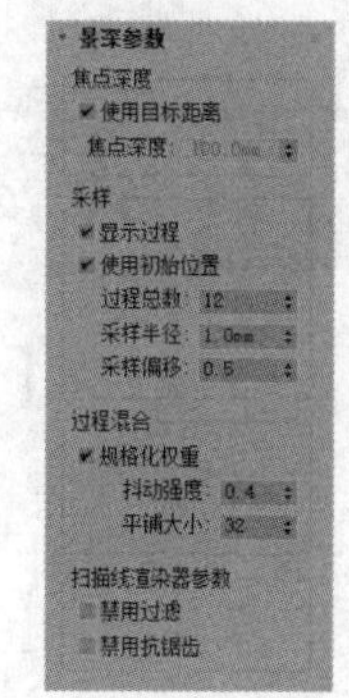

图7-25

- “使用目标距离”复选框：勾选该复选框后，将摄影机的目标距离用作偏移摄影机的距离。

- “焦点深度”数值框：当“使用目标距离”复选框处于未勾选状态时，设置距离偏移摄影机的深度。
- “显示过程”复选框：勾选此复选框后，渲染窗口显示多个渲染通道；取消勾选此复选框后，渲染窗口只显示最终结果；此复选框对于在摄影机视图中预览景深无效。
- “使用初始位置”复选框：勾选此复选框后，第一个渲染过程位于摄影机的初始位置；取消勾选此复选框后，与所有之后的过程一样偏移第一个渲染过程。
- “过程总数”数值框：用于设置生成效果的过程数；增加该值可以提高效果的精确性，将以增加渲染时间为代价。
- “采样半径”数值框：设置通过移动场景生成模糊的半径。增加该值，将增强整体模糊效果；减小该值，将减弱整体模糊效果。
- “采样偏移”数值框：设置模糊靠近或远离采样半径的权重。增加该值，将增加景深模糊的数量级，生成更均匀的效果；减小该值，将减少数量级，生成更随机的效果。
- “过程混合”选项组：由抖动混合的多个景深过程可以由该组中的参数控制，这些控件只适用于渲染景深效果，不能在视口中进行预览。

“规格化权重”复选框：使用随机权重混合的过程可以避免出现诸如条纹的人工效果；勾选该复选框后，将权重规格化，会获得较平滑的效果；取消勾选该复选框后，效果会变得清晰一些，但通常颗粒状效果更明显。

- “抖动强度”数值框：设置应用于渲染通道的抖动程度，增加此值会增加抖动量，并且生成颗粒状效果，尤其在对象的边缘上。
- “平铺大小”数值框：设置抖动时图案的大小，此值是一个百分数，0%是最小的平铺，100%是最大的平铺。
- “扫描线渲染器参数”选项组：可以在渲染多重过滤场景时，禁用抗锯齿或过滤过程。禁用这些渲染通道可以缩短渲染时间。

“禁用过滤”复选框：勾选此复选框后，禁用过滤过程，默认设置为未勾选。

“禁用抗锯齿”复选框：勾选此复选框后，禁用抗锯齿。

微课视频　标版文字

7.3.5　【实战演练】标版文字

本案例将为场景布置摄影机和灯光。（最终效果参看云盘中的“场景>第 7 章>标版文字 ok.max”效果文件，如图 7-26 所示。）

7.4　摄影机景深

微课视频　摄影机景深

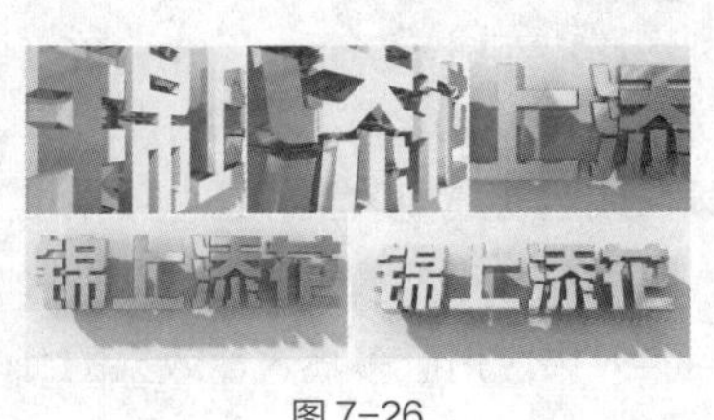

图 7-26

7.4.1　【案例分析】

VRay 物理摄影机景深效果非常逼真，属于照片级渲染。

7.4.2　【设计理念】

本案例将在场景中创建 VRay 物理摄影机，设置其景深参数，完成景深效果的制作。（最终效果参看云盘中的“场景>第 7 章>景深 ok”效果文件，如图 7-27 所示。）

7.4.3 【操作步骤】

步骤① 打开云盘中的“场景>第 7 章>景深.max”素材文件，渲染当前场景，得到图 7-28 所示的效果，在该效果的基础上创建摄影机的景深效果。

图 7-27

图 7-28

步骤② 在顶视图中创建 VRay 物理摄影机，如图 7-29 所示。

步骤③ 在前视图中调整摄影机的位置，将鼠标指针移至透视视图中，按 C 键将该视图转换为摄影机视图。如果场景中创建有多个摄影机，会弹出对话框，在其中选择创建的物理摄影机即可，如图 7-30 所示。

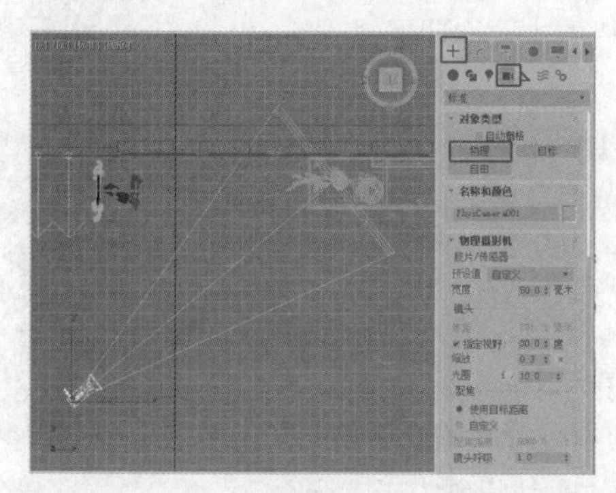

图 7-29

图 7-30

步骤④ 切换到“修改”命令面板，在“物理摄影机”卷展栏中设置“宽度”为 50、“指定视野”为 30、“缩放”为 0.3、“光圈”为 10，勾选“启用景深”复选框；在“散景（景深）”卷展栏中选择“叶片式”单选按钮，设置“叶片”为 20，如图 7-31 所示。

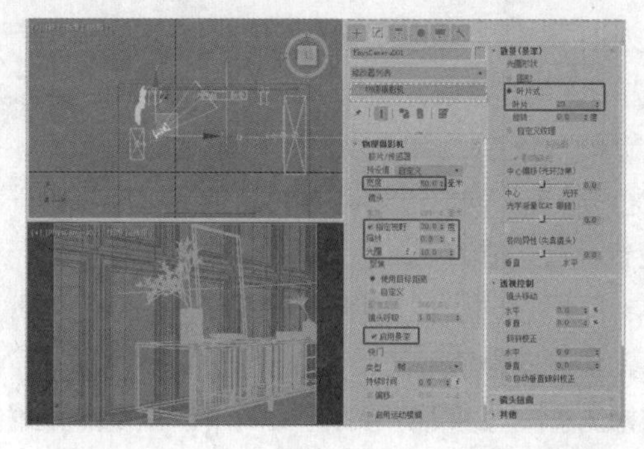

图 7-31

7.4.4 【相关工具】

物理摄影机

下面介绍物理摄影机的常用参数。

物理摄影机的参数与目标/自由摄影机的参数有所不同，下面进行详细的介绍。

（1）物理摄影机的“基本”卷展栏如图 7-32 所示。

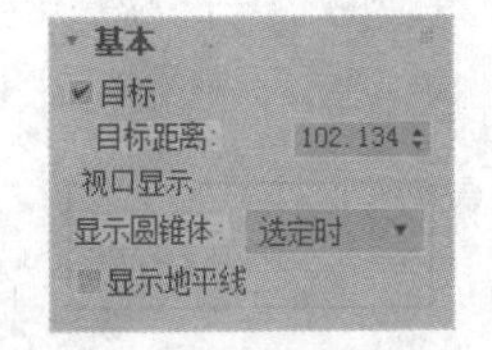

图 7-32

- “目标”复选框：勾选此复选框后，摄影机包括目标对象，并与目标摄影机的行为相似——用户可以通过移动目标设置摄影机的目标；取消勾选此复选框后，摄影机的行为与自由摄影机相似——用户可以通过变换摄影机对象本身设置摄影机的目标；默认设置为启用。
- “目标距离”数值框：设置目标与焦平面之间的距离，目标距离会影响聚焦、景深等。
- “显示圆锥体”下拉列表：可在下拉列表中选择显示摄影机圆锥体时的类型，包括“选定时”（默认设置）、“始终”和“从不”。
- “显示地平线”复选框：勾选该复选框后，地平线在摄影机视图中显示为水平线（假设摄影机帧包括地平线），默认设置为未勾选。

（2）“物理摄影机”卷展栏用于设置物理摄影机的主要物理属性，如图 7-33 所示。

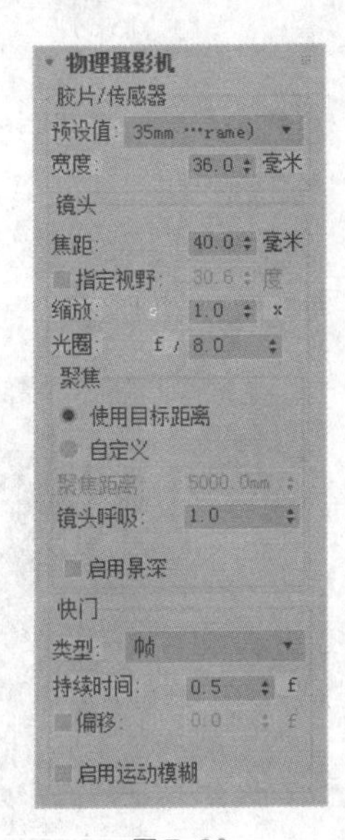

图 7-33

- “预设值”下拉列表：选择胶片模型或电荷耦合传感器；包括 35mm（全画幅）胶片（默认设置），以及多种行业标准传感器设置；每个设置都有其默认宽度值；“自定义”选项用于设置任意宽度。
- “宽度”数值框：可以手动调整帧的宽度。
- “焦距”数值框：设置镜头的焦距，默认值为 40。
- “指定视野”复选框：勾选此复选框时，可以设置新的视场角（FOV），默认的视场角值取决于所选的胶片/传感器预设值，默认设置为未勾选。
- “缩放”数值框：在不更改摄影机位置的情况下缩放镜头。
- “光圈”数值框：将光圈设置为光圈数，此值将影响曝光和景深，光圈数越少，光圈越大并且景深越窄。
- “聚焦”选项组：设置聚焦参数。

“使用目标距离”单选按钮：选择该单选按钮，使用目标距离作为焦距（默认设置）。

“自定义”单选按钮：选择该单选按钮，使用不同于目标距离的焦距。

“聚焦距离”数值框：选择“自定义”单选项后，可在此设置焦距。

“镜头呼吸”数值框：通过将镜头向靠近焦距方向靠近或远离焦距方向移动来调整视野，“镜头呼吸”值为 0 表示禁用此设置，默认值为 1。

“启用景深”复选框：启用此复选框时，摄影机在不等于焦距的距离上生成模糊效果，景深效果的强度基于“光圈”设置，默认设置为禁用。

- “类型”下拉列表：选择测量快门速度使用的单位，“帧”（默认设置）通常用于计算机图形，“秒或分秒”通常用于静态摄影，“度”通常用于电影摄影。

• “持续时间”数值框：根据所选的单位类型设置快门速度，该值可能影响曝光、景深和运动模糊效果。

• “偏移”复选框：勾选此复选框时，设置相对于每帧开始时间的快门打开时间，更改此值会影响运动模糊效果，默认设置为未勾选。

• “启用运动模糊”复选框：勾选此复选框后，摄影机可以生成运动模糊效果，默认设置为未勾选。

（3）“曝光”卷展栏用于设置物理摄影机的曝光，如图 7-34 所示。

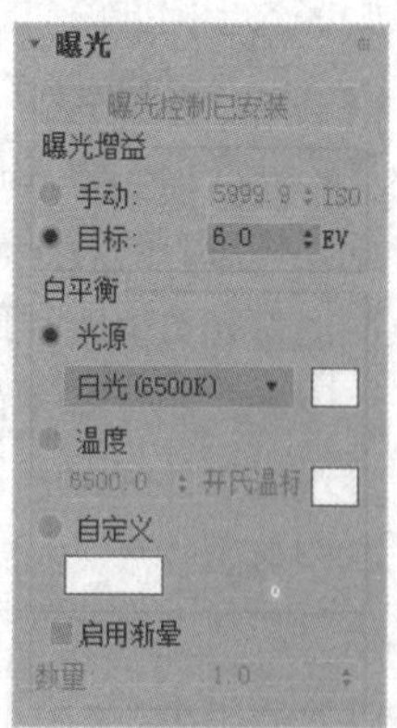

图 7-34

• “安装曝光控制”/“曝光控制已安装”按钮：单击以使物理摄影机曝光控制处于活动状态；如果物理摄影机曝光控制已处于活动状态，则会禁用此按钮，此时按钮上将显示“曝光控制已安装”。

• “手动”单选按钮：通过“ISO”数值框设置曝光增益，当此数值框处于活动状态时，通过此值、快门速度和光圈设置计算曝光，该数值越大，曝光时间越长。

• “目标”单选按钮（默认设置）：设置与 3 个摄影曝光值的组合相对应的单个曝光值。每次增大或减小“EV”值，对应地有效的曝光也会减少或增加，和在快门速度中所做更改的一样；因此，此值越大生成的图像越暗，此值越小生成的图像越亮，默认值为 6。

• “白平衡”选项组：设置色彩平衡。

“光源”单选按钮：按照标准光源设置色彩平衡，默认设置为“日光（6500K）”。

“温度”单选按钮：以色温的形式设置色彩平衡，以开尔文为单位。

“自定义”单选按钮：设置任意色彩平衡，单击下方色块可以打开颜色选择器，可以从中设置希望使用的颜色。

• “启用渐晕”复选框：勾选此复选框时，会在胶片平面边缘渲染出变暗效果，要在物理上更加精确地模拟渐晕效果，可使用“散景（景深）”卷展栏上的“光学渐晕（CAT 眼睛）”进行设置。

• “数量”数值框：增大此数值可以增强渐晕效果，默认值为 1。

（4）“散景（景深）”卷展栏用于设置景深的散景效果，如图 7-35 所示。

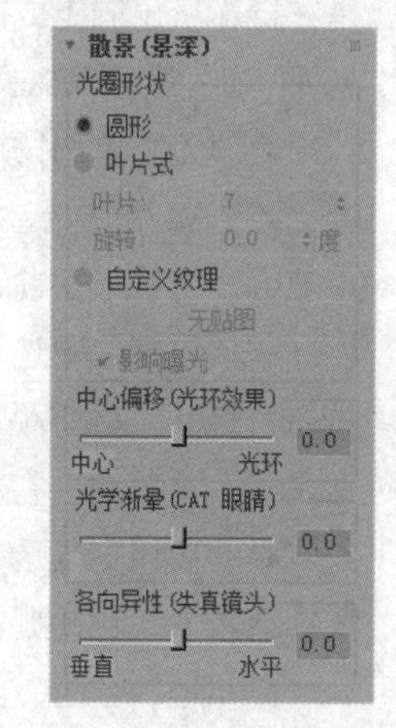

图 7-35

• “圆形”单选按钮：圆形散景效果基于圆形光圈生成，示例如图 7-36 所示。

• “叶片式”单选按钮：选择该单选按钮，散景效果使用带有边的光圈生成，示例如图 7-37 所示；使用“叶片”数值框设置每个模糊圈的边数，使用“旋转”数值框设置每个模糊圈旋转的角度。

图 7-36

图 7-37

- “自定义纹理”单选按钮：使用贴图替换每种模糊圈。（如果贴图为填充黑色背景的白色圈，则等效于标准模糊圈。）
- “影响曝光”复选框：勾选此复选框时，“自定义纹理”将影响场景的曝光，根据纹理的透明度，允许相比标准的圆形光圈通过更多或更少的灯光（同样地，如果贴图为填充黑色背景的白色圈，则允许进入的灯光量与圆形光圈相同）；取消勾选此复选框后，纹理允许的通光量始终与通过圆形光圈的灯光量相同；默认设置为勾选。
- “中心偏移（光环效果）”：使光圈透明度向中心（负值）或边（正值）偏移，此数值为正值会增加焦外区域的模糊量，而此数值为负值会减小模糊量，采用中心偏移设置的场景散景效果显示尤其明显。
- “光学渐晕（CAT 眼睛）”：通过模拟猫眼效果使帧呈现渐晕效果（部分广角镜头可以生成这种效果）。
- “各向异性（失真镜头）”：通过垂直（负值）或水平（正值）拉伸光圈来模拟失真镜头。

图 7-38

（5）“透视控件”卷展栏用于调整摄影机视图的透视，如图 7-38 所示。

- “镜头移动”选项组：将沿水平或垂直方向移动摄影机视图，而不旋转或倾斜摄影机，在 x 轴和 y 轴，它们将以百分比形式表示模或帧宽度（不考虑图像纵横比）。
- “倾斜修正”选项组：将沿水平或垂直方向倾斜摄影机。可以通过此选项组来更正透视，特别是在摄影机已向上或向下倾斜的场景中。

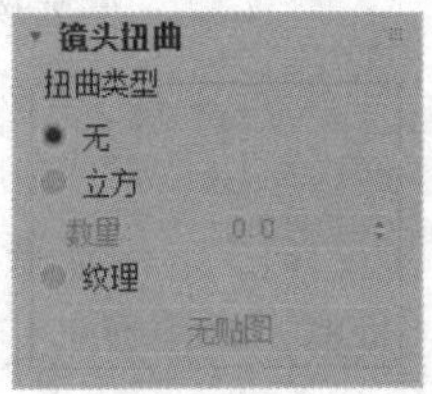

图 7-39

（6）“镜头扭曲”卷展栏用于向渲染添加扭曲效果，如图 7-39 所示。

- “无”单选按钮：选中此单选按钮，不应用扭曲。
- “立方”单选按钮：当“数量”不为零时，将扭曲图像。当“数量”为正值会产生枕形扭曲，当“数量”为负值会产生筒体扭曲。
- “纹理”单选按钮：选中此单选按钮，基于纹理贴图扭曲图像，单击该按钮可打开“材质/贴图浏览器”对话框，在其中指定贴图。

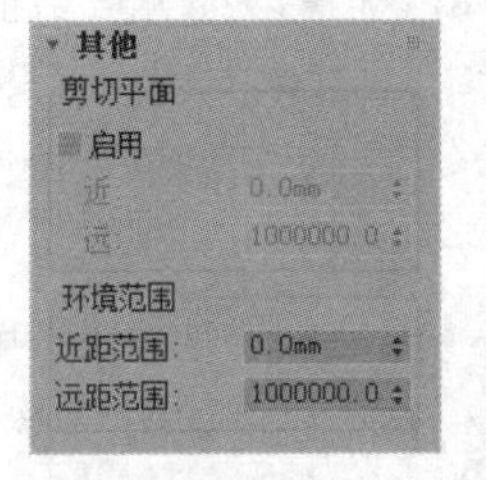

图 7-40

（7）“其他”卷展栏用于设置剪切平面和环境范围，如图 7-40 所示。

- “启用”复选框：勾选此复选框，在视口中，剪切平面在摄影机锥形光线内显示为红色的栅格。
- “近”“远”数值框：设置近距和远距平面，采用场景单位，对于摄影机来说，比近距剪切平面近或比远距剪切平面远的对象是不可视的，远距剪切值的范围为 10 到 32 的幂之间。
- “近距范围”“远距范围”数值框：设置大气效果的近距范围和远距范围限制。两个值之间的对象将应用大气效果；这些值采用场景单位，默认情况下，它们将覆盖场景的范围。

7.4.5 【实战演练】景深

本案例将在场景中创建物理摄影机，并设置其景深效果。（最终效果参看云盘中的“场景>第 7 章>景深 2ok.max”效果文件，如图 7-41 所示。）

图 7-41

7.5 综合演练——住宅照明效果的制作

本案例将使用 VRay 灯光创建住宅的照明效果。（最终效果参看云盘中的“场景>第 7 章>住宅照明 ok.max”效果文件，如图 7-42 所示。）

图 7-42

7.6 综合演练——建筑浏览动画的制作

本案例将在场景中创建摄影机，打开“自动关键点”按钮，调整摄影机的位置和角度，完成建筑浏览动画的创建。（最终效果参看云盘中的“场景>第 7 章>建筑浏览动画 ok.max”效果文件，如图 7-43 所示。）

图 7-43

08 第8章 基础动画

在 3ds Max 2019 中可以轻松地制作动画，可以将想象的宏伟画面通过 3ds Max 2019 制作出来。

本章将对 3ds Max 2019 中常用的动画工具进行讲解，包括关键帧的设置、轨迹视图、“运动”命令面板、常用的修改器等。通过本章的学习，读者可以了解并掌握 3ds Max 2019 基础的动画应用知识和操作技巧。

课堂学习目标

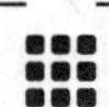

- 关键帧动画的设置
- 认识轨迹视图
- “运动”命令面板
- 动画约束

8.1 摇摆的木马

微课视频
摇摆的木马

8.1.1 【案例分析】

本案例将在“自动关键点”按钮打开的情况下设置一个时间点，然后在场景中对需要设置动画的对象进行移动、缩放、旋转等变换操作，也可以调节对象所有的设置和参数，系统会自动将场景中这些操作记录为动画关键点。

8.1.2 【设计理念】

本案例介绍旋转动画的设置，完成的动画静帧效果如图 8-1 所示。（最终效果参看云盘中的“场景>第 8 章>摇摆的木马 ok.max”效果文件，如图 8-1 所示。）

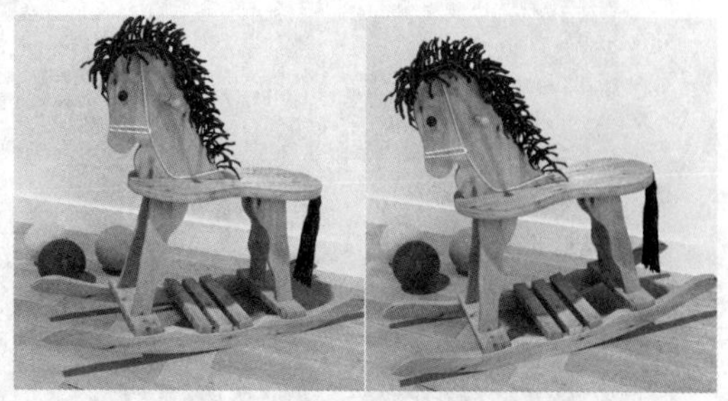

图 8-1

8.1.3 【操作步骤】

步骤① 打开云盘中的“场景>第 8 章>摇摆的木马.max”素材文件，如图 8-2 所示。

步骤② 在场景中选择木马模型，切换到“层次”面板。在“调整轴”卷展栏中单击“仅影响轴”按钮，在场景中将轴的位置调整到木马模型的底端，如图 8-3 所示。

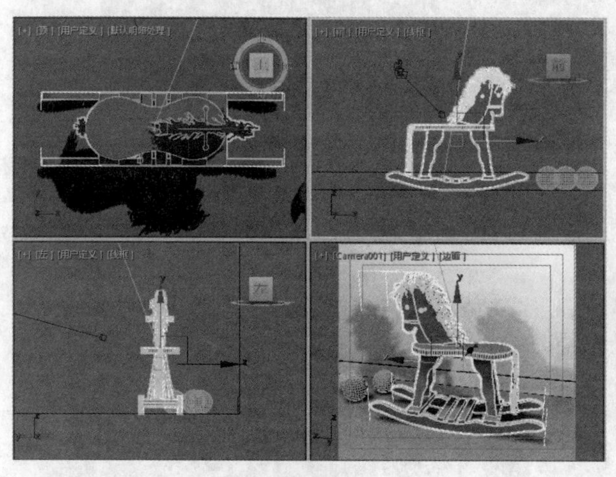

图 8-2

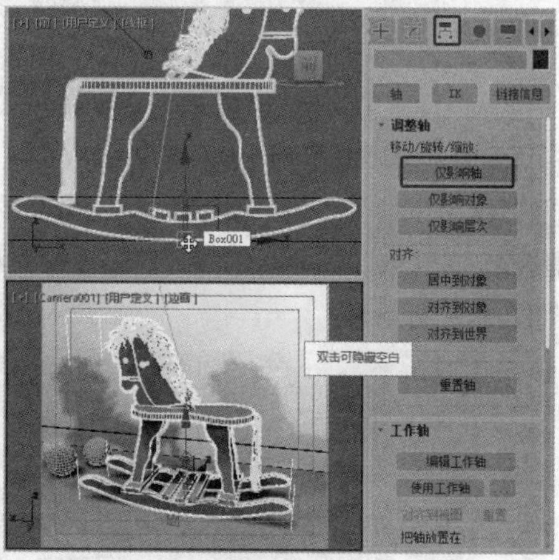

图 8-3

步骤③ 打开“自动关键点”按钮，将时间滑块拖曳到第 10 帧，并在场景中旋转模型。旋转模型后移动模型，使其沿 y 轴到地板，如图 8-4 所示。

步骤④ 拖曳时间滑块到第 20 帧，在场景中向相反的方向旋转模型，如图 8-5 所示。

步骤⑤ 拖曳时间滑块到第 15 帧，在场景中沿 y 轴移动模型到地板，如图 8-6 所示。

步骤⑥ 拖曳时间滑块到第 20 帧，在场景中沿 y 轴移动模型到地板，如图 8-7 所示。

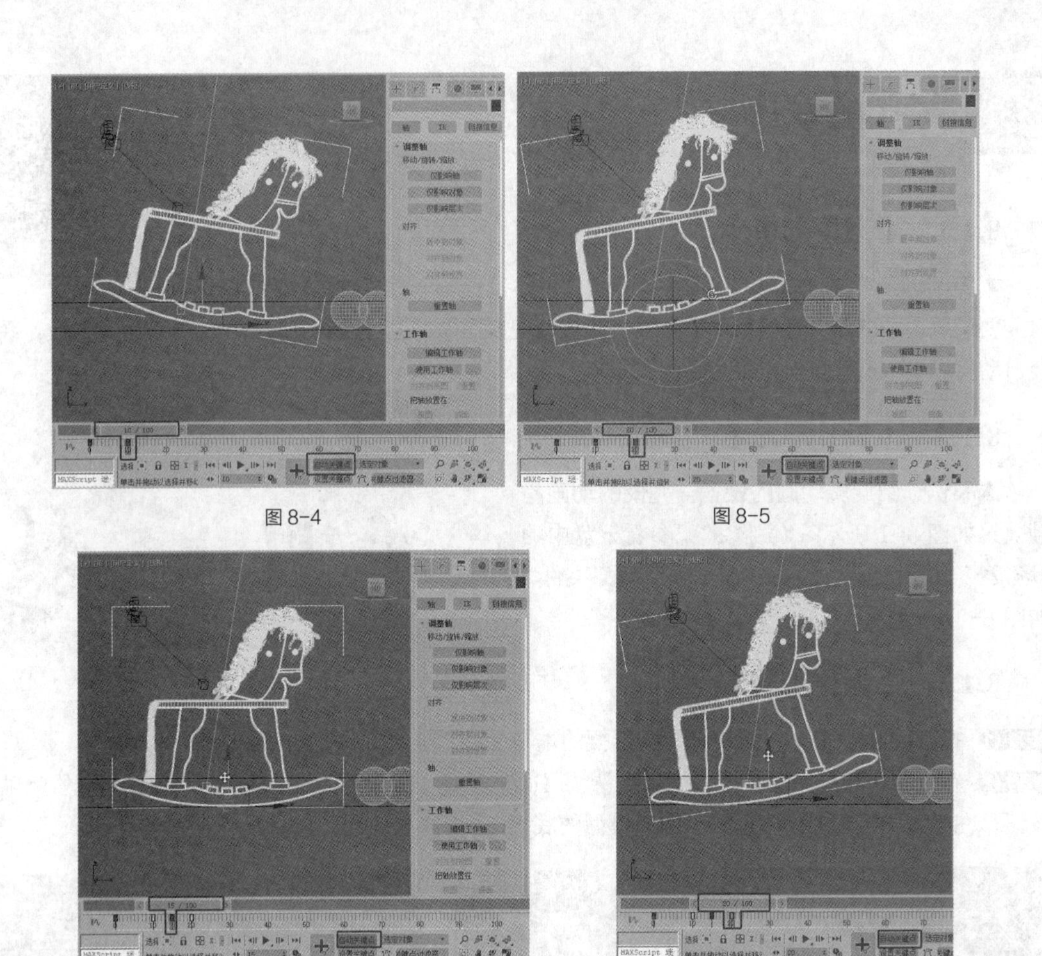

图 8-4　　图 8-5

图 8-6　　图 8-7

步骤 7 选择第 10、15、20 帧的关键点，按住 Shift 键移动复制关键点，如图 8-8 所示。

步骤 8 在第 25 帧处调整模型的位置，使用同样的方法在第 45、65、85 帧处查看并调整模型的位置，如图 8-9 所示。

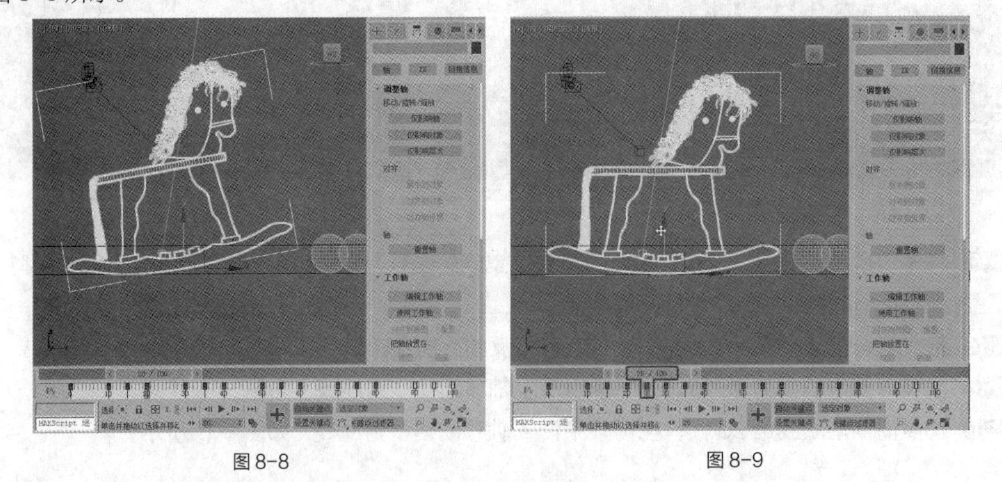

图 8-8　　图 8-9

步骤 9 渲染场景动画。可以参考第 7 章中 7.3 节的操作来进行动画的渲染，这里就不详细介绍了。

8.1.4 【相关工具】

1. 动画控制

图 8-10 所示为动画控制区中的动画控件，通过这些控件可以控制视口中的时间显示，时间控制可以通过时间滑块、时间轴、播放按钮，以及动画关键点的控制等来实现。

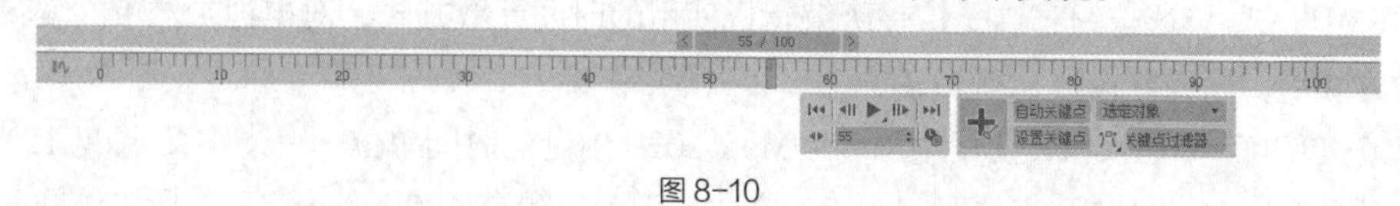

图 8-10

- 时间滑块：移动该滑块，显示“当前帧号/总帧号”，拖曳该滑块可观察视口中的动画效果。
- “创建关键点”按钮：在当前时间滑块处于的帧位置创建关键点。
- “自动关键点”按钮：单击该按钮，按钮呈红色，将进入“自动关键点”模式，并且激活视口的边框也以红色显示。
- “设置关键点”按钮：单击该按钮，按钮呈红色，将进入“手动关键点”模式，并且激活视口的边框也以红色显示。
- “新建关键点的默认入/出切线”按钮：为新的动画关键点提供快速设置默认切线类型的方法，这些新的关键点是用“设置关键点”按钮或者“自动关键点”按钮创建的。
- “关键点过滤器”按钮：用于设置关键帧的项目。
- “转到开头”按钮：单击该按钮，可将时间滑块恢复到开始帧的位置。
- “上一帧”按钮：单击该按钮，可将时间滑块向前移动一帧。
- “播放动画”按钮：单击该按钮，可在视口中播放动画。
- “下一帧”按钮：单击该按钮，可将时间滑块向后移动一帧。
- “转到结尾”按钮：单击该按钮，可将时间滑块移动到最后一帧的位置。
- “关键点模式切换”按钮：单击该按钮，可以在前一关键帧和后一关键帧之间切换。
- 55 “显示当前帧号”数值框：当时间滑块移动时，可显示当前所在帧号，可以直接在此输入数值以快速到达指定的帧。
- “时间配置”按钮：用于设置帧速率、播放和动画等参数。

2. 动画时间的设置

单击动画控制区中的“时间配置”按钮，打开“时间配置”对话框，如图 8-11 所示。

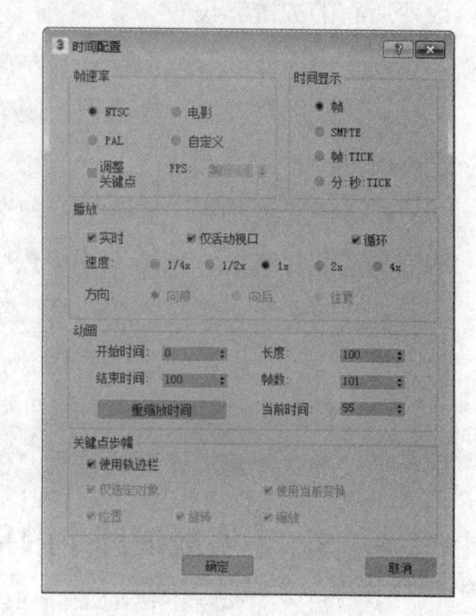

图 8-11

- “NTSC”单选按钮：是北美国家、大部分中南美国家和日本使用的电视标准的名称，帧速率为每秒 30 帧或者每秒 60 场，场相当于电视屏幕上的隔行插入扫描线。
- “电影”单选按钮：电影胶片的计数标准，它的帧速率为每秒 24 帧。
- “PAL”单选按钮：根据相位交替扫描线制定的电视标准，我国和大部分欧洲国家使用此标准，它的帧速率为每秒 25 帧或每秒 50 场。
- “自定义”单选按钮：选择该单选按钮，可以在其下的“FPS”

数值框中输入自定义的帧速率，它的单位为帧/秒。

- “FPS”数值框：采用每秒帧数来设置动画的帧速率，视频使用每秒 30 帧的帧速率，电影使用每秒 24 帧的帧速率，而 Web 和媒体动画则使用更低的帧速率。
- “帧”单选按钮：默认的时间显示方式，单个帧代表的时间长度取决于当前帧速率。
- “SMPTE”单选按钮：这是广播级编辑机使用的时间计数方式，对电视录像带的编辑都是使用该计数方式的，标准方式为 00:00:00（分:秒:帧）。
- “帧:TICK”单选按钮：使用帧和 3ds Max 2019 内定的时间单位——十字叉（TICK）显示时间，十字叉是 3ds Max 2019 查看时间增量的方式，因为每秒有 4800 个十字叉，所以访问时间实际上可以减少到每秒的 1/4800。
- “分:秒:TICK”单选按钮：与 SMPTE 方式相似，以分钟（min）、秒（s）和十字叉（TICK）显示时间，其间用冒号分隔；例如，0.2:16:2240 表示 2 分钟 16 秒和 2240 十字叉。
- “实时”复选框：勾选此复选框，在视口中播放动画时，保证真实的动画时间；当达不到此要求时，系统会跳格播放，省略一些中间帧来保证正确的时间；有 5 个播放速度可以选择，其中“1x”是正常速度，“1/2x”是半速，速度只影响动画在视口中的播放。
- “仅活动视口”复选框：可以使播放只在活动视口中进行，禁用该复选框后，所有视口都将显示动画。
- “循环”复选框：设置动画是只播放一次还是反复播放。
- “速度”单选按钮组：设置播放时的速度。
- “方向”单选按钮组：设置动画为向前播放、反转播放或往复播放。
- “开始时间”“结束时间”数值框：分别设置动画的开始时间和结束时间；默认设置开始时间为 0，根据需要可以将其设为其他值，包括负值；有时可能习惯将开始时间设置为第 1 帧（即 1），这比 0 更容易计数。
- “长度”数值框：设置动画的长度，它其实是由“开始时间”和“结束时间”得出的结果。
- “帧数”数值框：被渲染的帧数，通常将其设置为动画帧数再加上一帧。
- “重缩放时间”按钮：对目前的动画区段进行时间缩放，以加快或减慢动画的节奏，这同时会改变所有的关键帧设置。
- “当前时间”数值框：显示和设置当前所在帧号。
- “使用轨迹栏”复选框：使关键点模式能够遵循轨迹栏中的所有关键点，其中包括除变换动画之外的任何参数动画。
- “仅选定对象”复选框：勾选此复选框，在使用关键点步幅时，只考虑选定对象的变换；如果取消勾选此复选框，则将考虑场景中所有未隐藏对象的变换；默认设置为勾选。
- “使用当前变换”复选框：禁用“位置”“旋转”“缩放”复选框，并在关键点模式中使用当前变换。
- “位置”“旋转”“缩放”复选框：指定关键点模式使用的变换，禁用“使用当前变换”复选框，即可使用“位置”“旋转”“缩放”复选框。

微课视频

融化的巧克力

8.1.5 【实战演练】融化的巧克力

本案例将为巧克力模型施加“融化”修改器，打开“自动关键点”按钮，拖曳时间滑块到第 100

帧，设置融化参数，制作融化的巧克力动画。（最终效果参看云盘中的“场景>第 8 章>融化的巧克力 ok.max”效果文件，如图 8-12 所示。）

图 8-12

8.2 弹跳的小球

8.2.1 【案例分析】

轨迹视图的管理场景和动画制作功能非常强大。下面以一个非常经典的案例——弹跳的小球介绍轨迹视图的应用。

8.2.2 【设计理念】

本案例将通过“自动关键点”按钮，制作一个掉落的球体效果，然后进行轨迹视图的进一步调整。（最终效果参看云盘中的“场景>第 8 章>弹跳的小球 ok.max”效果文件，如图 8-13 所示。）

图 8-13

8.2.3 【操作步骤】

步骤❶ 打开云盘中的“场景>第 8 章>弹跳的小球.max”素材文件，在场景中选择球体模型，拖曳时间滑块到第 20 帧，打开“自动关键点”按钮，在场景中移动模型到地面，如图 8-14 所示。

步骤❷ 拖曳时间滑块到第 40 帧，在场景中选择球体模型，在场景中将球体向右上方移动，如图 8-15 所示。

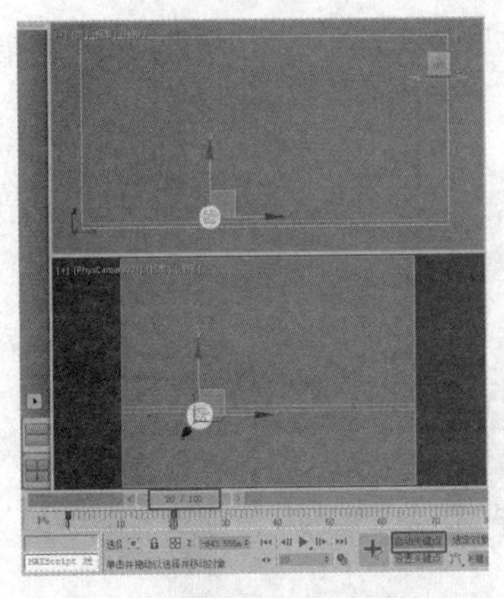

图 8-14

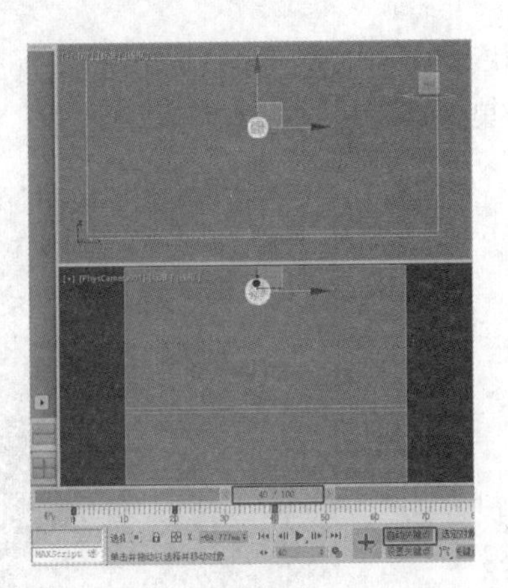

图 8-15

步骤③ 拖曳时间滑块到第 60 帧，在场景中调整模型到右下方，将其移到地面上，如图 8-16 所示。

步骤④ 拖曳时间滑块到第 80 帧，在场景中移动模型，如图 8-17 所示。

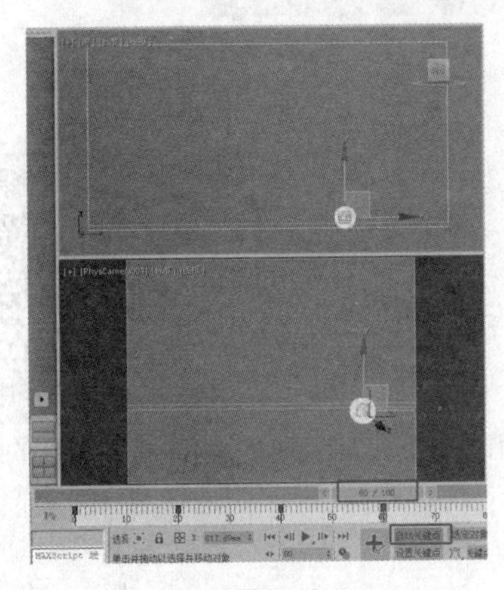

图 8-16

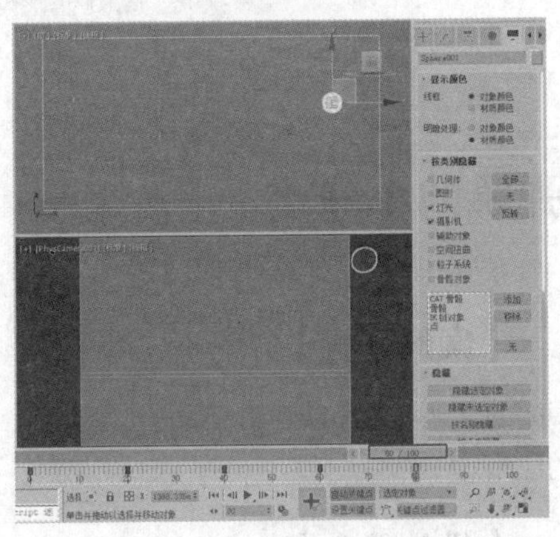

图 8-17

步骤⑤ 拖曳时间滑块到第 0 帧，为模型施加“Taper”（锥化）修改器，在“参数”卷展栏中设置“数量”为 0.53，旋转模型，如图 8-18 所示。

步骤⑥ 拖曳时间滑块到第 20 帧，设置“数量”为-0.32，在场景中旋转模型，如图 8-19 所示。

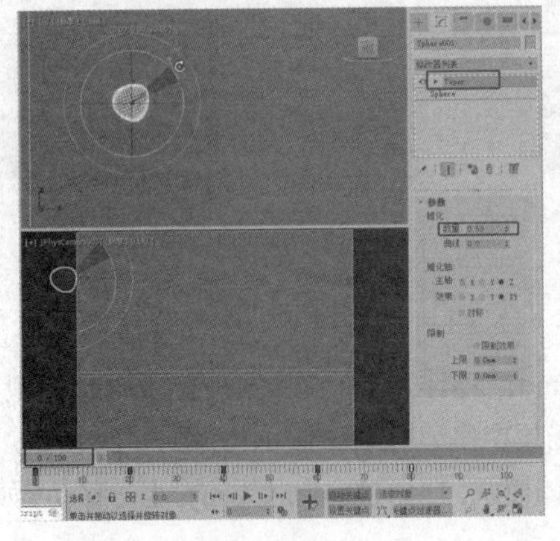

图 8-18

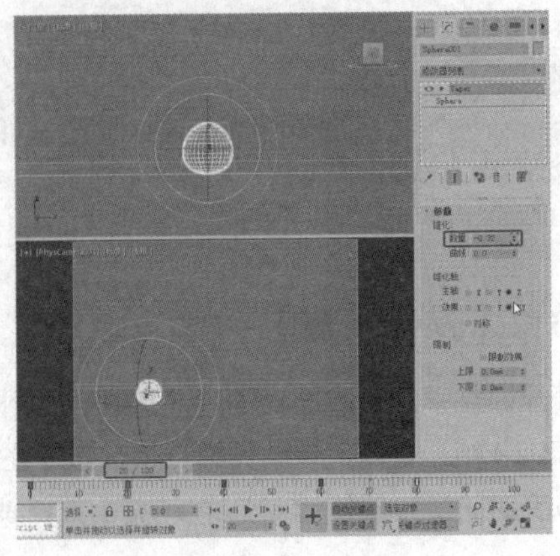

图 8-19

步骤⑦ 拖曳时间滑块到第 40 帧，设置“数量”为 0.55，在场景中旋转模型，如图 8-20 所示。

步骤⑧ 拖曳时间滑块到第 60 帧，设置“数量”为-0.28，在场景中旋转模型，如图 8-21 所示。

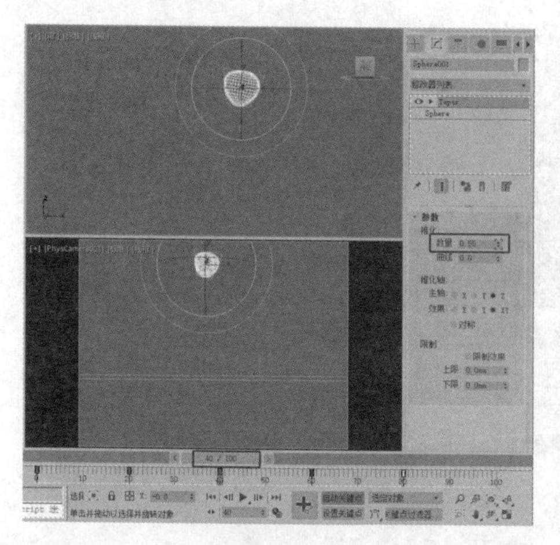

图 8-20

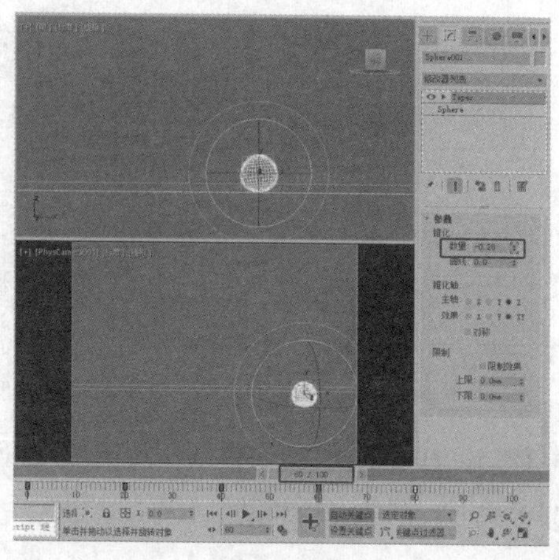

图 8-21

步骤⑨ 拖曳时间滑块到第 80 帧，设置“数量”为 0.25，如图 8-22 所示。制作好场景的动画后，关闭“自动关键点”按钮。

步骤⑩ 在工具栏中单击“曲线编辑器”按钮，弹出“轨迹视图-曲线编辑器”窗口，如图 8-23 所示。

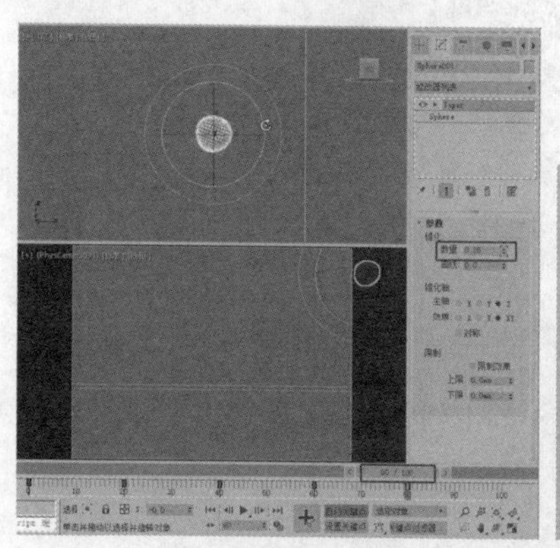

图 8-22

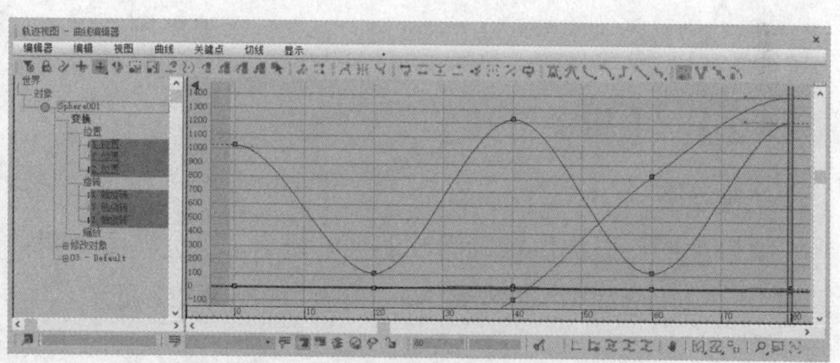

图 8-23

步骤⑪ 在左侧的列表中选择模型的“变换>位置>Z 位置”，拖曳时间滑块到第 0 帧，如图 8-24 所示。

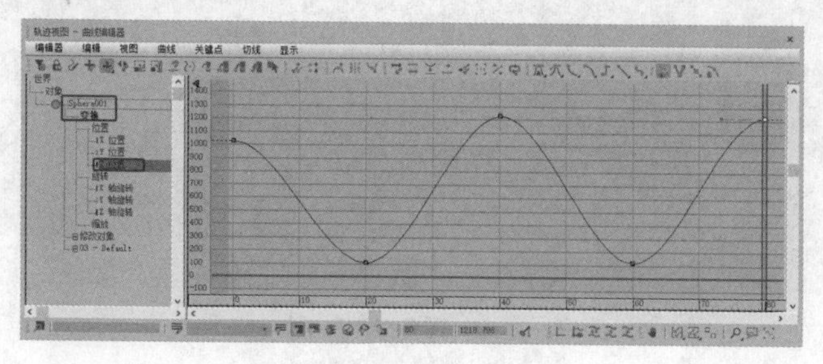

图 8-24

步骤⑫ 在轨迹视图中第 0 帧的关键点上单击鼠标右键，在弹出的对话框中选择曲线形状，如图 8-25

所示。在“输入”和“输出”的曲线上按住鼠标左键，即可弹出曲线的形状，选择关键点的“输入”和“输出”曲线形状。

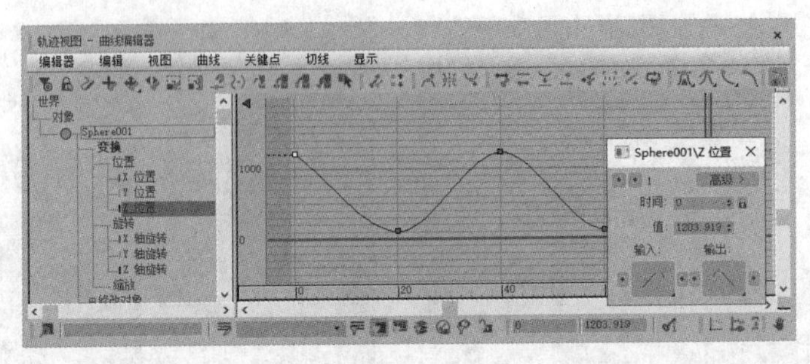

图 8-25

步骤⑬ 使用同样的方法设置第 20 帧和第 60 帧处的曲线形状，如图 8-26 所示。

步骤⑭ 拖曳时间滑块，播放动画。

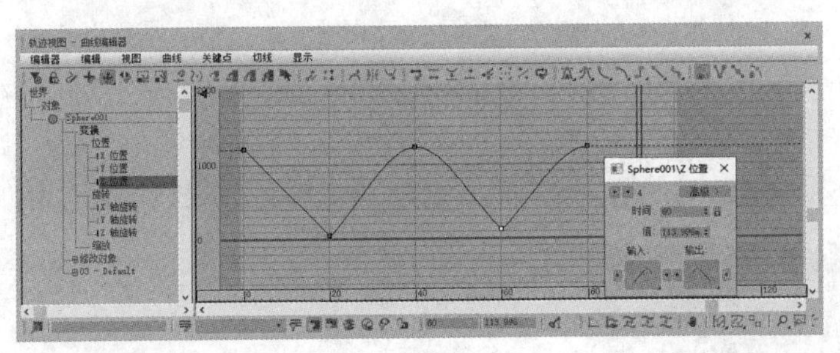

图 8-26

8.2.4 【相关工具】

轨迹视图

轨迹视图可以提供精确修改动画的能力。轨迹视图有两种不同的模式，即“曲线编辑器”和“摄影表”。“轨迹视图-曲线编辑器”窗口如图 8-27 所示。

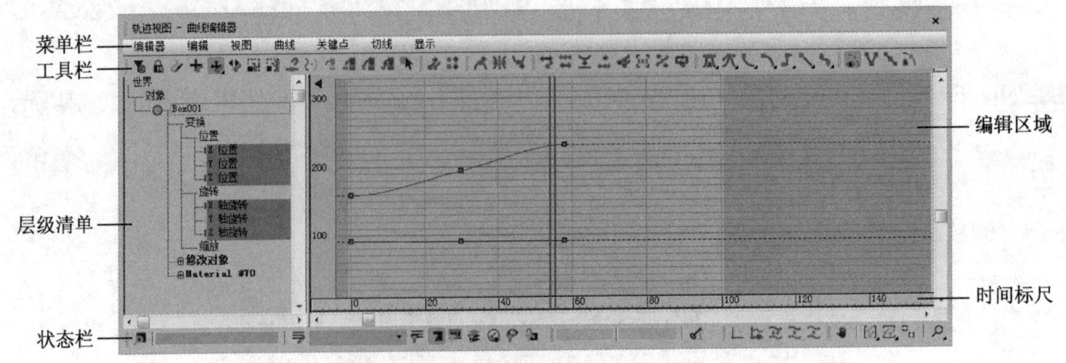

图 8-27

在“轨迹视图-曲线编辑器”窗口中选择“编辑器 > 摄影表”命令，进入“轨迹视图-摄影表”窗口中，如图 8-28 所示。

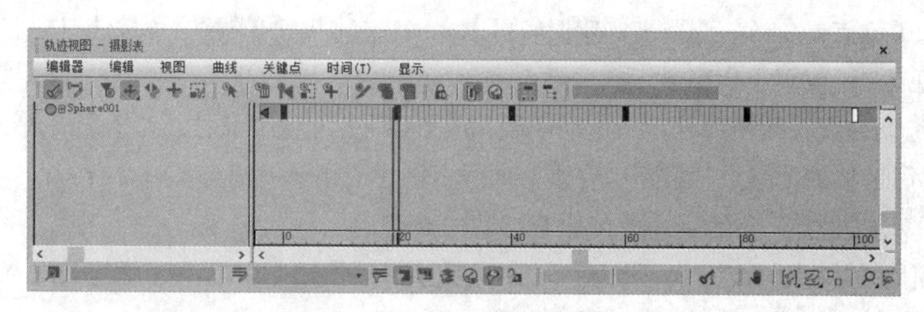

图 8-28

“轨迹视图-摄影表”窗口将动画的所有关键点和范围显示在一个数据表格中，在其中可以很方便地编辑关键点、子帧等。轨迹视图是动画制作中强大的工具，可将轨道视图停靠在视口的下方，或者用作浮动窗口。轨迹视图的布局可以在命名后保存在轨迹视图缓冲区内，再次使用时，可以方便地调出，其布局将与 MAX 文件一起保存。

（1）菜单栏。

菜单栏显示在“轨迹视图-曲线编辑器”窗口的最上方，它对各种命令进行了归类，既可以浏览一些工具，也可对当前操作模式下的命令进行辨识。

轨迹视图的菜单栏介绍如下。

- “编辑器”菜单：用于当使用轨迹视图时在“曲线编辑器”和“摄影表”模式之间切换。
- “编辑”菜单：提供用于调整动画数据和使用控制器的工具。
- “视图”菜单：将在“摄影表”和“曲线编辑器”模式下显示，但并不是所有命令在这两个模式下都可用；它用于调整和自定义轨迹视图中项目的显示方式。
- “曲线”菜单：在“曲线编辑器”和“摄影表”模式下使用轨迹视图时，可以使用该菜单，但在“摄影表”模式下，该菜单中的命令并非都可用；该菜单中的命令可加快曲线调整速度。
- “关键点”菜单：通过该菜单中的命令，可以添加动画关键点，然后将其对齐到时间标尺的相应位置并使用软选择变换关键点。
- “时间”菜单：使用该菜单中的工具可以编辑、调整或反转时间，只有在轨迹视图处于“摄影表”模式时才能使用该菜单。
- “切线”菜单：只有在“曲线编辑器”模式下该菜单才可用，该菜单中的命令用于管理动画和关键帧切线。
- “显示”菜单：该菜单包含用于显示项目，以及在控制器中处理项目的命令。

（2）工具栏。

工具栏位于菜单栏下方，用于进行各种编辑操作，如图 8-29 所示。这些工具只能用于轨迹视图内部，不要将它们与其他的工具混淆。

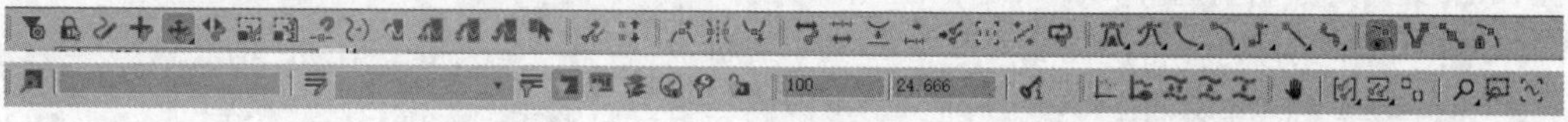

图 8-29

轨迹视图的工具栏介绍如下。

- “过滤器”按钮：使用过滤器可以设置哪一个项的类别出现在轨迹视图中。
- “锁定当前选择”按钮：当该按钮处于打开状态时，不会意外取消选择高亮显示的关键点，或选择其他的关键点，在当前选择被锁定时，可以在编辑视图中的任意位置按住鼠标左键并拖曳以移动或缩放关键点（不仅限于高亮显示的关键点）。

- “绘制曲线”按钮：绘制新运动曲线，或直接在功能曲线图上绘制草图来修改已有曲线。
- “添加/移除关键点”按钮：在现有曲线上创建或删除关键点。
- “移动关键点”按钮：水平或垂直移动关键点。
- “滑动关键点”按钮：可以移动一组关键点，该按钮是以高亮显示的关键点拆分动画，并将其分散在两端，在“曲线编辑器”模式下可以使用。
- “缩放关键点”按钮：通过将所选关键点沿着远离或靠近当前帧的方向成比例移动来增加或减少关键点计时。
- “缩放值”按钮：可以在“曲线编辑器”模式下使用该按钮，按比例增加或减少功能曲线上选择的关键点之间的垂直距离。
- “捕捉缩放”按钮：将缩放原点移动到第一个选定关键点。
- “简化曲线”按钮：可使用该按钮减少轨迹中的关键点数量。
- “参数曲线超出范围类型”按钮：设置动画对象在用户定义的关键点范围之外的行为方式。
- “减缓曲线超出范围类型”按钮：设置减缓曲线在用户定义的关键点范围之外的行为方式，调整减缓曲线会降低效果的强度。
- “增强曲线超出范围类型”按钮：设置增强曲线在用户定义的关键点范围之外的行为方式，调整增强曲线会增加效果的强度。
- “减缓/增强曲线切换”按钮：启用或禁用减缓曲线和增强曲线。
- “区域关键点工具”按钮：单击该按钮，可使用区域关键点工具。
- “选择下一个关键点”按钮：取消选择当前选择的关键点，然后选择下一个关键点，按住 Shift 键可选择上一个关键点。
- “增加关键点选择”按钮：选择与一个所选关键点相邻的关键点，按住 Shift 键可取消选择外部的两个关键点。
- “放长切线”按钮：增长所选关键点的切线，如果选择多个关键点，按住 Shift 键可以仅增长内切线。
- “镜像切线”按钮：将所选关键点的切线镜像到相邻关键点。
- “缩短切线”按钮：缩短所选关键点的切线，如果选择多个关键点，按住 Shift 键可以仅缩短内切线。
- “轻移”按钮：可将关键点稍微向左或向右移动。
- “展平到平均值”按钮：可以设置所选关键点的平均值，然后将平均值指定给每个关键点，按住 Shift 键可焊接所有选择关键点的平均值和时间。
- “展平”按钮：将选择关键点展平到与所选内容中第一个关键点相同的值。
- “缓入到下一个关键点”按钮：减少选择关键点与下一个关键点之间的差值，按住 Shift 键可减少选择关键点与上一个关键点之间的差值。
- “分割”按钮：使用两个关键点替换选择关键点。
- “均匀隔开关键点”按钮：调整间距，使所有关键点按时间在第一个关键点和最后一个关键点之间均匀分布。

- “松弛关键点”按钮：减缓第一个和最后一个关键点之间的关键点切线，按住 Shift 键可对齐第 1 个和最后一个选择的关键点之间的关键点。
- “循环”按钮：将第一个关键点的值复制到当前动画范围的最后一帧，按住 Shift 键可将当前动画的第一个关键点的值复制到最后一个动画。
- “将切线设置为自动”按钮：按关键点附近的功能曲线形状进行计算，将高亮显示的关键点设置为自动切线。
- “将切线设置为样条线”按钮：将高亮显示的关键点设置为样条线切线，它具有关键点控制柄，可以在“轨迹视图-曲线编辑器”窗口中拖曳进行编辑，在编辑控制柄时按住 Shift 键可以中断其连续性。
- “将切线设置为快速”按钮：将关键点切线设置为快速。
- “将切线设置为慢速”按钮：将关键点切线设置为慢速。
- “将切线设置为阶跃”按钮：将关键点切线设置为步长，使用阶跃来冻结从一个关键点到另一个关键点的移动。
- “将切线设置为线性”按钮：将关键点切线设置为线性。
- “将切线设置为平滑”按钮：将关键点切线设置为平滑。
- “显示切线切换”按钮：显示或隐藏切线。
- “断开切线”按钮：允许将两条切线连接到一个关键点，使其能够独立移动，以便不同的运动能够进出关键点；选择一个或多个带有统一切线的关键点，然后单击此按钮即可断开切线。
- “统一切线”按钮：如果切线是统一的，向任意方向（请勿沿其长度方向移动，这将导致另一控制柄向相反的方向移动）移动控制柄，可以让控制柄之间保持最小角度。
- “锁定切线切换”按钮：锁定切线。
- “缩放选定对象”按钮：将当前选择对象放置在控制器窗口中层次清单的顶部。
- “轨迹集编辑器”按钮：打开“轨迹集编辑器”对话框。该对话框是一种无模式对话框，可以用来创建和编辑动画轨迹组，使用该按钮便于同时使用多个轨迹，这是因为通过它无须分别选择各轨迹即可对其进行重新调用。
- “过滤器 - 选定轨迹切换”按钮：打开该按钮，编辑区域仅显示选择轨迹。
- “过滤器 - 选定对象切换”按钮：打开该按钮，编辑区域仅显示选择对象的轨迹。
- “过滤器 - 动画轨迹切换”按钮：打开该按钮，编辑区域仅显示带有动画的轨迹。
- “过滤器 - 活动层切换”按钮：打开该按钮，编辑区域仅显示活动层的轨迹。
- “过滤器 - 可设置关键点轨迹切换”按钮：打开该按钮，编辑区域仅显示可设置关键点的轨迹。
- “过滤器 - 可见对象切换”按钮：打开该按钮，编辑区域仅显示包含可见对象的轨迹。
- “过滤器 - 解除锁定属性切换”按钮：打开该按钮，编辑区域仅显示未锁定属性的轨迹。
- “显示选定关键点统计信息”按钮：显示当前选择关键点表示的统计信息。
- “使用缓冲区曲线”按钮：设置是否在移动曲线或切线时创建原始曲线的重影图像。
- “显示/隐藏缓冲区曲线”按钮：显示或隐藏缓冲区（重影）曲线。
- “与缓冲区交换曲线”按钮：交换曲线与缓冲区（重影）曲线的位置。
- “快照”按钮：将缓冲区（重影）曲线重置到曲线的当前位置。

- “还原为缓冲区曲线”按钮：将曲线重置到缓冲区（重影）曲线的位置。
- “平移”按钮：可以在与当前视口平面平行的方向移动视口。
- “框显水平范围选定关键点”按钮：水平缩放轨迹视图的编辑区域，以显示所有选择关键点。
- “框显值范围选定关键点”按钮：垂直缩放轨迹视图的编辑区域，以显示选择关键点的完整高度。
- “框显水平范围和值范围”按钮：水平和垂直缩放轨迹视图的编辑区域，以显示选择关键点的全部范围。
- “缩放”按钮：在轨迹图图中，可以在水平方向（缩放时间）、垂直方向（缩放值）或同时在两个方向缩放视口。
- “缩放区域”按钮：拖曳编辑区域中的某个区域以缩放该区域使其充满窗口，除非单击鼠标右键或选择另一个区域，否则该区域将一直处于活动状态。
- “隔离曲线”按钮：默认情况下，轨迹视图显示所有选择对象的所有动画轨迹的曲线，可以使用该按钮暂时仅显示具有一个或多个选定关键点的曲线，多条曲线显示在编辑区域中时，使用该按钮可以临时简化显示。

（3）层级清单。

在轨迹视图窗口的左侧，以树形的方式显示场景中所有可制作动画的项目，如图 8-30 所示。每一个类别中又按不同的层级关系进行排列，每一个项目都对应于右侧的编辑区域。通过层级清单，可以指定要进行轨迹编辑的项目，还可以为指定项目加入不同的动画控制器和越界参数曲线。

（4）编辑区域。

轨迹视图窗口右侧的灰色区域可以显示动画关键点、函数曲线或动画区，以便对各个项目进行轨迹编辑，如图 8-31 所示。根据选择的工具不同，这里的形态也会发生相应的变化，轨迹视图中的主要工作就是在编辑区域中进行的。

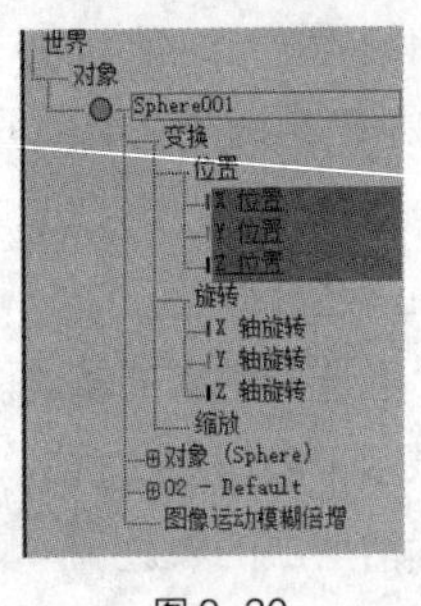

图 8-30

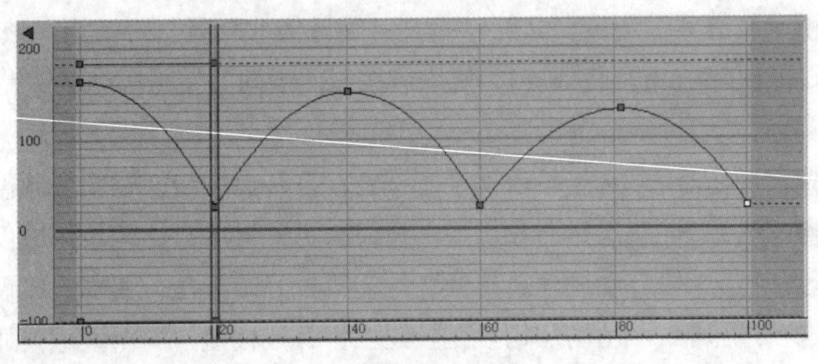

图 8-31

- 关键点：只要进行了参数修改，并将它记录为动画，就会在动画轨迹上创建一个动画关键点，它以黑色方块表示，可以对其进行位置的移动和平滑属性的调节。
- 函数曲线：动画曲线将关键点的动画值和关键点之间的内插值以函数曲线方式显示，可以进行多种多样的设置。
- 时间标尺：在编辑区域底部有一个显示时间坐标的标尺，可以将它拖曳到任何位置，以便进行精确的测量。
- 当前时间线：在编辑区域中有一组蓝色的双竖线，它用来指示当前所在帧，可以直接拖曳它，调节当前所有帧。

- 双窗口编辑：在编辑区域右上角、滚动条的上箭头处，有一个小的滑块，将它向上拖曳，可以打开另一个编辑区域；在对比编辑两个项目的轨迹，而它们又相隔很远时，可以使用第二个编辑视图进行对比编辑；如果不使用了，将第二个编辑区域顶端横格一直向上拖曳到顶部，便可以将其关闭，如图8-32所示。

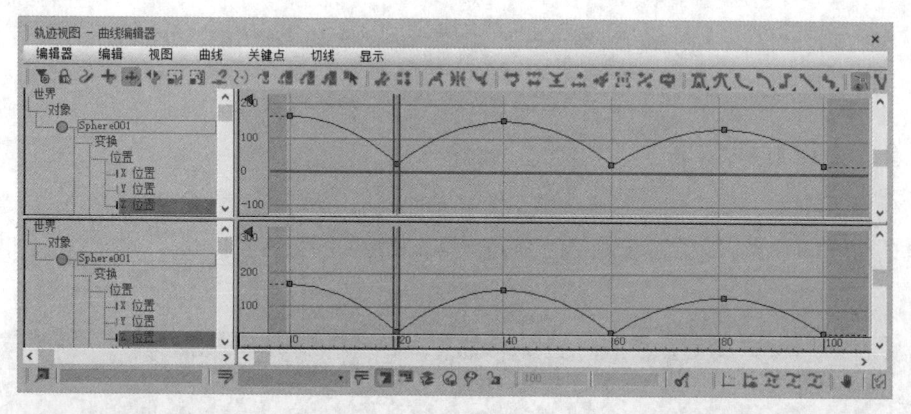

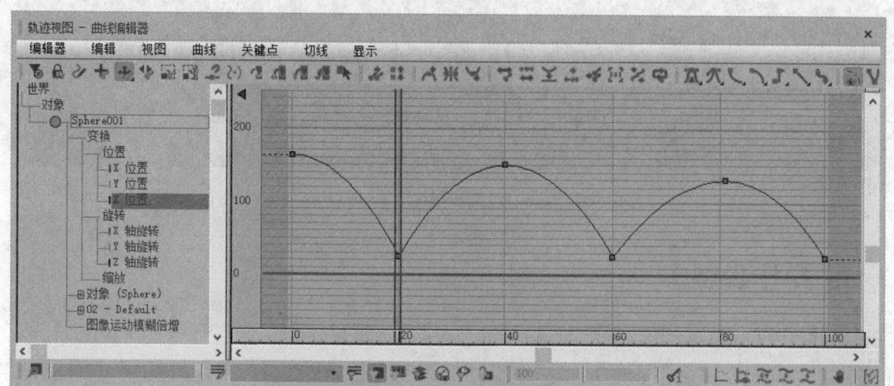

图8-32

8.2.5 【实战演练】旋转的吊扇

本案例将使用轨迹视图制作吊扇旋转动画。（最终效果参看光盘中的“场景>第8章>旋转的吊扇 ok.max”素材文件，如图8-33所示。）

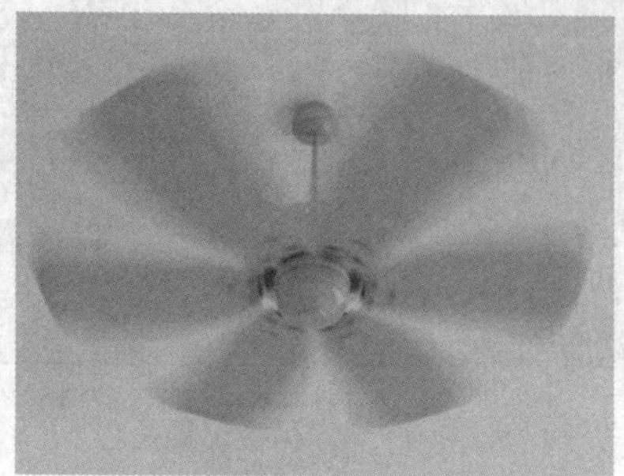

图8-33

8.3 自由的鱼儿

微课视频

自由的鱼儿

8.3.1 【案例分析】

要想使一个模型沿着一个指定的路径运动，就要为模型指定路径约束。路径约束动画在三维动画制作中是非常重要的。

8.3.2 【设计理念】

本案例将使用“运动”命令面板为模型指定运动路径，并对其设置指定路径跟随，创建鱼跟随路径运动的动画。（最终效果参看云盘中的“场景>第 8 章>自由的鱼儿 ok.max”效果文件，如图 8-34 所示。）

图 8-34

8.3.3 【操作步骤】

步骤① 打开云盘中的“场景>第 8 章>自由的鱼儿.max”素材文件，如图 8-35 所示。

步骤② 单击“（创建）>（图形）>线”按钮，在顶视图中创建线，作为鱼的游动路径，如图 8-36 所示。

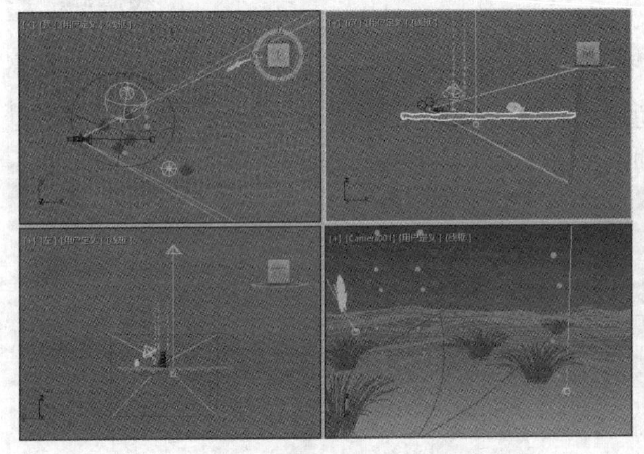

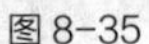

图 8-35

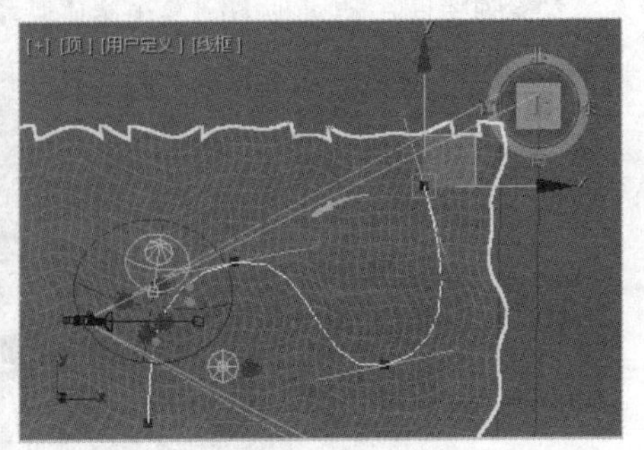

图 8-36

步骤③ 在场景中选择鱼模型，切换到“运动”命令面板。在“指定控制器”卷展栏中选择“位置：TCB 位置”，单击“指定控制器”按钮，弹出“指定位置控制器”对话框，从中选择“路径约束”

控制器，单击“确定”按钮，如图 8-37 所示。

步骤④ 在“路径参数”卷展栏中单击“添加路径”按钮，在场景中拾取线。勾选“跟随”复选框，选择“轴”为 X 轴，勾选“翻转”复选框，如图 8-38 所示。

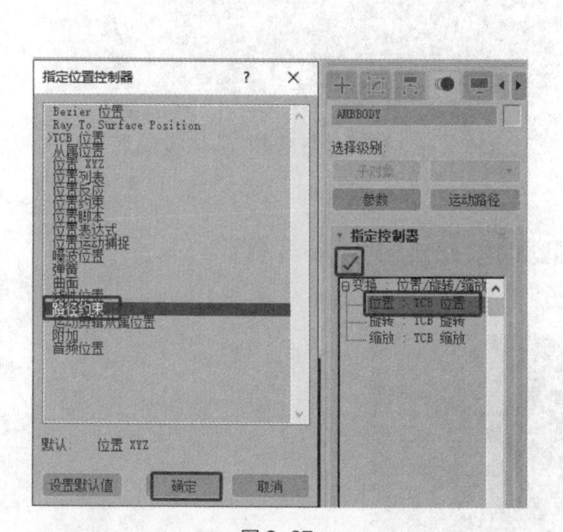

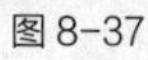
图 8-37

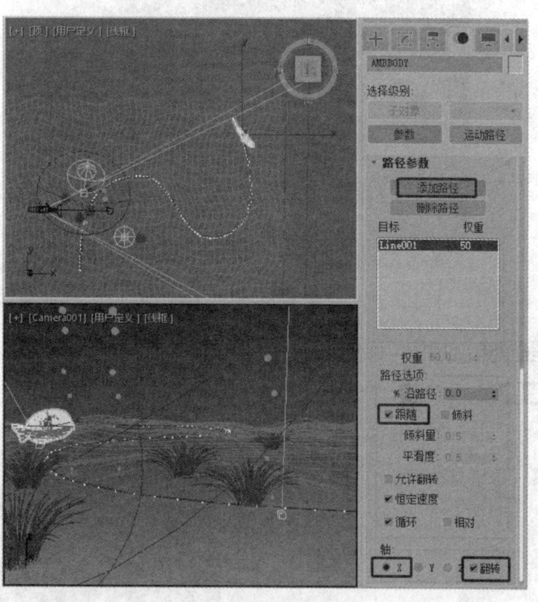

图 8-38

步骤⑤ 在场景中选择鱼模型，确定时间滑块处于第 0 帧处。打开“自动关键点”按钮，设置“弯曲”的“角度”为 56.5，如图 8-39 所示。

步骤⑥ 拖曳时间滑块到第 10 帧处，设置“弯曲”的“角度”为 16.5，如图 8-40 所示。

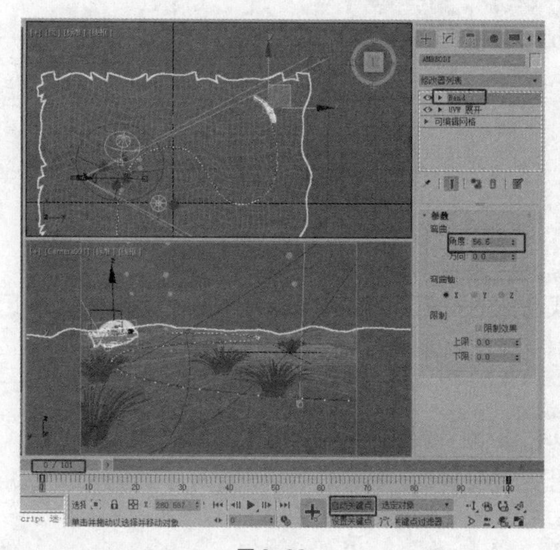

图 8-39

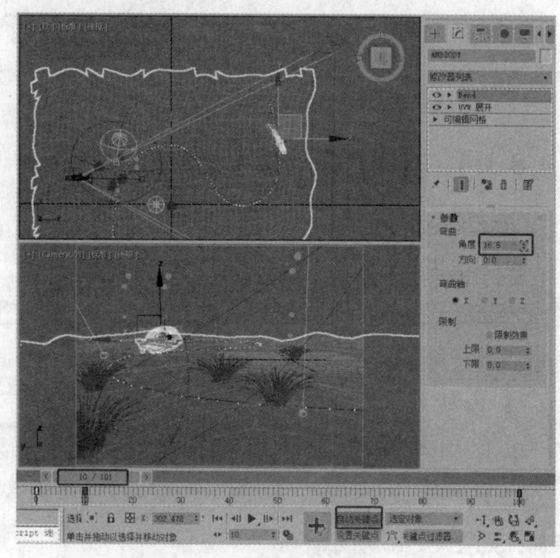

图 8-40

步骤⑦ 拖曳时间滑块到第 20 帧处，设置“弯曲”的“角度”为-40，如图 8-41 所示。

步骤⑧ 拖曳时间滑块到第 30 帧处，设置“弯曲”的“角度”为 90.5，如图 8-42 所示。

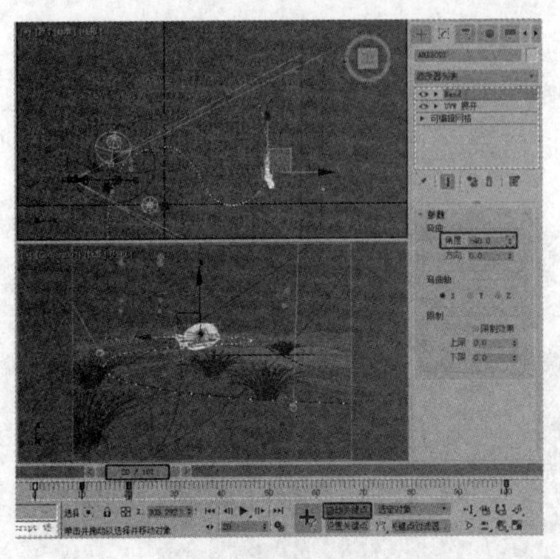
图 8-41

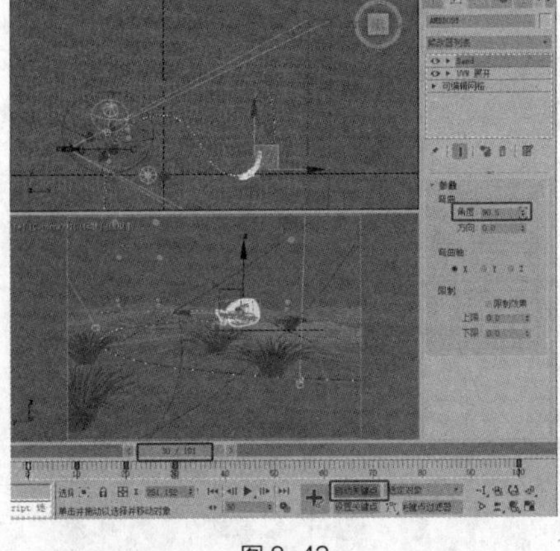
图 8-42

步骤⑨ 使用同样的方法制作鱼的弯曲动画，如图 8-43 所示，这里就不一一介绍了。

步骤⑩ 对场景动画进行播放和渲染。

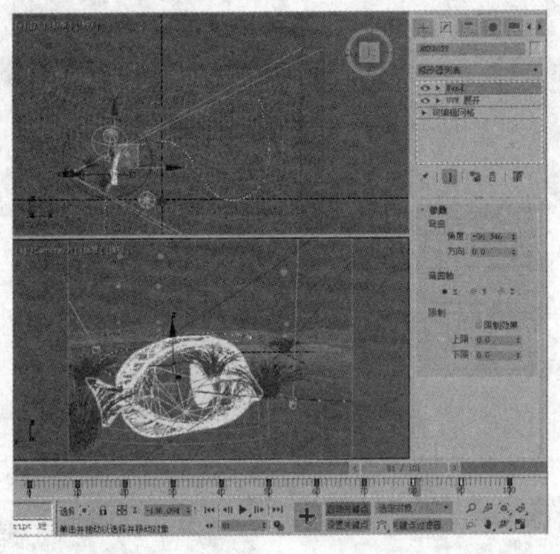
图 8-43

8.3.4 【相关工具】

“运动”命令面板

在介绍设置动画控制器之前，先来认识一下“运动”命令面板，如图 8-44 所示。

“运动”命令面板主要配合轨迹视图来一同完成动作的控制，其中主要涉及参数、运动路径，下面分别进行介绍。

◎ 参数

单击“运动”命令面板中的“参数”按钮，显示相应的卷展栏，介绍如下。

（1）“指定控制器”卷展栏中包括可以为对象指定的各种动画控制器，用来完成不同类型的运动控制，如图 8-45 所示。

在列表框中可以看到当前可以指定的动画控制项目，一般是“变换”和其下的 3 个分支项目“位置”“旋转”“缩放”，每个项目可以为其指定多种不同的动画控制器。使用时首先选择一个项目，这时左上角的✓“指定控制器”按钮变为活动状态，单击该按钮，可以打开“指定位置控制器”对话框，在其中排列着所有可以用于当前项目的动画控制器。选择一个动画控制器，单击“确定”按钮，此时就指定了新的动画控制器。

（2）“PRS 参数”卷展栏用于建立或删除动画关键点，如图 8-46 所示。

如果选择在某一帧进行变换操作，并且操作的同时打开了“自动关键点”按钮，这时在这一帧就会产生一个变换的关键点。另一种添加关键点的方法是，“创建关键点”选项组中的 3 个按钮分别用于创建 3 种变换关键点，只需单击它们即可创建关键点。如果当前帧某一个变换项目已经有了关键点，那么“创建关键点”选项组中的按钮将变为非活动状态，而右侧的“删除关键点”选项组中的按钮处于活动状态，单击其中的按钮，可以将设定的关键点删除。

（3）“关键点信息（基本）”卷展栏如图 8-47 所示。

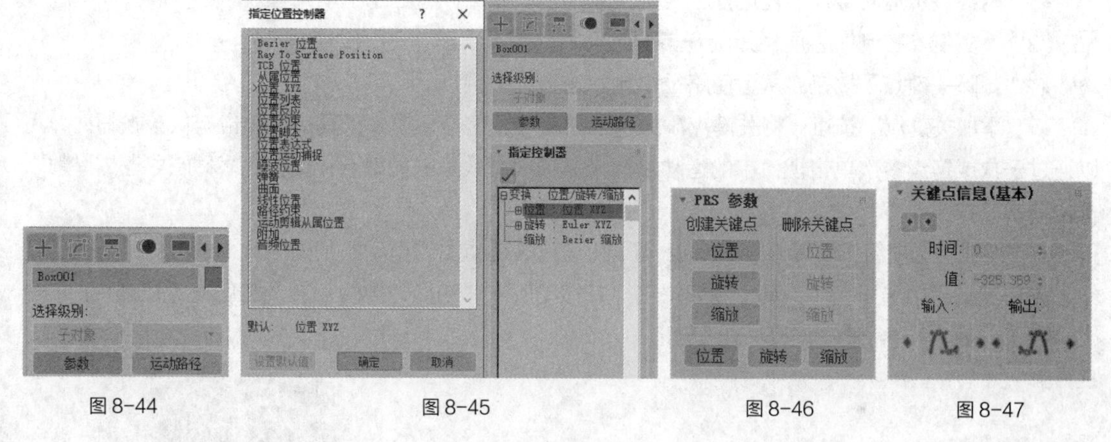

图 8-44　　图 8-45　　图 8-46　　图 8-47

- 当前关键点：显示当前所在关键点的编号，通过左右箭头按钮，可以在各关键点之间快速切换。
- “时间”数值框：显示当前关键点所处的帧号，通过它可以将当前关键点设置到指定帧，其右侧的锁定钮用于禁止在轨迹视图中水平拖曳关键点。
- “值”数值框：调整当前选择对象在当前关键帧的动画值。
- “输入”“输出”：单击下面两个按钮，可选择以下切线形态，“输入”用来设置入点切线形态，“输出”用来设置出点切线形态。

“平滑”：建立平滑的插补值穿过此关键点。

“线性”：建立线性的插补值穿过此关键点，其作用就像线性控制器一样，它只影响靠近此关键点的曲线。

“步骤”：将曲线以水平线控制，在接触关键点处垂直切下，就像瀑布一样。

“减慢”：插补值的速度围绕关键点逐渐减慢，越接近关键点插补越慢，曲线越平缓。

“加快”：插补值的速度围绕关键点逐渐加快，越接近关键点插补越快，曲线越陡峭。

“自定义”：在曲线关键点两侧显示可调节曲度的滑杆，通过它们可以调节曲线的形态。

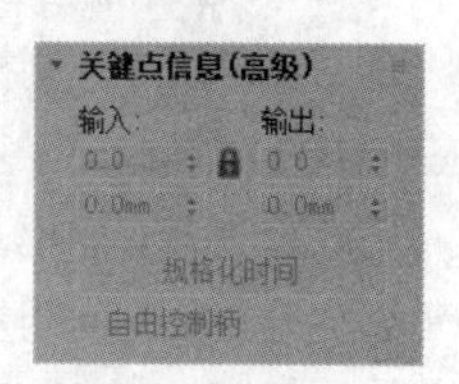

图 8-48

（4）“关键点信息（高级）”卷展栏如图 8-48 所示。

- “输入”“输出”数值框：在“输入”数值框中显示接近关键点时插补的速度，在“输出”数值框中显示离开关键点时插补的速度；只有选择“自定义”插补方式时，它们的值才能进行调节。中央的锁定按钮可以使“输入”和

“输出”的绝对值保持相等。

- “规格化时间”按钮：将关键点时间进行平均，对一组块状不圆滑（如连续地加速、减速造成的运动顿点）的关键点曲线可以进行很好的平均化处理，得到光滑均衡的运动曲线。
- “自由控制柄”复选框：勾选该复选框，切线控制柄根据时间的长度自动更新；取消勾选此复选框时，切线控制柄长度被锁定，在移动关键帧时不产生改变。

◎ 运动路径

单击“运动”命令面板中的“运动路径”按钮，显示相应的卷展栏。这些卷展栏用于控制是否显示对象随时间变化而移动的路径。

（1）“可见性”卷展栏如图 8-49 所示。

- “始终显示运动路径”复选框：勾选该复选框，视口中将显示运动路径。

（2）“关键点控制”卷展栏如图 8-50 所示。

- “删除关键点”按钮：从运动路径中删除选择的关键点。
- “添加关键点”按钮：将关键点添加到运动路径，这是无模式工具；当单击一次该按钮时，可以通过一次或连续多次单击视口中的运动路径来添加任意数量的关键点；要退出“添加关键点”模式，再次单击该按钮即可。
- “切线”选项组：设置调整 Bezier 切线（通过关键点更改运动路径的形状）的模式，要调整切线，先在工具栏中选择变换工具（例如“选择并移动”或“选择并旋转”），然后拖曳控制柄。

（3）“显示”卷展栏如图 8-51 所示。

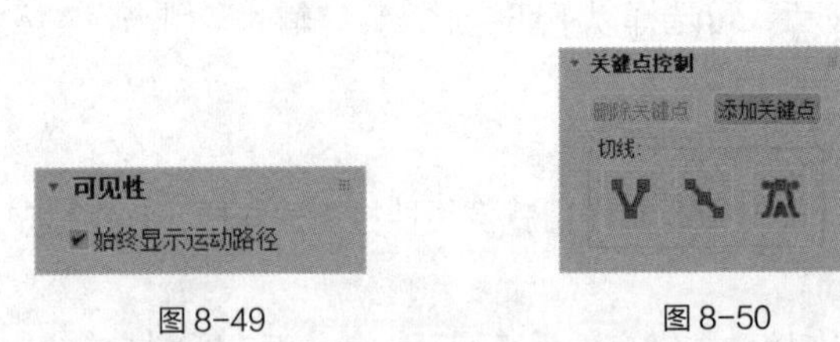

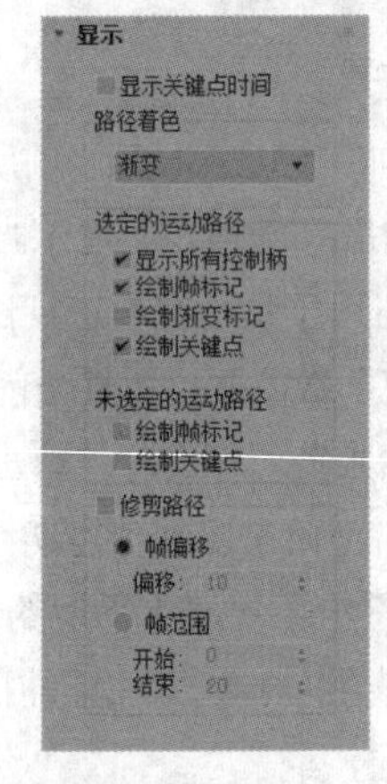

图 8-49　　图 8-50　　图 8-51

- “显示关键点时间”复选框：在视口中每个关键点的旁边显示特定帧号。
- “路径着色”下拉列表：设置运动路径的着色方式。
- “选定的运动路径”选项组。

“显示所有控制柄”复选框：显示所有关键点（包括未选定的关键点）的切线控制柄。

“绘制帧标记”复选框：绘制白色标记以在特定帧显示运动路径的位置。

“绘制渐变标记”复选框：绘制渐变色标记以在特定帧显示运动路径的位置。

“绘制关键点”复选框：在选择的运动路径上绘制关键点。

- “未选定的运动路径”选项组。

“绘制帧标记”复选框：绘制白色标记以在未选择运动路径上的特定帧显示运动路径的位置。

“绘制关键点”复选框：在未选择的运动路径上绘制关键点。

• “修剪路径”复选框：勾选此复选框时，修剪运动路径。

“帧偏移”单选按钮：通过仅显示当前帧之前和之后指定数量的帧来修剪运动路径，例如，在其下的“偏移”数值框中输入“100”，仅显示时间滑块上当前位置的前 100 帧和后 100 帧的部分。

“帧范围”单选按钮：设置要显示的帧范围。

（4）“转换工具”卷展栏如图 8-52 所示。

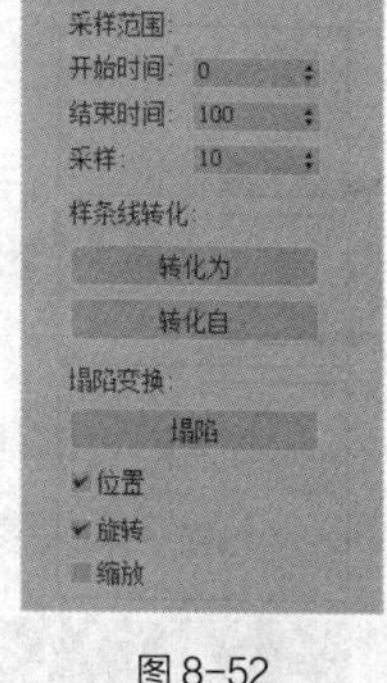

图 8-52

• “开始时间”“结束时间”数值框：为转换指定时间间隔。如果从位置关键帧转换为样条线对象，这就是运动路径采样之间的时间间隔；如果从样条线对象转换为位置关键帧，这就是新关键点放置之间的间隔。

• “采样”数值框：设置转换采样的数目。当向任何方向转换时，按照指定时间间隔对源对象采样，并且在目标对象上创建关键点或者控制点。

• “转化为”“转化自”按钮：将关键帧位置轨迹转化为样条线对象，或将样条线对象转化为关键帧位置轨迹；这可以为对象创建样条线运动路径，然后将样条线转化为对象的位置轨迹关键帧，以便执行各种特定于关键帧的功能（例如，应用恒定速度到关键点并规格化时间），也可以将对象的位置关键帧转化为样条线对象。

• “塌陷”按钮：塌陷选择对象的变换。

• “位置”“旋转”“缩放”复选框：设置想要塌陷的变换。

微课视频
流动的水

8.3.5 【实战演练】流动的水

本案例将创建雪粒子并将其转换为水滴网格。先创建路径图形，为水滴网格中的粒子施加“路径变形”修改器，然后拾取路径，通过设置“拉伸”和“百分比”参数制作流动的水动画。（最终效果参看云盘中的“场景>第 8 章>流动的水 ok.max”效果文件，如图 8-53 所示。）

图 8-53

8.4 综合演练——地球与卫星的制作

本案例将创建一大一小两个球体和一个圆形，并将小球体的路径绑定到圆形上，使其围绕大球体以圆形为路径进行运动。（最终效果参看云盘中的“场景>第 8 章>地球与卫星 ok.max”效果文件，如图 8-54 所示。）

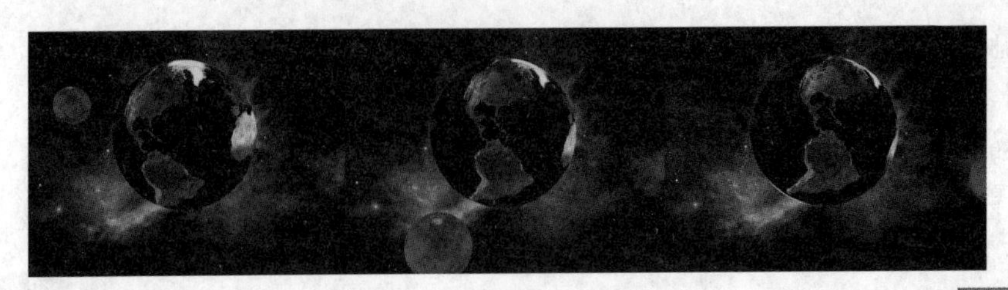

图 8-54

微课视频

飞机飞行动画的制作

8.5 综合演练——飞机飞行动画的制作

本案例将创建摄影机的移动、飞机移动，以及背景贴图移动的关键点的动画效果。（最终效果参看云盘中的“场景>第 8 章>飞机飞行 ok.max”效果文件，如图 8-55 所示。）

图 8-55

09 第 9 章 粒子系统与空间扭曲

使用 3ds Max 2019 可以制作各种类型的场景特效，如下雨、下雪、礼花特效等。要制作这些特效，粒子系统与空间扭曲的应用是必不可少的。本章将对几种类型的粒子系统及空间扭曲进行详细讲解，通过本章的学习，读者可以加深对 3ds Max 2019 特效的认识和了解。

课堂学习目标

- ✔ 基本粒子系统
- ✔ 高级粒子系统
- ✔ 常用空间扭曲

9.1 粒子标版动画

9.1.1 【案例分析】

本案例将使用粒子流源制作标版动画，展现出灵动的魅力。粒子标版动画也是常用的标版动画。

9.1.2 【设计理念】

本案例将利用粒子流源制作粒子标版动画，使用雪粒子制作闪亮的下落体，完成动画效果。（最终效果参看云盘中的“场景>第 9 章>粒子标版动画 ok.max”效果文件，如图 9-1 所示。）

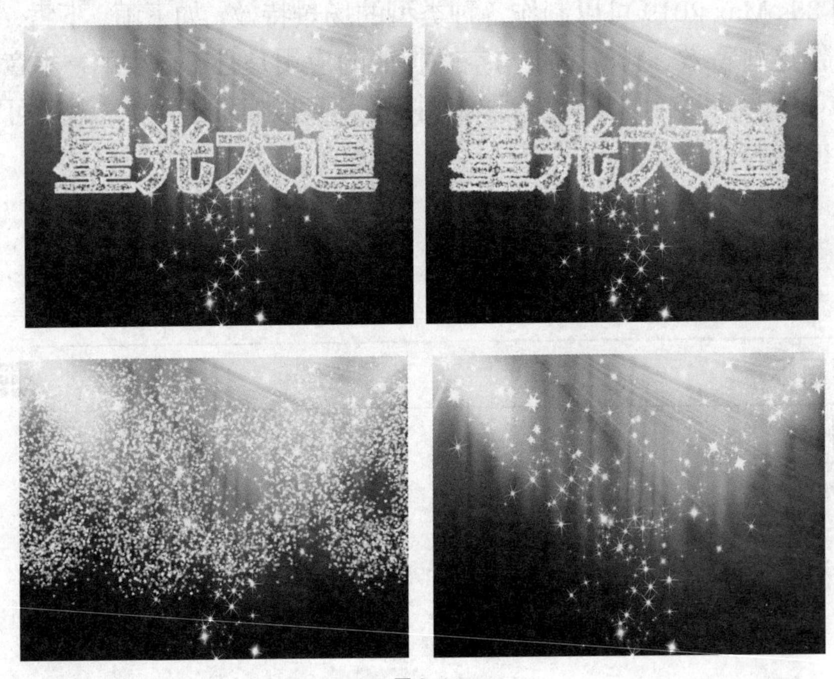

图 9-1

9.1.3 【操作步骤】

步骤① 单击“+（创建）>（图形）>文本”按钮，在前视图中创建文本。在“参数”卷展栏中选择合适的字体并设置字体大小，在“文本”文本框中输入“星光大道”，如图 9-2 所示。

步骤② 切换到“修改”命令面板，在“修改器列表”下拉列表中选择“挤出”修改器，在“参数”卷展栏中设置“数量”为 200，如图 9-3 所示。

步骤③ 单击“+（创建）>（几何体）>粒子系统>粒子流源”按钮，在前视图中按住鼠标左键并拖曳，创建粒子流源图标，如图 9-4 所示。

步骤④ 在“设置”卷展栏中单击“粒子视图”按钮，弹出“粒子视图”窗口。在窗口中选择粒子流源的出生事件，在右侧的“出生 001”卷展栏中设置“发射开始”和“发射停止”均为 0、“数量”为 20000，如图 9-5 所示。

图 9-2

图 9-3

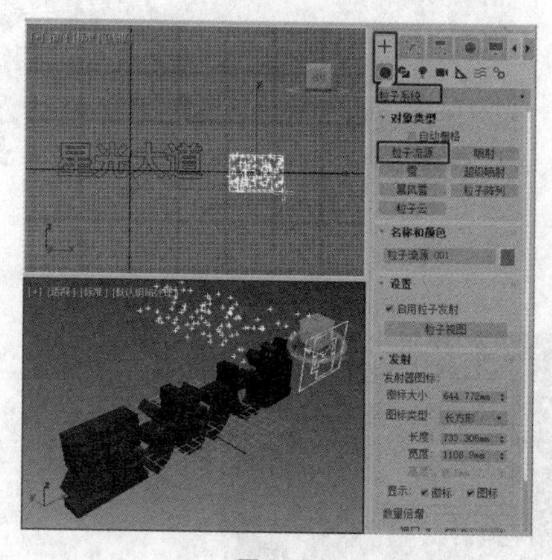

图 9-4

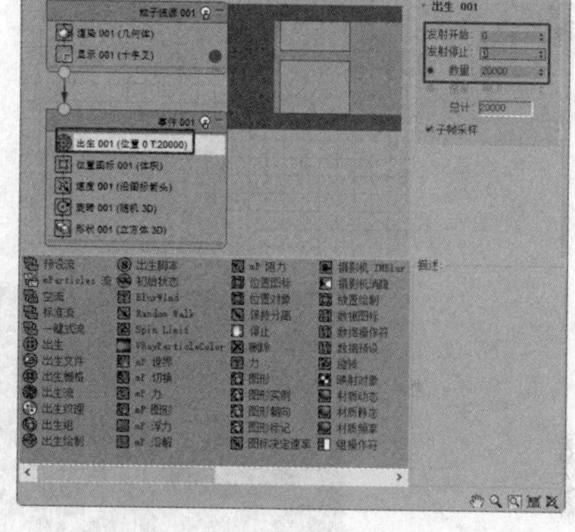

图 9-5

步骤⑤ 在事件仓库中拖曳“位置对象”事件到窗口的“位置图标”事件上，如图 9-6 所示，将“位置图标”事件进行替换。

步骤⑥ 选择“位置对象 001（Text 001）”事件，在右侧的“位置对象 001”卷展栏中单击“发射器对象”列表框下的“添加”按钮，在场景中拾取文本模型，如图 9-7 所示。

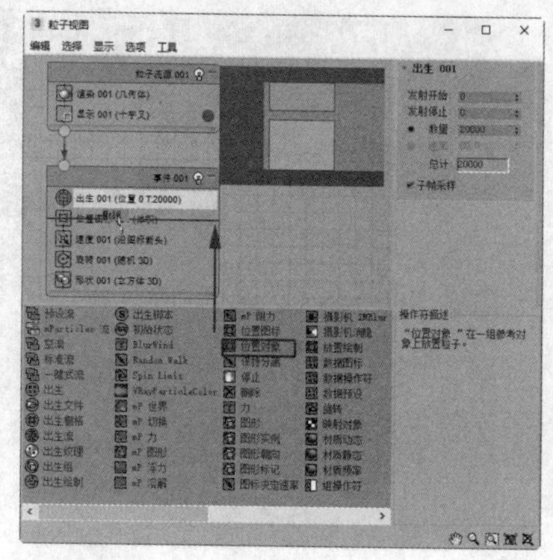

图 9-6

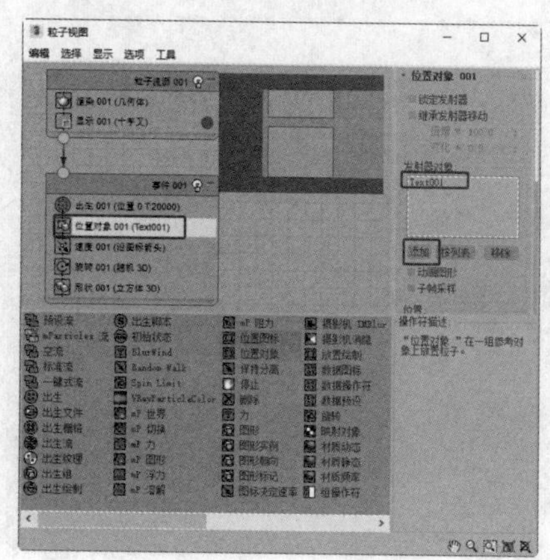

图 9-7

步骤⑦ 选择“形状 001（四棱锥 3D）”事件，在右侧的“形状 001”卷展栏中选择“3D”单选按钮，设置“大小”为 20，如图 9-8 所示。

步骤⑧ 选择“速度 001（随机 3D）”事件，在右侧的“速度 001”卷展栏中设置“速度”和“变化”均为 0，设置“方向”为“随机 3D”，如图 9-9 所示。

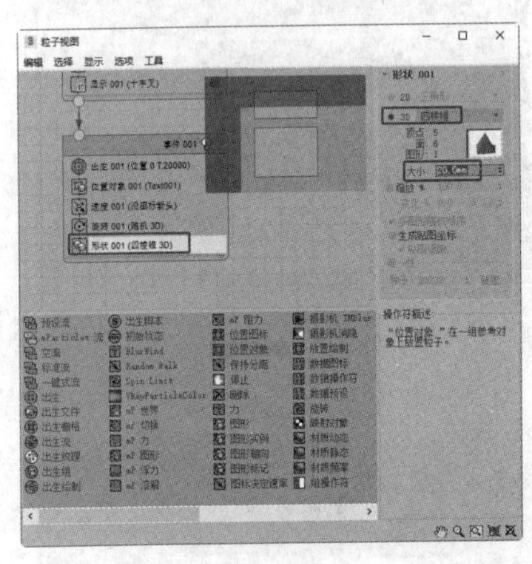

图 9-8

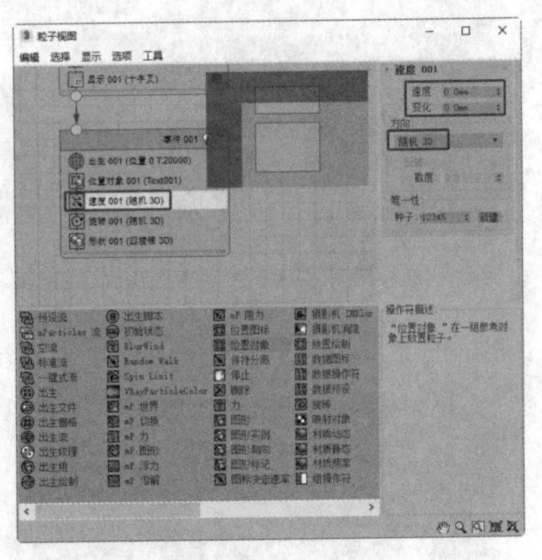

图 9-9

步骤⑨ 渲染场景，得到图 9-10 所示的效果。

图 9-10

步骤⑩ 在事件仓库中拖曳“力”事件到粒子流事件中，如图 9-11 所示。

步骤⑪ 单击“+（创建）>（空间扭曲）>风”按钮，在场景中创建风图标。在“参数”卷展栏中选择“球形”单选按钮，如图 9-12 所示。

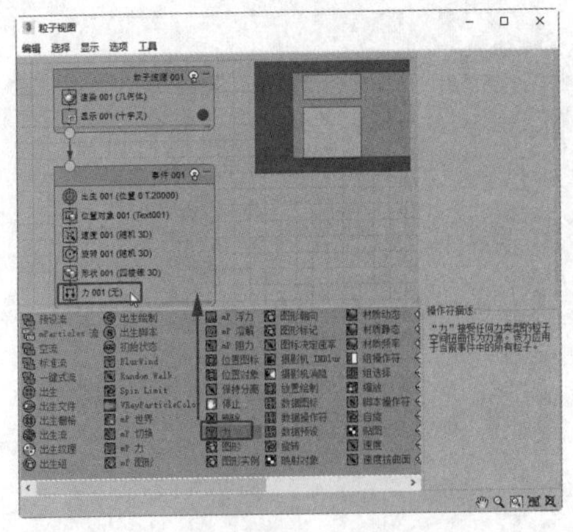

图 9-11

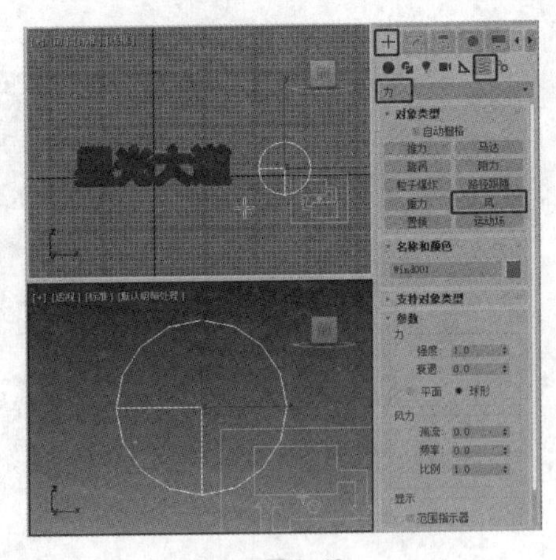

图 9-12

步骤⑫ 打开“粒子视图”窗口，选择“力 001（Wind 001）”事件。在右侧的“力 001”卷展栏中单击“添加”按钮，在场景中拾取风空间扭曲，如图 9-13 所示。

步骤⑬ 在场景中调整风空间扭曲的位置，如图 9-14 所示。

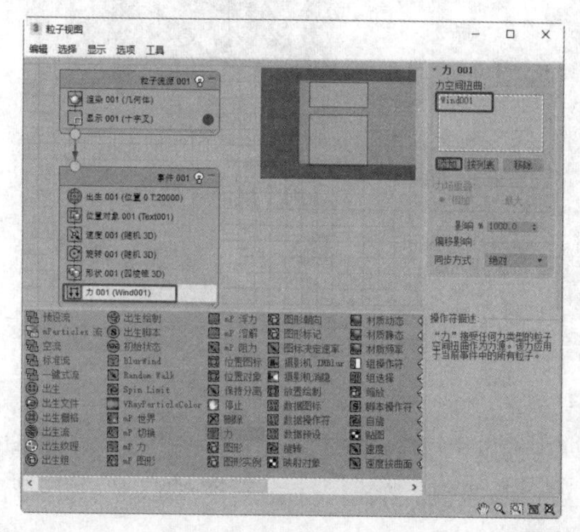

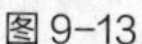

图 9-13

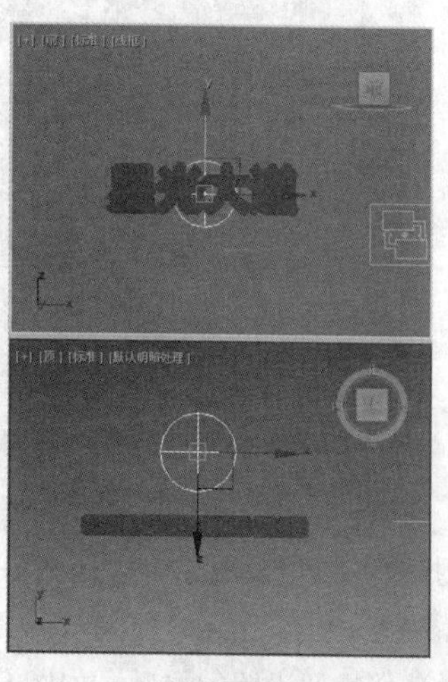

图 9-14

步骤⑭ 打开“自动关键点”按钮，在场景中选择风空间扭曲。在“参数”卷展栏中设置“强度”“衰退”“湍流”“频率”“比例”均为 0，如图 9-15 所示。

步骤⑮ 拖曳时间滑块到第 30 帧，在“参数”卷展栏中设置“强度”“衰退”“湍流”“频率”“比例”均为 0，如图 9-16 所示。

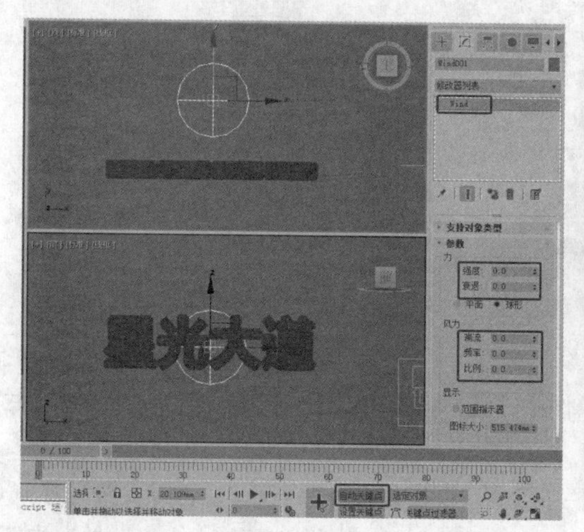

图 9-15

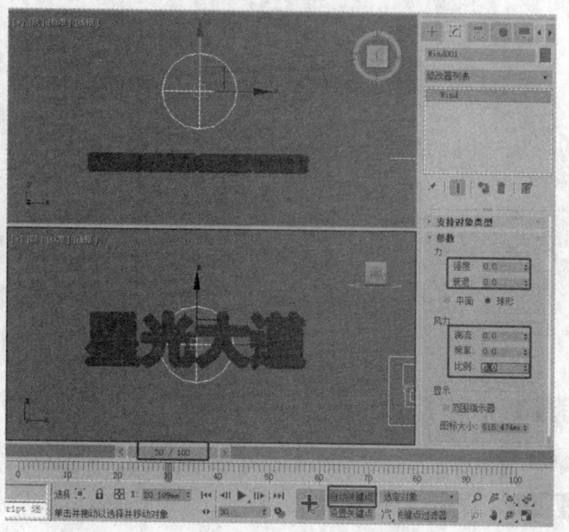

图 9-16

步骤⑯ 拖曳时间滑块到第 31 帧，在“参数”卷展栏中设置“强度”为 1、“衰退”为 0、“湍流”为 1.74、“频率”为 0.7、“比例”为 2.14，如图 9-17 所示。

步骤⑰ 打开材质编辑器，选择一个新的材质样本球。设置“环境光”和“漫反射”的颜色为白色，设置“自发光”选项组的“颜色”为 100，如图 9-18 所示。

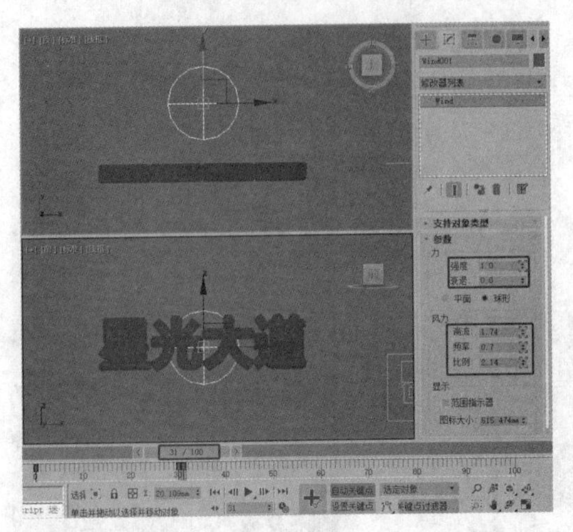

图 9-17

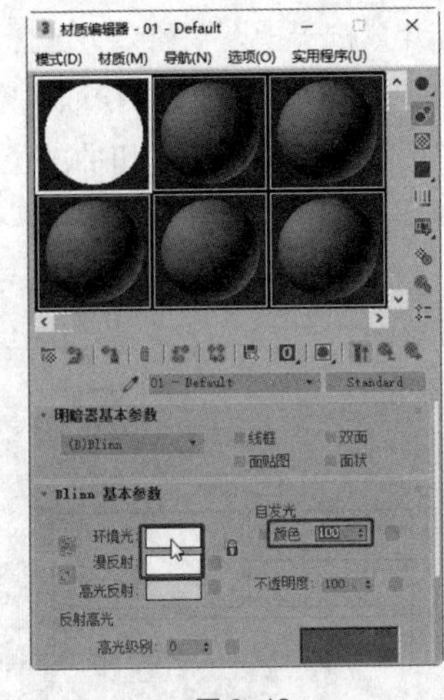

图 9-18

步骤 ⑱ 打开“粒子视图”窗口，在事件仓库中拖曳“材质静态”事件到粒子事件中。选择该事件，在“材质静态 001”卷展栏中单击“01-Default”按钮，弹出“材质/贴图浏览器”对话框，在“示例窗”中选择需要设置的材质，如图 9-19 所示。

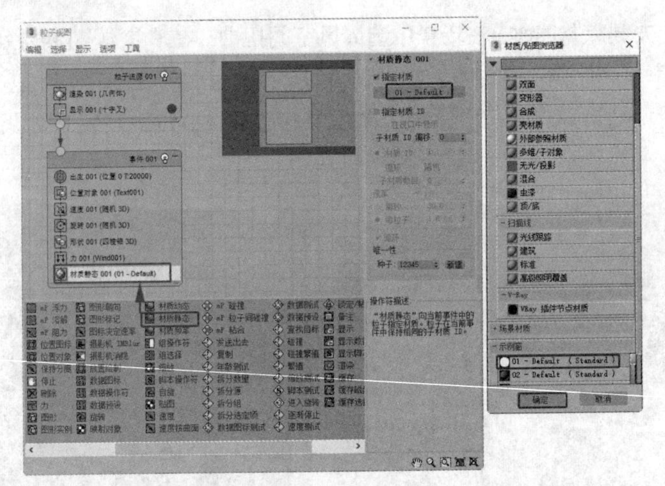

图 9-19

步骤 ⑲ 在事件仓库中拖曳“贴图”事件到粒子事件中，选择该事件，在“Mapping 001”卷展栏中设置“U”“V”“W”均为 4，如图 9-20 所示。

步骤 ⑳ 在顶视图中创建雪粒子。在“参数”卷展栏中设置“视口计数”为 100、“渲染计数”为 100、“雪花大小”为 10、“速度”为 10、“变化”为 2，在“渲染”选项组中选择“六角形”单选按钮，设置“计时”的“开始”为 0、“寿命”为 100，如图 9-21 所示。

步骤 ㉑ 按 8 键，打开“环境和效果”窗口，为环境贴图指定“位图”贴图（贴图位于云盘“贴图>xingguang.jpg”），如图 9-22 所示。在场景中选择一个合适的角度，创建摄影机。

步骤 ㉒ 打开材质编辑器，将指定给环境的贴图拖曳到新的材质样本球上，在弹出的对话框中选择“实例”单选按钮，单击“确定”按钮，如图 9-23 所示。

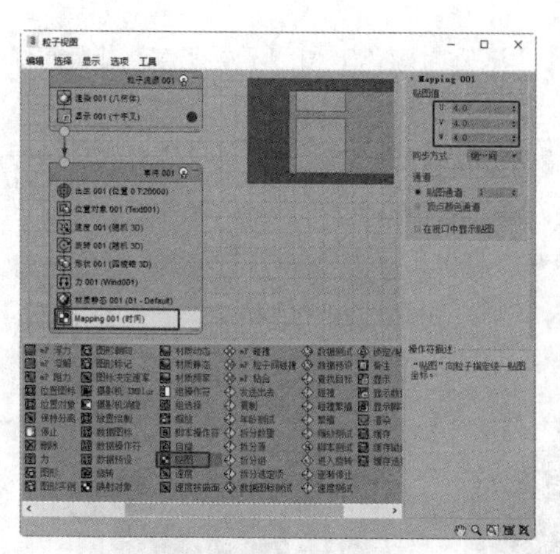

图 9-20

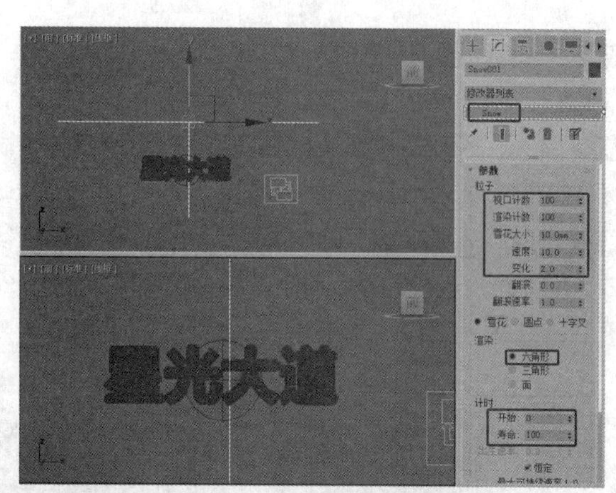

图 9-21

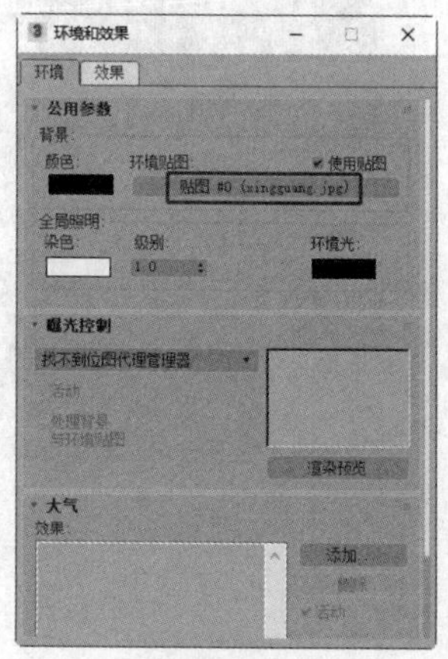

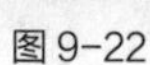

图 9-22

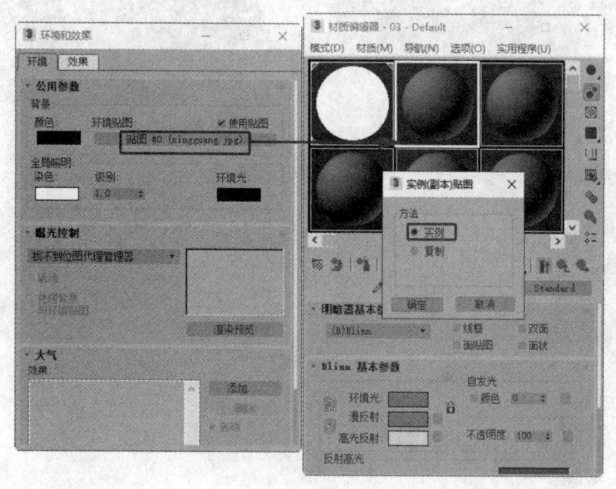

图 9-23

步骤 ㉓ 复制贴图到新的材质样本球上，在“坐标”卷展栏中选择“环境”单选按钮，设置“贴图”为“屏幕”，如图 9-24 所示。

步骤 ㉔ 在透视视图中调整合适的角度，按 Ctrl+C 组合键，在当前视口的角度上创建摄影机视图，如图 9-25 所示。

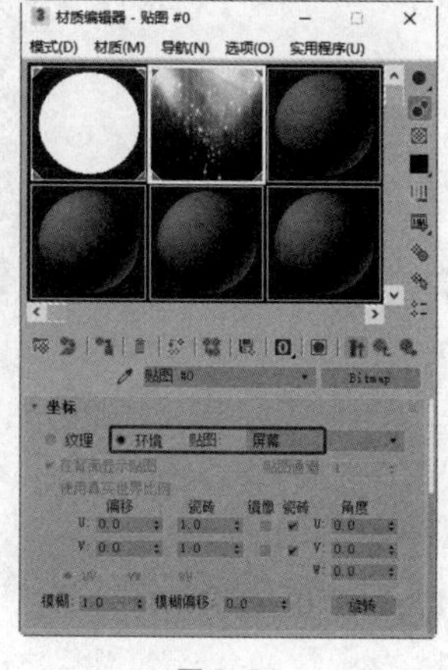

图 9-24

图 9-25

步骤㉕ 选择指定给粒子的材质，在“贴图”卷展栏中为“漫反射颜色”和“不透明度”指定衰减贴图，如图 9-26 所示。

步骤㉖ 进入“漫反射颜色”的贴图层级面板，在“衰减参数”卷展栏中设置第一个色块的颜色为白色，第二个色块的颜色为黄色，设置“衰减类型”为 Fresnel，如图 9-27 所示。

步骤㉗ 进入“不透明度”的贴图层级面板，在“衰减参数”卷展栏中设置第一个色块的颜色为白色，第二个色块的颜色为黑色，其他参数为默认，如图 9-28 所示。对当前场景进行渲染，这里就不详细介绍了。

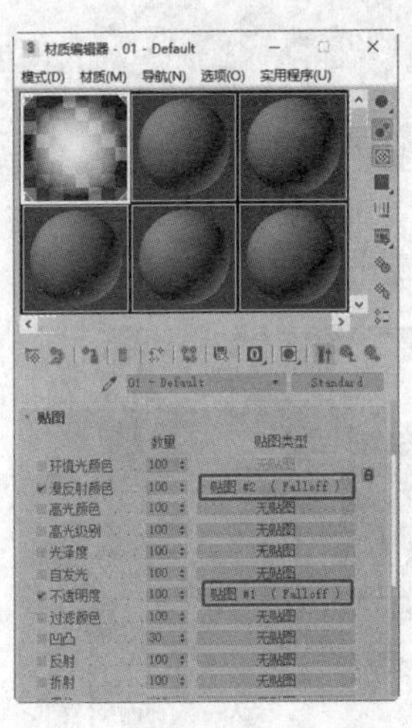

图 9-26

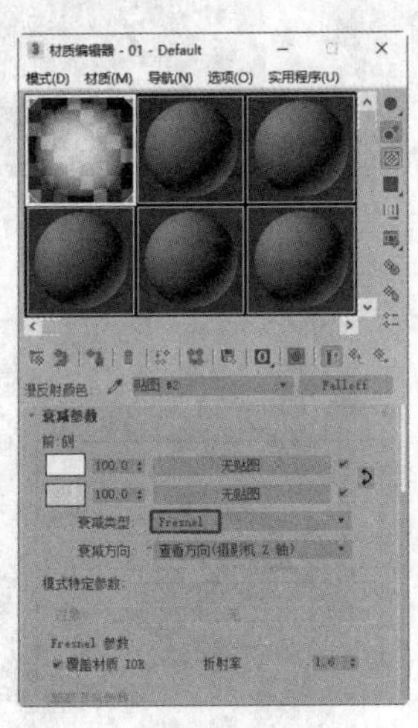

图 9-27

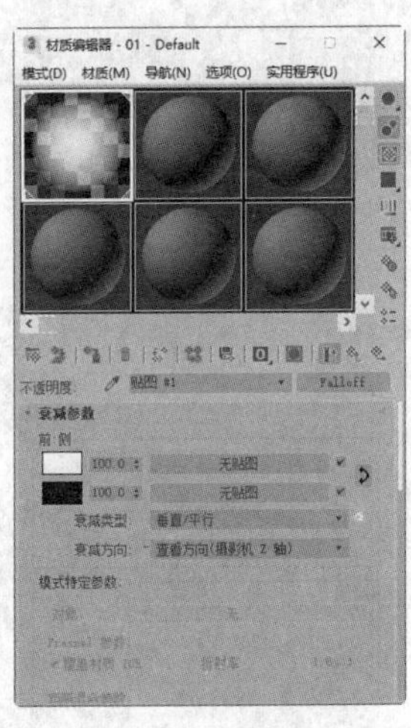

图 9-28

9.1.4 【相关工具】

1. 粒子流源

◎“参数”卷展栏（见图 9-29）

（1）“发射器图标”选项组：在该选项组中设置发射器图标的属性。

- “徽标大小”数值框：通过设置发射器的半径指定粒子的徽标大小。
- “图标类型”下拉列表：从下拉列表中选择图标类型，图标类型影响粒子的反射效果。
- “长度”数值框：设置图标的长度。
- “宽度”数值框：设置图标的宽度。
- “高度”数值框：设置图标的高度。
- “显示”复选框组：用于设置是否在视口中显示“徽标”和“图标”。

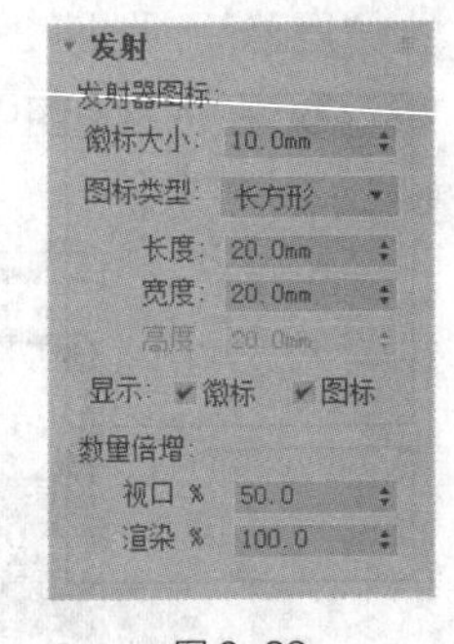

图 9-29

（2）“数量倍增”选项组：从中设置数量的显示。

- “视口%”数值框：设置在场景中显示的粒子百分数。
- “渲染%”数值框：设置渲染的粒子百分数。

◎“系统管理”卷展栏（见图 9-30）

（1）“粒子数量”选项组：可限制系统中的粒子数，以及指定更新系统的频率。

- “上限”数值框：设置系统可以包含的最大粒子数目。

（2）“积分步长”选项组：对于每个积分步长，粒子流都会更新粒子系统，将每个活动动作应用于其事件中的粒子；较小的积分步长可以提高精度，却需要较多的计算时间；这些设置使用户可以在渲染时对视口中的粒子动画应用不同的积分步长。

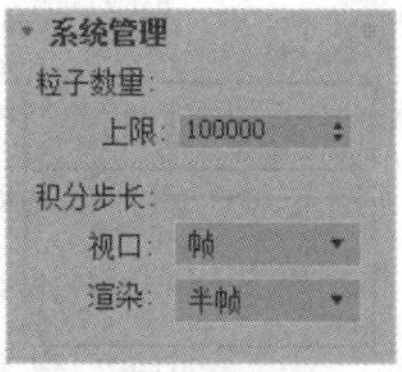

图 9-30

- “视口”下拉列表：设置在视口中播放的动画的积分步长。
- “渲染”下拉列表：设置渲染时的积分步长。

◎“选择”卷展栏（见图 9-31）

该卷展栏仅在“修改”命令面板中出现，介绍如下。

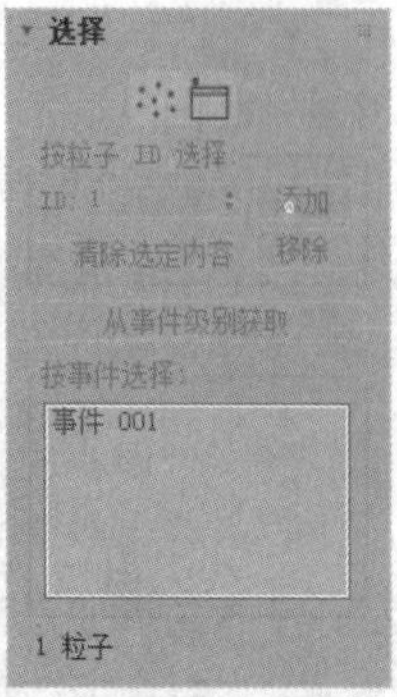

（1）选择集。

- “粒子”选择集：通过单击粒子或框选粒子来选择粒子。
- “事件”选择集：按事件选择粒子。

（2）“按粒子 ID 选择”选项组：每个粒子都有唯一的 ID，第一个粒子使用 1 作为 ID，并依次递增计数作为其他粒子的 ID；通过该选项组可按粒子 ID 选择和取消选择粒子；仅适用于“粒子”选择集。

图 9-31

- “ID”数值框：设置要选择的粒子的 ID，每次只能设置一个数字。
- “添加”按钮：设置完要选择的粒子的 ID 后，单击“添加”按钮，可将其添加到选择中。
- “移除”按钮：设置完要取消选择的粒子的 ID 后，单击“移除”按钮，可将其从选择中移除。
- “清除选定内容”复选框：勾选该复选框后，单击“添加”按钮，会取消选择所有粒子。

（3）“从事件级别获取”按钮：单击该按钮，可将“事件”选择集转化为“粒子”选择集，仅在选择“粒子”选择集时可用。

（4）“按事件选择”选项组：该列表框显示粒子流中的所有事件，并高亮显示选择的事件；要选择所有事件的粒子，请在列表框中单击该粒子或使用标准视口选择方法进行选择。

◎“脚本”卷展栏（见图 9-32）。

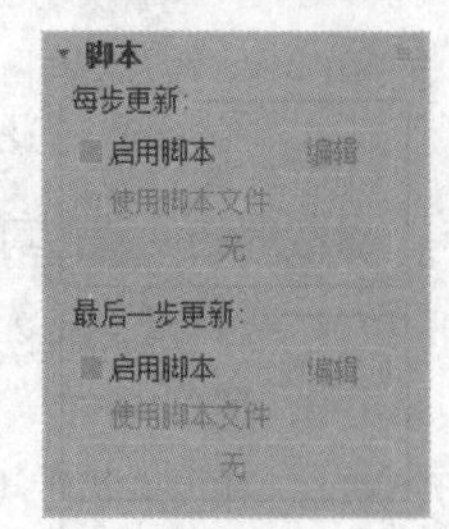

图 9-32

（1）“每步更新”选项组：“每步更新”脚本在每个积分步长的末尾、计算完粒子系统中所有动作后和所有粒子最终在各自的事件中时进行计算。

- “启用脚本”复选框：勾选该复选框，可打开具有当前脚本的文本编辑器窗口。
- “编辑”按钮：单击“编辑”按钮弹出相应对话框。
- “使用脚本文件”复选框：当此复选框处于勾选状态时，可以单击下面的“无”按钮加载脚本文件。
- “无”按钮：单击此按钮弹出相应对话框，可通过对话框指定要从磁盘加载的脚本文件。

（2）“最后一步更新”选项组：完成查看（或渲染）的每帧的最后一个积分步长后，执行“最后一步更新”脚本，例如，在关闭实时的情况下，如果在视口中播放动画，则在粒子系统渲染到视口之前，粒子流会立即按每帧运行此脚本。但是，如果只是跳转到不同帧，则脚本只运行一次。因此，如果脚本采用某一历史记录，就可能获得意外结果。

2. 雪

“参数”卷展栏如图 9-33 所示。

（1）“粒子”选项组的介绍如下。

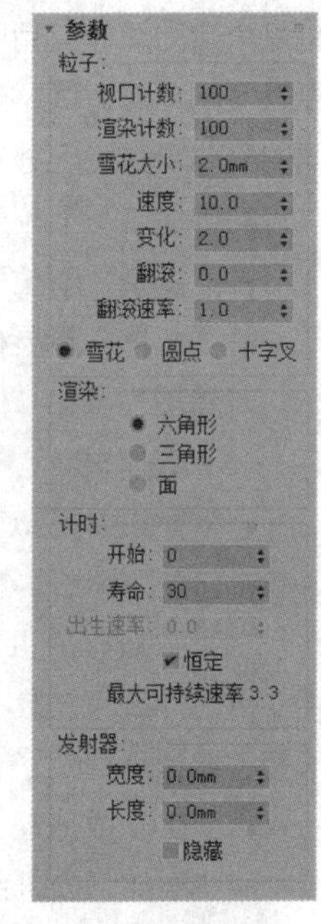

图 9-33

- “视口计数”数值框：设置在给定帧处，视口中显示的最多粒子数。
- “渲染计数”数值框：设置在渲染一个帧时可以显示的最多粒子数。
- “雪花大小”数值框：设置粒子的大小（以活动单位数急计算）。
- “速度”数值框：设置每个粒子离开发射器时的初始速度，粒子会一直以此速度运动，除非受到粒子系统空间扭曲的影响。
- “变化”数值框：改变粒子的初始速度和方向，“变化”值越大，喷射越强，范围越广。
- “雪花”“圆点”“十字叉”单选按钮：选择粒子在视口中的显示方式，粒子的显示方式不影响粒子的渲染方式；水滴是类似雨滴的条纹，圆点是点，十字叉是小的加号。

（2）“渲染”选项组的介绍如下。

- “六角形”单选按钮：将粒子渲染为六角形，长度由“雪花大小”值指定；“六角形”是渲染的默认设置，它提供雪花的基本模拟效果。
- “三角形”单选按钮：三角形是三角形面片，可以根据情况选择是否使用三角形的雪花面片。
- “面”单选按钮：将粒子渲染为正方形，其宽度和高度等于“雪花大小”值。

（3）“计时”选项组：用于控制发射的粒子的出生和消亡速率。

- “开始”数值框：设置第一个出现粒子的帧的编号。
- “寿命”数值框：设置每个粒子的寿命（以帧数计算）。
- “出生速率”数值框：设置每帧产生的新粒子数。
- “恒定”复选框：勾选该复选框后，“出生速率”数值框不可用，使用的出生速率等于最大可持续速率；取消勾选该复选框后，“出生速率”数值框可用；默认设置为勾选。

（4）“发射器”选项组：设置发射器指定场景中出现粒子的区域。

- “宽度”“长度”数值框：在视口中按住鼠标左键并拖曳以创建发射器时，系统隐性设置这两个参数的初始值；可以在这两个数值框中调整。
- “隐藏”复选框：勾选该复选框，可以在视口中隐藏发射器。

3. 风

风空间扭曲可以模拟风吹动粒子系统产生的粒子效果。风力具有方向性，顺风力箭头方向运动的粒子呈加速状态，逆箭头方向运动的粒子呈减速状态。在球形风力情况下，粒子的运动朝向或背离图标。

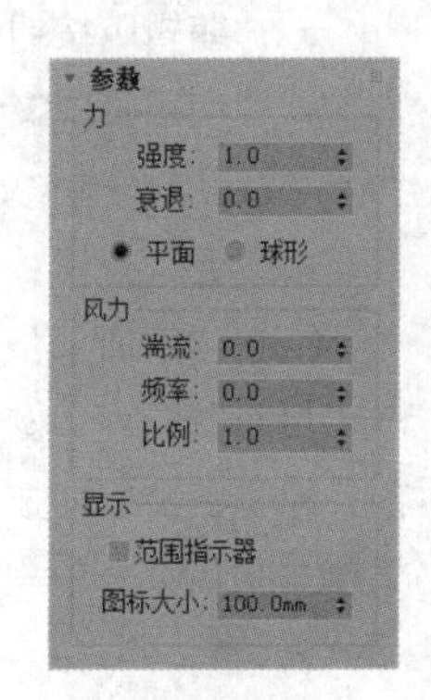

图 9-34

“参数”卷展栏如图 9-34 所示。

- “强度”数值框：增加“强度”的值会增强风力效果，强度小于 0.0 会产生吸力，排斥朝相同方向运动的粒子，而吸引朝相反方向运动的粒子。
- “衰退”数值框：设置“衰退”为 0.0 时，风空间扭曲在整个世界坐标系内有相同的强度；增加“衰退”值会导致强度从风空间扭曲的所在位置开始，随距离的增加而降低。
- “平面”单选按钮：选择该单选按钮，风力效果垂直于贯穿场景的风空间扭曲所在的平面。

- “球形”单选按钮：选择该单选按钮，风力效果为球形，以风空间扭曲为中心。
- “湍流”数值框：可以使粒子在被风吹动时随机改变路线，该值越大，湍流效果越明显。
- “频率”数值框：当该值大于 0.0 时，湍流效果随时间呈周期性变化，这种微妙的变化可能无法看见，除非绑定的粒子系统生成大量粒子。
- “比例”数值框：缩放湍流效果。当该值较小时，湍流效果较平滑、规则；当该值较大时，湍流效果会变得不规则、混乱。

微课视频
下雪动画

9.1.5 【实战演练】下雪动画

本案例将创建并修改雪粒子的参数，制作下雪动画。（最终效果参看云盘中的“场景>第 9 章>雪 ok.max”效果文件，效果如图 9-35 所示。）

图 9-35

9.2 烟雾效果

微课视频
烟雾效果

9.2.1 【案例分析】

本案例将使用粒子系统模拟一些特效，如烟雾效果，这些特效在视频后期中也是非常实用的，下面介绍如何使用超级喷射粒子模拟烟雾效果。

9.2.2 【设计理念】

本案例将创建茶几喷射粒子，通过调整它的参数，设置一个合适的材质来完成烟雾效果的模拟。（最终效果参看云盘中的“场景>第 9 章>烟雾 ok.max”效果文件，如图 9-36 所示。）

图 9-36

9.2.3 【操作步骤】

步骤① 打开“烟雾.max”素材文件，如图 9-37 所示。渲染当前场景，可以看到场景中已经设置好了材质和灯光等。

步骤② 单击“+（创建）>●（几何体）>粒子系统>超级喷射”按钮，在顶视图中创建超级喷射粒子，如图 9-38 所示。

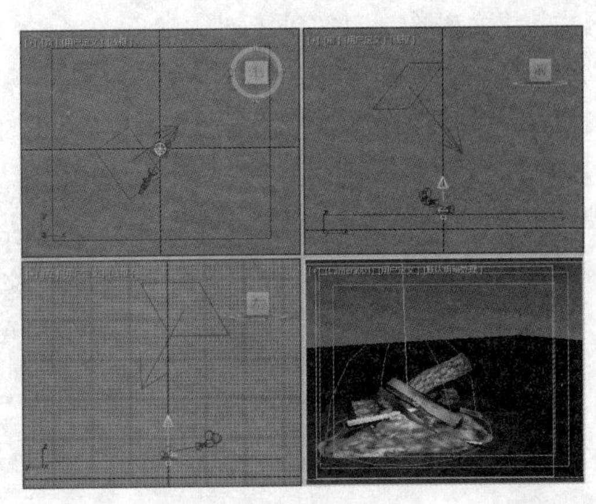

图 9-37

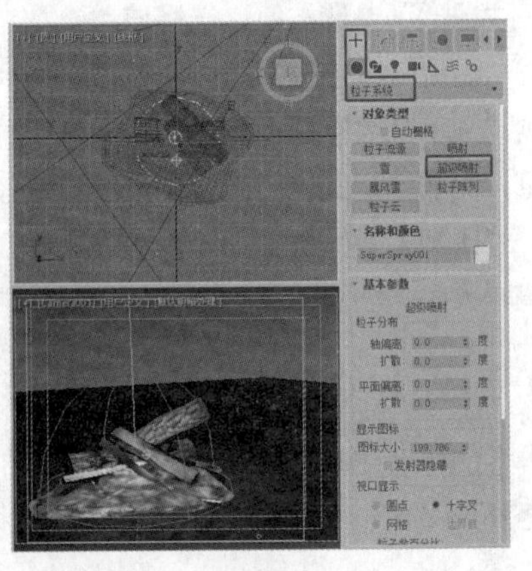

图 9-38

步骤③ 切换到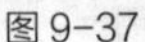“修改”命令面板，在“基本参数”卷展栏中设置“轴偏离”为 4、“扩散”为 20、“平面偏离”为 127、“扩散”为 180，在“视口显示”选项组中选择“网格”单选按钮，设置“粒子数百分比”为 100%。在“粒子生成”卷展栏中选择“使用速率”单选按钮，设置参数为 1，设置“粒子运动”选项组的“速度”为 10、“变化”为 0，设置“发射开始”为-50、“发射停止”为 100、“显示时限”为 100、“寿命”为 100、“变化”为 0。设置“粒子大小”选项组中的“大小”为 60、“变化”为 0、“增长耗时”为 10、“衰减耗时”为 10。在“粒子类型”卷展栏中设置“粒子类型”为“标准粒子”，设置“标准粒子”为“面”，如图 9-39 所示。

步骤④ 打开材质编辑器，选择一个新的材质样本球。在“贴图”卷展栏中为“漫反射颜色”指定粒子年龄贴图，将粒子年龄贴图拖曳到“自发光”后的按钮上，在弹出的对话框中选择“实例”单选按钮，为“不透明度”指定衰减贴图，如图 9-40 所示。

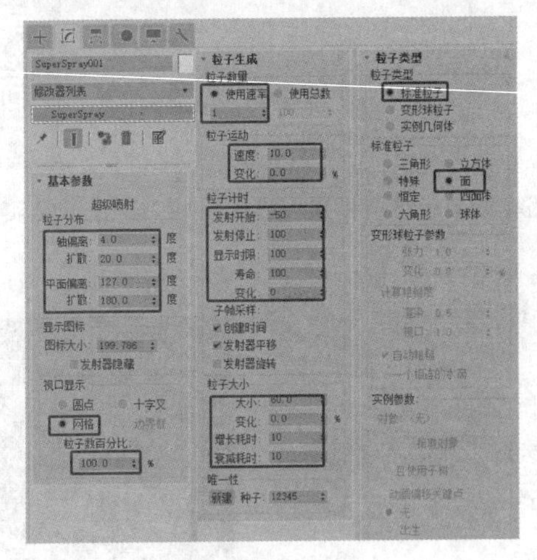

图 9-39

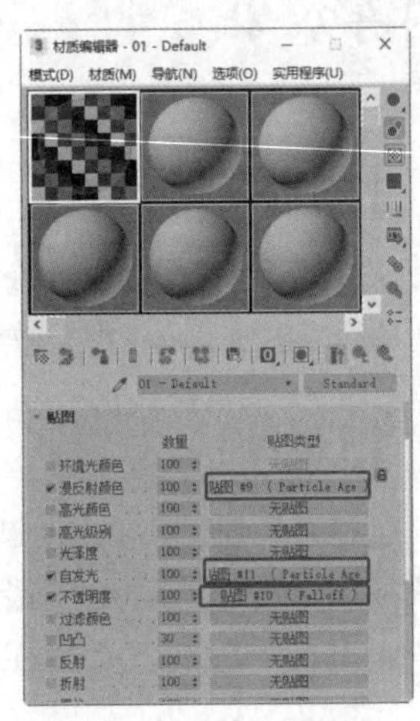

图 9-40

步骤⑤ 进入“漫反射颜色”的贴图层级面板，在“粒子年龄参数”卷展栏中设置“颜色#1”的“红”“绿”“蓝”分别为 176、12、0，设置“颜色#2”的“红”“绿”“蓝”分别为 86、55、30，设置“颜色#3”的“红”“绿”“蓝”分别为 67、61、55，如图 9-41 所示。

步骤⑥ 进入“不透明度”贴图层级面板，在“衰减参数”卷展栏中选择“衰减类型”为 Fresnel，如图 9-42 所示。

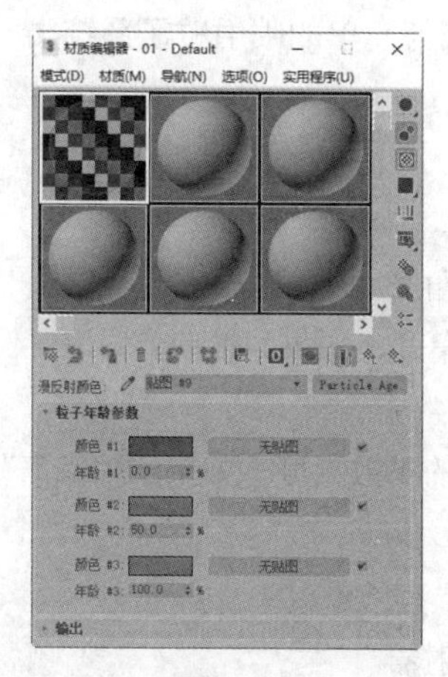

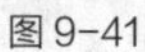

图 9-41

图 9-42

步骤⑦ 单击“+（创建）>（空间扭曲）>风”按钮，在场景中创建风空间扭曲，调整风空间扭曲的角度和位置。切换到“修改”命令面板，设置“强度”为 0.38，如图 9-43 所示。

步骤⑧ 在工具栏中单击“绑定到空间扭曲”按钮，在场景中将粒子系统绑定到风空间扭曲上，如图 9-44 所示。

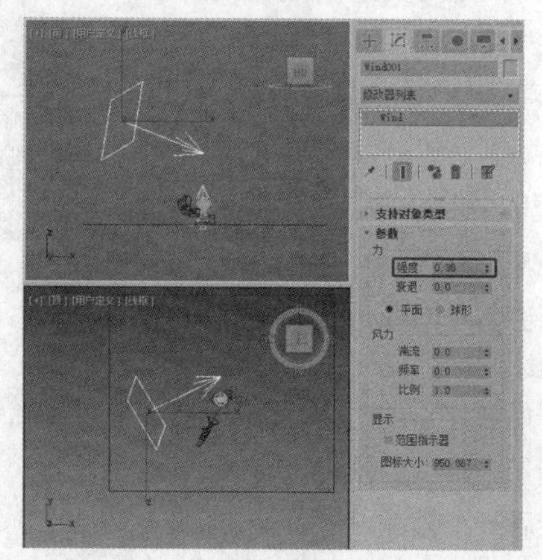

图 9-43

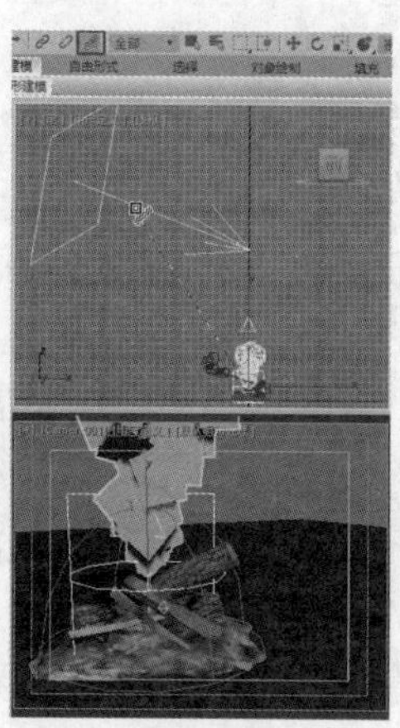

图 9-44

步骤⑨ 调整风空间扭曲的角度，直到实现烟雾飘动的效果，如图 9-45 所示。

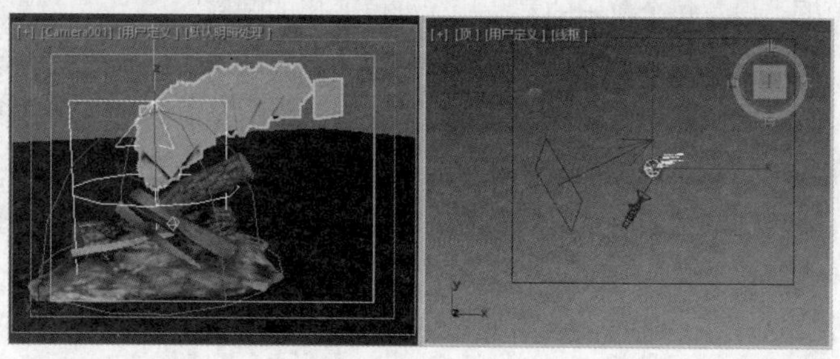

图 9-45

9.2.4 【相关工具】

超级喷射

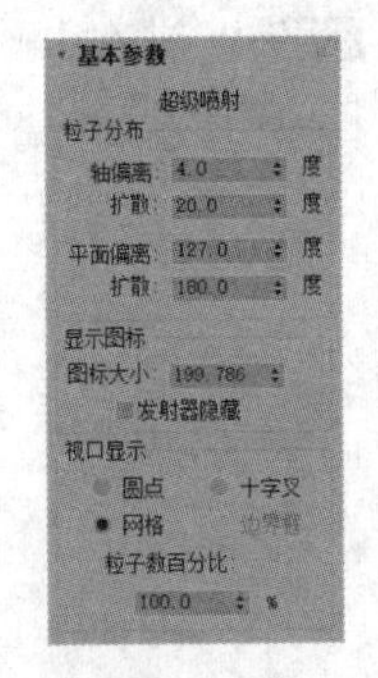

超级喷射可以发射受控制的粒子。此粒子喷射系统与简单的喷射粒子系统类似，只是增加了所有新型粒子系统的功能。

◎“基本参数”卷展栏（见图 9-46）

- “轴偏离”数值框：设置粒子流与 z 轴的夹角。
- “扩散”数值框：设置粒子远离发射向量的扩散角度。
- “平面偏离”数值框：设置围绕 z 轴的粒子发射角度，如果“轴偏离”设置为 0，则此参数值无效。

图 9-46

- “扩散”数值框：设置粒子围绕“平面偏离”轴的扩散角度，如果“轴偏离”设置为 0，则此参数值无效。
- “图标大小”数值框：设置图标显示的大小。
- “发射器隐藏”复选框：勾选该复选框则隐藏发射器。
- “粒子数百分比”数值框：通过百分数设置粒子的多少。

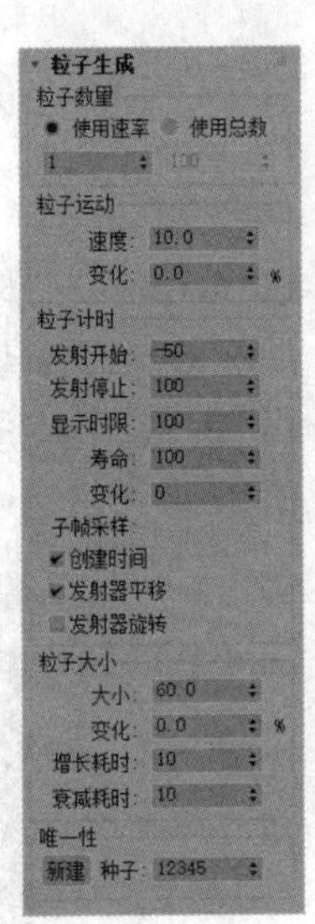

◎“粒子生成”卷展栏（见图 9-47）

（1）“粒子数量”选项组：在此选项组中，可以选择一种依据时间确定粒子数的方法。

- “使用速率”单选按钮：设置每帧发射的固定粒子数，使用微调器可以设置每帧产生的粒子数。
- “使用总数”单选按钮：设置在系统使用寿命内产生的总粒子数，使用微调器可以设置产生的总粒子数。

（2）“粒子运动”选项组：使用此选项组中的微调器控制粒子的初始速度，方向为沿着曲面、边、顶点或法线（为每个发射点插入）。

- “速度”数值框：设置粒子在出生时沿着法线方向的速度。
- “变化”数值框：对每个粒子的发射速度应用一个变化百分比。

图 9-47

（3）“粒子计时”选项组：设置粒子发射开始和停止的时间，以及各个粒子的寿命。

- “发射开始”数值框：设置粒子开始在场景中出现的帧。
- “发射停止”数值框：设置发射粒子的最后一个帧。
- “显示时限”数值框：设置所有粒子都消失的帧。
- “寿命”数值框：设置每个粒子的寿命。
- “变化”数值框：设置每个粒子的寿命从标准值变化的帧数。
- “创建时间”复选框：勾选此复选框，允许向防止随时间发生膨胀的运动等添加时间偏移。
- “发射器平移”复选框：勾选此复选框，如果基于对象的发射器在空间中移动，在沿着可渲染位置之间的几何体路径的位置上以整倍数创建粒子，这样可以避免在空间中膨胀。
- “发射器旋转”复选框：如果发射器旋转，勾选此复选框可以避免膨胀，并产生平滑的螺旋形效果，默认设置为未勾选。

（4）“粒子大小”选项组：通过此选项组中的参数设置粒子的大小。

- “大小”数值框：设置动画的参数，根据粒子的类型设置系统中所有粒子的目标大小。

• “变化”数值框：设置每个粒子的大小从标准值变化的百分比。

• “增长耗时”数值框：设置粒子从很小增长到“大小”的值经历的帧数；此值受“大小”“变化”值的影响，因为“增长耗时”在“变化”之后应用；使用此参数可以模拟自然效果，如气泡随着向水面靠近而增大。

• “衰减耗时”数值框：设置粒子在消亡之前缩小到其“大小”的 1/10 所经历的帧数；此参数也在“变化”之后应用；使用此参数可以模拟自然效果，如火花逐渐变为灰烬。

（5）“唯一性”选项组：通过更改此选项组中的“种子”值，可以在其他粒子设置相同的情况下，生成不同的效果。

• “新建”按钮：随机生成新的种子值。

• “种子”数值框：设置特定的种子值。

◎“粒子类型”卷展栏（见图 9-48）

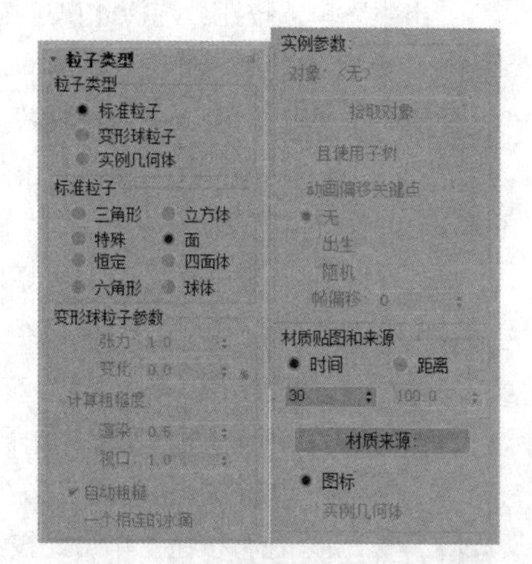

图 9-48

（1）“粒子类型”选项组：选择几种粒子类型中的一种，如“变形球粒子”“实例几何体”等。

（2）“标准粒子”选项组：选择几种标准粒子类型中的一种，如“三角形”“立方体”“特殊”“面”“恒定”“四面体”“六角形”“球体”等。

（3）“变形球粒子参数”选项组：如果在“粒子类型”选项组中选择了“变形球粒子”单选按钮，则此选项组变为可用，且变形球作为粒子使用。变形球粒子需要额外的时间进行渲染，但是对于制作喷射和流动的液体效果非常有效。

• “张力”数值框：设置有关粒子与其他粒子混合倾向的紧密度；张力越大，聚集越难，合并也越难。

• “变化”数值框：设置张力效果的变化百分比。

• “计算粗糙度”：设置计算变形球粒子解决方案的精确程度；粗糙度越大，计算工作量越少；不过，如果粗糙度过大，变形球粒子效果可能很小，或根本没有效果；反之，如果粗糙度设置过小，计算时间可能会非常长。

“渲染”数值框：设置渲染场景中变形球粒子的粗糙度，如果勾选“自动粗糙”复选框，则此参数不可用。

“视口”数值框：设置视口显示的粗糙度，如果勾选“自动粗糙”复选框，则此参数不可用。

• “自动粗糙”复选框：一般规则是将粗糙度设置为介于粒子大小的 1/4 到 1/2 之间的数值；如果勾选此复选框，会根据粒子大小自动设置渲染粗糙度，视口粗糙度会设置为渲染粗糙度大约两倍。

• “一个相连的水滴”复选框：如果取消勾选此复选框，将计算所有粒子；如果勾选此复选框，将使用快捷算法，仅计算和显示彼此相连或邻近的粒子。

（4）“实例参数”选项组：在“粒子类型”选项组中选择“实例几何体”单选按钮时，可以使用这些参数；这样，每个粒子作为对象、对象链接层次或组的实例生成。

• “对象”：显示所拾取对象的名称。

• “拾取对象”按钮：单击此按钮，然后在视口中选择要作为粒子使用的对象。

• “且使用子树”复选框：如果要将拾取对象的链接子对象包括在粒子中，则勾选此复选框；如果拾取的对象是组，将包括组中的所有子对象。

- “动画偏移关键点”单选按钮组：可以为实例对象设置动画，此处的参数可以设置粒子的动画计时。

“无”单选按钮：选择此单选按钮，每个粒子复制原对象的计时；因此所有粒子的动画计时均相同。

“出生”单选按钮：选择此单选按钮，第一个出生的粒子是粒子出生时源对象当前动画的实例；每个后续粒子将使用相同的开始时间设置动画。

“随机”单选按钮：当“帧偏移”设置为 0 时，此单选按钮的作用等同于“无”，否则，每个粒子出生时使用的动画都将与源对象出生时使用的动画相同，但会基于“帧偏移”的值产生帧的随机偏移。

- “帧偏移”数值框：设置从源对象的当前计时的偏移值。

（5）“材质贴图和来源”选项组：设置贴图材质如何影响粒子，并且可以为粒子设置材质的来源。

- “时间”单选按钮：设置从粒子出生开始完成粒子的一个贴图所需的帧数。
- “距离”单选按钮：设置从粒子出生开始完成粒子的一个贴图所需的距离。
- “材质来源”按钮：单击此按钮，使用下面的单选按钮指定的来源更新粒子系统携带的材质。
- “图标”单选按钮：选择此单选按钮，粒子使用当前为粒子系统图标指定的材质。
- “实例几何体”单选按钮：选择此单选按钮，粒子使用为实例几何体指定的材质。

◎“旋转和碰撞”卷展栏（见图 9-49）

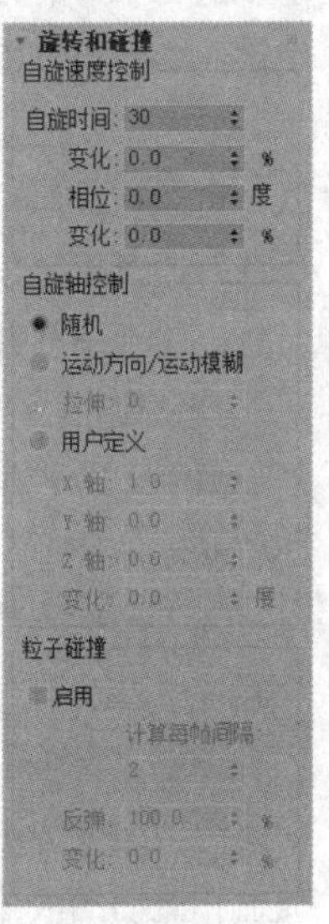

图 9-49

（1）“自旋速度控制”选项组。

- “自旋时间”数值框：设置粒子旋转一次的帧数，如果此参数设置为 0，则粒子不会旋转。
- “变换”数值框：设置自旋时间的变化百分比。
- “相位”数值框：设置粒子的初始旋转角度（以度计），此参数的设置对碎片没有意义，碎片总是从 0 开始旋转。
- “变化”数值框：设置相位的变化百分比。

（2）“自旋轴控制”选项组：其中的参数用于设置粒子的自旋轴向，并提供对粒子应用运动模糊效果的部分方法。

- “随机”单选按钮：选择此单选按钮，每个粒子的自旋方向是随机的。
- “运动方向/运动模糊”单选按钮：选择此单选按钮，围绕粒子移动方向生成向量旋转粒子，选择此单选按钮还可以使用“拉伸”对粒子应用一种运动模糊效果。
- “拉伸”数值框：如果此值大于 0，则粒子根据其速度沿运动轴向拉伸，仅当选择了“运动方向/运动模糊”单选按钮时，此参数才可用。
- “用户定义”单选按钮：选择此单选按钮，使用“X 轴”“Y 轴”“Z 轴”中定义的向量，仅当选择了“用户定义”单选按钮时，这些参数才可用。
- “变化”数值框：每个粒子的自旋轴可以从指定的“X 轴”“Y 轴”“Z 轴”设置变化的量（以度计），仅当选“用户定义”单选按钮时，这个参数才可用。

（3）“粒子碰撞”选项组：设置粒子之间的碰撞，并控制碰撞发生的形式。

- “启用”复选框：勾选该复选框，在计算粒子移动时启用粒子间的碰撞。

• “计算每帧间隔”数值框：设置每个渲染间隔的间隔数，并进行粒子碰撞测试；此值越大，模拟越精确，但是模拟运行的速度越慢。

• “反弹”数值框：设置在碰撞后速度恢复的程度。

• “变化”数值框：设置应用于粒子的“反弹”值的随机变化百分比。

◎“对象运动继承”卷展栏（见图 9-50）

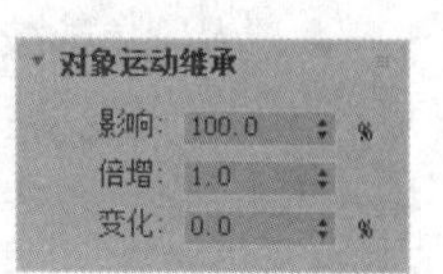

图 9-50

• “影响”数值框：设置在粒子产生时，继承基于对象的发射器运动的粒子所占百分比。

• “倍增”数值框：设置修改发射器运动影响粒子运动的量，此参数值可以是正数，也可以是负数。

• “变化”数值框：设置“倍增”值的变化百分比。

◎“气泡运动”卷展栏（见图 9-51）

图 9-51

• “幅度”数值框：设置粒子离开通常的速度矢量的距离。

• “变化”数值框：设置每个粒子应用的振幅变化的百分比。

• “周期”数值框：设置粒子通过气泡“波”的一个完整振动的周期。

• “变化”数值框：设置每个粒子的周期变化的百分比。

• “相位”数值框：设置气泡图案的初始角度。

• “变化”数值框：设置每个粒子的相位变化的百分比。

◎“粒子繁殖”卷展栏（见图 9-52）

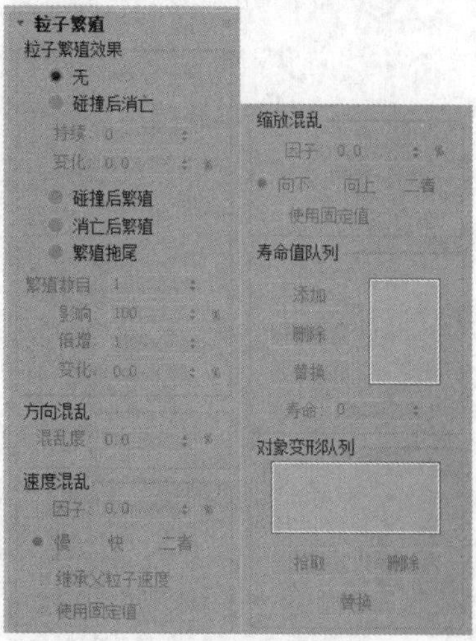

（1）“粒子繁殖效果”选项组：设置粒子在碰撞或消亡时的状态。

• “无”单选按钮：选择此单选按钮，不使用任何繁殖控件，粒子按照正常方式活动。

• “碰撞后消亡”单选按钮：选择此单选按钮，粒子在碰撞到绑定的导向器（例如导向球）时消失。

• “持续”数值框：选择“碰撞后消亡”单选按钮时，粒子在碰撞后持续的时间（帧数）；如果将此参数设置为 0（默认设置），粒子在碰撞后立即消失。

• “变化”数值框：当“持续”值大于 0 时，每个粒子的“持续”值将各不相同。

图 9-52

• “碰撞后繁殖”单选按钮：选择此单选按钮，在与绑定的导向器碰撞时产生繁殖效果。

• “消亡后繁殖”单选按钮：选择此单选按钮，在每个粒子的寿命结束时产生繁殖效果。

• “繁殖拖尾”单选按钮：选择此单选按钮，现有粒子寿命的每个帧都从相应粒子繁殖粒子。

• “繁殖数目”数值框：选择“碰撞后繁殖”或“消亡后繁殖”单选按钮时，除原粒子以外的繁殖数。

• “影响”数值框：设置将要繁殖的粒子的百分比，如果减小此值，会减少产生繁殖粒子的粒子数。

• “倍增”数值框：设置每个繁殖事件繁殖的倍增粒子数。

• “变化”数值框：设置“倍增”值逐帧变化的百分比范围。

（2）“方向混乱”选项组：设置粒子的方向混乱。

- “混乱度”数值框：设置繁殖粒子的方向可以从父粒子的方向变化的量。

（3）“速度混乱”选项组：随机改变繁殖的粒子与父粒子的相对速度。

- “因子”数值框：设置繁殖粒子的速度相对于父粒子的速度变化的百分比范围。
- “慢”单选按钮：选择此单选按钮，随机应用速度因子，减慢繁殖的粒子的速度。
- “快”单选按钮：选择此单选按钮，根据速度因子随机加快粒子的速度。
- “二者”单选按钮：选择此单选按钮，根据速度因子，有些粒子会加快速度，有些粒子会减慢速度。
- “继承父粒子速度”复选框：勾选此复选框，除了速度因子的影响外，繁殖的粒子还会继承母体的速度。
- “使用固定值”复选框：勾选此复选框，将“因子”值作为固定值，而不是作为随机值应用于每个粒子。

（4）“缩放混乱”选项组：对粒子应用随机缩放。

- “因子”数值框：为繁殖的粒子设置相对于父粒子的随机缩放百分比范围，这还与以下单选项相关。
- “向下”单选按钮：选择此单选按钮，根据“因子”的值随机缩小繁殖的粒子，使其小于父粒子。
- “向上”单选按钮：选择此单选按钮，随机放大繁殖的粒子，使其大于父粒子。
- “二者”单选按钮：选择此单选按钮，将繁殖的粒子缩放为大于或小于其父粒子的粒子。
- “使用固定值”复选框：勾选此复选框，将“因子”的值作为固定值，而不是值范围。

（5）“寿命值队列”选项组：设置繁殖的每一代粒子的备选寿命值列表。

- “添加”按钮：将“寿命”的值加入列表框。
- “删除”按钮：将“寿命”的值从列表框删除。
- “替换”按钮：可以使用“寿命”的值替换列表框中的值，使用时先将新值放入“寿命”数值框中，再在列表框中选择要替换的值，然后单击“替换”按钮。
- “寿命”数值框：设置一代粒子的寿命值。

（6）“对象变形队列”选项组：可以在带有每次繁殖“按照‘繁殖数目’设置”的实例对象粒子之间切换。

- “拾取”按钮：单击此按钮，然后在视口中选择要加入列表的对象。
- “删除”按钮：删除列表框中当前高亮显示的对象。
- “替换”按钮：使用其他对象替换列表框中的对象。

◎“加载/保存预设”卷展栏（见图 9-53）

图 9-53

- “预设名”文本框：设置名称的可编辑字段，单击“保存”按钮保存预设名。
- “保存预设”列表框：包含所有保存的预设名。
- “加载”按钮：加载“保存预设”列表框中当前高亮显示的预设名，在列表框中双击预设名，可以加载预设。
- “保存”按钮：保存“预设名”中的当前名称，并将其放入“保存预设”列表框。
- “删除”按钮：删除“保存预设”列表框中的选定项。

9.2.5 【实战演练】下雨动画

本案例将使用喷射粒子来完成下雨的动画。（最终效果参看云盘中的“场景>第 9 章>下雨 ok.max”效果文件，如图 9-54 所示。）

图 9-54

9.3 综合演练——手写字动画的制作

本案例将使用“粒子阵列”粒子系统，将粒子分布在几何体对象上，并结合“路径约束”工具来制作手写字动画。（最终效果参看云盘中的“场景>第 9 章>手写字 ok.max”效果文件，如图 9-55 所示。）

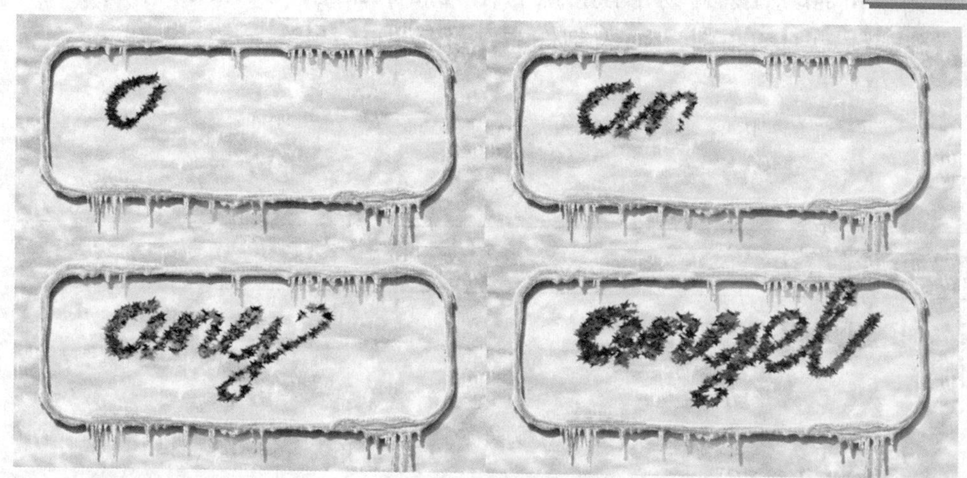

图 9-55

9.4 综合演练——破碎文字的制作

微课视频

破碎文字的制作

本案例将使用“粒子阵列”粒子系统，设置粒子阵列的参数，完成破碎的文字效果。（最终效果参看云盘中的“场景>第 9 章>破碎的文字 ok.max”效果文件，如图 9-56 所示。）

图 9-56

10 第10章 MassFX

本章将详细讲解3ds Max 2019中的MassFX插件。它提供了用于为项目添加真实物理模拟的工具集。该插件加强了特定于3ds Max 2019中的工作流，可实现使用修改器和辅助对象为场景模拟的各个方面添加注释。通过本章的学习，读者可以掌握刚体动画和布料动画的制作方法和应用技巧。

课堂学习目标

- MassFX工具栏
- 刚体
- 布料

10.1 保龄球碰撞动画

微课视频

保龄球碰撞动画

10.1.1 【案例分析】

本案例主要讲解保龄球碰撞动画的制作。

10.1.2 【设计理念】

使用刚体制作保龄球碰撞的动画，设置模型的模拟几何体属性，设置完成后预览动画，并渲染输出动画。（最终效果参看云盘中的“场景>第 10 章>保龄球 ok.max”效果文件，如图 10-1 所示。）

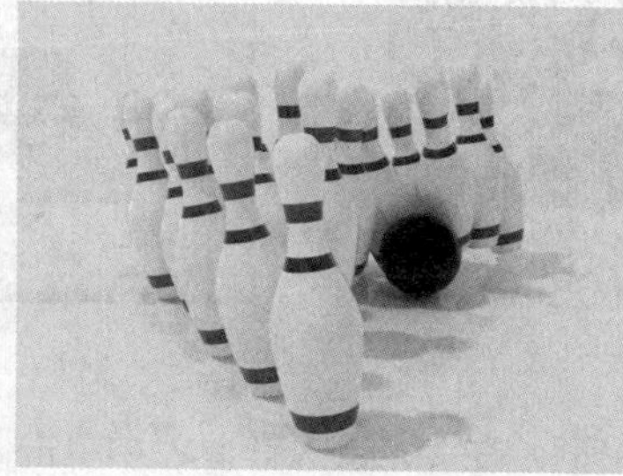

图 10-1

10.1.3 【操作步骤】

步骤① 打开“保龄球.max”素材文件，场景中已创建有模型、灯光、摄影机。下面为场景中的保龄球模型制作刚体动画，如图 10-2 所示。

步骤② 在工具栏中的空白处单击鼠标右键，在弹出的快捷菜单中选择“MassFX 工具栏”命令，显示 MassFX 工具栏，如图 10-3 所示。

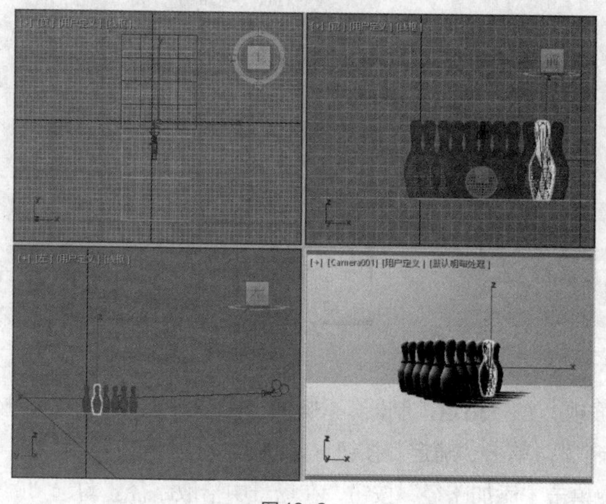

图 10-2

图 10-3

步骤③ 选择保龄球模型，在 MassFX 工具栏中单击 “将选定项设置为动力学刚体”按钮，在“修改器列表”中选择“MassFX Rigid Body”修改器，如图 10-4 所示。

步骤④ 在“刚体属性”卷展栏中设置“刚体类型”为“运动学”，如图 10-5 所示。

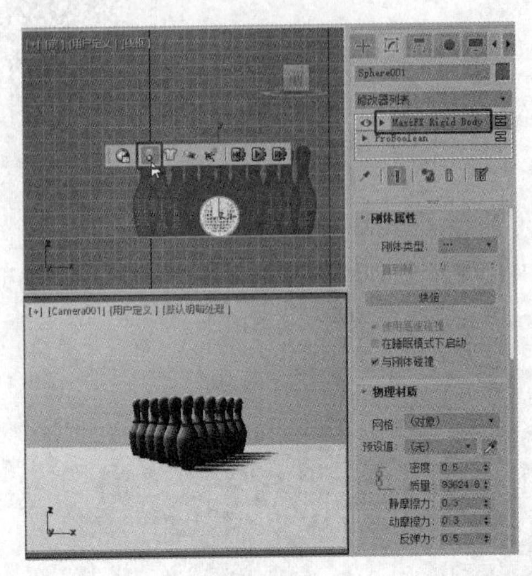

图 10-4

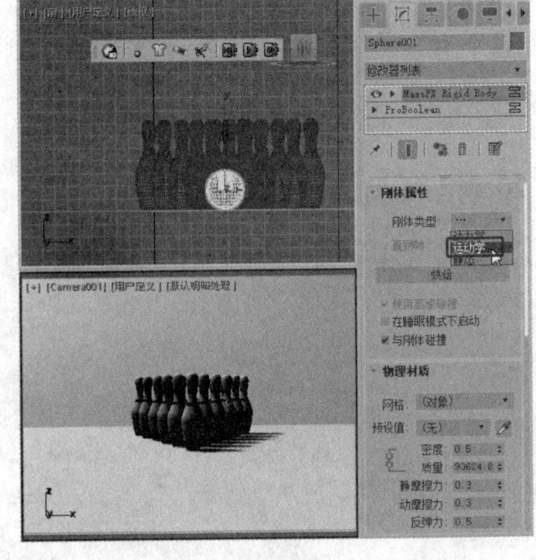

图 10-5

步骤⑤ 在场景中选择所有的瓶子模型，在 MassFX 工具栏中单击 “将选定项设置为动力学刚体”按钮，为其施加“MassFX Rigid Body”修改器。在“刚体属性”卷展栏中设置“刚体类型”为“动力学”，如图 10-6 所示。

步骤⑥ 在场景中创建线作为保龄球运动的路径，如图 10-7 所示。

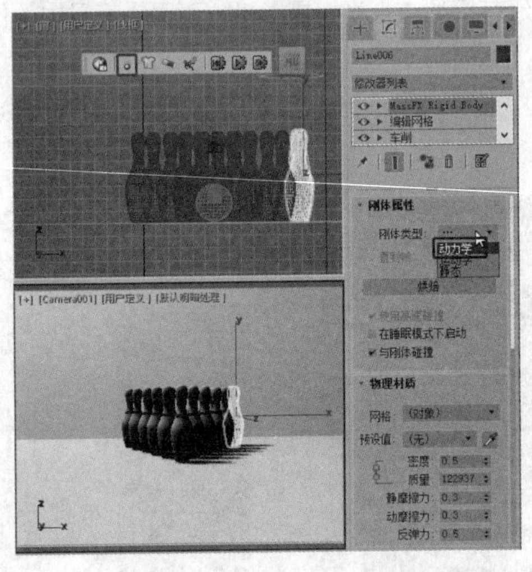

图 10-6

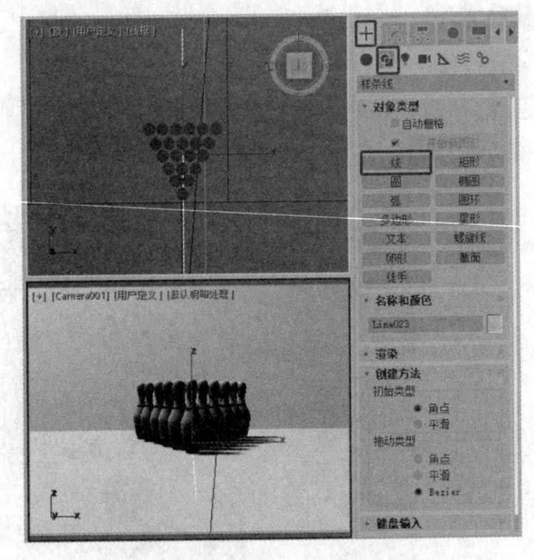

图 10-7

步骤⑦ 切换到 “运动”命令面板，在“指定控制器”中选择“位置”选项，单击 按钮。在弹出的对话框中选择“路径约束”控制器，单击“确定”按钮，如图 10-8 所示。

步骤⑧ 在“路径参数”卷展栏中单击“添加路径”按钮，在场景中拾取路径。勾选“跟随”复选框，勾选“允许翻转”复选框，设置“轴”为“X”，如图 10-9 所示。

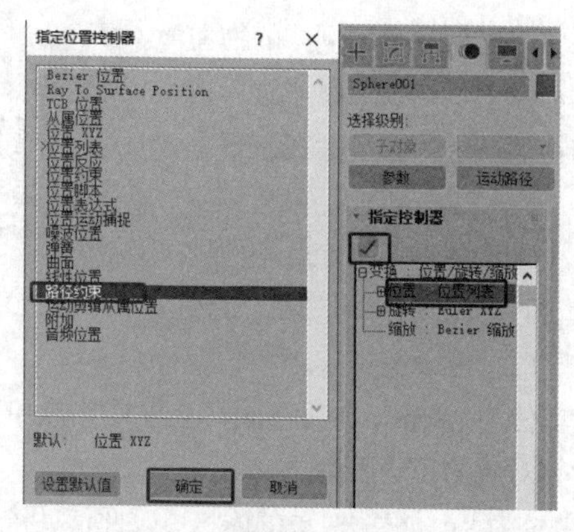
图10-8

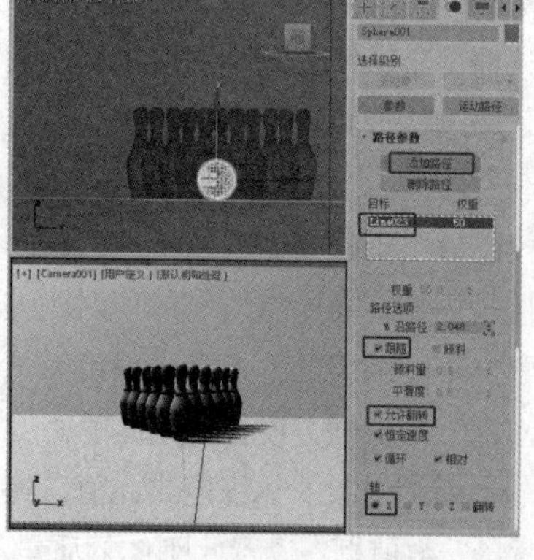
图10-9

步骤⑨ 在MassFX工具栏中单击"世界参数"按钮，打开"MassFX工具"面板。选择"模拟工具"选项卡，单击"模拟"卷展栏中的"烘焙所有"按钮，如图10-10所示。

烘焙动画后，拖曳时间滑块可以观看动画，如图10-11所示。最后对场景动画进行渲染输出。

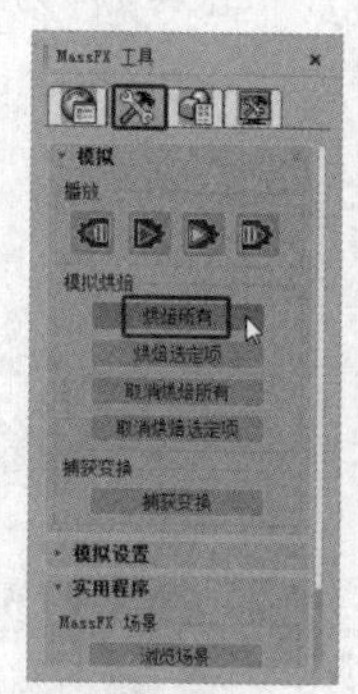
图10-10

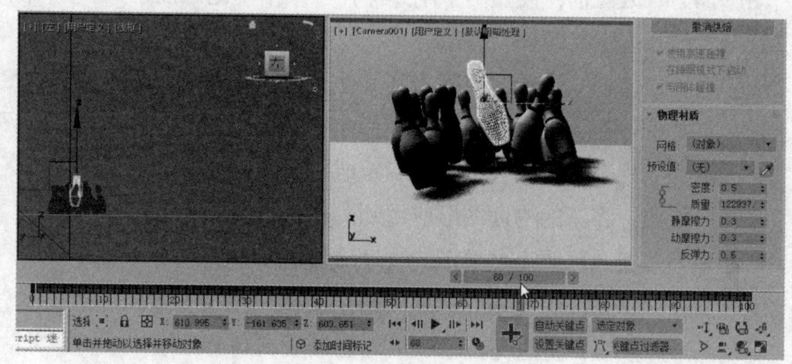
图10-11

10.1.4 【相关工具】

刚体

（1）"刚体属性"卷展栏如图10-12所示。

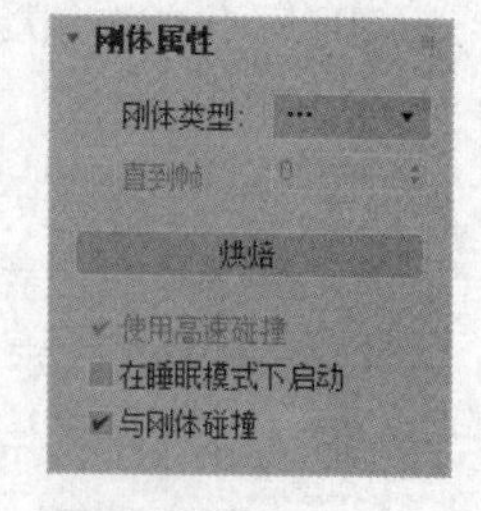

图10-12

- "刚体类型"下拉列表：选择刚体的模拟类型。
- "直到帧"数值框：如果启用此复选框，MassFX会在指定帧处将选择的运动学刚体转换为动力学刚体，仅在"刚体类型"为"运动学"时可用。
- "烘焙"/"取消烘焙"按钮：将刚体的模拟运动转换为标准动画关键帧，以便进行渲染，仅应用于动力学刚体。
- "使用高速碰撞"复选框：如果勾选此复选框并打开"世界"面板中的"使用高速碰撞"开关，"使用高速碰撞"设置将应用于选择的刚体。
- "在睡眠模式下启动"复选框：如果勾选此复选框，刚体将使用世界坐标系中的睡眠设置并以睡眠模式开始模拟。
- "与刚体碰撞"复选框：勾选（默认设置）此复选框后，刚体将与场景中的其他刚体发生碰撞。

（2）“物理材质”卷展栏如图 10-13 所示。

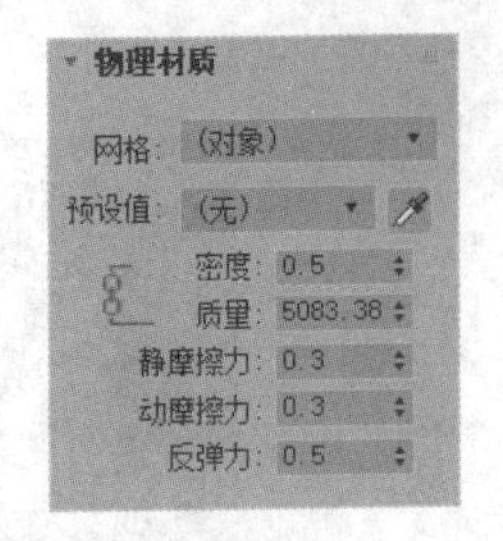

图 10-13

- “网格”下拉列表：使用此下拉列表选择要更改材质参数的刚体的物理图形；默认情况下，所有物理图形都使用名为“（对象）”的公用材质进行设置，只有“覆盖物理材质”复选框处于勾选状态的物理图形才会显示在该下拉列表中。
- “预设值”下拉列表：从下拉列表中选择一个预设值，以指定所有的物理材质属性（根据对象的密度和体积对刚体的质量进行重新计算）；选择了预设时，设置是不可编辑的，但是当预设为“（无）”时，可以编辑值。
- “密度”数值框：设置此刚体的密度，度量单位为 g/cm^3，它是国际单位制中密度单位 kg/m^3 的千分之一；根据对象的体积更改此值，将自动计算对象的正确质量。
- “质量”数值框：设置此刚体的质量，度量单位为 kg；根据对象的体积更改此值，将自动更新对象的密度。
- “静摩擦力”数值框：设置两个刚体开始互相滑动的难度系数；值为 0.0 表示无摩擦力；值为 1.0 表示有完全摩擦力。
- “动摩擦力”数值框：设置两个刚体保持互相滑动的难度系数，严格来说，此参数称为“动摩擦系数”；值为 0.0 表示无摩擦力；值为 1.0 表示有完全摩擦力。
- “反弹力”数值框：设置对象撞击到其他刚体时反弹的轻松程度和高度。

（3）使用“物理图形”卷展栏可以编辑指定给某个对象的物理图形，如图 10-14 所示。

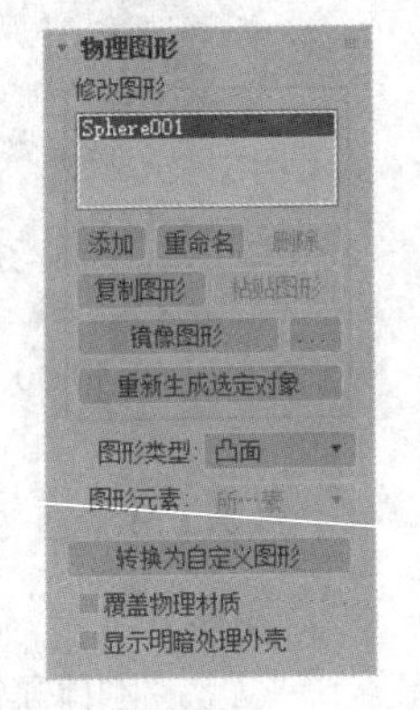

图 10-14

- “修改图形”列表框：列表框中显示组成刚体的所有物理图形。
- “添加”按钮：将新的物理图形应用到刚体。
- “重命名”按钮：更改高亮显示的物理图形的名称。
- “删除”按钮：将高亮显示的物理图形从刚体中删除。
- “复制图形”按钮：将高亮显示的物理图形复制到剪贴板，以便之后粘贴。
- “粘贴图形”按钮：将之前复制的物理图形粘贴到当前刚体中。
- “镜像图形”按钮：围绕指定轴向翻转物理图形。
- ▬：设置沿哪个轴向对物理图形进行镜像，以及使用局部坐标系还是世界坐标系。
- “重新生成选定对象”按钮：使修改图形列表框中高亮显示的物理图形自适应图形网格的当前状态。
- “图形类型”下拉列表：设置物理图形类型，其应用于修改图形列表框中高亮显示的物理图形。
- “图形元素”下拉列表：使“修改图形”列表框中高亮显示的物理图形适应从“图形元素”下拉列表中选择的元素。
- “转换为自定义图形”按钮：单击该按钮，将基于高亮显示的物理图形在场景中创建一个新的可编辑网格对象，并将物理图形类型设置为“自定义”。
- “覆盖物理材质”复选框：默认情况下，刚体中的每个物理图形使用在“物理材质”卷展栏中设置的材质。
- “显示明暗处理外壳”复选框：勾选该复选框时，将物理图形作为明暗处理视图中的明暗处理实体对象（而不是线框）进行渲染。

（4）不同的“图形类型”设置，“物理网格参数”卷展栏的内容会有所不同。在大多数情况下，“凸面”是默认类型，以此为例介绍如下，如图 10-15 所示。

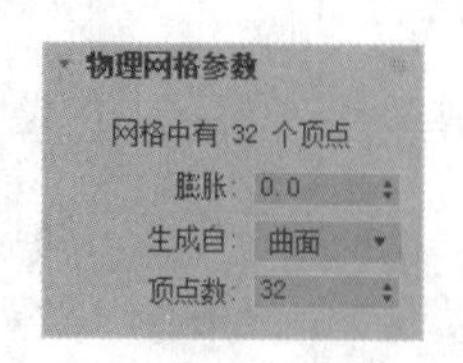

图 10-15

- “网格中有#个顶点”：用于显示生成的凸面物理图形中的实际顶点数。
- “膨胀”数值框：设置将凸面图形从图形网格的顶点向外扩展（正值）或向图形网格内部收缩（负值）的量，正值以世界坐标系中的单位计量，而负值基于缩减百分比计量。
- “生成自”下拉列表：选择创建凸面外壳的方法。
- “顶点数”数值框：设置用于凸面外壳的顶点数。

（5）“力”卷展栏用于控制重力，并将力空间扭曲应用到刚体，如图 10-16 所示。

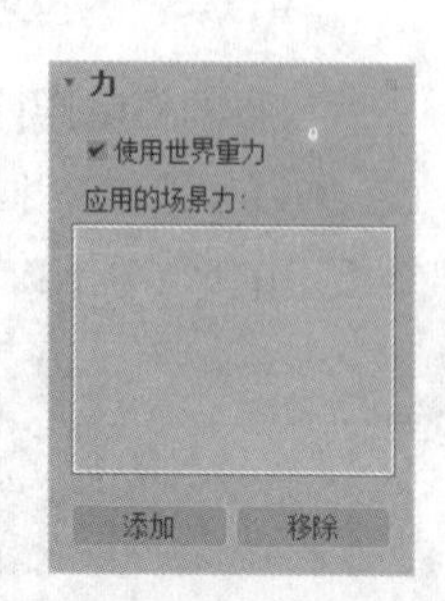

图 10-16

- “使用世界重力”复选框：取消勾选此复选框时，刚体仅使用此处应用的力设置并忽略全局重力设置；勾选此复选框时，刚体将使用全局重力设置。
- “应用的场景力”列表框：此列表框中列出影响此对象的场景中的力空间扭曲；使用“添加”按钮可以为对象应用一个力空间扭曲，要防止力空间扭曲影响对象，先在列表框中高亮显示该力空间扭曲，然后单击“移除”按钮。
- “添加”按钮：将场景中的力空间扭曲应用到模拟的对象，在将力空间扭曲添加到场景后，先单击该按钮，然后单击视口中的力空间扭曲。
- “移除”按钮：可防止应用的力空间扭曲影响对象；首先在列表框中高亮显示该力空间扭曲，然后单击该按钮。

（6）“高级”卷展栏如图 10-17 所示。

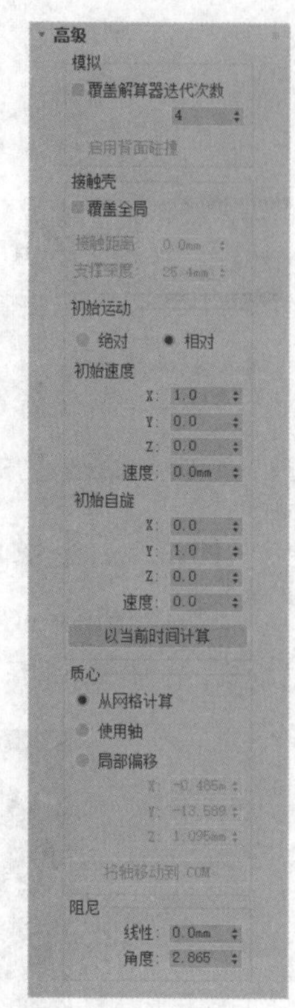

图 10-17

- “覆盖解算器迭代次数”复选框：如果勾选此复选框，MassFX 将为所选刚体应用在此处指定的解算器迭代次数设置，而不应用全局设置。
- “启用背面碰撞”复选框：仅适用于静态刚体，如果为凹面静态刚体指定原始图形类型，勾选此复选框可确保模拟的动力学对象与其背面发生碰撞。
- “覆盖全局”复选框：如果勾选此复选框，MassFX 将为所选刚体应用在此处指定的碰撞重叠设置，而不应用全局设置。
- “接触距离”数值框：设置允许移动刚体重叠的距离。
- “支撑深度”数值框：设置允许支撑体重叠的距离，当使用捕获变换设置实体在模拟中的初始位置时，此设置可以发挥作用。
- “绝对”“相对”单选按钮：此设置只适用于刚开始时为运动学类型（通常已设置动画）之后在指定帧处（通过“刚体属性”卷展栏上的“直到帧”指定）切换为动力学类型的刚体。
- “初始速度”：设置刚体在变为动态类型时移动的起始方向和速度。
- “初始自旋”：设置刚体在变为动态类型时旋转的起始轴和速度。
- “以当前时间计算”按钮：适用于设置了动画的运动学刚体，确定设置了动画的对象在当前帧处的运动值，将“初始速度”和“初始自旋”设置为相应的运动值。
- “从网格计算”单选按钮：使基于刚体的几何体自动为刚体确定适当的质心。

- “使用轴”单选按钮：使用对象的轴作为其质心。
- “局部偏移”单选按钮：设置与质心的 x 轴、y 轴和 z 轴上对象轴的距离。
- “将轴移动到 COM”按钮：重新将对象的轴定位在“局部偏移”的“X”“Y”“Z”值指定的质心；仅在“局部偏移”单选项处于活动状态时可用。
- “线性”数值框：设置为减慢移动对象的移动速度所施加的力大小。
- “角度”数值框：设置为减慢旋转对象的旋转速度所施加的力大小。

微课视频

掉在地板上的球

10.1.5 【实战演练】掉在地板上的球

本案例将制作掉在地板上的球动画。掉在地板上的球的动画与保龄球刚体动画的制作方法基本相同，但还需设置模型的质量参数。（最终效果参看云盘中的“场景>第 10 章>掉在地板上的球 ok.max”效果文件，如图 10-18 所示。）

图 10-18

10.2 被风吹动的红旗

10.2.1 【案例分析】

红旗会根据风力的大小进行摆动。

10.2.2 【设计理念】

本案例使用“mCloth”修改器和风空间扭曲制作被风吹动的红旗动画。（最终效果参看云盘中的“场景>第 10 章>被风吹动的红旗 ok.max”效果文件，如图 10-19 所示。）

图 10-19

10.2.3 【操作步骤】

步骤① 在顶视图中创建圆柱体作为红旗杆，如图 10-20 所示。

步骤② 在顶视图中创建球体，设置合适的参数，如图 10-21 所示。

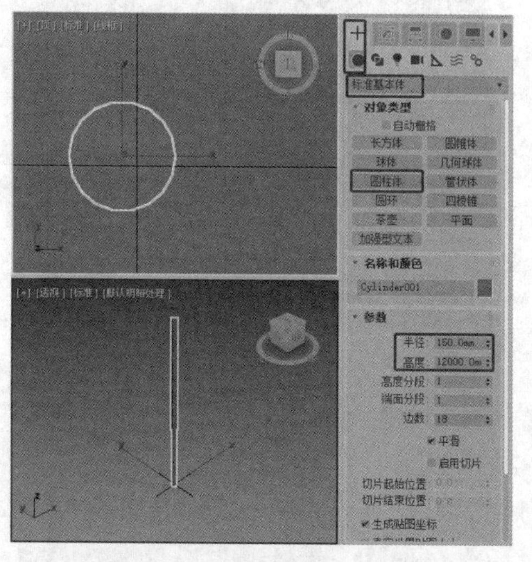

图 10-20

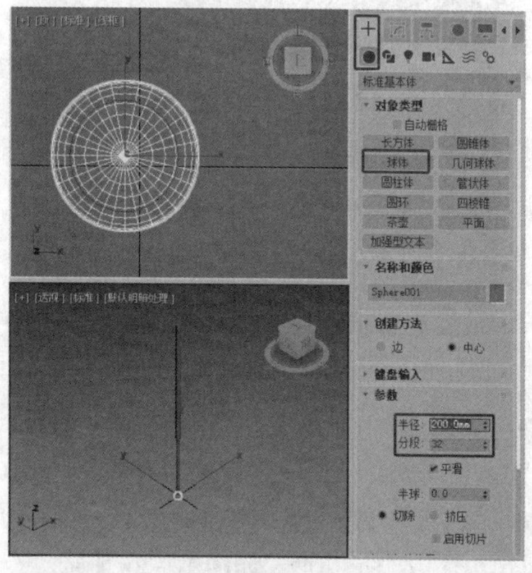

图 10-21

步骤③ 在前视图中创建平面模型作为红旗模型。设置合适的“分段”值，这里设置的分段越多，模拟的布料效果就越细腻，平面的参数如图 10-22 所示。在场景中调整模型到合适的位置。

步骤④ 在场景中选择平面模型，在 MassFX 工具栏中单击“mCloth”按钮，可以看到为平面模型施加了“mCloth”修改器，如图 10-23 所示。

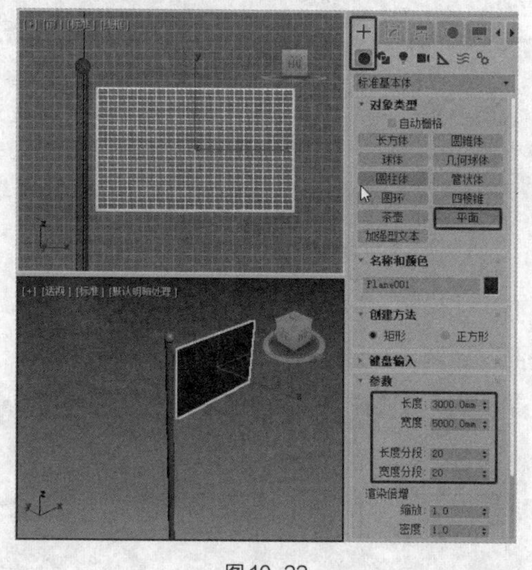

图 10-22

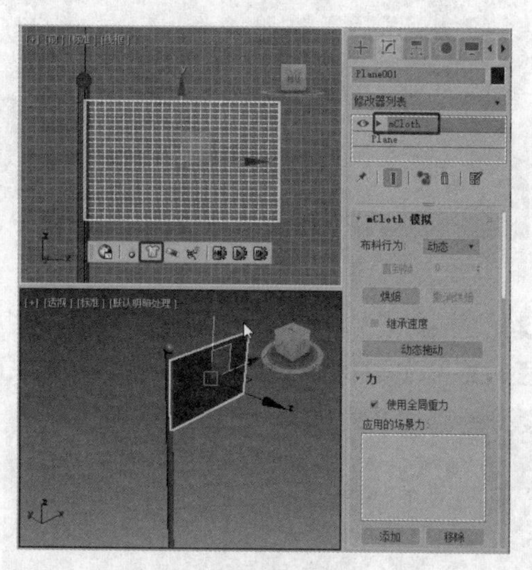

图 10-23

步骤⑤ 将选择集定义为“顶点”，在场景中选择与旗杆连接的一组顶点。在“组”卷展栏中单击“设定组”按钮，在弹出的对话框中使用默认的组名称，单击“确定”按钮，如图 10-24 所示。

步骤⑥ 设定组后，单击“枢轴”按钮，设置固定轴，如图 10-25 所示。

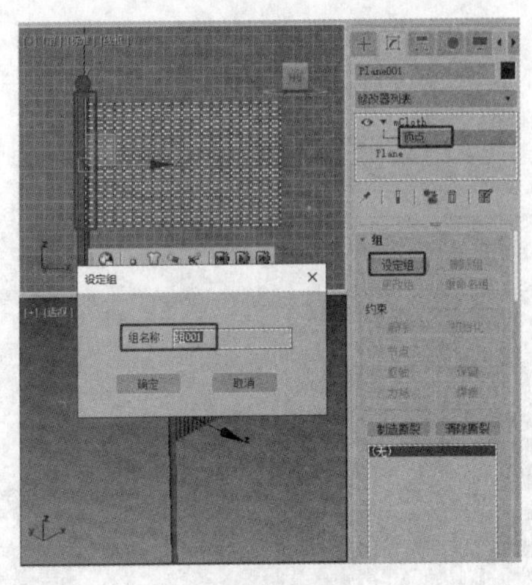
图 10-24

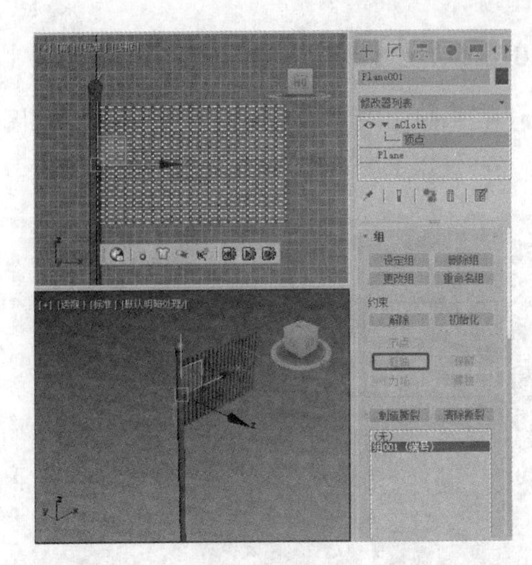
图 10-25

步骤⑦ 在左视图中创建风空间扭曲。在“参数”卷展栏中设置“强度”为 20、“衰退”为 0、“湍流”为 2、“频率”为 5、“比例”为 1，如图 10-26 所示。

步骤⑧ 在场景中调整风空间扭曲的位置。打开“自动关键点”按钮，拖曳时间滑块到第 20 帧处，在顶视图中旋转风空间扭曲，如图 10-27 所示。

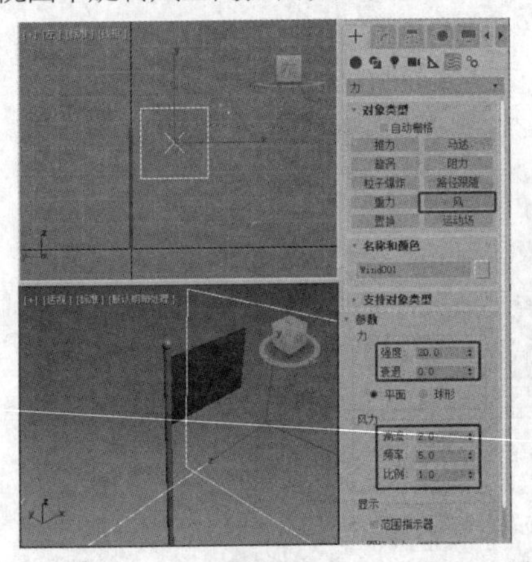
图 10-26

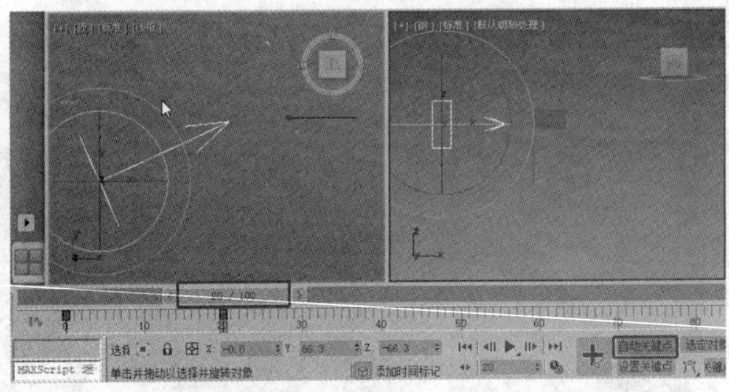
图 10-27

步骤⑨ 拖曳时间滑块到第 50 帧处，旋转风空间扭曲，如图 10-28 所示。

步骤⑩ 拖曳时间滑块到第 70 帧处，旋转风空间扭曲，如图 10-29 所示。

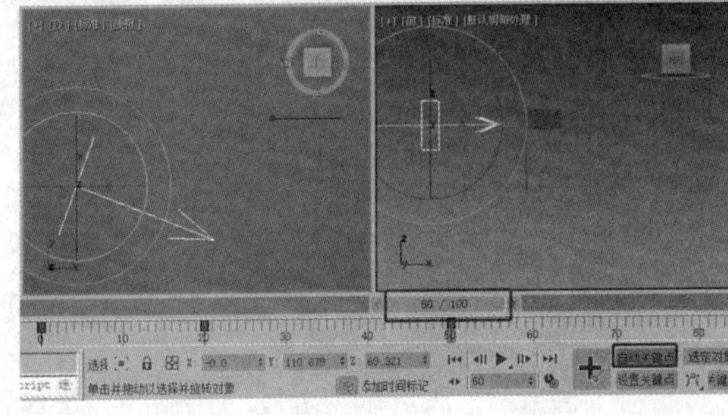
图 10-28

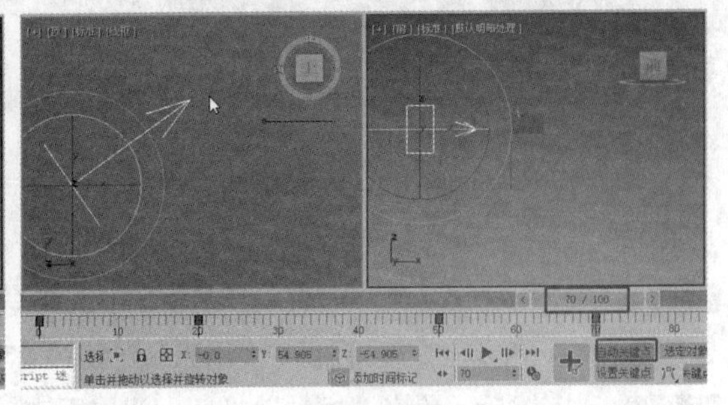
图 10-29

步骤 11 拖曳时间滑块到第 90 帧处，旋转风空间扭曲，如图 10-30 所示。

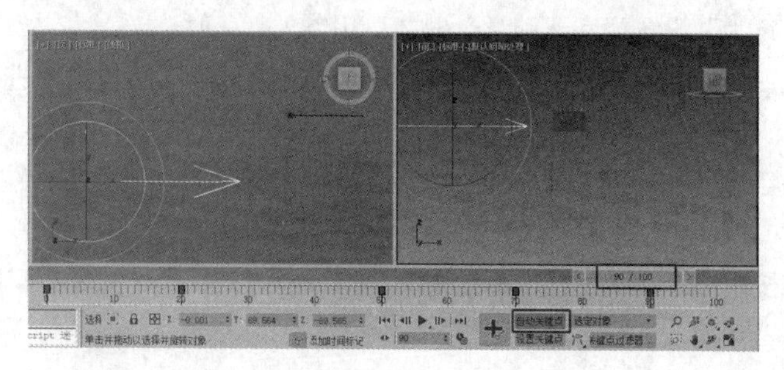

图 10-30

步骤 12 在场景中选择平面模型，在“力”卷展栏中单击“添加”按钮，拾取场景中的风空间扭曲，如图 10-31 所示。

步骤 13 在 MassFX 工具栏中单击“世界参数”按钮，打开“MassFX 工具”面板。选择“模拟工具”选项卡，单击“模拟”卷展栏中的“烘焙所有”按钮，如图 10-32 所示。

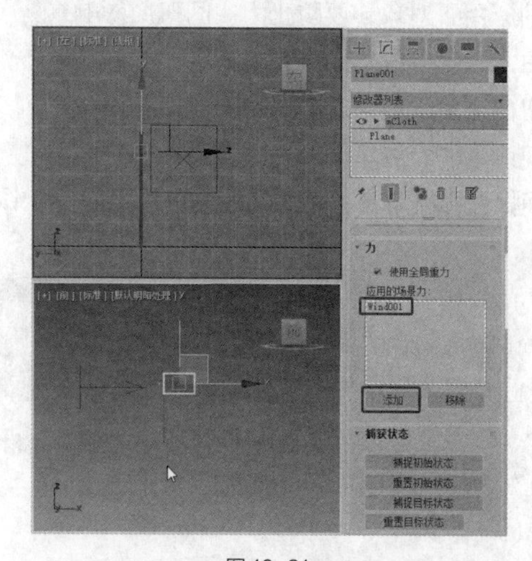

图 10-31

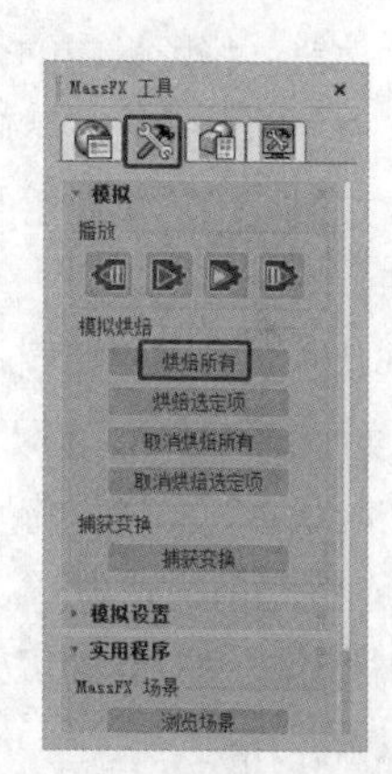

图 10-32

步骤 14 制作完动画后，可以为场景中的模型设置材质，并为环境指定一张天空贴图。对场景动画进行渲染输出，这里就不详细介绍了。

10.2.4 【相关工具】

mCloth

mCloth 是一种特殊的布料修改器，用于 MassFX 模拟，其参数由以下几个卷展栏控制。

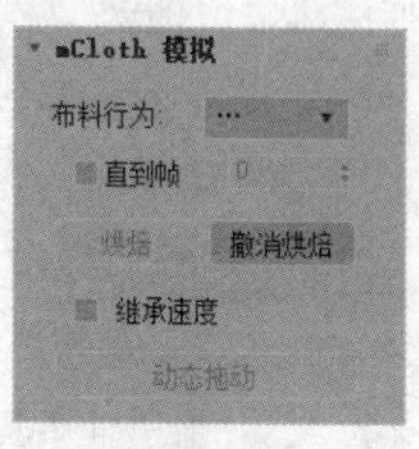

图 10-33

（1）“mCloth 模拟”卷展栏如图 10-33 所示。

- “布料行为”下拉列表：确定 mCloth 对象如何参与模拟，可在下拉列表中进行选择。

动力学：mCloth 对象的运动影响模拟中其他对象的运动，也受其他对象运动的影响。

运动学：mCloth 对象的运动影响模拟中其他对象的运动，但不受其他对象运动的影响。

• “直到帧”复选框：勾选此复选框时，MassFX 会在指定帧处将选择的运动学布料转换为动力学布料，仅在“布料行为”设置为“运动学”时才可用。

• “烘焙”按钮：可以将 mCloth 对象的模拟运动转换为标准动画关键帧进行渲染，仅适用于动力学 mCloth 对象。

• “继承速度”复选框：勾选该复选框时，mCloth 对象可使用动画从堆栈中的 mCloth 对象下面开始模拟。

• “动态拖动”按钮：单击该按钮，不使用动画即可模拟，且允许拖曳布料以设置其姿态或测试行为。

（2）使用“力”卷展栏可以控制重力，以及将力空间扭曲应用于 mCloth 对象，“力”卷展栏如图 10-34 所示。

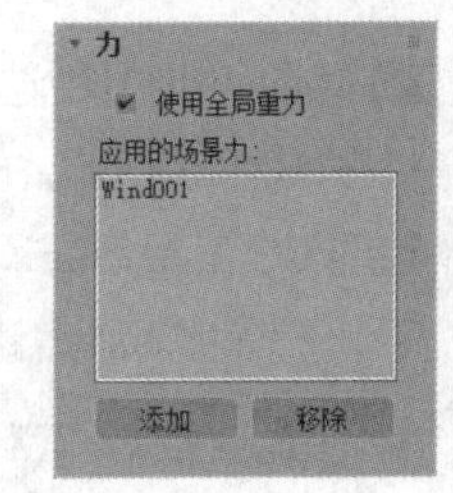

图 10-34

• “使用全局重力”复选框：勾选此复选框时，mCloth 对象将使用 MassFX 全局重力设置。

• “应用的场景力”列表框：此列表框中列出场景中影响模拟对象的力空间扭曲；使用“添加”按钮可以将力空间扭曲应用于对象，要防止力空间扭曲影响对象，先在列表框中高亮显示该力空间扭曲，然后单击“移除”按钮。

• “添加”按钮：将场景中的力空间扭曲应用于模拟对象，将力空间扭曲添加到场景中后，先单击该按钮，然后单击视口中的力空间扭曲。

• “移除”按钮：可防止应用的力空间扭曲影响对象，首先在列表框中高亮显示该力空间扭曲，然后单击该按钮。

（3）“捕获状态”卷展栏如图 10-35 所示。

图 10-35

• “捕捉初始状态”按钮：将所选 mCloth 对象缓存的第一帧更新到当前位置。

• “重置初始状态”按钮：将所选 mCloth 对象的状态还原为应用“修改器列表”中的 mCloth 之前的状态。

• “捕捉目标状态”按钮：抓取 mCloth 对象的当前变形，并使用该网格来定义三角形之间的目标弯曲角度。

• “重置目标状态”按钮：将默认弯曲角度重置为堆栈中 mCloth 对象下面的网格。

• “显示”按钮：显示布料的当前目标状态，即所需的弯曲角度。

（4）“纺织品物理特性”卷展栏如图 10-36 所示。

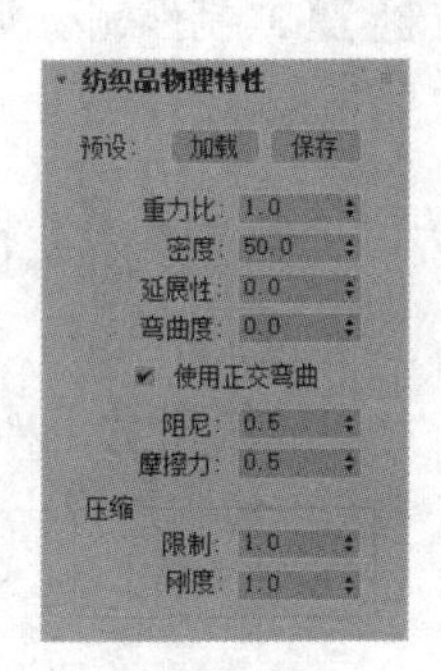

图 10-36

• “加载”按钮：单击此按钮，打开“mCloth 预设”对话框，可以从保存的文件中加载“纺织品物理特性”设置。

• “保存”按钮：单击此按钮，在打开的对话框中可以将“纺织品物理特性”设置保存到预设文件；输入预设名称，然后按 Enter 键或单击“确定”按钮即可。

• “重力比”数值框：“使用全局重力”复选框处于勾选状态时重力的倍增，使用此参数可以模拟效果，如湿布料或重布料。

• “密度”数值框：设置布料的权重，以 g/cm^2 为单位。

• “延展性”数值框：设置拉伸布料的难易程度。

• “弯曲度”数值框：设置折叠布料的难易程度。

• “使用正交弯曲”复选框：勾选此复选框，计算弯曲角度，而不是弹力，在某些情况下，该方法更准确，但模拟时间更长。

• “阻尼”数值框：设置布料的弹性，它影响在摆动或捕捉后其还原到基准位置所经历的时间。

• “摩擦力”数值框：设置布料在其与自身或其他对象碰撞时抵制滑动的程度。

• “限制”数值框：设置布料边可以压缩或折皱的程度。

• “刚度”数值框：设置布料边抵制压缩或折皱的程度。

（5）“体积特性”卷展栏如图10-37所示。

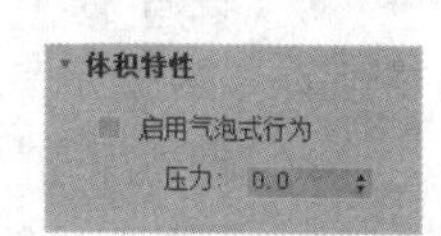

图10-37

• “启用气泡式行为”复选框：勾选此复选框，可以模拟封闭体积，如轮胎或垫子。

• “压力”数值框：设置充气布料对象的空气体积或坚固性。

（6）“交互”卷展栏如图10-38所示。

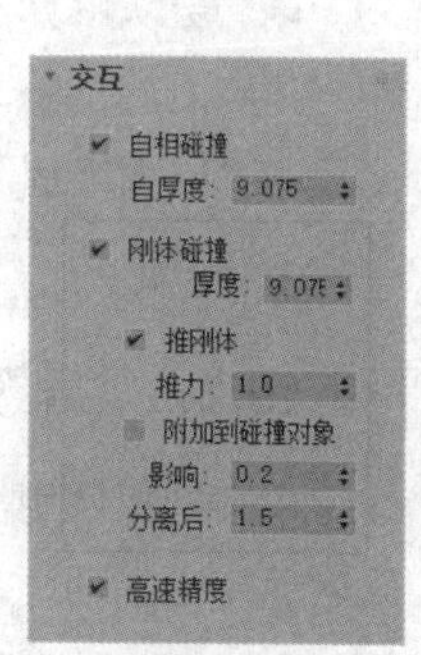

图10-38

• “自相碰撞”复选框：勾选此复选框时，mCloth对象将阻止自相交。

• “自厚度”数值框：设置自碰撞的mCloth对象的厚度，如果布料自相交，则增加该值。

• “刚体碰撞”复选框：勾选此复选框时，mCloth对象可以与刚体碰撞。

• “厚度”数值框：设置与刚体碰撞的mCloth对象的厚度，如果其他刚体与布料相交，则增加该值。

• “推刚体”复选框：勾选此复选框时，mCloth 对象可以影响与其碰撞的刚体的运动。

• “推力”数值框：设置mCloth对象对与其碰撞的刚体施加的推力的强度。

• “附加到碰撞对象”复选框：勾选此复选框时，mCloth对象会黏附到与其碰撞的对象上。

• “影响”数值框：设置mCloth对象对其附加到的对象的影响。

• “分离后”数值框：设置与碰撞对象分离前布料的拉伸量。

• “高速精度”复选框：勾选该复选框时，mCloth对象将使用更精确的碰撞检测方法，但这样会降低模拟速度。

（7）“撕裂”卷展栏如图10-39所示。

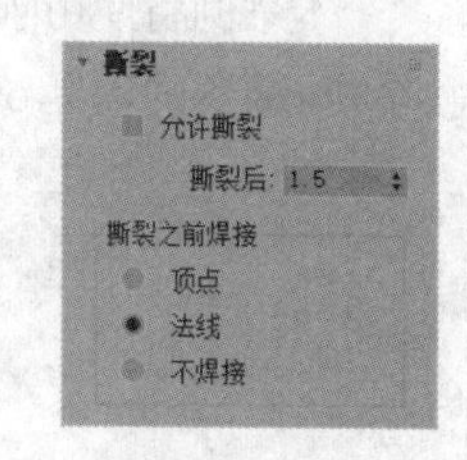

图10-39

• “允许撕裂”复选框：勾选该复选框时，布料中的预定义分割将在受到充足力的作用时撕裂。

• “撕裂后”数值框：设置布料边在撕裂前可以拉伸的量。

• “撕裂之前焊接”选项组：选择在出现撕裂之前MassFX如何处理预定义撕裂，包括以下3个单选按钮。

“顶点”单选按钮：顶点分隔前在预定义撕裂中焊接（合并）顶点，更改拓扑。

“法线”单选按钮：沿预定义的撕裂对齐边上的法线，并将其混合在一起。此单选项保留原始拓扑。

“不焊接”单选按钮：不对撕裂边执行焊接或混合。

（8）“可视化”卷展栏如图10-40所示。

图10-40

• “张力”复选框：勾选此复选框时，通过顶点着色的方法显示纺织品中的压缩和张力；拉伸的布料以红色表示，压缩的布料以蓝色表示，其他以绿色表示。

（9）“高级”卷展栏如图 10-41 所示。

高级
抗拉伸
限制：1.0
使用 COM 阻尼
硬件加速
解算器迭代：14
层次解算器迭代：2
层次级别：0

图 10-41

- “抗拉伸”复选框：勾选该复选框时，可以防止低解算器迭代次数引起的过度拉伸。
- “限制”数值框：设置允许过度拉伸的范围。
- “使用 COM 阻尼”复选框：勾选此复选框，将影响阻尼，从而获得更硬的布料。
- “硬件加速”复选框：勾选该复选框时，将使用 GPU 进行模拟。
- “解算器迭代”数值框：设置每个循环周期内解算器执行的迭代次数，使用较高值可以增强布料稳定性。
- “层次解算器迭代”数值框：设置层次解算器的迭代次数，在 mCloth 中，“层次”指的是在特定顶点上施加的力与相邻顶点间的传播，此处使用较高值可提高传播的精度。

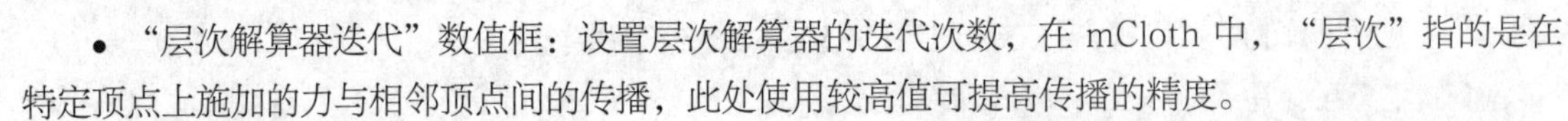

- “层次级别”数值框：设置力从一个顶点传播到相邻顶点的速度，增加该值可增加力在布料上扩散的速度。

10.2.5 【实战演练】风吹窗帘

图 10-42

本案例将使用“mColth”修改器和风空间扭曲制作风吹动窗帘的动画效果。（最终效果参看云盘中的“场景>第 10 章>风吹窗帘 ok.max”效果文件，如图 10-42 所示。）

10.3 综合演练——掉落的玩具的制作

微课视频

掉落的玩具的制作

本案例将使用刚体制作掉落玩具的动画。（最终效果参看云盘中的“场景>第 10 章>掉落的玩具 ok.max”效果文件，如图 10-43 所示。）

图 10-43

10.4 综合演练——陶罐的丝绸盖布的制作

本案例将使用刚体和“mCloth”修改器完成陶罐的丝绸盖布效果的制作。（最终效果参看云盘中的“场景>第 10 章>陶罐的丝绸盖布 ok.max”效果文件，如图 10-44 所示。）

图 10-44

11 第 11 章 环境特效动画

本章将详细讲解 3ds Max 2019 中常用的“环境和效果”对话框。通过“环境和效果”对话框不但可以设置背景和背景贴图，还可以模拟现实生活中对象被特定环境围绕的效果，如雾、火苗等。通过本章的学习，读者可以掌握 3ds Max 2019 环境特效动画的制作方法和应用技巧。

课堂学习目标

- “环境”选项卡
- 大气效果
- “效果”选项卡
- 视频后期处理

11.1 环境和效果简介

微课视频

环境和效果简介

11.1.1 【案例分析】

“环境和效果”对话框常用于制作各种环境效果，本案例将介绍其用法，并制作卡通场景。

11.1.2 【设计理念】

通过“环境和效果”对话框可以制作出火焰、体积光、雾、体积雾、景深、模糊等效果，还可以对渲染进行“亮度/对比度”的调节，以及对场景进行曝光控制等。

11.1.3 【操作步骤】

使用“环境和效果”对话框可以执行以下操作。

（1）设置背景颜色和背景颜色动画。

（2）在渲染场景的背景中使用图像，或者使用纹理贴图作为球形环境、柱形环境或收缩包裹环境。

（3）设置环境光和环境光动画。

（4）在场景中使用大气插件（例如体积光）。

（5）将曝光控制应用于渲染。在菜单栏中选择“渲染 > 环境”命令，即可打开“环境和效果”对话框，如图 11-1 所示。

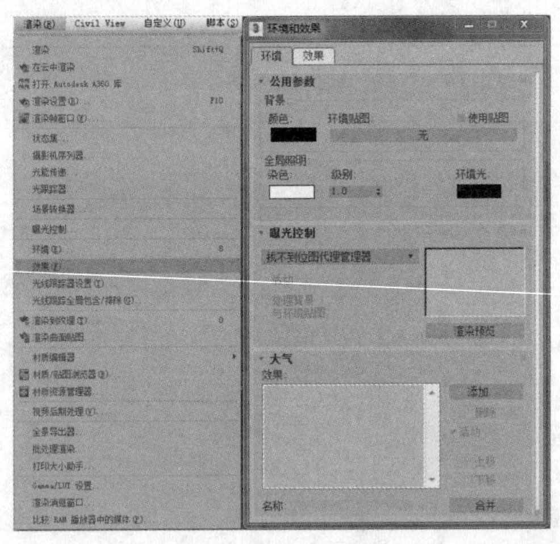

图 11-1

11.1.4 【相关工具】

环境和效果

“环境和效果”对话框包括“环境”选项卡和“效果”选项卡，选项卡中有多个卷展栏。常用卷展栏如下。

◎“公用参数”卷展栏

“环境”选项卡中“公用参数”卷展栏如图 11-2 所示。

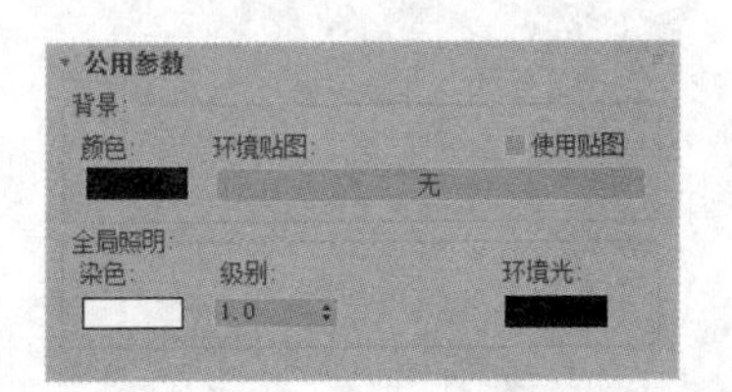

图 11-2

（1）“背景”选项组：设置背景的效果。

- “颜色”：通过颜色选择器指定一种颜色作为单色背景。
- “环境贴图”：单击下面的贴图按钮，可以打开“材质/贴图浏览器”对话框，从中选择相应的贴图。
- “使用贴图”复选框：当指定贴图作为背景后，该复选框自动启用，只有将它启用，贴图才有效。

（2）“全局照明”选项组：对整个场景的环境光进行调节。

- “染色”：对场景中的所有灯光进行染色处理，默认为白色，不进行染色处理。
- “级别”数值框：增强场景中全部灯光的强度；值为 1 时，不对场景中的灯光强度产生影响；大于 1 时，整个场景的灯光都增强；小于 1 时，整个场景的灯光都减弱。
- “环境光”：设置环境光的颜色，它与任何灯光无关，不属于定向光源，类似现实生活中空气的漫反射光；默认为黑色，即没有环境光，这样材质完全受到可视灯光的照明；此时，在材质编辑器中，材质的“环境光”属性也不起任何作用，当指定了环境光后，材质的“环境光”属性就会根据当前的环境光设置发挥作用，最明显的效果是材质的暗部不是黑色，而是这里设置的环境光的颜色；环境光颜色尽量不要设置得太浅，因为这样会降低图像的饱和度，使效果变得平淡，使图像发灰。

◎“曝光控制”卷展栏

“环境”选项卡中“曝光控制”卷展栏如图 11-3 所示。

图 11-3

- 找不到位图代理管理器 下拉列表框：选择要使用的曝光控制。
- “活动”复选框：勾选该复选框时，在渲染中使用选择的曝光控制；取消勾选该复选框时，不使用选择的曝光控制。
- “处理背景与环境贴图”复选框：勾选该复选框时，场景背景贴图和场景环境贴图受曝光控制的影响；取消勾选该复选框时，则不受曝光控制的影响。
- 预览窗口：缩略图显示应用了活动曝光控制的渲染场景的预览，渲染了预览后，再更改曝光控制时，将进行交互式更新。
- “渲染预览”按钮：单击该按钮，可以渲染预览缩略图。

◎“大气”卷展栏

大气效果包括“火效果”“雾”“体积雾”“体积光”4 种类型，在使用时它们的设置各有不同，这里主要介绍“环境”选项卡中“大气”卷展栏，如图 11-4 所示。

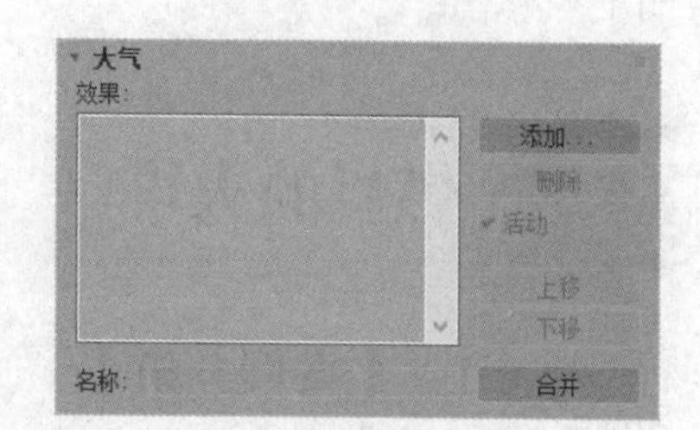

图 11-4

- “添加”按钮：单击该按钮，在弹出的对话框中列出多种大气效果，选择一种类型，如图 11-5 所示。单击“确定”按钮，在“大气”卷展栏中的“效果”列表框中会出现添加的大气效果。

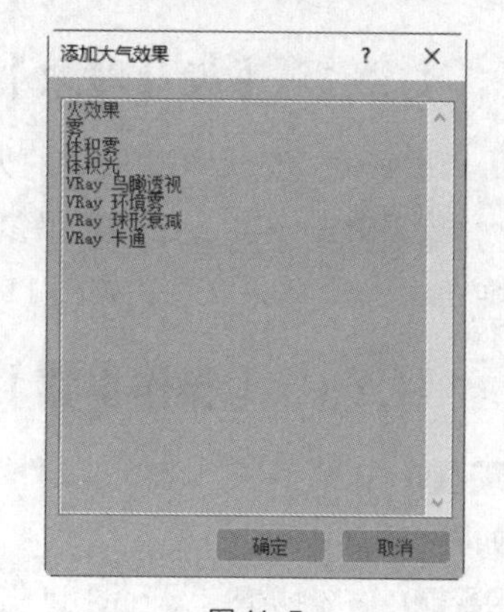

图 11-5

- “删除”按钮：将当前“效果”列表框中选择的效果删除。
- “活动”复选框：勾选该复选框时，“效果”列表框中的大气效果有效；取消勾选此复选框时，则大气效果无效，但是参数仍然保留。
- “上移”“下移”按钮：对左侧列表框中的大气效果进行上下移动，这样确定渲染计算的先后顺序，最下面的先进行计算。
- “合并”按钮：单击该按钮，弹出“打开”对话框，可以从其他场景中合并大气效果，这样会将所有 Gizmo（线框）物体和灯光一同进行合并。

- “名称”文本框：显示当前选择大气效果的名称。

◎“效果”卷展栏

“效果”选项卡中“效果”卷展栏用于制作背景和大气效果。“效果”卷展栏如图 11-6 所示。

图 11-6

- “添加”按钮：用于添加新的特效，单击该按钮后，可以在弹出的对话框中选择需要的特效。
- “删除”按钮：删除列表框中选择的特效。
- “活动”复选框：在启用该复选框的情况下，当前特效发生作用。
- “上移”按钮：将当前选择的特效向上移动，新建的特效总是放在最下方，渲染时是按照从上至下的顺序进行计算处理的。
- “下移”按钮：将当前选择的特效向下移动。
- “合并”按钮：单击该按钮，弹出“打开”对话框，可以将其他场景的大气 Gizom（线框）和灯光一同进行合并到该场景中，这样会将 Gizmo（线框）物体和灯光一同进行合并。
- “名称”文本框：显示当前列表框中选择的特效名称，这个名称可以自己设置。

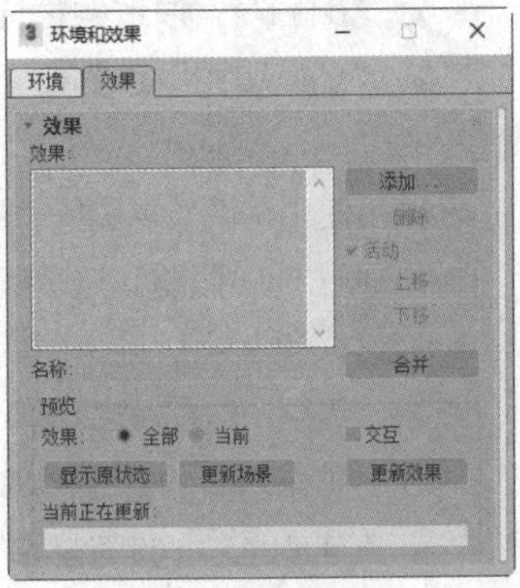

11.1.5 【实战演练】卡通效果

本案例将添加大气效果“VRay 卡通”，渲染出卡通场景。（最终效果参看云盘中的“场景>第 11 章>卡通 ok.max”效果文件，如图 11-7 所示。）

图 11-7

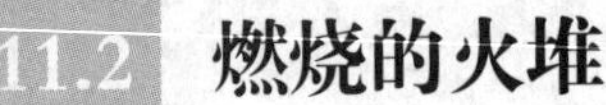

11.2 燃烧的火堆

11.2.1 【案例分析】

了解环境特效的制作方法。

11.2.2 【设计理念】

本案例通过大气效果中的火焰特效和泛光灯的配合来完成火堆效果的制作。（最终效果参看云盘中的“场景>第 11 章>火堆 ok.max”效果文件，如图 11-8 所示。）

图 11-8

11.2.3 【操作步骤】

步骤① 在菜单栏中选择“文件>打开”命令，打开云盘中的“场景>第 11 章>火堆.max”素材文件，如图 11-9 所示。

步骤② 渲染场景，得到图 11-10 所示的效果，在此场景的基础上为火堆创建燃烧的效果。

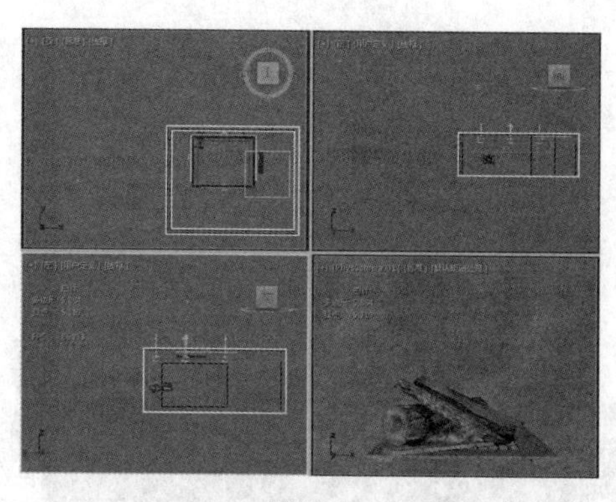
图 11-9

图 11-10

步骤③ 单击“ +（创建）> （辅助对象）”按钮，选择下拉列表中的“大气装置”选项。单击“球体 Gizmo”按钮，在场景中按住鼠标左键并拖曳，创建球体 Gizmo，如图 11-11 所示。

步骤④ 切换到 “修改”命令面板，在“大气和效果”卷展栏中单击“添加”按钮。在弹出的对话框中选择“火效果”选项，单击“确定”按钮，如图 11-12 所示。

图 11-11

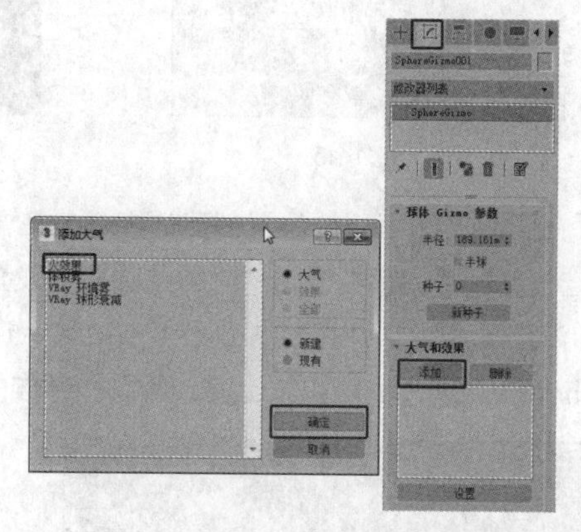
图 11-12

步骤⑤ 渲染当前场景，可以看到图 11-13 所示的效果，在渲染场景之前要先确定球体 Gizmo 中火堆的位置。

步骤⑥ 在场景中选择球体 Gizmo，在“球体 Gizmo 参数”卷展栏中勾选“半球”复选框，在场景中缩放模型，如图 11-14 所示。

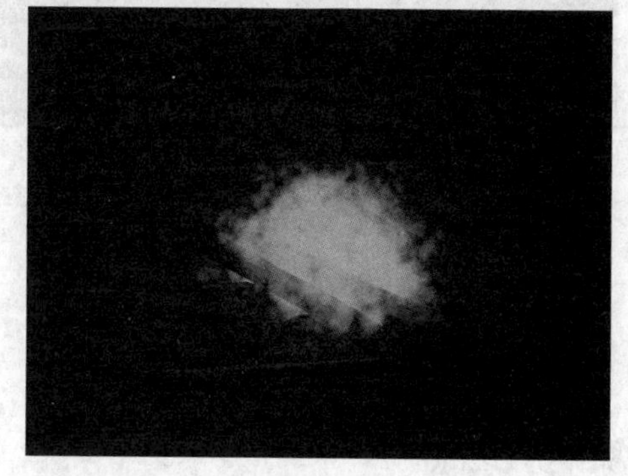
图 11-13

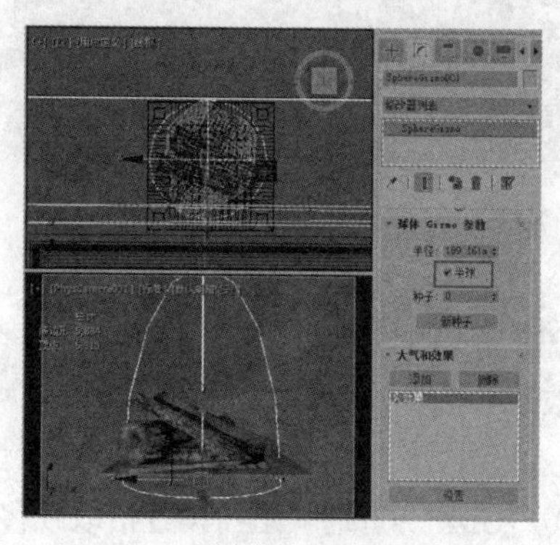
图 11-14

步骤 7 在“大气和效果”卷展栏中选中“火效果”选项，单击“设置”按钮。弹出“环境和效果”对话框，从中设置火效果的参数，如图 11-15 所示。

步骤 8 渲染场景，得到图 11-16 所示的效果。

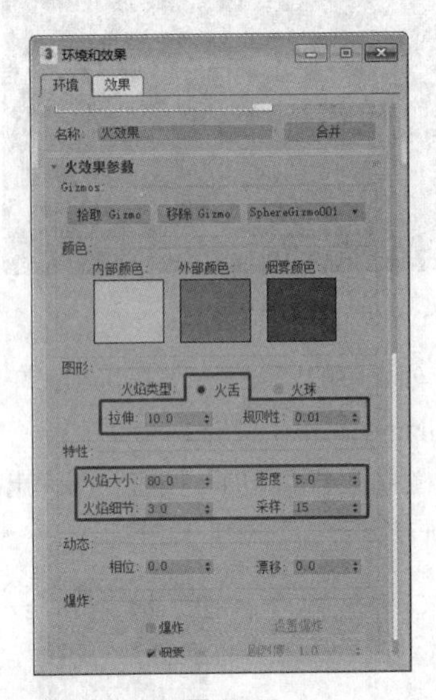

图 11-15

图 11-16

步骤 9 在图 11-17 所示的位置创建泛光灯。在“常规参数”卷展栏中勾选“阴影”选项组中的“启用”复选框，设置阴影类型为“阴影贴图”，设置合适的参数。

步骤 10 渲染场景，得到图 11-18 所示的效果，这样火效果就制作完成了。该案例的最终效果文件在PhotoShop 中调整了亮度和对比度，所以和制作的效果稍稍有差距。

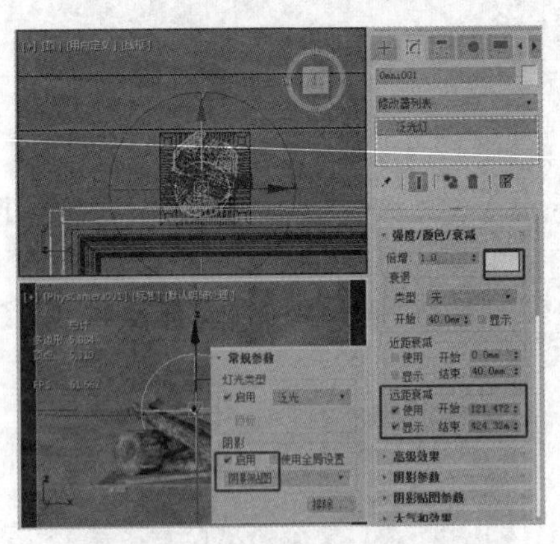

图 11-17

图 11-18

11.2.4 【相关工具】

火效果

“火效果参数”卷展栏如图 11-19 所示。

（1）“Gizmos”选项组：设置拾取或移除场景中的 Gizmo。

- “拾取 Gizmo”按钮：单击该按钮，进入拾取模式，然后单击场景中的某个大气装置即可完成拾取；在渲染时，大气装置会显示火焰效果；大气装置的名称将添加到 Gizmo 下拉列表中。

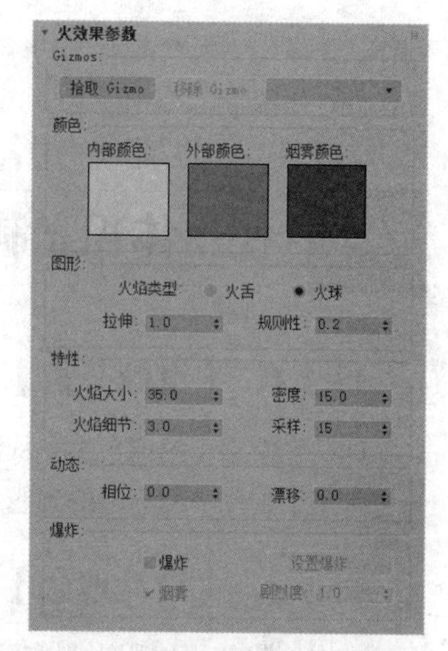

图 11-19

- “移除 Gizmo”按钮：单击该按钮，移除 Gizmo 下拉列表中所选的 Gizmo；Gizmo 仍在场景中，但是不再显示火焰效果。

（2）“颜色”选项组：为火焰效果设置 3 个颜色属性。

- “内部颜色”：设置效果中最密集部分的颜色，对于典型的火焰，此颜色代表火焰中最热的部分。
- “外部颜色”：设置效果中最稀薄部分的颜色，对于典型的火焰，此颜色代表火焰中较冷的散热边缘。
- “烟雾颜色”：设置用于“爆炸”复选框的烟雾颜色。

（3）“图形”选项组：设置火焰效果中火焰的形状、缩放和图案。

- “火舌”单选按钮：沿着中心使用纹理创建带方向的火焰，火焰方向沿着火焰装置的局部 z 轴，“火舌”常用于制作类似篝火的火焰。
- “火球”单选按钮：用于创建圆形的爆炸火焰，“火球”很适合制作爆炸效果。
- “拉伸”数值框：将火焰沿着装置的 z 轴缩放。
- “规则性”数值框：修改火焰填充装置的方式；如果值为 1.0，则填满装置，效果在装置边缘附近衰减，但是总体形状仍然非常明显；如果值为 0.0，则生成不规则的效果，有时可能会到达装置的边界，通常会被修剪得小一些。

（4）“特性”选项组：设置火焰的大小和外观。

- “火焰大小”数值框：设置装置中各个火焰的大小。
- “密度”数值框：设置火焰效果的不透明度和亮度。
- “火焰细节”数值框：设置每个火焰中的颜色更改量和边缘尖锐度；较低的值可以生成平滑、模糊的火焰，渲染速度较快；较高的值可以生成带图案的清晰火焰，渲染速度较慢。
- “采样”数值框：设置效果的采样率，值越高，生成的结果越精确，渲染所需的时间也越长。

（5）“动态”选项组：设置火焰的涡流和上升的动画。

- “相位”数值框：设置更改火焰效果的速率。
- “漂移”数值框：设置火焰沿着火焰装置的 z 轴的渲染方式；较低的值可以生成燃烧较慢的冷火焰，较高的值可以生成燃烧较快的热火焰。

（6）“爆炸”选项组：可以自动设置爆炸动画。

- “爆炸”复选框：根据相位值自动设置动画的大小、密度和颜色。
- “烟雾”复选框：设置爆炸是否产生烟雾。
- “设置爆炸”按钮：单击此按钮，打开“设置爆炸相位曲线”对话框，在其中可设置开始时间和结束时间。
- “剧烈度”数值框：改变相位参数的涡流效果。

11.2.5 【实战演练】烛火效果

微课视频
烛火效果

本案例将创建半球体 Gizmo，并为半球体 Gizmo 指定火效果，完成烛火效果的制作。（最终效果参看云盘中的“场景>第 11 章>烛火 ok.max”效果文件，如图 11-20 所示。）

图 11-20

11.3 使用体积光制作云彩

11.3.1 【案例分析】

体积光常用于模拟自然光从窗户或大自然中的树叶缝隙照射出来的光线，属于一种自然光。体积光也常用于制作一种环境的光线烟雾效果，可以充分表现阳光及聚光灯照射的光束效果。

11.3.2 【设计理念】

本案例将使用体积光制作云彩，该效果可以用或制作动画，或模拟云彩效果。（最终效果参看云盘中的“场景>第 11 章>云彩 ok.max”效果文件，如图 11-21 所示。）

图 11-21

11.3.3 【操作步骤】

步骤① 在场景中创建一盏“目标聚光灯”。在“常规参数”卷展栏中勾选“阴影”选项组中的“启用”复选框，设置阴影类型为“阴影贴图”。在“聚光灯参数”卷展栏中设置“聚光区/光束”和“衰减区/区域”分别为 0.5 和 45。在“强度/颜色/衰减”卷展栏中勾选“远距衰减”选项组中的“使用”和“显示”复选框，设置“开始”为 700、“结束”为 800，如图 11-22 所示。

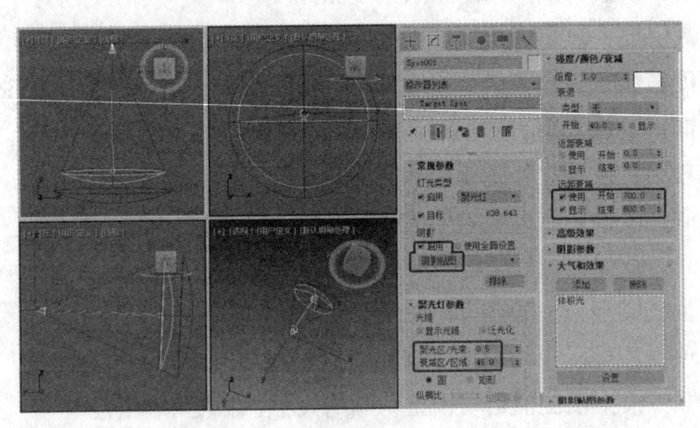

图 11-22

步骤② 按 8 键，打开“环境和效果”对话框，设置背景的“颜色”为蓝色。在“大气”卷展栏中单击“添加”按钮，在弹出的对话框中选择“体积光”选项，添加体积光效果，如图 11-23 所示。

步骤③ 在“体积光参数”卷展栏中单击“拾取灯光”按钮，在场景中拾取创建的目标聚光灯。勾选“指数”复选框，设置“密度”为 5、“最大亮度%”为 90、“最小亮度%”为 0；设置“过滤阴影”为“低”；勾选“噪波”选项组中的“启用噪波”复选框，设置“数量”为 0.8；设置“类型”为“湍流”；设置“噪波阈值”的“高”为 0.4、“低”为 0.2、“均匀性”为 0、“级别”为 5、“大小”

为 100、“相位”为 0，如图 11-24 所示。

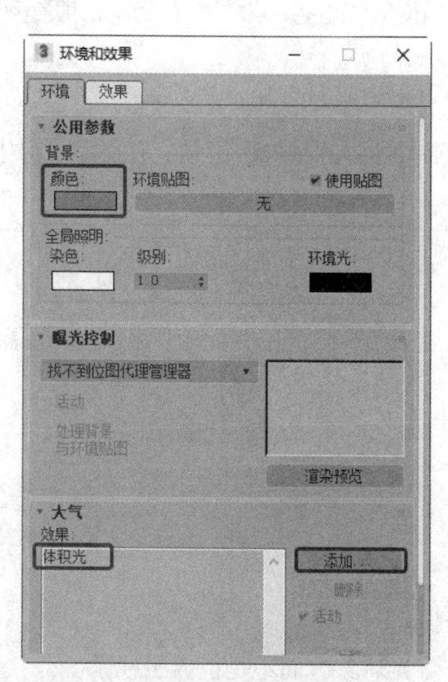

图 11-23

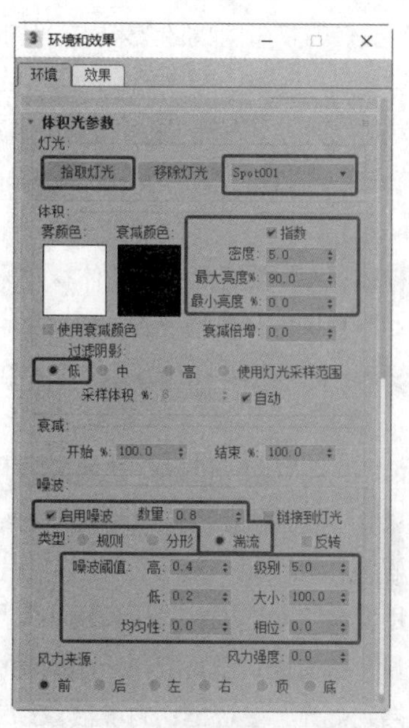

图 11-24

11.3.4 【相关工具】

体积光

“体积光参数”卷展栏如图 11-25 所示。

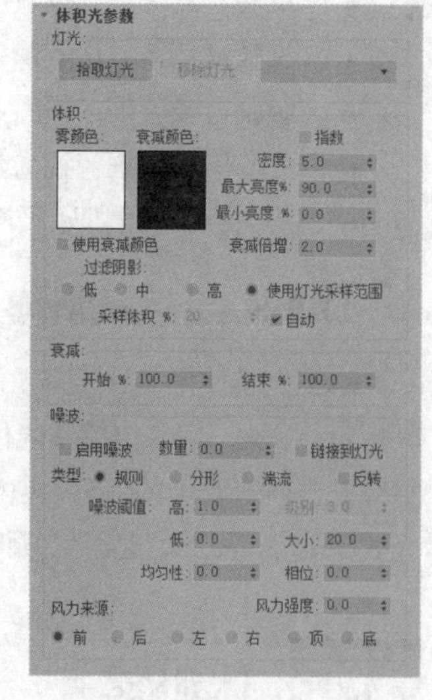

图 11-25

（1）“灯光”选项组。

- “拾取灯光”按钮：单击该按钮，可以在任意视口中拾取要为体积光启用的灯光。
- “移除灯光”按钮：单击该按钮，可以将灯光从列表中移除。

（2）“体积”选项组。

- “雾颜色”：设置组成体积光的雾的颜色。
- “衰减颜色”：设置体积光随距离而衰减时的颜色。
- “指数”复选框：勾选此复选框，随距离以指数形式增大密度；取消勾选此复选框时，密度随距离线性增大；只有需要渲染体积光中的透明对象时，才勾选此复选框。
- “密度”数值框：设置雾的密度。
- “最大亮度%”数值框：设置可以达到的最大光晕效果（默认值为 90%）。
- “最小亮度%”数值框：与“环境光”设置类似，如果“最小亮度%”大于 0，体积光外面的区域也会发光。
- “衰减倍增”数值框：设置衰减颜色的效果。
- “过滤阴影”单选按钮组：用于通过提高采样率（以增加渲染时间为代价）获得更高质量的体积光渲染。

“低”单选按钮：不过滤图像缓冲区，直接采样。

“中”单选按钮：对相邻的像素采样求平均值，对于出现条带类型缺陷的情况，可以使质量得到非常明显的提升。

“高”单选按钮：对相邻的像素和对角像素采样，为每个像素指定不同的权重。

“使用灯光采样范围”单选按钮：根据灯光的阴影参数中的采样范围值，使体积光中投射的阴影变模糊。

- “采样体积%”数值框：设置体积的采样质量。
- “自动”复选框：自动设置“采样体积%”参数值，禁用数值框（默认设置）。

（3）“衰减”选项组：此选项组中参数的设置取决于单个灯光的开始范围和结束范围衰减参数的设置。

- “开始%”数值框：设置灯光效果的开始衰减，与实际灯光参数的衰减相对。
- “结束%”数值框：设置照明效果的结束衰减，与实际灯光参数的衰减相对。

（4）“噪波”选项组。

- “启用澡波”复选框：用于启用和禁用噪波。
- “数量”数值框：设置应用于雾的噪波的百分比。
- “链接到灯光”复选框：将噪波效果链接到其灯光对象，而不是世界坐标系。
- “类型”单选按钮组：从“规则”“分形”“湍流”3 种噪波类型中选择一种要应用的类型。
- “反转”复选框：反转噪波效果。
- “澡波阈值”：设置噪波效果的“高”“低”。
- “级别”数值框：设置噪波迭代应用的次数。
- “大小”数值框：设置烟卷或雾卷的大小，值越小，烟卷或雾卷越小。
- “均匀性”数值框：作用类似高通过滤器，值越小，体积越透明。

11.3.5 【实战演练】室内体积光效果

本案例将使用“目标聚光灯”作为投射到室内的灯光，并为其指定体积光，用来模拟室内体积光效果。（最终效果参看云盘中的“场景>第 11 章>室内体积光效果 ok.max”效果文件，如图 11-26 所示。）

图 11-26

11.4 体积雾

11.4.1 【案例分析】

体积雾常用来模拟一种自然现象，可以制作出逼真的自然环境。

11.4.2 【设计理念】

本案例将制作体积雾。体积雾可以用来制作雾效果，雾密度在三维空间中不是恒定的。体积雾也可以用来制作吹动的云状雾效果，看起来似乎在风中飘散。（最终效果参看云盘中的“场景>第 11 章>体积雾 ok.max”效果文件，如图 11-27 所示。）

图 11-27

11.4.3 【操作步骤】

步骤① 按 8 键，打开“环境和效果”对话框。单击“公用参数”卷展栏中的“无”按钮，在弹出的“材质/贴图浏览器”对话框中选择“位图”贴图，单击“确定”按钮，如图 11-28 所示。

步骤② 在弹出的“选择位图图像文件”对话框中选择一幅体积雾的背景图像，单击“打开”按钮，如图 11-29 所示。

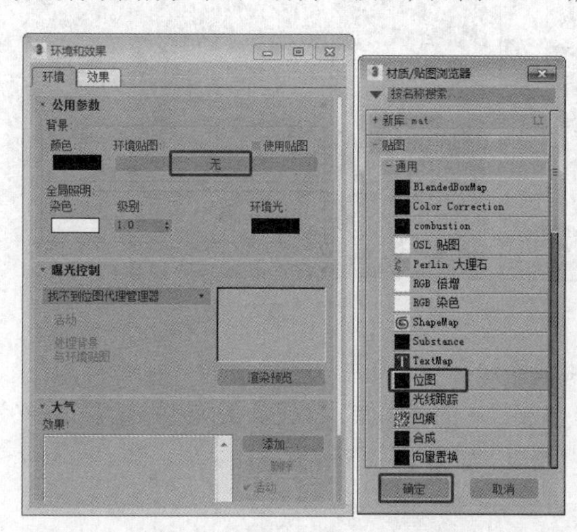

图 11-28

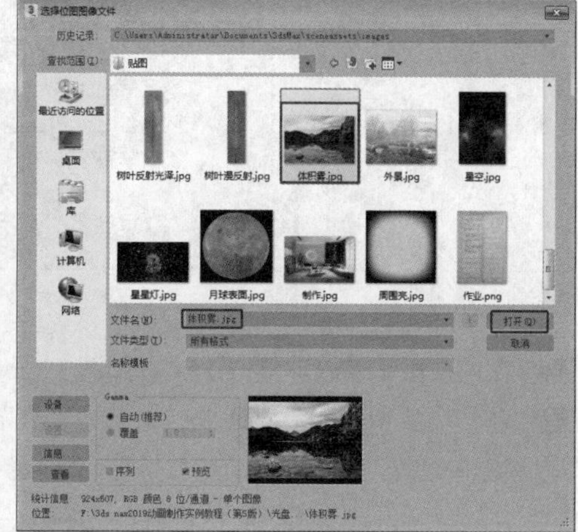

图 11-29

步骤③ 激活透视视图，按 Alt+B 组合键。在弹出的对话框中选择“背景”选项卡，选择“使用环境背景”单选按钮，单击“应用到活动视图”按钮，如图 11-30 所示。

步骤④ 可以看到背景图像的透视视图，如图 11-31 所示。

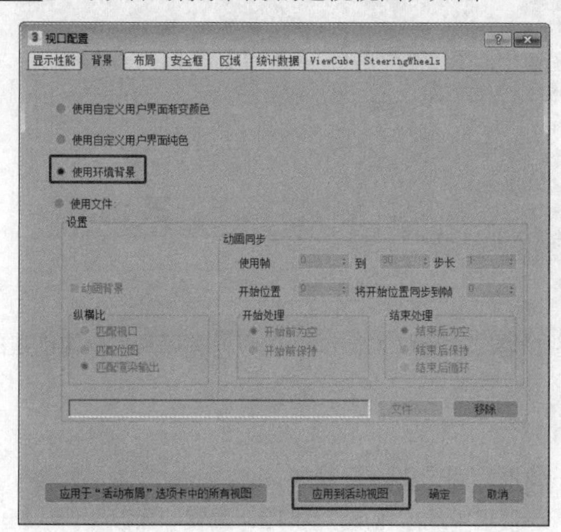

图 11-30

图 11-31

步骤⑤ 将环境贴图拖曳到材质编辑器中新的材质样本球上，进行实例复制。在“坐标”卷展栏中选择“环境”单选按钮，设置“贴图”为“屏幕”，如图 11-32 所示。

步骤⑥ 单击“+（创建）>（辅助对象）>大气装置>球体 Gizmo“按钮，在场景中创建球体 Gizmo。在“球体 Gizmo 参数”卷展栏中设置“半径”为 100，如图 11-33 所示。

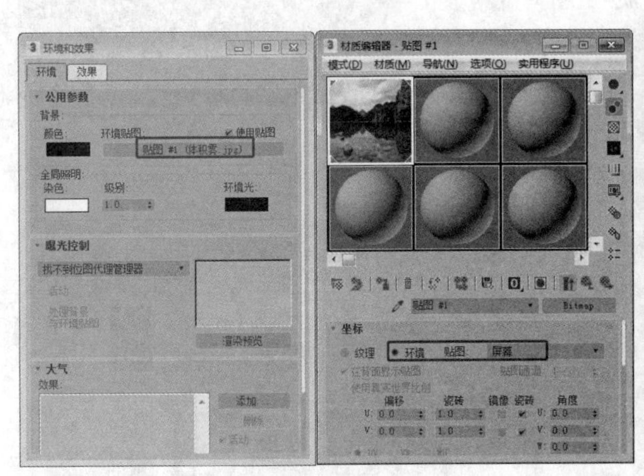

图 11-32

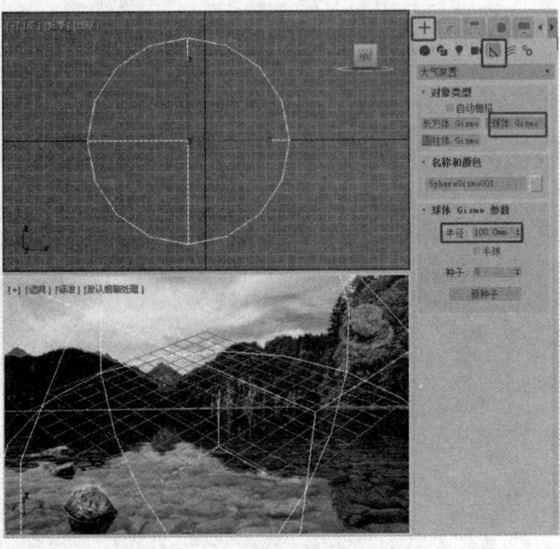
图 11-33

步骤⑦ 在前视图中缩放球体 Gizmo，如图 11-34 所示。

步骤⑧ 在“环境和效果”对话框中单击“大气”卷展栏中的“添加”按钮。在弹出的“添加大气效果”对话框中选择“体积雾”选项，单击“确定”按钮，如图 11-35 所示。

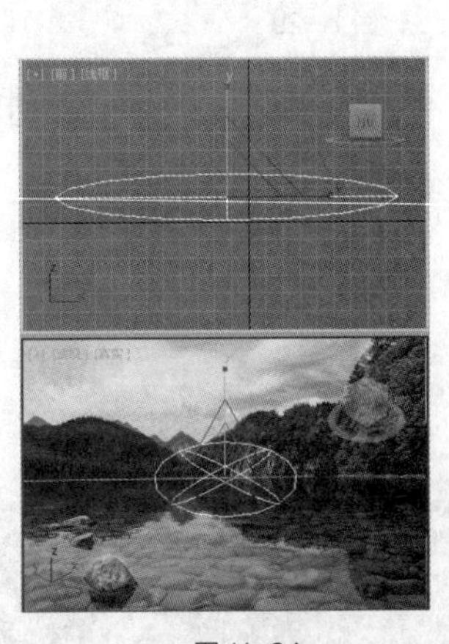
图 11-34

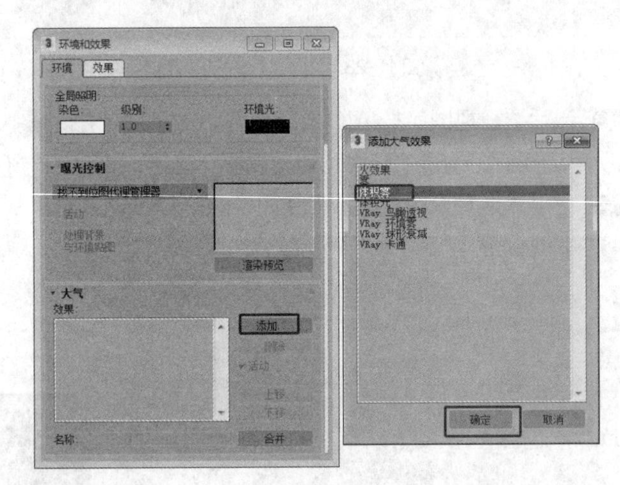

图 11-35

步骤⑨ 添加效果后，显示“体积雾参数”卷展栏。单击“拾取 Gizmo”按钮，在场景中拾取创建的球体 Gizmo，如图 11-36 所示。

步骤⑩ 使用默认参数渲染场景，效果如图 11-37 所示。

步骤⑪ 调整球体 Gizmo，并调整一下透视视图的角度，如图 11-38 所示。

步骤⑫ 在“体积雾参数”卷展栏中设置“体积”选项组中的“密度”为 10，设置“噪波”选项组中的“大小”为 30，如图 11-39 所示。

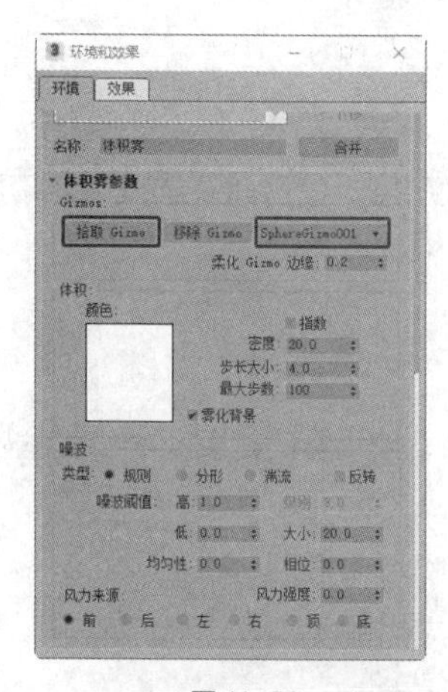

图 11-36

图 11-37

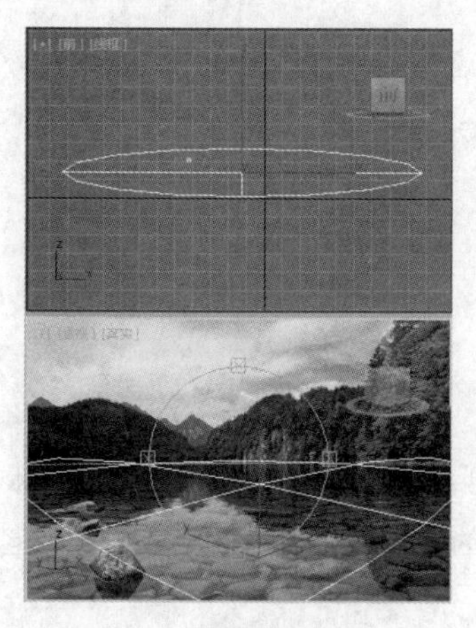

图 11-38

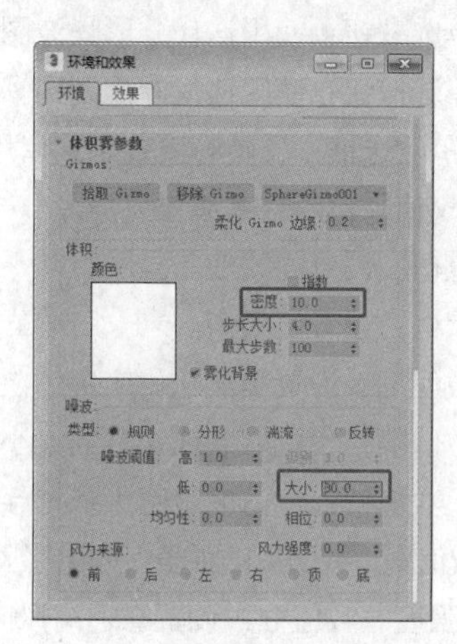

图 11-39

步骤⑬ 设置参数后按 F9 键渲染场景。

11.4.4 【相关工具】

1. 体积雾

体积雾可以用于制作雾效果，雾密度在三维空间中不是恒定的。体积雾也可用于制作吹动的云状雾效果，看起来似乎在风中飘散。

“体积雾参数”卷展栏如图 11-40 所示。

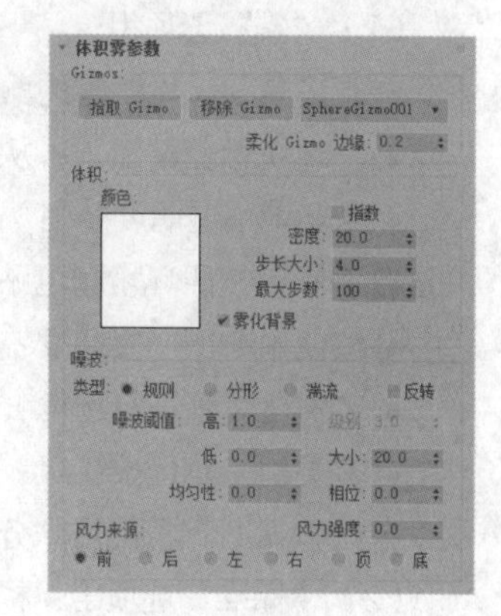

图 11-40

（1）“Gizmos”选项组。

- “拾取 Gizmo”按钮：单击该按钮，进入拾取模式，单击场景中的某个大气装置即可完成拾取；在渲染时，大气装置会包含体积雾，大气装置的名称将添加到 Gizmo 列表中。
- “移除 Gizmo”按钮：单击该按钮，将 Gizmo 从“体积雾”效果中移除。
- “柔化 Gizmo 边缘”数值框：羽化“体积雾”效果的边缘，值越大，边缘越柔和。

（2）“体积”选项组。

- “颜色”：设置雾的颜色。
- “指数”复选框：勾选此复选框，将随距离以指数形式增大密度；禁用此复选框时，密度随距离线性增大。
- “密度”数值框：设置雾的密度。
- “步长大小”数值框：设置雾采样的粒度，即雾的细度。
- “最大步数”数值框：设置采样量，防止雾的计算会永远执行；如果雾的密度较小，此参数很有用。
- “雾化背景”复选框：将雾功能应用于场景的背景。

（3）“噪波”选项组：“体积雾”的噪波参数相当于材质的噪波参数。

- “类型”单选按钮组：从以下 3 种噪波类型中选择一种要应用的类型。

“规则”单选按钮：使用标准的噪波图案。

“分形”单选按钮：使用迭代分形噪波图案。

“湍流”单选按钮：使用迭代湍流图案。

- “反转”复选框：反转噪波效果，启用此复选框浓雾将变为半透明的雾。
- “澡波阈值”：限制噪波效果。

“高”数值框：设置高阈值。

“低”数值框：设置低阈值。

“级别”数值框：设置噪波迭代应用的次数。

“大小”数值框：设置烟卷或雾卷的大小，值越小，烟卷或雾卷越小。

“均匀性”数值框：该值的范围为从-1 到 1，作用与高通过滤器类似；值越小，体积雾越透明。

“相位”数值框：控制风的种子，如果“风力强度”的值也大于 0，体积雾会根据风向产生动画。

- “风力强度”数值框：设置雾远离风向的速度。
- “风力来源”单选按钮组：定义风来自哪个方向，有“前”“后”“左”“右”“顶”“底”6 个单选按钮。

2．雾

“雾参数”卷展栏如图 11-41 示。

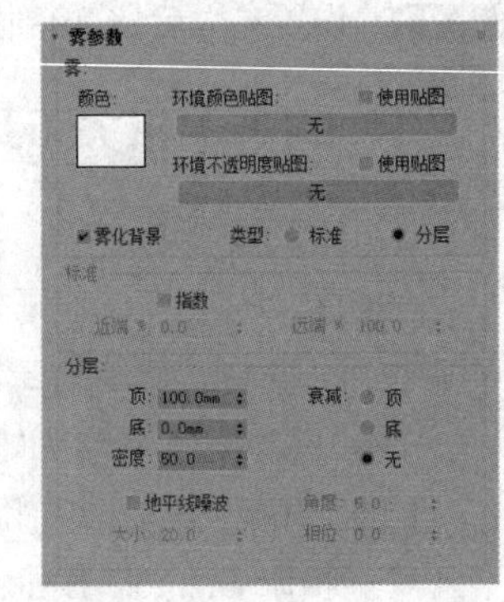

图 11-41

（1）“雾”选项组。

- “颜色”：设置雾的颜色。
- “环境颜色贴图”：从贴图导出雾的颜色。
- “环境不透明度贴图”：可以更改雾的密度，指定不透明度贴图，并进行编辑，按照环境颜色贴图的方法设置其效果。
- “使用贴图”复选框：设置贴图效果的启用或禁用。
- “雾化背景”复选框：将雾功能应用于场景的背景。
- “类型”单选按钮组：选择“标准”单选按钮时，将使用“标准”选项组中的参数；选择“分层”单选按钮时，将使用“分层”选项组中的参数。

（2）“标准”选项组：根据与摄影机的距离使雾变薄或变厚。

- “指数”复选框：勾选此复选框，将随距离以指数形式增大密度；取消勾选此复选框时，密度随距离线性增大；只有需要渲染体积雾中的透明对象时，才勾选此复选框。

- “近端%”数值框：设置雾在近距范围的密度。
- “远端%”数值框：设置雾在远距范围的密度。

（3）“分层”选项组：使雾在上限和下限之间变薄或变厚，通过向列表中添加多个雾条目，雾可以包含多层；因为可以设置所有雾的动画，所以也可以设置雾上升和下降、更改密度和颜色的动画，并为其添加地平线噪波。

- “顶”数值框：设置雾层的上限。
- “底”数值框：设置雾层的下限。
- “密度”数值框：设置雾的总体密度。
- “衰减”单选按钮组：设置指数衰减效果，使密度在雾的“顶”或“底”减小到 0。
- “地平线噪波”复选框：勾选此复选框，启用地平线噪波系统。
- “大小”数值框：设置应用于噪波的缩放系数，缩放系数越大，雾卷越大，默认值为 20。
- “角度”数值框：设置开始受影响时雾与地平线的角度，例如，将角度设置为 5，从地平线以下 5° 开始，雾将散开。
- “相位”数值框：通过此参数设置噪波的动画；如果相位沿着正向移动，雾卷将向上漂移（同时变形）；如果雾高于地平线，可能需要设置相位沿着负向移动，使雾卷下落。

11.4.5 【实战演练】雾效果

本案例将使用体积雾制作雾的效果。（最终效果参看云盘中的“场景>第 11 章> 雾效 ok.max”效果文件，如图 11-42 所示。）

图 11-42

11.5 太阳耀斑

11.5.1 【案例分析】

太阳耀斑是一种太阳活动的剧烈表现，其主要特征是在太阳表面突然出现迅速变化的闪耀亮斑，其寿命仅为几分钟到几十分钟。

11.5.2 【设计理念】

本案例将为背景指定“位图”贴图，创建灯光，并设置灯光的“镜头光晕”效果。（最终效果参看云盘中的“场景>第 11 章>太阳耀斑.max”效果文件，如图 11-43 所示。）

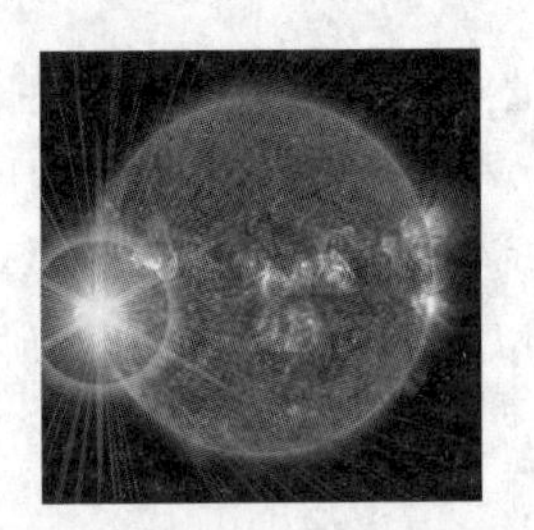

图 11-43

11.5.3 【操作步骤】

步骤① 按 8 键，打开“环境和效果”窗口。为背景指定环境贴图，选择贴图（“re.jpg”）。将环境贴图拖曳到材质编辑器的样本球上，在弹出的对话框中选择“实例”单选按钮。在“坐标”卷展栏中选择“环境”单选按钮，设置“贴图”为“屏幕”，如图 11-44 所示。

步骤② 激活透视视图，按 Alt+B 组合键。在弹出的对话框中选择“使用文件”单选按钮，单击“确定”按钮，如图 11-45 所示。

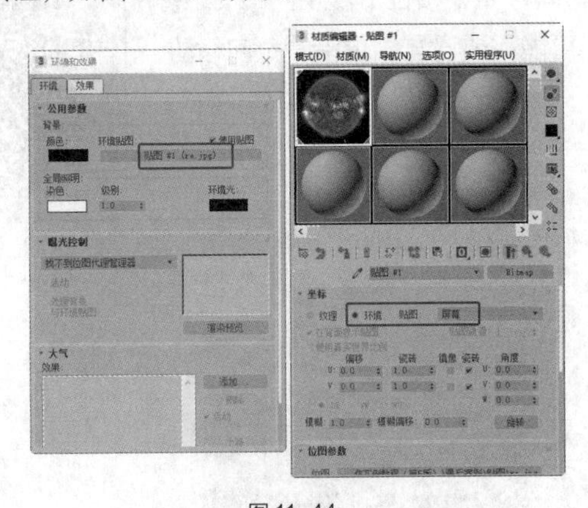

图 11-44

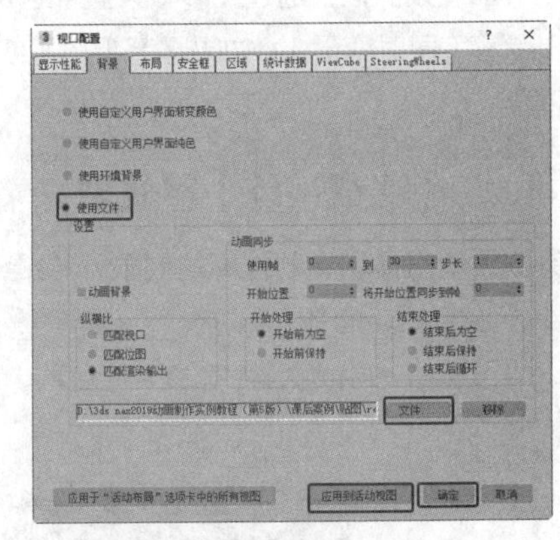

图 11-45

步骤③ 打开“渲染设置”窗口，从中设置“输出大小”的值，如图 11-46 所示。

步骤④ 激活透视视图，按 Shift+F 组合键，显示安全框。并在场景中创建泛光灯，如图 11-47 所示。

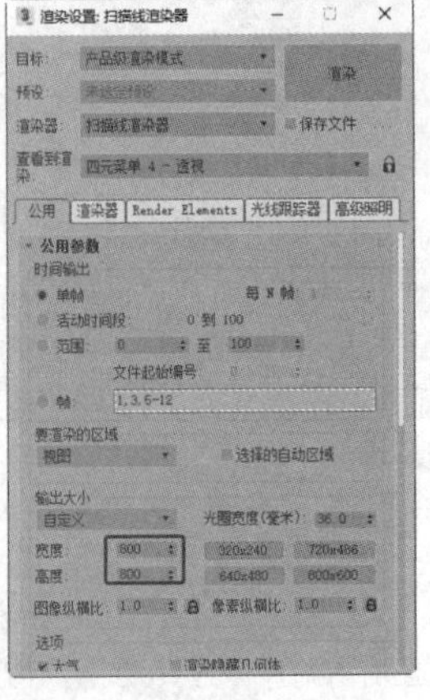

图 11-46

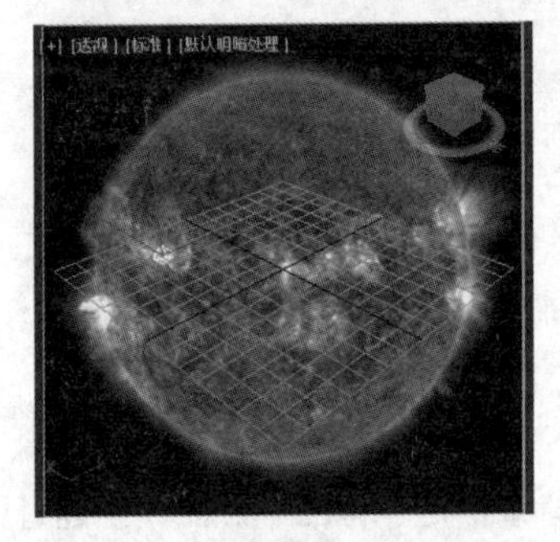

图 11-47

步骤⑤ 在“环境和效果”对话框中选择“效果”选项卡，在“效果”卷展栏中单击“添加”按钮。在弹出的对话框中选择“镜头效果”选项，单击“确定”按钮。在“镜头效果全局”卷展栏中单击“拾取灯光”按钮，在场景中拾取泛光灯，如图 11-48 所示。

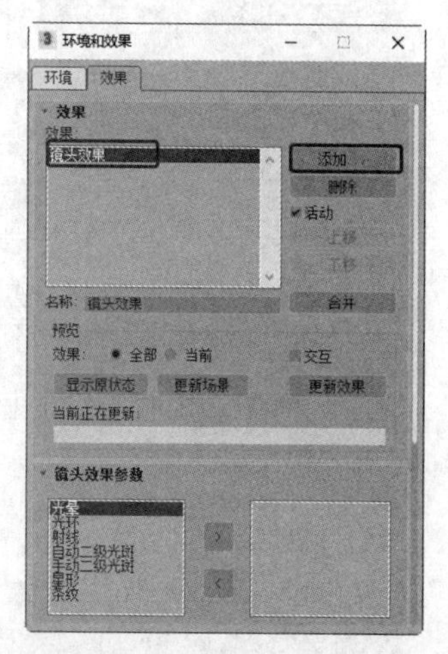

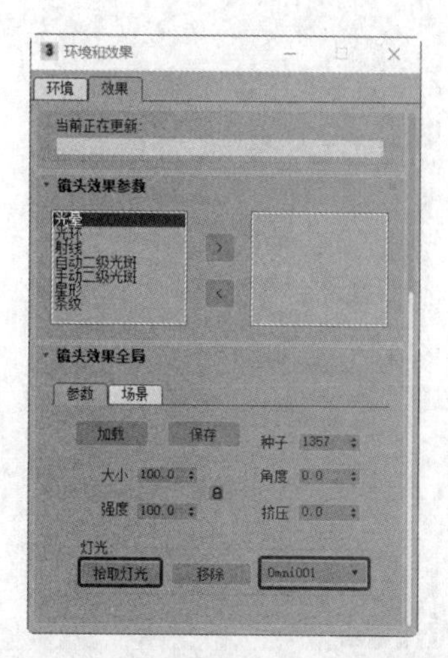

图 11-48

步骤⑥ 在“镜头效果参数”卷展栏中选择左侧列表框中的“光晕”选项，单击 > 按钮，将“光晕”指定到右侧列表框中。在“光晕元素”卷展栏中选择“参数”选项卡，设置“大小”为 30，设置“径向颜色”的第一个色块为浅黄色、第二个色块为橙色，如图 11-49 所示。

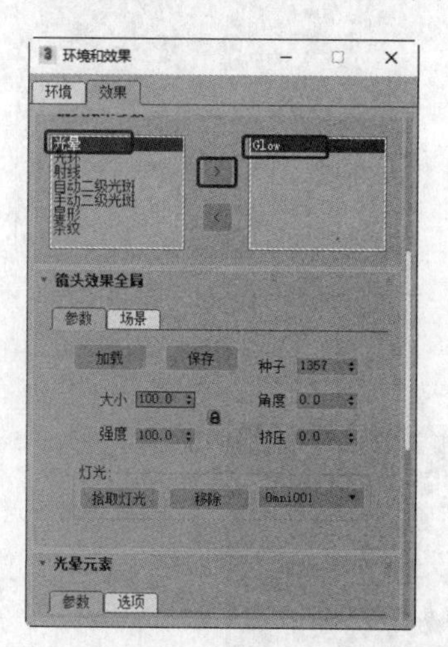

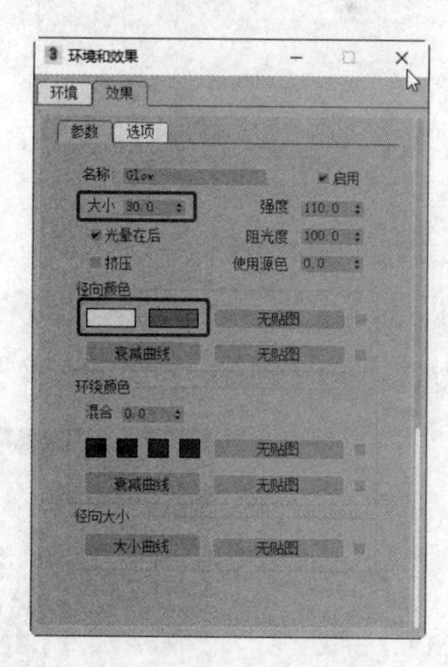

图 11-49

步骤⑦ 将“光环”指定到右侧的列表框中，在“光环元素”卷展栏中设置“大小”为 10、“强度”为 40、“厚度”为 10；设置“径像颜色”的第一个色块为浅黄色、第二个色块为橘色，如图 11-50 所示。

步骤⑧ 在“镜头效果参数”卷展栏中将“射线”指定到右侧的列表框中。在“镜头效果参数”卷展栏中将“射线”指定到右侧的列表框中，在“星形元素”卷展栏中设置“大小”为 50、“宽度”为 2、“锥化”为 0.5、“强度”为 20、“角度”为 0、“锐化”为 9.5，如图 11-51 所示。

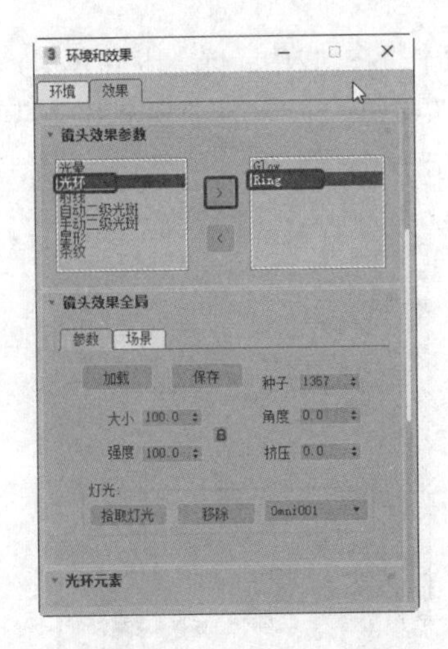

图 11-50

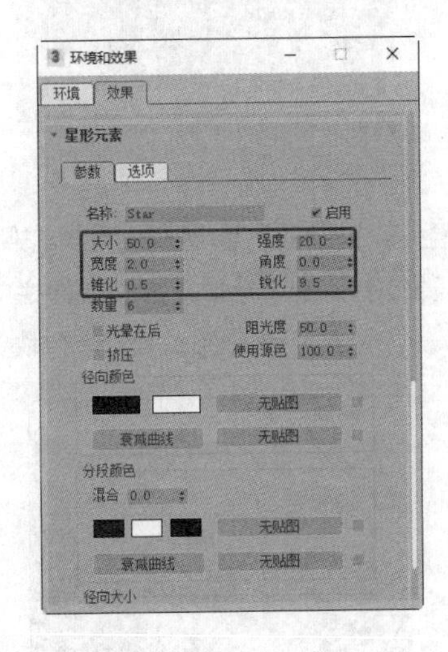

图 11-51

步骤⑨ 渲染场景得到最终图像，如图 11-52 所示。

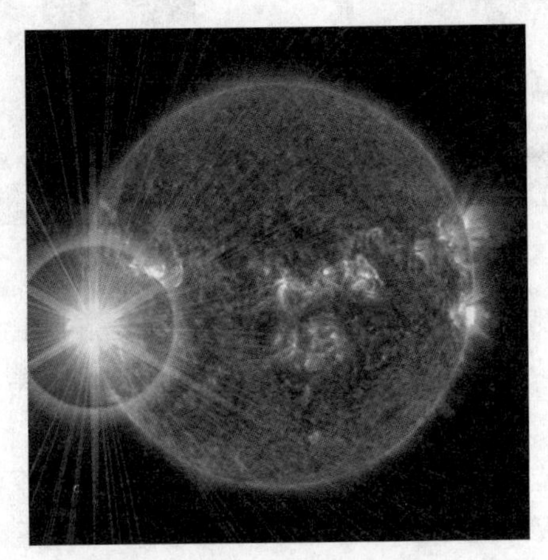

图 11-52

11.5.4 【相关工具】

镜头效果

镜头效果可创建与摄影机相关的真实效果。镜头效果包括光晕、光环、射线、自动从属光、手动从属光、星形和条纹。

图 11-53

◎“镜头效果参数”卷展栏（见图 11-53）

在左侧的列表框中显示的是镜头效果，双击某一效果可将其移到右侧的列表框中，也可以使用 > 、 < 两个按钮实现。

◎“镜头效果全局”卷展栏（见图 11-54）

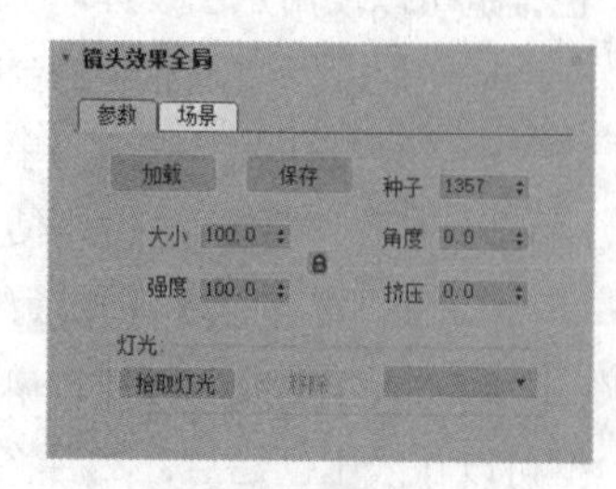

图 11-54

（1）“加载”按钮：单击此按钮，打开加载镜头效果文件对话框，在此可以打开 LZV 文件。

（2）“保存”按钮：单击此按钮，打开保存镜头效果文件对话框，在此可以保存 LZV 文件。

（3）“大小”数值框：设置影响总体镜头效果的大小，此值是渲染帧的大小的百分比。

（4）“强度”数值框：设置镜头效果的总体亮度和不透明度；值越大，效果越亮，越不透明；值越小，效果越暗，越透明。

（5）“种子”数值框：为镜头效果中的随机数生成器提供不同的起点，创建略有不同的镜头效果，而不更改任何设置；通过“种子”可以保证镜头效果不同，但差异很小。

（6）“角度”数值框：设置在效果与摄影机相对位置改变时，镜头效果从默认位置旋转的角度。

（7）“挤压”数值框：设置在水平方向或垂直方向挤压总体镜头效果的大小，补偿不同帧的纵横比；若该值为正值，在水平方向拉伸效果；若该值为负值，在垂直方向拉伸效果。

（8）“灯光”选项组：选择要应用镜头效果的灯光。

- “拾取灯光”按钮：直接通过视口选择灯光。
- “移除”按钮：移除所选的灯光。

◎“光晕元素”卷展栏“参数”选项卡

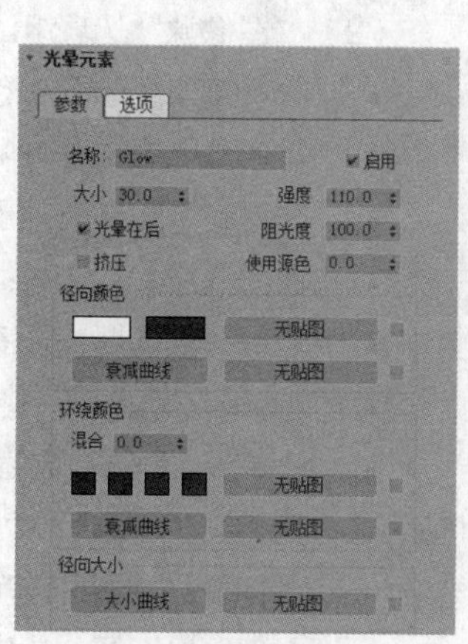

图 11-55

指定镜头光晕后显示“光晕参数”卷展栏。图 11-55 所示为“光晕元素”卷展栏中的“参数”选项卡。

（1）“名称”文本框：显示效果的名称。

（2）“启用”复选框：启用该复选框时，将效果应用于渲染图像。

（3）“大小”数值框：设置效果的大小。

（4）“强度”数值框：设置单个效果的总体亮度和不透明度；值越大，效果越亮，越不透明；值越小，效果越暗，越透明。

（5）“阻光度”数值框：设置场景阻光度对特定效果的影响程度。

（6）“使用源色”数值框：将应用效果的灯光或对象的源色与“径向颜色”或“环绕颜色”中设置的颜色或贴图混合。

（7）“光晕在后”复选框：设置是否在场景中的对象后面显示效果。

（8）“挤压”复选框：设置是否应用挤压效果。

（9）“径向颜色”选项组：设置效果的内部颜色和外部颜色；可以通过色块，设置镜头效果的内部颜色和外部颜色，也可以使用渐变位图或细胞位图等设置径向颜色。

- “衰减曲线”按钮：单击该按钮打开相应对话框，在该对话框中可以设置“径向颜色”中使用的颜色的权重；通过操作衰减曲线，可以对效果使用颜色或贴图；也可以使用贴图设置在使用灯光作为镜头效果光源时的衰减。

（10）“环绕颜色”选项组：通过使用 4 种与效果的 4 个 1/4 圆匹配的不同色块，设置效果的颜色，也可以使用贴图设置环绕颜色。

- “混合”数值框：混合在“径向颜色”和“环绕颜色”中设置的颜色。
- “衰减曲线”按钮：单击该按钮，打开相应对话框，在该对话框中可以设置“环绕颜色”中使用的颜色的权重。

（11）“径向大小”选项组：设置围绕特定镜头效果的径向大小。

- “大小曲线”按钮：单击该按钮将打开相应对话框，使用该对话框可以在线上创建点，然后将这些点沿着图形移动，确定效果应放在灯光或对象周围的哪个位置；也可以使用贴图确定效果应放在哪个位置，启用贴图按钮后的复选框激活贴图。

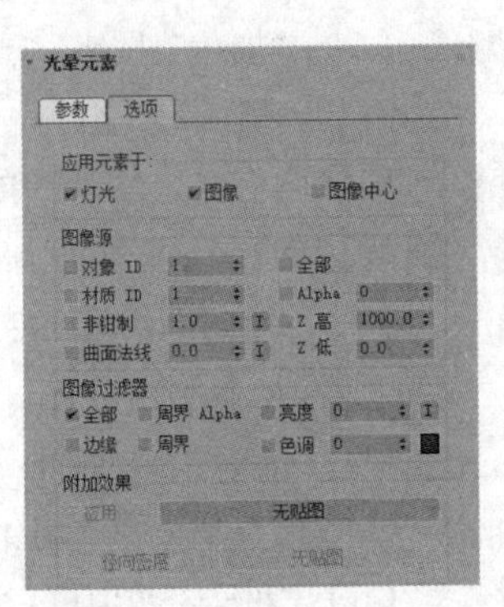

图 11-56

◎“光晕元素”卷展栏“选项”选项卡（见图 11-56）

（1）“应用元素于”选项组。

- “灯光”复选框：将效果应用于“镜头效果全局”中拾取的灯光。
- “图像”复选框：将效果应用于在“图像源”中设置参数渲染的图像。
- “图像中心”复选框：将效果应用于对象中心或对象中由图像过滤器确定的部分。

（2）“图像源”选项组。

- “对象 ID”复选框：将效果应用于场景中设置了 G 缓冲区的模型。
- “材质 ID”复选框：将效果应用于场景中设置了材质 ID 的材质对象。
- “非钳制”复选框：超亮度颜色比纯白色（255,255,255）要亮。
- “曲面法线”复选框：根据摄像机曲面法线的角度将镜头效果应用于对象的一部分。
- “全部”复选框：将镜头效果应用于整个场景，而不仅应用于几何体的特定部分。
- “Alpha”复选框：将镜头效果应用于图像的 Alpha 通道。
- “Z 高”“Z 低”数值框：根据对象到摄影机的距离（Z 缓冲区距离）高亮显示对象；“Z 高”值为最大距离，“Z 低”值为最小距离，这两个 Z 缓冲区距离之间的任何对象均将高亮显示。

（3）“图像过滤器”选项组：通过过滤图像源，设置镜头效果的应用方式。

- “全部”复选框：选中场景中的所有源像素，并应用镜头效果。
- “边缘”复选框：选中边界上的所有源像素，并应用镜头效果。沿着对象边界应用镜头效果，将在对象的内边和外边上生成柔化光晕。
- “周界 Alpha”复选框：根据对象的 Alpha 通道，将镜头效果仅应用于对象的周界；如果启用此复选框，则仅在对象的外围应用镜头效果，而不会在对象内部生成任何斑点。
- “周界”复选框：根据边条件，将镜头效果仅应用于对象的周界。
- “亮度”复选框：根据亮度值过滤源对象，将镜头效果仅应用于亮度值高于设定值的对象。
- “色调”复选框：按色调过滤源对象，单击微调器旁边的色块，可以设置色调，可以选择的色调值范围为 0 到 255。

（4）“附加效果”选项组：可以将噪波等贴图应用于镜头效果，单击“应用”复选框右边的按钮，可以打开“材质/贴图浏览器”对话框。

- “应用”复选框：勾选此复选框时应用所选的贴图。
- “径向密度”按钮：设置应用其他效果的位置和程度。

◎“光环元素”卷展栏“参数”选项卡

指定光环后显示“光环元素”卷展栏中的“参数”选项卡，如图 11-57 所示。

其中与其他卷展栏相同的参数这里就不介绍了。

- “厚度”数值框：设置效果的厚度（像素数）。
- “平面”数值框：沿效果轴设置效果位置，该轴从效果中心延伸到屏幕中心。

◎“射线元素”卷展栏“参数”选项卡（见图 11-58）

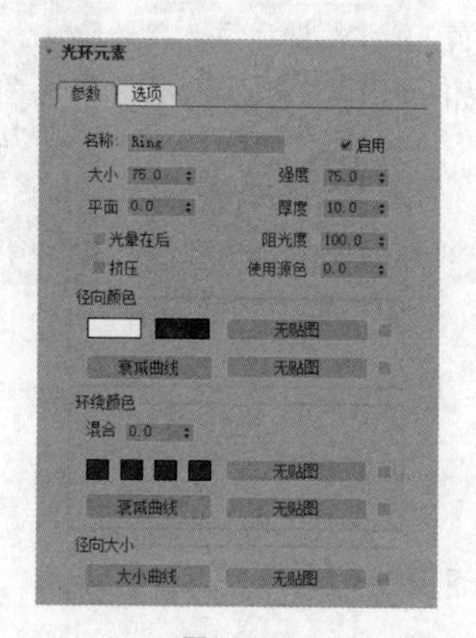

图 11-57

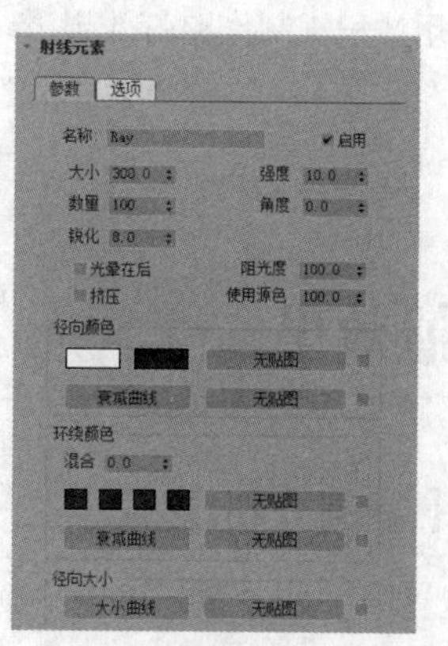

图 11-58

- “数量”数值框：设置镜头光斑中出现的总射线数，射线在其半径附近随机分布。
- “锐化”数值框：设置射线的总体锐度；数值越大，生成的射线越鲜明、清晰；数值越小，产生的二级光晕越多。
- “角度”数值框：设置射线的角度；可以输入正值，也可以输入负值，这样在设置动画时，射线可以按顺时针或逆时针方向旋转。

◎“自动二级光斑元素”卷展栏“参数”选项卡（见图 11-59）

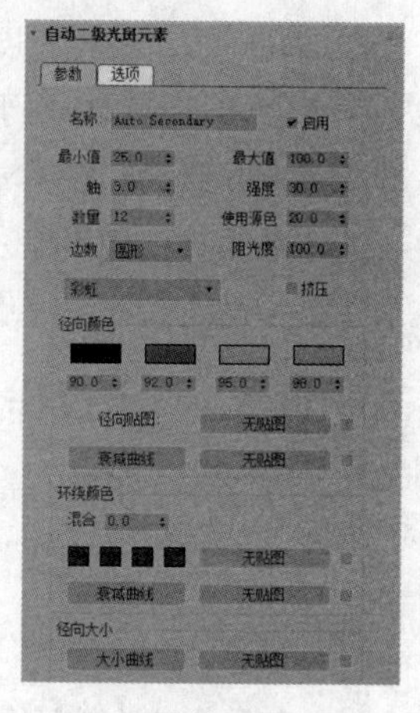

图 11-59

（1）“最小值”数值框：设置当前集中二级光斑的最小值。

（2）“最大值”数值框：设置当前集中二级光斑的最大值。

（3）“轴”数值框：设置自动二级光斑沿其分布的轴的总长度。

（4）“数量”数值框：设置当前光斑集中出现的二级光斑数。

（5）“边数”下拉列表：设置当前光斑集中出现的二级光斑的形状；默认设置为圆形，可以从 3 面到 8 面二级光斑之间进行选择。

（6）彩虹 径向颜色下拉列表：在该下拉列表中可以选择光斑的径向颜色。

（7）“径向颜色”选项组：设置效果的内部颜色和外部颜色；可以单击色块，设置镜头效果的内部颜色和外部颜色；每个色块有一个百分比微调器，用于设置颜色应在哪个点停止，下一个颜色应在哪个点开始，也可以使用渐变位图或细胞位图等确定径向颜色。

◎“星形元素”卷展栏“参数”选项卡（见图 11-60）

（1）“锥化”数值框：设置星形各辐射线的锥化程度。

（2）“数量”数值框：设置星形中的辐射线数量，默认值为 6；辐射线围绕光斑中心、按照等距离间隔分布。

（3）“分段颜色”选项组：通过使用 3 种与效果的 3 个截面匹配的不同颜色，设置效果的颜色，也可以使用贴图设置截面颜色。

• “混合”数值框：混合在“径向颜色”选项组和“分段颜色”选项组中设置的颜色。

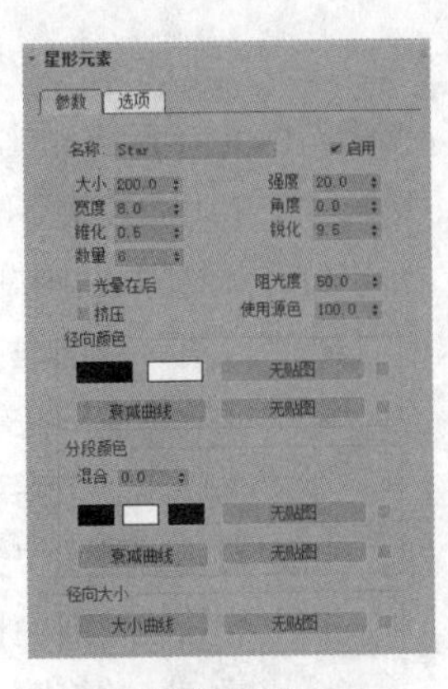

图 11-60

11.5.5 【实战演练】路灯效果

本案例将使用体积雾制作路灯效果。（最终效果参看云盘中的“场景>第 11 章>路灯效果.max”效果文件，如图 11-61 所示。）

图 11-61

11.6 其他效果

11.6.1 【案例分析】

通过对场景进行一些设置，可以得到更令人满意的模型和场景效果。

11.6.2 【设计理念】

“Hair 和 Fur”卷展栏用于制作毛发效果，“模糊”卷展栏用于设置渲染图像的模糊效果，“亮度和对比度”卷展栏用于设置输出图像的亮度和对比度效果，“色彩平衡”卷展栏用于调整场景图像的偏色，“景深”卷展栏用于设置场景的景深效果，“文件输出”卷展栏用于设置文件的输出参数，“胶片颗粒”卷展栏用于设置输出图像的颗粒效果，“运动模糊”卷展栏用于设置运动中的模型的“运动模糊”效果。

11.6.3 【操作步骤】

按 8 键，打开“环境和效果”对话框，在“效果”选项卡中单击“效果”卷展栏中的“添加”按钮，在弹出的对话框中选择需要的效果，单击“确定”按钮。

11.6.4 【相关工具】

1. Hair 和 Fur

“Hair 和 Fur”卷展栏如图 11-62 所示。

（1）“毛发渲染选项”选项组。

• “毛发”下拉列表：在下拉列表中选择用于渲染毛发的方法。

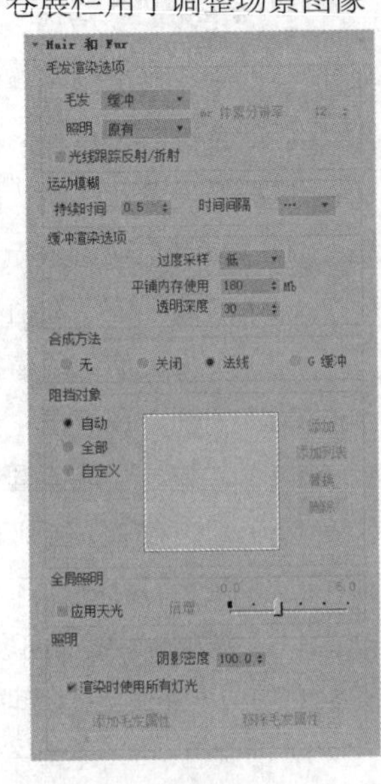

图 11-62

- “照明”下拉列表：在下拉列表中选择毛发接收照明的方式。
- “mr 体素分辨率”数值框：仅适用于“mr prim”毛发选项。
- “光线跟踪反射/折射”复选框：仅适用于“缓冲”毛发选项；勾选该复选框时，反射和折射就变成光线跟踪的反射和折射；取消勾选该复选框时，反射和折射就照常计算。

（2）“运动模糊”选项组：为了渲染运动模糊的头发，必须为成长对象设置“运动模糊”参数。

- “持续时间”数值框：设置“运动模糊”计算中用于每帧的帧数。
- “时间间隔”下拉列表：设置持续时间中在模糊之前捕捉毛发的快照点。

（3）“缓冲渲染选项”选项组：仅适用于缓存渲染。

- “过度采样”下拉列表：设置应用于 Hair 缓冲区渲染的抗锯齿等级。

（4）“合成方法”选项组：可用于选择 Hair 合成毛发与场景中其余部分的方法，其中的选项仅适用于“缓冲”毛发选项。

- “无”单选按钮：仅渲染毛发，带有阻光度，生成的图像可用于合成。
- “关闭”单选按钮：渲染毛发阴影而非毛发。
- “法线”单选按钮：标准渲染方法，将阻挡的毛发和场景中的其余部分合成；由于存在阻光度，毛发将无法出现在透明的物体之后。
- “G 缓冲”单选按钮：缓冲渲染的毛发出现大部分透明对象之后，不支持透明折射对象。

（5）“阻挡对象”选项组：设置哪些对象将阻挡场景中的毛发，如果对象比较靠近摄影机而不是部分毛发阵列，则不会渲染其后的毛发；默认情况下，场景中的所有对象均阻挡其后的毛发。

- “自动”单选按钮：场景中的所有可渲染对象均阻挡其后的毛发。
- “全部”单选按钮：场景中的所有对象，包括不可渲染对象，均阻挡其后的毛发。
- “自定义”单选按钮：可用于设置阻挡毛发的对象；选择此单选按钮，列表框右侧的按钮变为可用。
- “添加”按钮：将单一对象添加到列表框中。
- “添加列表”按钮：向列表框中添加多个对象。
- “更换”按钮：要替换列表框中的对象，在列表框中高亮显示该对象的名称，单击此按钮，然后单击视口中的替换对象。
- “删除”按钮：要从列表框中删除对象，在列表框中高亮显示该对象的名称，然后单击此按钮。

（6）“照明”选项组：设置通过场景中支持的灯光从毛发投射的阴影及毛发的照明。

- “阴影密度”数值框：设置阴影的相对黑度。
- “渲染时使用所有灯光”复选框：勾选此复选框后，场景中所有支持的灯光均会照明，并在渲染场景时从毛发投射阴影。
- “添加毛发属性”按钮：将毛发的灯光属性添加到场景中选择的灯光上。
- “移除毛发属性”按钮：从场景中选择的灯光移除毛发灯光属性。

2．模糊

“模糊参数”卷展栏中有两个选项卡。使用模糊效果可以通过 3 种不同的方法使图像变模糊：“均匀型”“方向型”“放射型”。根据“像素选择”选项卡中所作的选择，将模糊效果应用于各个像素，可以使整个图像变模糊，使非背景场景元素变模糊，按亮度值使图像变模糊，或使用贴图遮罩使图像变模糊。模糊效果通过渲染对象或生成摄影机移动的幻影，提高动画的真实感。

◎“模糊参数”卷展栏“模糊类型”选项卡（见图 11-63）

（1）“均匀型”单选按钮：将模糊效果均匀应用于整个渲染图像。

- “像素半径（%）”数值框：设置模糊效果的强度；如果增大该值，将增加每个像素计算模糊效果时使用的周围像素数，像素越多图像越模糊。
- “影响 Alpha”复选框：勾选该复选框时，将均匀型模糊效果应用于 Alpha 通道。

图 11-63

（2）“方向型”单选按钮：按照指定的方向应用模糊效果。

- “U 向像素半径（%）”数值框：设置模糊效果的水平强度。
- “U 向拖痕（%）”数值框：通过为 U 轴的某一侧分配更大的模糊权重，为模糊效果添加方向；通过此参数添加条纹效果，创建对象或摄影机沿着特定方向快速移动的幻影。
- “V 向像素半径（%）”数值框：设置模糊效果的垂直强度。
- “V 向拖痕（%）”数值框：通过为 V 轴的某一侧分配更大的模糊权重，为模糊效果添加方向；通过此参数添加条纹效果，创建对象或摄影机沿着特定方向快速移动的幻影。
- “旋转（度）”数值框：设置通过“U 向像素半径（%）”和“V 向像素半径（%）”应用模糊效果的 U 向像素和 V 向像素的轴的旋转角度，“旋转（度）”与“U 向像素半径（%）”和“V 向像素半径（%）”配合使用，可以将模糊效果应用于渲染图像中的任意方向。
- “影响 Alpha”复选框：勾选此复选框时，将方向型模糊效果应用于 Alpha 通道。

（3）“径向型”单选按钮：径向应用模糊效果。

- “像素半径（%）”数值框：设置半径模糊效果的强度。如果增大该值，将增加每个像素计算模糊效果时使用的周围像素数，像素越多图像越模糊。
- “X 原点”“Y 原点”数值框：设置以像素为单位，关于渲染输出的模糊中心。
- “拖痕（%）”数值框：通过为模糊效果的中心分配更大或更小的模糊权重，为模糊效果添加方向；通过此参数添加条纹效果，创建对象或摄影机沿着特定方向快速移动的幻影。
- “无”按钮：设置作为模糊效果中心的对象。
- “清除”按钮：移除已选择的对象。
- “影响 Alpha”复选框：勾选该复选框时，将放射型模糊效果应用于 Alpha 通道。
- “使用对象中心”复选框：勾选该复选框后，使用“无”按钮指定对象作为模糊效果的中心；如果没有指定对象并且勾选“使用对象中心”复选框，则不向渲染图像应用模糊效果。

◎“模糊参数”卷展栏“像素选择”选项卡（见图 11-64）

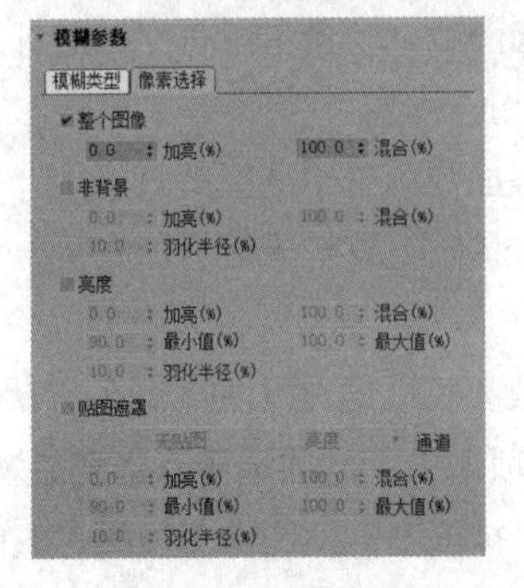

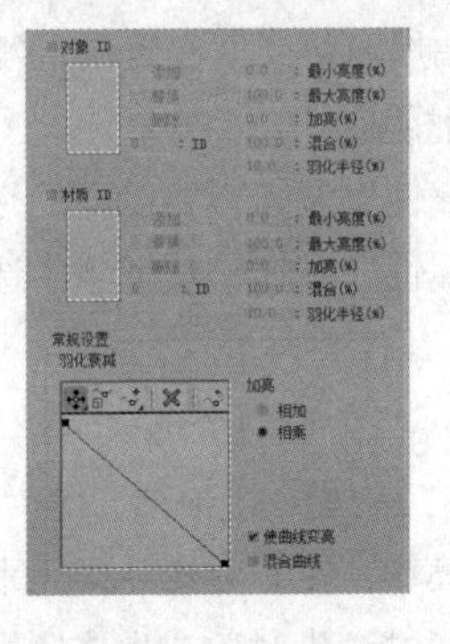

图 11-64

（1）“整个图像”复选框：勾选此复选框时，模糊效果将影响整个渲染图像。

- “加亮（%）”数值框：加亮整个图像。
- “混合（%）”数值框：将模糊效果和“整个图像”参数与原始的渲染图像混合，可以创建柔化焦点效果。

（2）“非背景”复选框：勾选此复选框时，将影响除背景图像或动画以外的所有元素。

- “加亮（%）”数值框：加亮除背景图像或动画以外的渲染图像。
- “羽化半径（%）”数值框：设置合适的羽化半径，羽化应用于场景的非背景元素的模糊效果。
- “混合（%）”数值框：将模糊效果和“非背景”参数与原始的渲染图像混合。

（3）“亮度”复选框：影响亮度值介于“最小值（%）”和“最大值（%）”之间的所有像素。

- “加亮（%）”数值框：加亮介于“最小值（%）”和“最大值（%）”之间的像素。
- “羽化半径（%）”数值框：设置合适的羽化半径，羽化应用于介于“最小值（%）”和“最大值（%）”之间的像素的模糊效果；如果勾选“亮度”复选框，模糊效果可能会产生清晰的边界；使用该数值框羽化模糊效果，消除效果的清晰边界。
- “混合（%）”数值框：将模糊效果和“亮度”参数与原始的渲染图像混合。

（4）“贴图遮罩”复选框：根据“材质/贴图浏览器”对话框中选择的通道和遮罩应用模糊效果；选择遮罩后，必须从“通道”下拉列表中选择通道，然后模糊效果根据“最小值（%）”和“最大值（%）”的值检查遮罩和通道；遮罩中属于所选通道并且介于“最小值（%）”和“最大值（%）”之间的像素将应用模糊效果；如果要使场景的部分变模糊，如通过结霜的窗户看窗外的风景，可以勾选此复选框。

- “通道”下拉列表：选择将应用模糊效果的通道，选择了特定通道后，使用“最小值（%）”和“最大值（%）”可以确定遮罩像素要应用模糊效果必须具有的值的范围。
- “加亮（%）”数值框：加亮图像中应用模糊效果的部分。
- “混合（%）”数值框：将贴图遮罩模糊效果与原始的渲染图像混合。
- “最小值（%）”数值框：像素要应用模糊效果必须具有的最小值（RGB、Alpha或亮度）。
- “最大值（%）”数值框：像素要应用模糊效果必须具有的最大值（RGB、Alpha或亮度）。
- “羽化半径（%）”数值框：设置合适的羽化半径，羽化应用于介于“最小值（%）”和“最大值（%）”之间的像素的模糊效果。

（5）“对象 ID”复选框：如果具有特定对象 ID（在 G 缓冲区中）的对象与过滤器设置匹配，将模糊效果应用于该对象或其中的部分。

- “添加”按钮：添加对象 ID。
- “替换”按钮：在“ID”数值框中输入ID，在列表框中选择ID，单击该按钮替换。
- “删除”按钮：选择ID，单击该按钮删除ID。
- “ID”数值框：输入ID。
- “最小亮度（%）”数值框：像素要应用模糊效果必须具有的最小亮度值。
- “最大亮度（%）”数值框：像素要应用模糊效果必须具有的最大亮度值。
- “加亮（%）”数值框：加亮图像中应用模糊效果的部分。
- “混合（%）”数值框：将对象ID模糊效果与原始的渲染图像混合。
- “羽化半径（%）”数值框：设置合适的羽化半径，羽化应用于介于“最小亮度（%）”和“最大亮度（%）”之间的像素的模糊效果。

（6）“材质 ID”复选框：如果具有特定材质 ID 的材质与过滤器设置匹配，将模糊效果应用于该材质或其中部分。

- “最小亮度（%）”数值框：像素要应用模糊效果必须具有的最小亮度。
- “最大亮度（%）”数值框：像素要应用模糊效果必须具有的最大亮度。
- “加亮（%）”数值框：加亮图像中应用模糊效果的部分。
- “混合（%）”数值框：将材质模糊效果与原始的渲染图像混合。
- “羽化半径（%）”数值框：设置合适的羽化半径，羽化应用于介于“最小亮度（%）”值和“最大亮度（%）”值之间的像素的模糊效果。

（7）“常规设置”选项组。

- “羽化衰减”曲线：使用“羽化衰减”曲线可以设置基于图形的模糊效果的羽化衰减，可以向图形中添加点，创建衰减曲线，然后调整这些点之间的插值。
- “加亮”单选按钮组：使用这些单选按钮，可以选“相加”或“相乘”方式的加亮。相加加亮比相乘加亮的效果更亮、更明显，如果将模糊效果、光晕效果组合，可以使用相加加亮；相乘加亮为模糊效果提供柔化高光效果。
- “使曲线变亮”复选框：用于在“羽化衰减”曲线中编辑加亮曲线。
- “混合曲线”复选框：用于在“羽化衰减”曲线中编辑混合曲线。

3．亮度和对比度

使用“亮度和对比度参数”卷展栏可以调整图像的对比度和亮度，将渲染场景对象与背景图像或动画进行匹配。图 11-65 所示为“亮度和对比度参数”卷展栏。

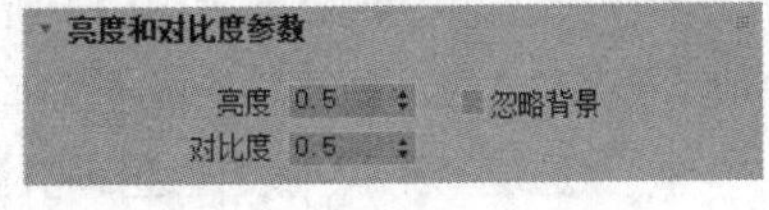

图 11-65

- “亮度”数值框：增加或减少所有色元（红色、绿色和蓝色）。
- “对比度”数值框：压缩或扩展最大黑色和最大白色之间的范围。
- “忽略背景”复选框：将效果应用于 3ds Max 2019 场景中除背景以外的所有元素。

4．色彩平衡

使用“色彩平衡参数”卷展栏可以通过独立控制 RGB 通道相加、相减颜色。图 11-66 所示为“色彩平衡参数”卷展栏。

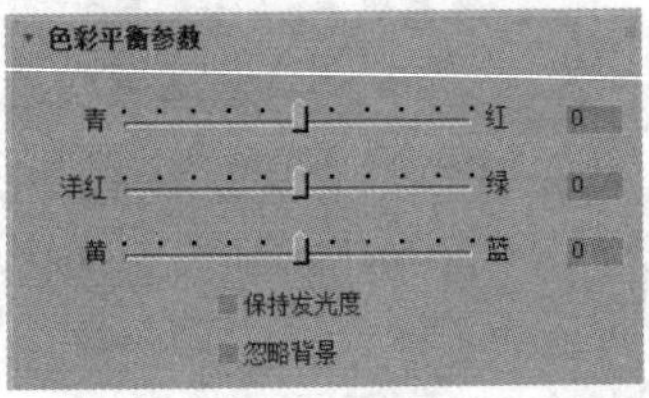

图 11-66

- “青/红”：调整红色通道。
- “洋红/绿”：调整绿色通道。
- “黄/蓝”：调整蓝色通道。
- “保持发光度”复选框：勾选此复选框后，在调整颜色的同时保留图像的发光度。
- “忽略背景”复选框：勾选此复选框后，可以在调整图像模型时不影响背景。

5．景深

景深效果用于模拟在通过摄影机镜头观看时，前景和背景中场景元素的自然模糊。景深的工作原理：将场景沿 z 轴依次分为前景、背景和焦点图像，然后根据在“景深参数”卷展栏中设置的值，使前景和背景图像模糊，最终的图像由经过处理的原始图像合成。图 11-67 所示为“景深参数”卷展栏。

- “影响 Alpha”复选框：勾选此复选框时，影响最终渲染的 Alpha 通道。
- “拾取摄影机”按钮：可以从视口中交互选择要应用景深效果的摄影机。

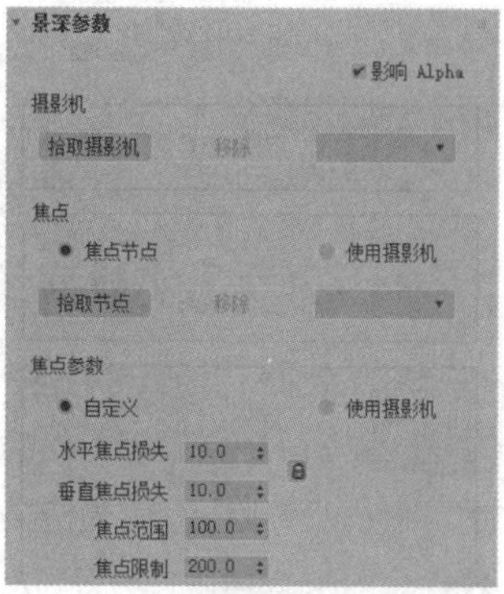

• “移除”按钮：删除下拉列表中当前所选的摄影机。

• “焦点节点”单选按钮：选择该单选按钮，使用拾取的节点对象进行模糊。

• “拾取节点”按钮：选择要作为焦点节点使用的对象。

• “移除”按钮：移除选作焦点节点的对象。

• “自定义”单选按钮：使用“焦点”选项组中设置的值，设置景深效果的属性。

• “使用摄影机”单选按钮：使用在摄影机下拉列表中选择的摄影机值，设置焦点范围、限制和模糊效果。

图 11-67

• “水平焦点损失”数值框：在选择“自定义”单选按钮时，设置沿着水平轴的模糊程度。

• “垂直焦点损失”数值框：在选择“自定义”单选按钮时，设置沿着垂直轴的模糊程度。

• “焦点范围”数值框：在选择“自定义”单选项时，设置到焦点任意一侧的 z 轴向距离，在该距离内，图像将仍然保持聚焦。

• “焦点限制”数值框：在选择“自定义”单选按钮时，设置到焦点任意一侧的 z 轴向距离，在该距离内，模糊效果将达到由“聚焦损失”指定的最大值。

6．文件输出

“文件输出参数”卷展栏如图 11-68 所示。

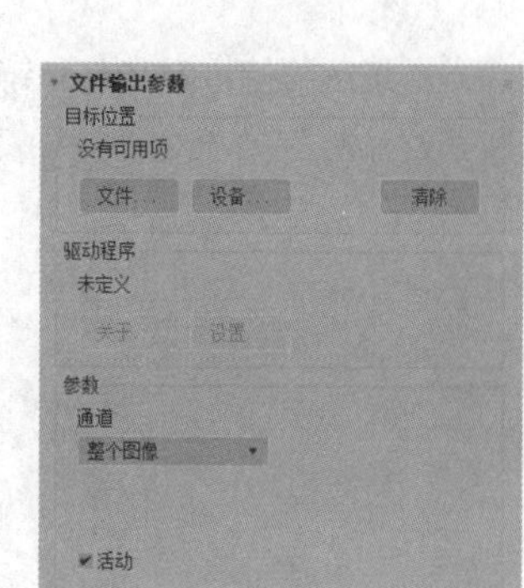

图 11-68

（1）“目标位置”选项组。

• “文件”按钮：单击此按钮，打开一个对话框，可以将渲染的图像或动画保存到计算机上。

• “设备”按钮：单击此按钮，打开一个对话框，可以将渲染的结果输出到录像机等设备。

• “清除”按钮：清除“目标位置”选项组中显示的任何文件或设备。

（2）“驱动程序”选项组：只有将选择的设备用作图像源时，其中的按钮才可用。

• “关于”按钮：提供使图像可以在 3ds Max 2019 中处理的图像处理软件来源的有关信息。

• “设置”按钮：单击此按钮，打开特定于插件的设置对话框，某些插件的设置可能不使用此按钮。

（3）“参数”选项组。

• “通道”下拉列表：选择要保存或发送回渲染效果堆栈的通道。

7．胶片颗粒

“胶片颗粒参数”卷展栏用于在渲染场景中重新创建胶片颗粒的效果。图 11-69 所示为“胶片颗粒参数”卷展栏。

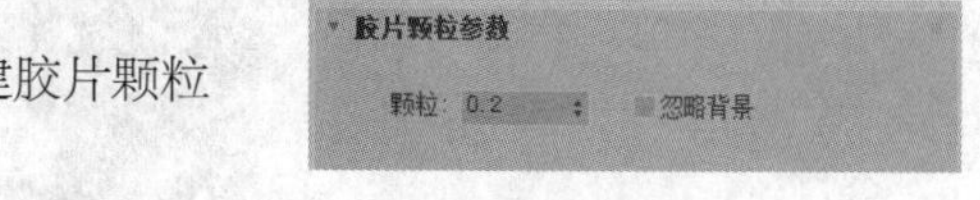

图 11-69

• “颗粒”数值框：设置添加到图像中的颗粒数。

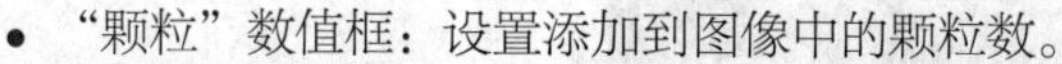

• “忽略背景”复选框：屏蔽背景，使颗粒仅应用于场景中的几何体和效果。

8．运动模糊

“运动模糊参数”卷展栏通过使移动的对象或整个场景变模糊，将图像运动模糊效果应用于渲染场景。图 11-70 所示为“运动模糊参数”卷展栏。

- “处理透明”复选框：勾选该复选框时，运动模糊效果会应用于透明对象后面的对象。
- “持续时间”数值框：该值越大，运动模糊效果越明显。

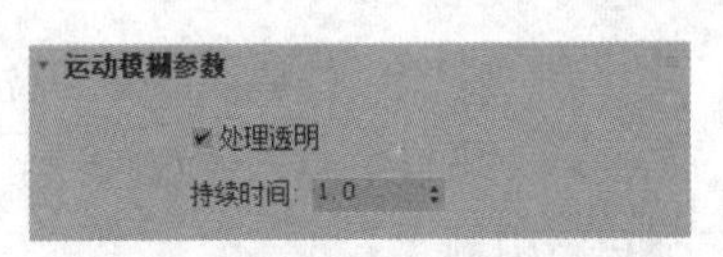

图 11-70

11.6.5 【实战演练】毛发效果

本案例将在场景中创建一个球体，并为其施加“Hair 和 Fur”修改器，然后使用“效果”选项卡中的“Hair 和 Fur”效果渲染出毛发的效果。（最终效果参看云盘中的“场景>第 11 章>毛球.max”效果文件，如图 11-71 所示。）

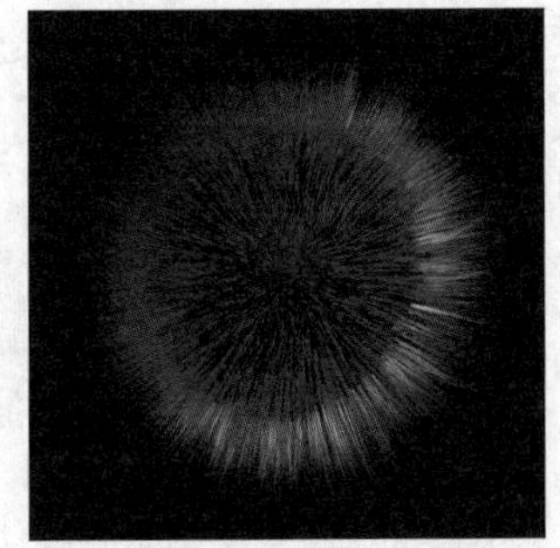
图 11-71

11.7 综合演练——壁灯光效的制作

本案例将使用泛光灯和镜头效果制作壁灯的光效。（最终效果参看云盘中的“场景>第 11 章>壁灯光效.max”效果文件，如图 11-72 所示。）

图 11-72

11.8 综合演练——设置环境背景

本案例将为场景设置环境背景贴图。（最终效果参看云盘中的“场景>第 11 章>环境背景 ok.max”效果文件，如图 11-73 所示。）

图 11-73

12 第12章 设置高级动画

本章将介绍3ds Max 2019中高级动画的设置,并对正向运动和反向运动进行详细的讲解。通过本章的学习,读者可以掌握3ds Max 2019高级动画的制作方法和应用技巧。

课堂学习目标

- ✔ 正向运动
- ✔ 反向运动

12.1 木偶

微课视频

木偶

12.1.1 【案例分析】

正向运动是构成结构级别关系的基础，有很多不需要灵活控制的动画效果可以直接用正向运动来完成。

12.1.2 【设计理念】

本案例将使用正向运动创建木偶的层级链接。（最终效果参看云盘中的“场景>第 12 章>木偶 ok.max”效果文件，如图 12-1 所示。）

图 12-1

12.1.3 【操作步骤】

步骤❶ 打开云盘中的“场景>第 12 章>木偶.max”素材文件，如图 12-2 所示。

步骤❷ 在场景中选择木偶模型，单击“孤立当前选择”按钮，将没有被选择的对象隐藏，如图 12-3 所示。

步骤❸ 在工具栏中单击“选择并链接”按钮，在场景中将模型的两个耳朵链接到头部，如图 12-4 所示。

步骤❹ 将头部链接到身体上，如图 12-5 所示。

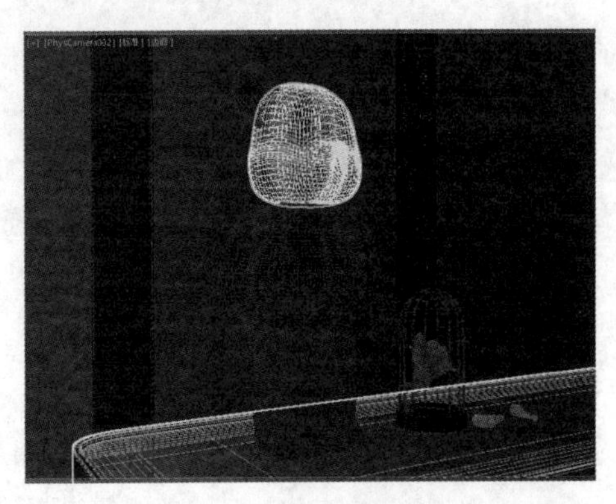

图 12-2

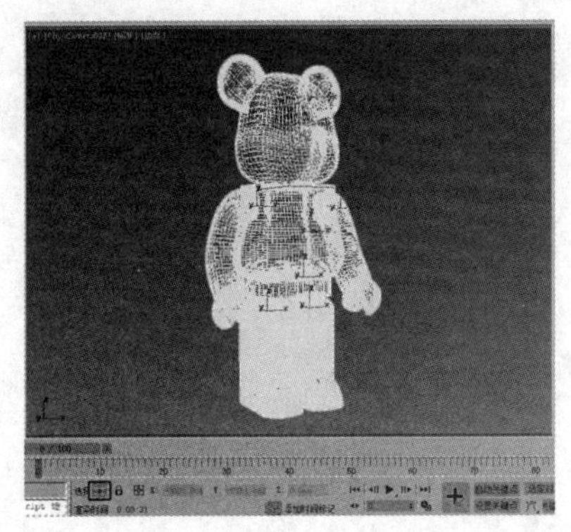

图 12-3

图12-4

图12-5

步骤⑤ 将木偶的左手链接到左手臂上，如图 12-6 所示。

步骤⑥ 将木偶的右手链接到右手臂上，如图 12-7 所示。

图12-6

图12-7

步骤⑦ 将两只胳膊链接到身体上，如图 12-8 所示。

步骤⑧ 将身体链接到骨盆上，如图 12-9 所示。

图12-8

图12-9

步骤 ⑨ 将两条腿链接到骨盆上，如图 12-10 所示。整个木偶模型的重心位于骨盆。

步骤 ⑩ 在工具栏中单击“图解视图”按钮，打开图解视图，如图 12-11 所示。

图 12-10

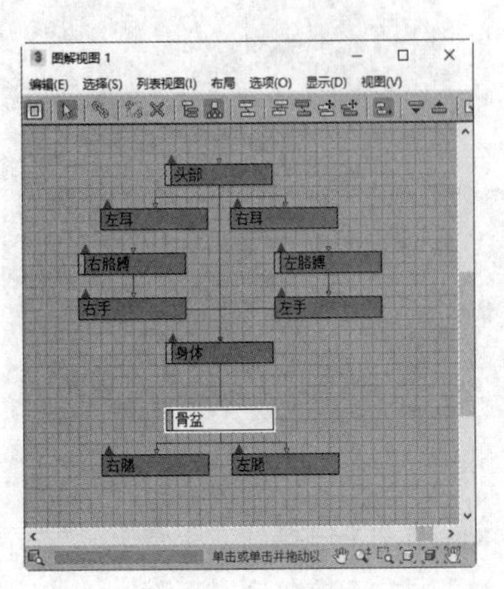

图 12-11

步骤 ⑪ 切换到“层次”命令面板，单击“仅影响轴”按钮。在场景中将模型的轴调整至与父对象的链接处，如图 12-12 所示。

步骤 ⑫ 使用同样的方法调整其他模型的轴，重心所在的轴位于中间位置，如图 12-13 所示。

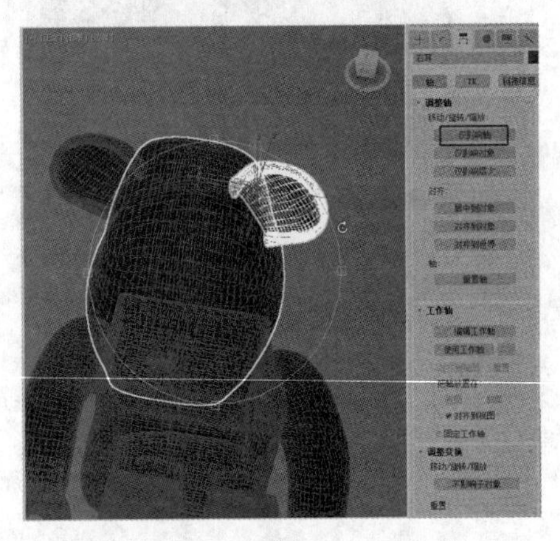

图 12-12

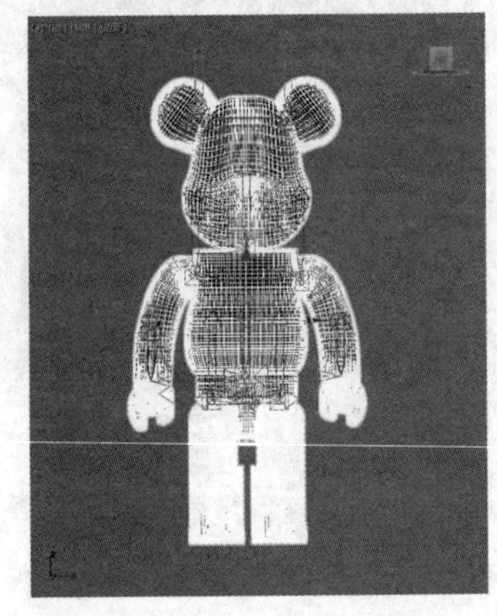

图 12-13

12.1.4 【相关工具】

1. 正向运动

在 3ds Max 2019 中，使用正向运动处理对象的层级关系，这种技术的基本原理如下。

（1）按照父层级到子层级的链接顺序创建层级链接。

（2）轴点位置定义链接对象的链接关节。

（3）按照从父层级到子层级的顺序继承位置、旋转和缩放变换。

2. 对象的链接

创建对象的链接前，首先要明白谁是父层级，谁是子层级，如车轮就是车身的子层级，四肢是躯干的子层级。正向运动中父层级影响子层级的移动、旋转及缩放，但子层级只能影响它的下一级，而不能影响父层级。

将两个对象进行链接，定义层级关系，以便进行链接运动操作。通常要在几个对象之间创建层级关系，如将手链接到手臂上，再将手臂链接到躯干上，这样它们之间就产生了层级关系。在正向运动或反向运动操作时，通过层级关系带动所有链接的对象，并且可以逐层发生关系。

子对象会继承施加在父对象上的变化（如移动、缩放、旋转），但它自身的变化不会影响到父对象。

可以将对象链接到关闭的组。执行此操作时，对象将成为该组的子层级，而不是该组的成员。整个组会闪烁，表示对象已链接至该组。

◎ 链接两个对象

单击“选择并链接”按钮，可以通过将两个对象链接作为子对象和父对象，定义它们之间的层级关系。

（1）单击工具栏中的“选择并链接”按钮。

（2）在场景中选择子对象后，按住鼠标左键并拖曳，会引出虚线。

（3）牵引虚线至父对象上，父对象的外框闪烁一下，表示链接成功，打开图解视图查看是否成功链接。

另一种方法就是在“图解视图”窗口中单击“连接”按钮，在图解视图中选择子对象，并将其拖向父对象，与主工具栏中的“选择并链接”按钮的作用是一样的。

◎ 断开当前链接

取消两对象之间的链接关系，就是拆散父子层级链接，使子对象恢复独立，不再受父对象的约束。这个操作是针对子对象执行的。

（1）在场景中选择链接的子对象。

（2）单击工具栏中的“取消链接选择”按钮或“图解视图”窗口中的“断开选定对象链接”按钮，子对象与父对象的层级关系就会被取消。

3．图解视图

在工具栏中单击“图解视图”按钮，或在菜单栏中选择“图形辑器>保存的图解视图”命令，打开“图解视图”窗口。

图解视图是基于节点的场景图，通过它可以访问对象属性、材质、控制器、修改器、层级和不可见场景的关系，如关联参数和实例。

在在此处可以查看、创建并编辑对象间的关系，也可以创建层级链接，指定控制器、材质、修改器或约束。图12-14所示为“图解视图”窗口。

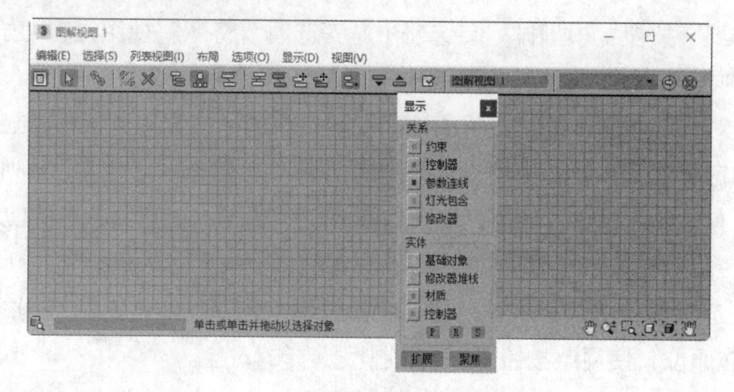

图12-14

通过“图解视图”窗口可以完成以下操作。

- 重命名对象。
- 快速选择场景中的对象。
- 快速选择“修改器列表”中的修改器。
- 在对象之间复制、粘贴修改器。
- 重新排列“修改器列表”中的修改器顺序。
- 查看和选择场景中所有共享修改器、材质或控制器的对象。
- 快速选择对象的材质和贴图，并且进行各贴图的快速切换。
- 将一个对象的材质复制粘贴给另一个对象，但不支持拖曳指定材质。
- 查看和选择共享一个材质或修改器的所有对象。
- 对复杂的合成对象进行层次导航，如执行多次布尔运算后的对象。
- 链接对象，定义层次关系。
- 提供大量的 MAXScript 曝光。

对象在图解视图中以长方形的节点表示，可以随意安排节点的位置，要移动对象，按住鼠标左键并拖曳节点即可。

（1）“图解视图”窗口中有以下工具。

- “显示浮动框”按钮：显示或隐藏“显示”对话框，如图 12-15 所示，在此对话框中设置在图解视图中显示或隐藏的对象。

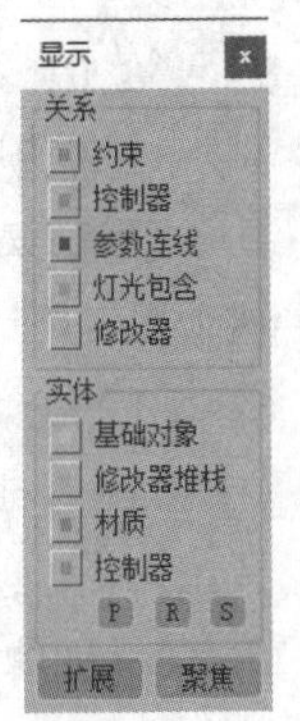

图 12-15

- “选择”按钮：在图解视图和视口中选择对象。
- “连接”按钮：创建层次链接，和工具栏中的“选择并链接”按钮的作用相同，在图解视图中将子对象拖曳到父对象上，以创建层级关系。
- “断开选定对象链接”按钮：在图解视图中选择需要断开链接的对象，单击此按钮即可将创建的层级关系解散。
- “删除对象”按钮：删除图解视图中选择的对象，删除的对象将从视口和图解视图中消失。
- “层次模式”按钮：用级联方式显示父对象与子对象的关系，父对象位于左上方，而子对象朝右下方缩进显示。
- “参考模式”按钮：基于实例和参考（而不是层次）来显示层级关系，使用此按钮可查看材质和修改器。
- “始终排列”按钮：根据排列首选项（对齐选项）将图解视图设置为始终排列所有实体，执行此操作之前将弹出一个警告信息，打开此按钮将激活工具栏按钮。
- “排列子对象”按钮：根据设置的排列规则，在选择的父对象下排列显示子对象。
- “排列选定对象”按钮：根据设置的排列规则，在选择的父对象下排列显示选择的对象。
- “释放所有对象”按钮：从排列规则中释放所有实体，在它们的左侧使用孔图标标记它们，并将它们留在原位，使用此按钮可以自由排列所有对象。
- “释放选定对象”按钮：从排列规则中释放所有选择的实体，在它们的左侧使用孔图标标记它们并将它们留在原位，使用此按钮可以自由排列选择的对象。
- “移动子对象”按钮：将图解视图设置为已移动父对象的所有子对象，打开此按钮后，工具栏按钮处于活动状态。

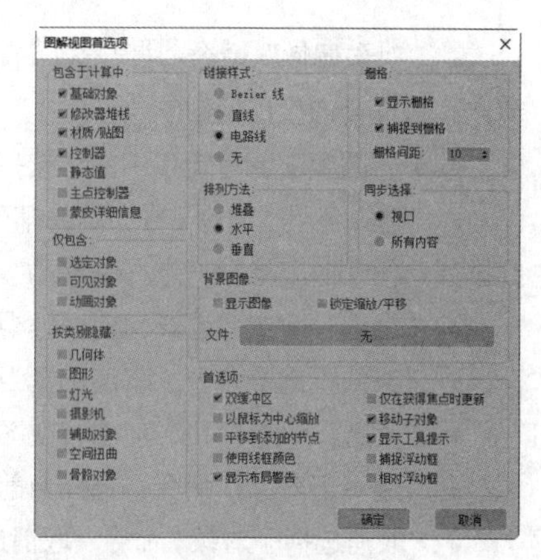

图12-16

- “展开选定项”按钮：显示选择实体的所有子对象。
- “折叠选定项”按钮：隐藏选择实体的所有子对象，选择的实体仍保持可见。
- “首选项”按钮：打开“图解视图首选项”对话框，使用该对话框可以按类别控制图解视图中显示和隐藏的内容，这里有多种选项可以过滤和控制图解视图中的显示，如图12-16所示；可以为图解视图添加网络或背景图像，此处也可以选择排列方式，并确定是否与视口选择和图解视图的选择同步，也可以设置节点链接样式；在此对话框中进行相应的过滤设置，可以更好地控制图解视图。
- “转至书签”按钮：缩放并平移图解视图以便显示选择的书签。
- “删除书签”按钮：移除显示在书签名称字段中的书签。
- “缩放选定视口对象”按钮：放大在视口中选择的对象，可以在此按钮旁边的文本框中输入对象的名称。
- 输入选定对象名称的文本框：用于输入要查找的对象名称，单击“缩放选定视口对象”按钮，选择的对象便会出现在图解视图中。
- 单击或单击并拖动以选择对象提示区域：提供一条单行指令，告诉用户如何使用高亮显示的工具或按钮，或提供一些详细信息，如当前选择了多少个对象。
- “平移”按钮：在窗口中水平或垂直移动，也可以使用图解视图右侧和底部的滚动条，或鼠标中键实现相同的效果。
- “缩放”按钮：移近或移远图解显示，第一次打开图解视图时，需要一定的时间进行缩放及平移，以获得合适的对象视图。节点的显示随移进或移出操作而改变。

按住Ctrl键和鼠标中键并拖曳，也可以实现缩放，要缩放鼠标指针附近的区域，在“图解视图首选项”对话框中勾选“以鼠标为中心缩放”复选框即可，单击“首选项”按钮，可以打开此对话框。

- “缩放区域”按钮：绘制一个缩放窗口，放大显示该窗口覆盖的图解视图区域。
- “最大化显示”按钮：缩小窗口以便可以看到图解视图中的所有节点。
- “最大化显示选定对象”按钮：缩小窗口以便可以看到所有选择的节点。
- “平移到选定对象”按钮：平移窗口，使之在相同的缩放因子下包含选择对象，以便所有选择的实体在当前窗口范围内都可见。

（2）“图解视图”窗口中的“编辑”菜单如图12-17所示。

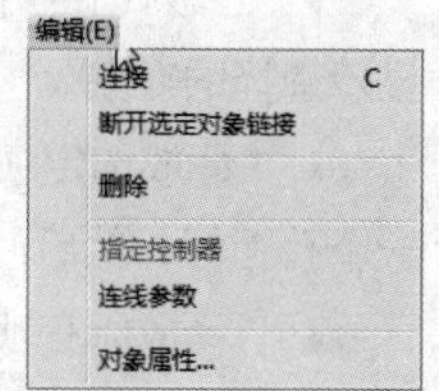

图12-17

- “连接”命令：激活链接工具。
- “断开选定对象链接”命令：断开选择实体的链接。
- “删除”命令：从图解视图和场景中移除实体，取消所选关系之间的链接。

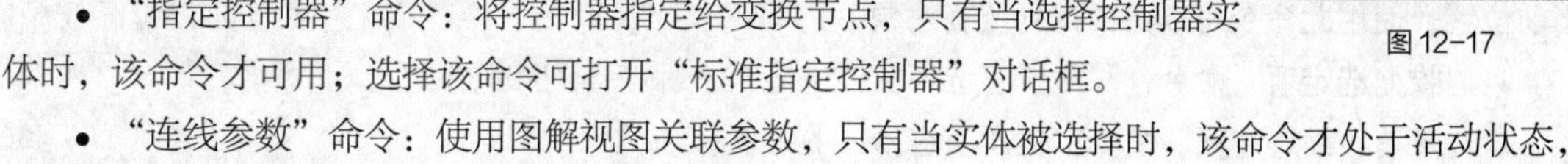

- “指定控制器”命令：将控制器指定给变换节点，只有当选择控制器实体时，该命令才可用；选择该命令可打开“标准指定控制器”对话框。
- “连线参数”命令：使用图解视图关联参数，只有当实体被选择时，该命令才处于活动状态，选择该命令可打开标准“关联参数”对话框。

- “对象属性”命令：打开选择节点的“对象属性”对话框，如果未选择节点，则不会产生任何影响。

（3）“图解视图”窗口中的“选择”菜单如图 12-18 所示。

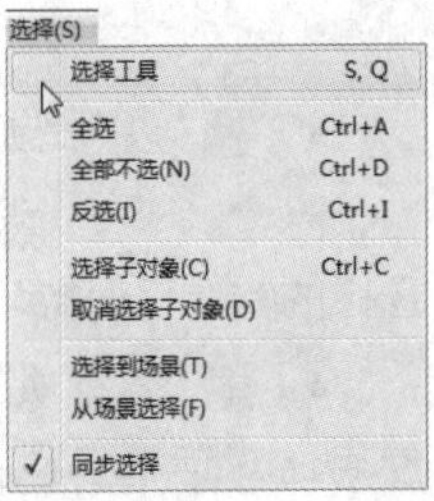

图 12-18

- “选择工具”命令：在“始终排列”模式时激活“选择工具”，不在“始终排列”模式时，激活“选择并移动”工具。
- “全选”命令：选择当前图解视图中的所有实体。
- “全部不选”命令：取消选择当前图解视图中的所有实体。
- “反选”命令：在当前图解视图中取消选择选定的实体，然后选择未选定的实体。
- “选择子对象”命令：选择当前选定实体的所有子对象。
- “取消选择子对象”命令：取消选择所有选定实体的子对象，父对象和子对象必须同时被选择，才能取消选择子对象。
- “选择到场景”命令：在视口中选择图解视图中选定的所有节点。
- “从场景选择”命令：在图解视图中选择视口中选定的所有节点。
- “同步选择”复选框：勾选此复选框时，在图解视图中选择对象时，还会在视口中选择它们。

（4）“图解视图”窗口中的“列表视图”菜单如图 12-19 所示。

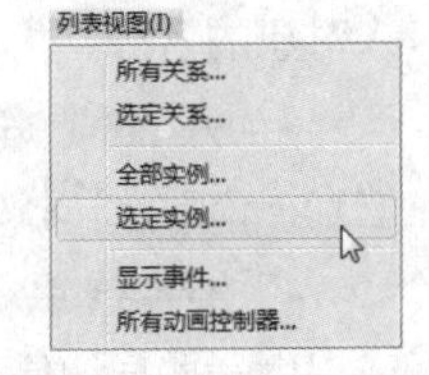

图 12-19

- “所有关系”命令：用当前显示的图解视图实体的所有关系，打开或重绘列表视图。
- “选定关系”命令：用当前选择的图解视图实体的所有关系，打开或重绘列表视图。
- “全部实例”命令：用当前显示的图解视图实体的所有实例，打开或重绘列表视图。
- “选定实例”命令：用当前选择的图解视图实体的所有实例，打开或重绘列表视图。
- “显示事件”命令：用与当前选择实体共享某一属性或关系类型的所有实体，打开或重绘列表视图。
- “所有动画控制器”命令：用拥有或共享设置动画控制器的所有实体，打开或重绘列表视图。

（5）“图解视图”窗口中的“布局”菜单如图 12-20 所示。

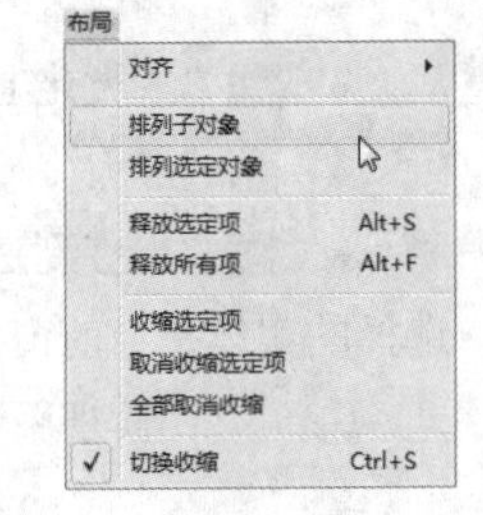

图 12-20

- “对齐”命令：为图解视图中选择的实体定位对齐选项。
- “排列子对象”命令：根据设置的排列规则，在选择的父对象下面排列显示子对象。

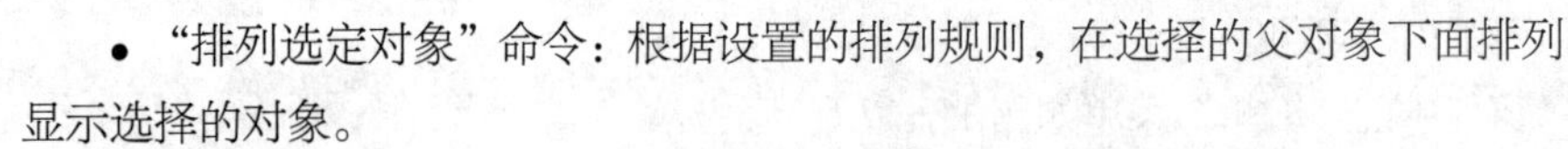

- “排列选定对象”命令：根据设置的排列规则，在选择的父对象下面排列显示选择的对象。

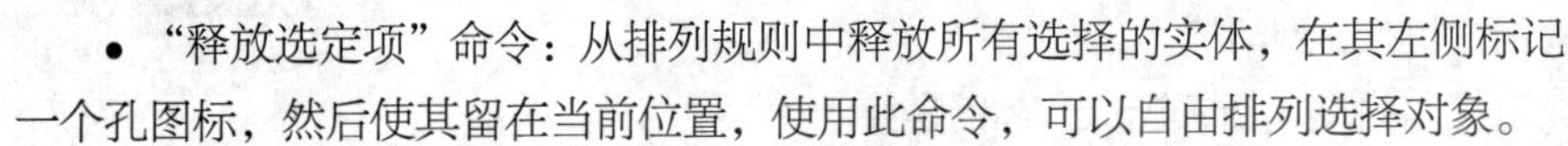

- “释放选定项”命令：从排列规则中释放所有选择的实体，在其左侧标记一个孔图标，然后使其留在当前位置，使用此命令，可以自由排列选择对象。
- “释放所有项”命令：从排列规则中释放所有实体，在其左侧标记一个孔图标，然后使其留在当前位置，使用此命令可以自由排列所有对象。
- “收缩选定项”命令：隐藏所有选择实体的方框，保持排列和关系可见。
- “取消收缩选定项”命令：使所有选择的收缩实体可见。
- “全部取消收缩”命令：使所有收缩实体可见。

• “切换收缩”复选框：勾选此复选框时，会正常收缩实体；取消勾选此复选框时，收缩实体完全可见，但是不取消收缩；默认设置为勾选。

（6）“图解视图”窗口中的“选项”菜单如图 12-21 所示。

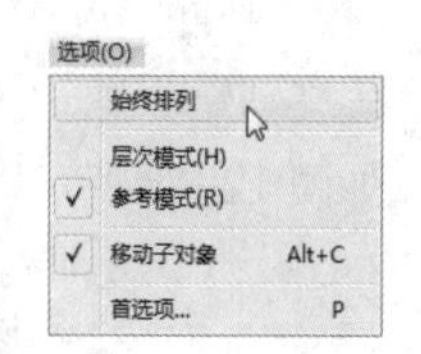

图 12-21

• “始终排列”命令：根据选择的排列首选项，使图解视图总是排列所有实体；执行此操作之前将弹出一个警告信息，选择此命令可打开工具栏中的“始终排列”按钮。

• “层次模式”命令：设置图解视图以显示作为层次的实体，子对象在父对象下方缩进显示，在“层次”和“参考”模式之间进行切换不会造成损坏。

• “参考模式”命令：设置图解视图以显示作为参考图的实体，在“层次”和“参考”模式之间进行切换不会造成损坏。

• “移动子对象”复选框：设置图解视图来移动所有父对象被移动的子对象；勾选此复选框后，工具栏按钮处于活动状态。

• “首选项”命令：打开“图解视图首选项”对话框，其中通过过滤类别及显示选项，可以控制窗口中的显示内容。

（7）“图解视图”窗口中的“显示”菜单如图 12-22 所示。

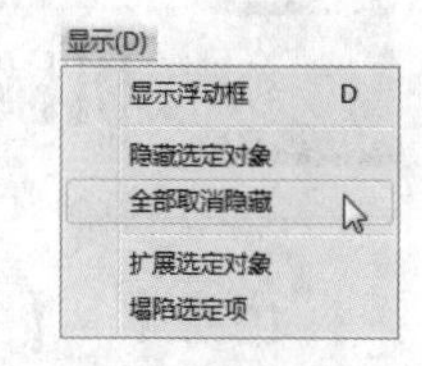

图 12-22

• “显示浮动框”命令：显示或隐藏“显示”对话框，它用于控制图解视图中的显示内容。

• “隐藏选定对象”命令：隐藏图解视图中选择的所有对象。

• “全部取消隐藏”命令：将隐藏的所有对象显示出来。

• “扩展选定对象”命令：显示选择实体的所有子对象。

• “塌陷选定项”命令：隐藏选择实体的所有子对象，使选择的实体仍然可见。

（8）“图解视图”窗口中的“视图”菜单如图 12-23 所示。

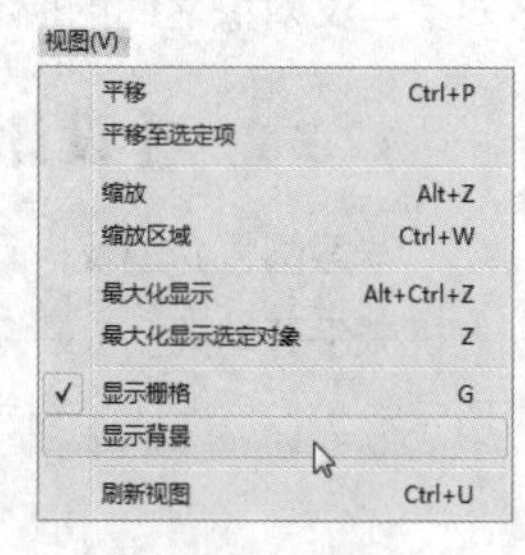

图 12-23

• “平移”命令：选择该命令会激活“平移”工具，可使用该工具通过拖曳鼠标在窗口中水平和垂直移动。

• “平移至选定项”命令：使所选对象在窗口中居中；如果未选择对象，将使所有对象在窗口中居中。

• “缩放”命令：选择该命令会激活“缩放”工具；通过拖曳鼠标移近或移远图解显示。

• “缩放区域”命令：通过拖曳窗口中的矩形缩放特定区域。

• “最大化显示”命令：缩放窗口以便可以看到图解视图中的所有节点。

• “最大化显示选定对象”命令：缩放窗口以便可以看到所有选择的节点。

• “显示栅格”复选框：在“图解视图”窗口的背景中显示栅格，默认设置为勾选。

• “显示背景”命令：在“图解视图”窗口的背景中显示图像，通过“首选项”设置图像。

• “刷新视图”命令：当更改图解视图或场景时，重绘“图解视图”窗口中的内容。

除上述之外，在“图解视图”窗口中单击鼠标右键，弹出快捷菜单，其中包含用于选择、显示和操纵节点选择的命令。使用快捷菜单可以快速访问“列表视图”和“显示浮动框”，还可以在“参考模式”和“层次模式”间快速切换。

12.1.5 【实战演练】蝴蝶动画

蝴蝶的重心在身体上，本案例将创建蝴蝶的链接，调整蝴蝶的轴心位置，并为蝴蝶创建动画。（最终效果参看云盘中的“场景>第 12 章>蝴蝶 ok.max”效果文件，如图 12-24 所示。）

图 12-24

12.2 机械手臂

微课视频
机械手臂

12.2.1 【案例分析】

反向运动的“反”是相对“正”而言的，主要是指父对象与子对象的数据传递是双向的。父对象的动作可以向子对象传递；反之，子对象的动作也可以传递给父对象，只要某一子对象运动，则该子对象与父对象之间的所有关节都能做出相应动作，各关节之间的旋转自动生成，无须逐一调试。

12.2.2 【设计理念】

本案例将介绍反向运动的经典案例——机械手臂的动画。通过设置“滑动关节”和“转动关节”创建机械手臂动画。（最终效果参看云盘中的“场景>第 12 章>机械手臂 ok.max”效果文件，如图 12-25 所示。）

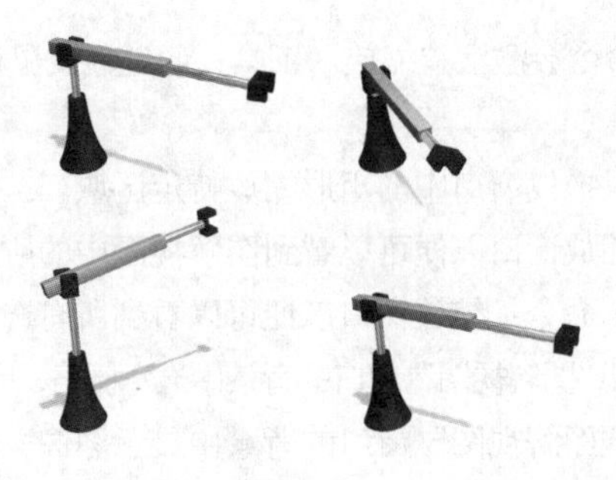

图 12-25

12.2.3 【操作步骤】

步骤① 打开云盘中的“场景>第 12 章>机械手臂.max”素材文件，如图 12-26 所示。

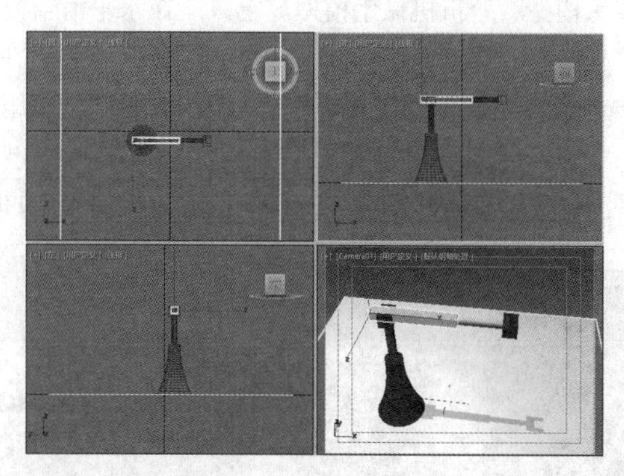

图 12-26

步骤② 单击 “选择并链接” 按钮，在场景中创建层级链接。链接创建完后单击 “图解视图” 按钮，查看链接，如图 12-27 所示。

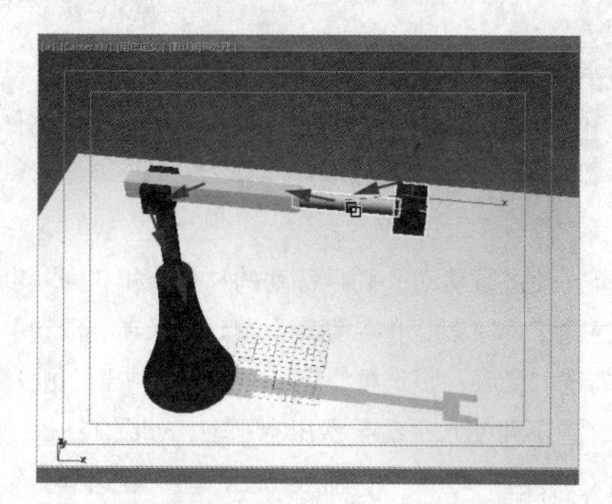

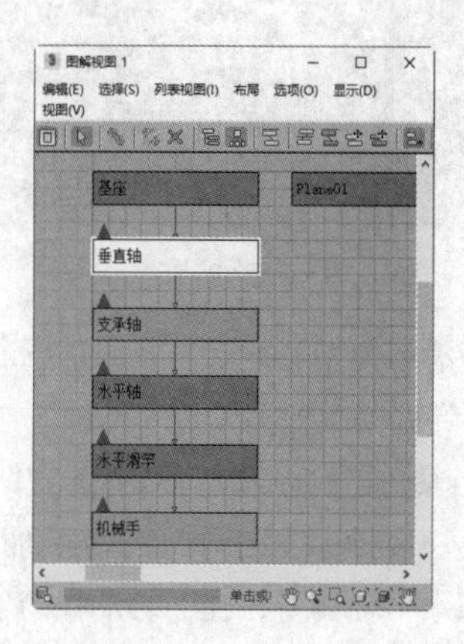

图 12-27

步骤③ 在场景中选择机械手模型，切换到 “层次” 命令面板。单击“仅影响轴”按钮，在场景中将模型的轴移到与父对象的链接处，如图 12-28 所示。

步骤④ 使用同样的方法调整其他模型的轴，如图 12-29 所示。

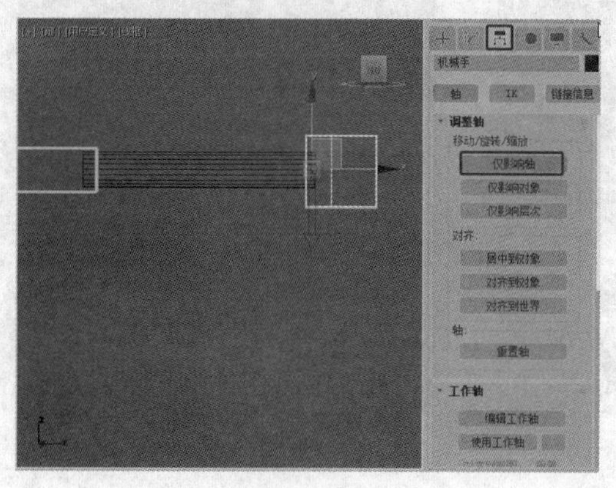

图 12-28

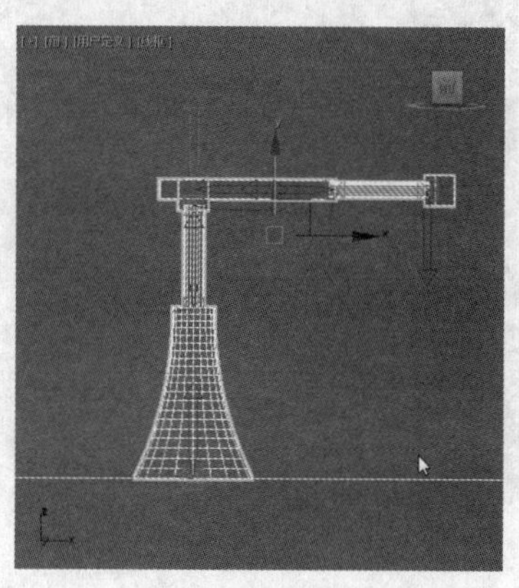

图 12-29

步骤⑤ 在场景中选择机械手模型，分析机械手模型。它只能在水平滑竿模型的端点进行旋转，在场景中测试旋转轴。单击按钮进入“层次”命令面板，单击“IK”按钮，在“转动关节”卷展栏中取消勾选“X 轴”“Y 轴”选项组中的“活动”复选框，勾选“Z 轴”选项组中的“活动”复选框，如图 12-30 所示。

步骤⑥ 在场景中选择水平滑竿模型，为其指定“Bezier 位置”控制器，如图 12-31 所示。

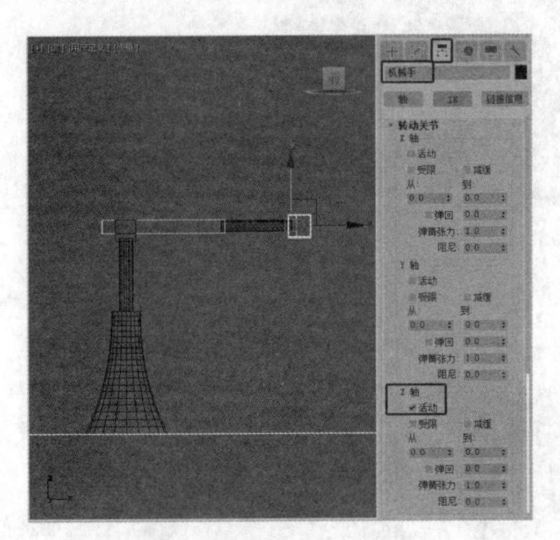

图 12-30

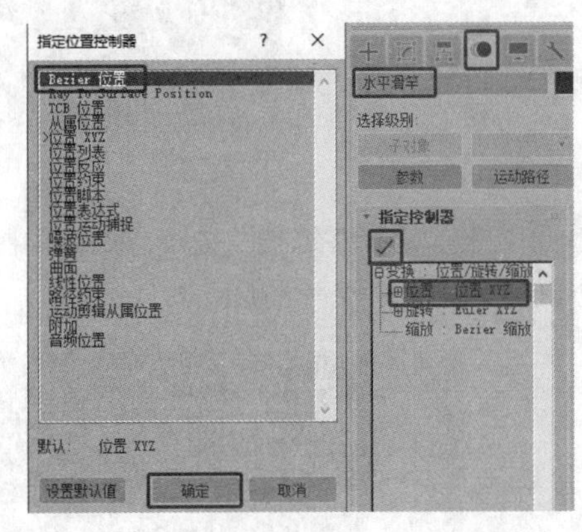

图 12-31

步骤⑦ 水平滑竿模型不能旋转，只能沿着 z 轴进行移动，并且移动的“从”和“到”也受限制。在“转动关节”卷展栏中取消勾选“X 轴”“Y 轴”“Z 轴”的“活动”复选框。在“滑动关节”卷展栏中只勾选“Z 轴”的“活动”复选框，并勾选“受限”复选框，调整“从”和“到”的参数，设置参数的依据就是不要使机械手与水平轴叠加，也不要使水平滑竿滑出水平轴，如图 12-32 所示。

步骤⑧ 选择水平轴模型，在“转动关节”卷展栏中勾选“X 轴”的“活动”复选框，勾选“受限”复选框，设置“从”和“到”参数，如图 12-33 所示。

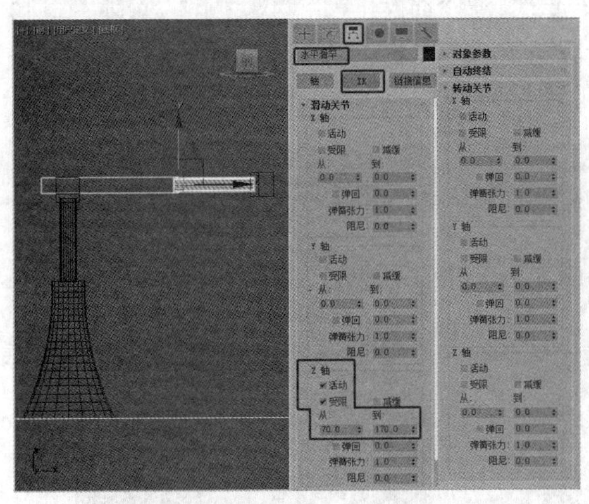

图 12-32

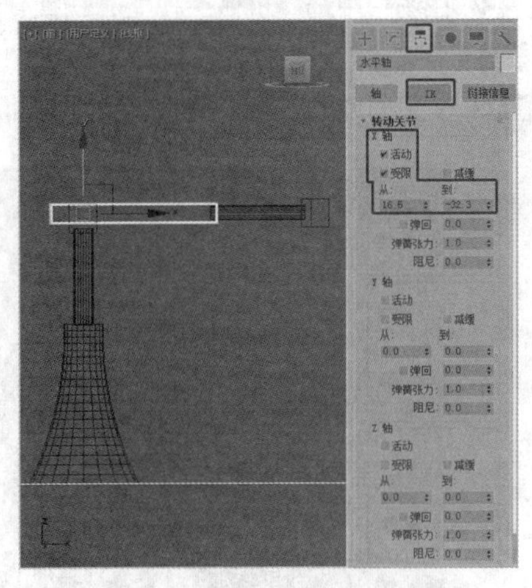

图 12-33

步骤 ⑨ 选择支撑轴，在“转动关节”卷展栏中只勾选“Z 轴”的“活动”复选框，如图 12-34 所示。

步骤 ⑩ 在场景中选择垂直轴，为其指定“Bezier 位置”控制器，如图 12-35 所示。

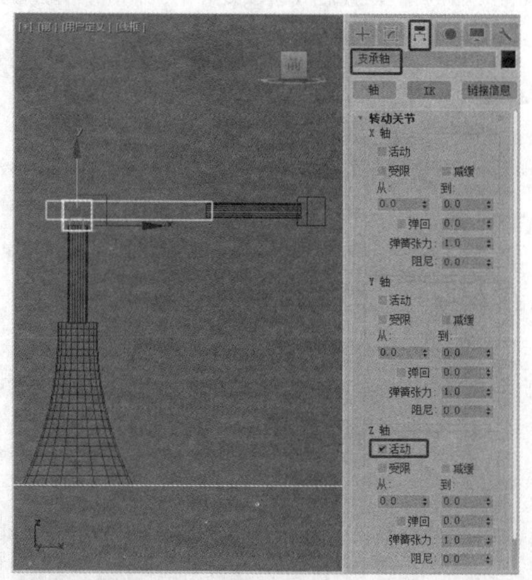

图 12-34

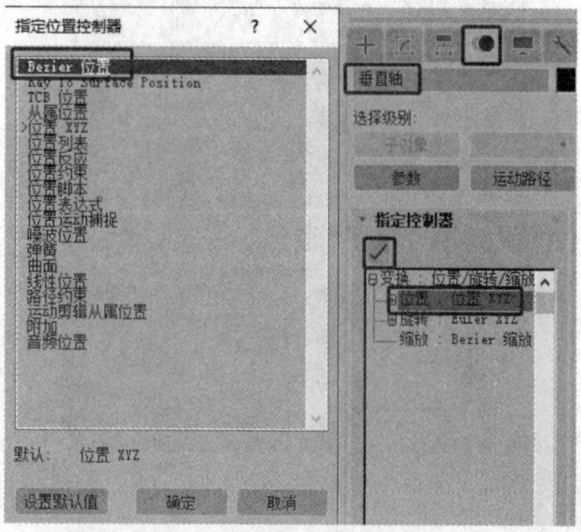

图 12-35

步骤 ⑪ 选择垂直轴，在“转动关节”卷展栏中取消勾选“X 轴”“Y 轴”“Z 轴”的“活动”复选框。在“滑动关节”卷展栏中勾选“Z 轴”的“活动”和“受限”复选框，设置“从”为 94.86、“到”为 191.12，如图 12-36 所示。

步骤 ⑫ 选择基座，在“转动关节”卷展栏中取消勾选“X 轴”“Y 轴”“Z 轴”的“活动”复选框，如图 12-37 所示。

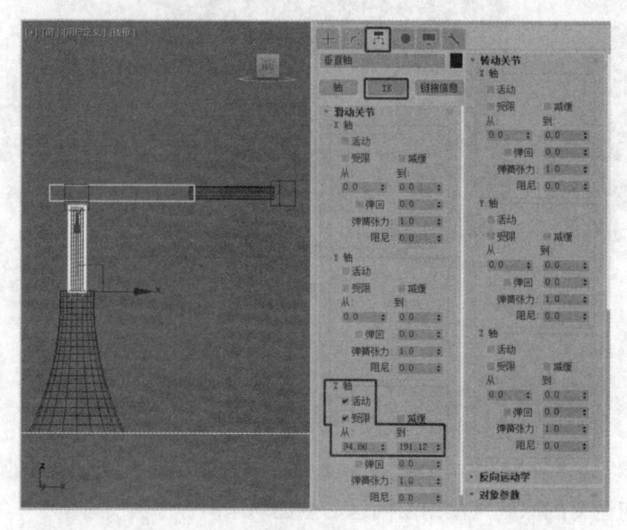

图 12-36

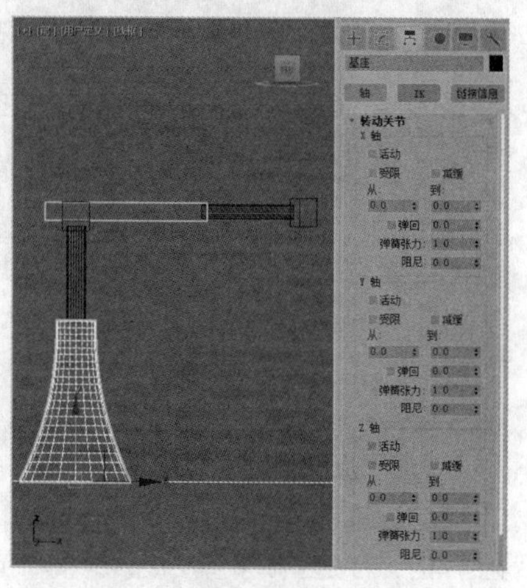

图 12-37

步骤 ⑬ 创建虚拟对象，使其牵引机械手运动。单击“+（创建）>（辅助对象）>虚拟对象”按钮，在场景中创建虚拟对象，并调整虚拟对象至图 12-38 所示的位置，并将其链接到机械手上。

步骤⑭ 创建动画。选择虚拟对象，在“层次”命令面板的“反向运动学”卷展栏中单击“交互式 IK”按钮。在动画控制区中打开“自动关键点”按钮，拖曳时间滑块至第 40 帧处，在场景中移动虚拟对象，如图 12-39 所示。

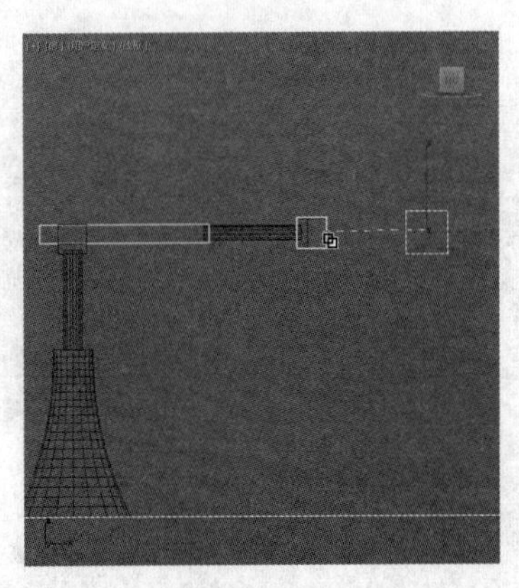

图 12-38

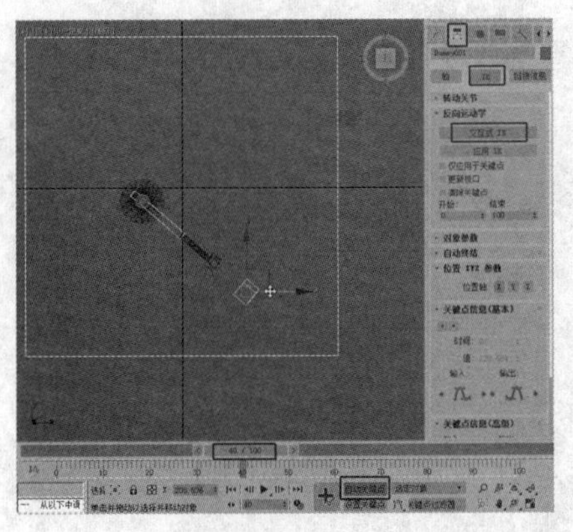

图 12-39

步骤⑮ 拖曳时间滑块至第 80 帧处，移动虚拟对象创建关键帧动画，如图 12-40 所示。

步骤⑯ 在轨迹栏中选择第 0 帧的关键点，按住 Shift 键移动复制关键点至第 100 帧处，如图 12-41 所示。

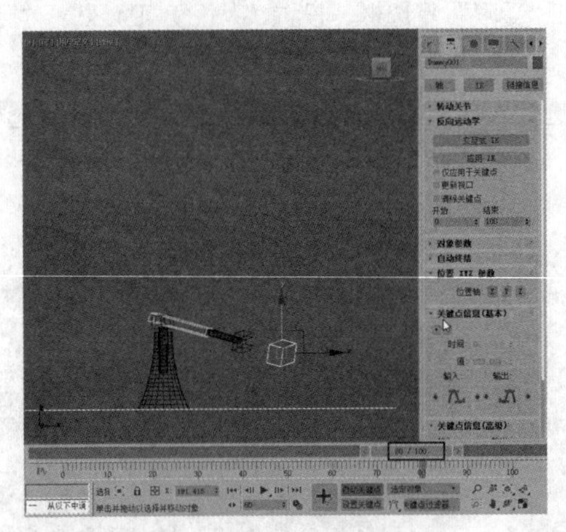

图 12-40

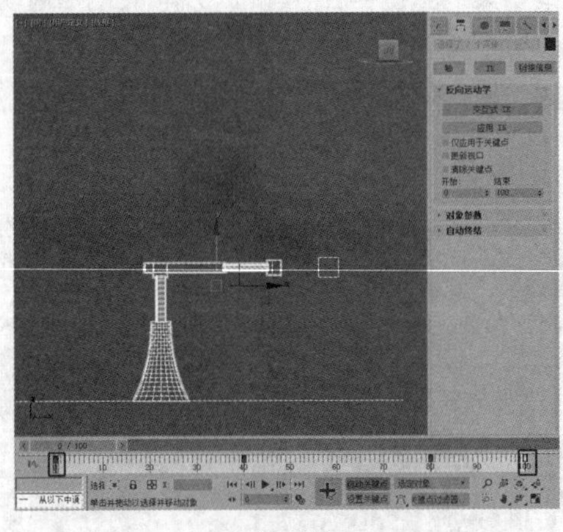

图 12-41

12.2.4 【相关工具】

1. 使用反向运动制作动画

反向运动建立在层级和链接的概念上。要了解 IK（Inverse Kinematic，反向运动学）是如何进行工作的，首先必须了解层级、链接和正向运动的原则。使用反向运动创建动画有以下操作步骤。

（1）确定场景中的层级关系。

在生成计算机动画时，最有用的工具之一是将对象链接在一起以形成链的工具。通过将一个对象与另一个对象相链接，可以创建父子层级。应用于父对象的变换同时将传递给子对象。链也称为层级。

- 父对象：控制一个或多个子对象的对象，一个父对象通常也被另一个更高级别的父对象所控制。
- 子对象：父对象控制的对象，子对象也可以是其他子对象的父对象，默认情况下，没有任何父对象的子对象是世界坐标系中的子对象。

（2）使用链接工具或在图解视图中对模型进行由子层级向父层级创建链接。

（3）调整轴。

在层级关系中的一项重要任务就是调整轴所在的位置，通过轴设置对象依据中心运动的位置。

应确保避免对要使用 IK 设置动画的层级中的对象进行非均匀缩放。如果进行了此操作，会看到拉伸和倾斜的效果。为避免此类问题，应该对子对象进行非均匀缩放。如果有些对象显示了这种效果，那么要使用重置变换。

（4）切换到“IK”选项卡中制作动画。

（5）使用“应用 IK”按钮完成动画的制作。

（6）制作完动画后，单击“交互式 IK”按钮，并启用“清除关键点”复选框，在关键帧之间创建 IK 动画。

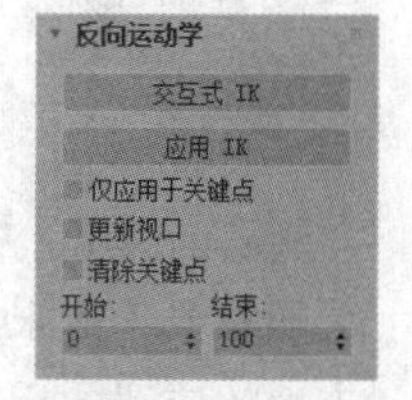

图 12-42

2.“反向运动学”卷展栏

“反向运动学”卷展栏如图 12-42 所示。

- “交互式 IK”按钮：允许对层次进行 IK 操纵，而无须应用 IK 解算器。
- “应用 IK”按钮：为动画的每一帧计算 IK 解决方案，并为 IK 链中的每个对象创建变换关键点；提示行上出现蓝色图形，用来指示计算的进度。

“应用 IK”是 3ds Max 从早期版本开始就具有的一项功能。建议先探索 IK 解算器的使用方法，仅当 IK 解算器不能满足需求时，再使用“应用 IK”。

- “仅应用于关键点”复选框：勾选此复选框，为末端效应器的现有关键帧解算 IK 解决方案。
- “更新视口”复选框：在视口中按帧查看应用 IK 帧的进度。
- “清除关键点”复选框：在应用 IK 之前，从选择的 IK 链中删除所有移动和旋转关键点。
- “开始”“结束”数值框：设置帧的范围以计算应用的 IK 解决方案，“应用 IK”的默认设置用于计算活动时间段中每个帧的 IK 解决方案。

3.“对象参数”卷展栏

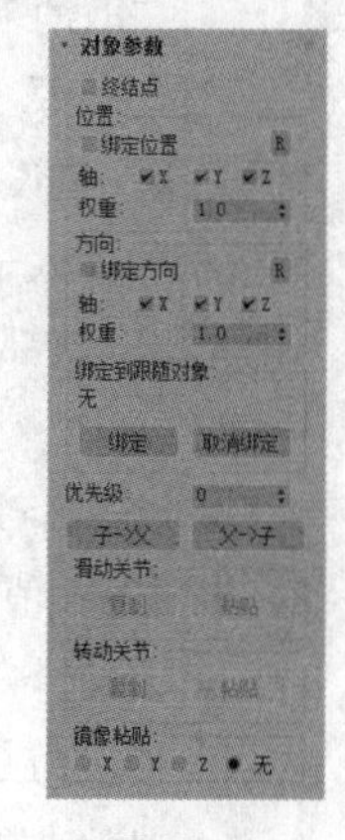

图 12-43

反向运动系统中的子对象会使父对象运动，移动一个子对象会引起根对象的不必要的运动。例如，移动一个人的手指实际上也会移动他的头部。为了防止这种情况的发生，可以选择系统中的一个对象作为终结点。终结点是 IK 系统中最后一个受子对象影响的对象。例如，把大臂作为一个终结点，就会使手指的运动不会影响到大臂以上的身体对象。图 12-43 所示为“对象参数”卷展栏（本卷展栏只适用于“交互式 IK”）。

• “终结点”复选框：设置是否使用自动终结功能。

• “绑定位置”复选框：勾选此复选框，将 IK 链中的选择对象绑定到世界坐标系（尝试着保持它的位置）或者跟随对象；如果已经指定了跟随对象，则跟随对象的变换会影响 IK 解决方案。

• “绑定方向”复选框：勾选此复选框，将层次中选择的对象绑定到世界坐标系（尝试保持它的方向）或者跟随对象；如果已经指定了跟随对象，则跟随对象的旋转会影响 IK 解决方案。

• “R”按钮：在跟随对象和末端效应器之间建立相对位置偏移或旋转偏移。该按钮对“HD IK 解算器位置”末端效应器没有影响。将它们创建在指定关节点顶部，并且使其绝对自动。

如果移动关节使对象远离末端效应器，则应重新设置末端效应器的绝对位置，也可以删除并重新创建末端效应器。

• “X”“Y”“Z”复选框：如果其中一个轴处于禁用状态，则该轴就不再受跟随对象或“HD IK 解算器位置”末端效应器的影响。例如，禁用“位置”选项组中的“X”复选框，跟随对象（或末端效应器）沿 x 轴的移动对 IK 解决方案没有影响，但是沿 y 轴或者 z 轴的移动仍然对 IK 解决方案有影响。

• “权重”数值框：在跟随对象（或末端效应器）的指定对象和链接的其他部分上，设置跟随对象（或末端效应器）的影响；此值为 0 会取消绑定，使用该值可以设置多个跟随对象或末端效应器的相对影响和在解决 IK 解决方案中它们的优先级；相对“权重”值越高，优先级就越高。

“权重”值的设置是相对的，如果在 IK 层级中仅有一个跟随对象或者末端效应器，就没必要使用它。不过，如果在单个关节上带有“位置”和“旋转”末端效应器的单个 HD IK 链，可以给它们赋予不同的权重，将优先级赋予位置或旋转解决方案。

可以调整多个关节的“权重”。在层次中选择两个或者多个对象，“权重”值代表选择对象设置的共同状态。

在反向运动链中，“权重”用于将对象绑定到跟随对象和取消绑定。

• 文本显示区域：显示选择跟随对象的名称，如果没有设置跟随对象，则显示“无”。

• “绑定”按钮：将反向运动链中的对象绑定到跟随对象。

• “取消绑定”按钮：在 HD IK 链中从跟随对象上取消选择对象的绑定。

“优先级”数值框：3ds Max 2019 在进行 IK 求解时，链接处理的顺序决定最终的结果，使用“优先级”值设置链接处理的次序；要设置一个对象的“优先级”，选择这个对象，并在“优先级”数值框中输入一个值；3ds Max 2019 会首先计算“优先级”值大的对象，IK 系统中所有对象默认“优先级”值都为 0，它假定距离末端受动器近的对象移动距离大，这对大多数 IK 系统的求解是适用的。

• “子->父”按钮：自动设置选择的 IK 系统对象的“优先级”值，单击此按钮把 IK 系统根对象的“优先级”值设为 0，根对象下每一级对象的“优先级”值都增加 10，它和使用默认值时的作用相似。

• “父->子”按钮：自动设置选择的 IK 系统对象的“优先级”值，单击此按钮把根对象的“优先级”值设为 0，其下每降低一级，对象“优先级”值都减 10。

• “滑动关节”“转动关节”选项组：在“滑动关节”和“转动关节”选项组中可以为 IK 系统中的对

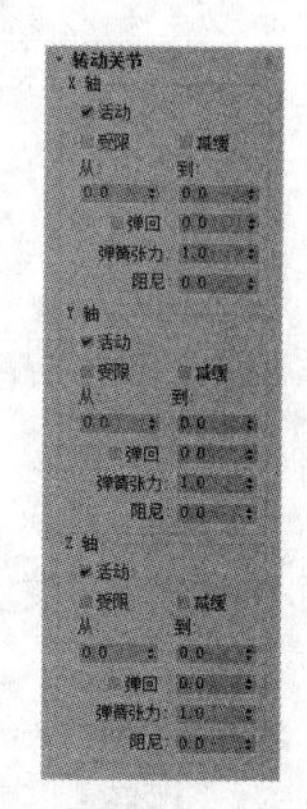

图 12-44

象链接设定约束条件，使用“复制”按钮和“粘贴”按钮，能够把设定的约束条件从 IK 系统的一个对象链接上复制到另一个对象链接上。“滑动关节”选项组用来复制链接的滑动约束条件，“转动关节”选项组用来复制链接的旋转约束条件。

- “镜像粘贴”选项组：在粘贴的同时进行链接设置的镜像反转；镜像反转的轴向可以随意指定，默认为“无”，不进行镜像反转；也可以使用工具栏上的“镜像”按钮来复制和镜像 IK 链，但必须要启用“镜像”对话框中的“镜像 IK 限制”复选框，才能保证 IK 链的正确镜像。

4．“转动关节”卷展栏

“转动关节”卷展栏用于设置子对象与父对象之间相对滑动的距离和摩擦力，通过 *x* 轴、*y* 轴、*z* 轴 3 个轴向进行控制，如图 12-44 所示。

当对象的位置控制器为“Bezier 位置”控制器时，“转动关节”卷展栏才会出现。

- “活动”复选框：开启或关闭此轴向的滑动和旋转。
- “受限”复选框：当勾选此复选框时，其下的“从”和“到”可用，可以设置滑动距离和旋转角度的限制范围，即从哪一处到哪一处之间允许此对象进行滑动或旋转。
- “减缓”复选框：勾选该复选框时，关节运动在指定范围的中间部分可以自由进行，但在接近“从”或“到”设置的限定范围时，滑动或旋转的速度减慢。
- “弹回”复选框：勾选此复选框，设置滑动到端头时进行反弹，右侧数值框用于设置反弹的范围。
- “弹簧张力”数值框：设置反弹的强度，值越高反弹效果越明显，如果值为 0 则没有反弹效果；反弹张力如果设置得过高，可以产生排斥力，关节就不容易达到限定范围终点。
- “阻尼”数值框：设置整个滑动过程中收到的阻力，值越大滑动越艰难，表现出对象巨大、干燥或笨重。

5．“自动终结”卷展栏

“自动终结”卷展栏用于暂时为终结器指定一个特殊链接号码，使该反向运动链上的指定数量对象作为终结器，它仅在“交互式 IK”状态下工作，对指定式 IK 和 IK 控制器不起作用。图 12-45 所示为“自动终结”卷展栏。

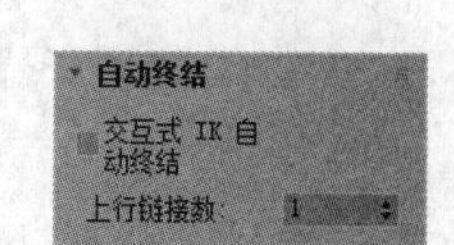

图 12-45

- “交互式 IK 自动终结”复选框：勾选此复选框可以启用自动终结控制。
- “上行链接数”数值框：设置终结向上传递的数目；例如，将此值设置为 5，当操作一个对象时，沿此层级链向上的第 5 个对象将作为一个终结器，阻挡 IK 向上传递；当此值为 1 时，将锁定此层级链。

12.2.5 【实战演练】蜻蜓动画

本案例将对蜻蜓模型创建层级链接，并使用“自动关键点”按钮为其设置动画，完成蜻蜓动画的创建。（最终效果参看云盘中的“场景>第 12 章>蜻蜓 ok.max”效果文件，如图 12-46 所示。）

图 12-46

12.3 综合演练——机器人动画的制作

本案例将创建层级链接，调整模型的轴心，并创建 IK 动画，完成机器人手臂动画的制作。（最终效果参看云盘中的“场景>第 12 章>机器人 ok.max”效果文件，如图 12-47 所示。）

图 12-47

12.4 综合演练——风铃动画的制作

本案例将制作风铃动画。打开原始场景，原始场景中已创建了层级链接并调整了模型的轴心。在此基础上打开“自动关键点”按钮，并使用“交互式 IK”来制作 IK 动画。（最终效果参看云盘中的“场景>第 12 章>风铃 ok.max”效果文件，如图 12-48 所示。）

图 12-48